U0248114

北斗二号卫星工程
系统工程管理

主　编　孙家栋　杨长风
副主编　李祖洪　谭述森　冉承其
　　　　　　郭树人　谭跃进　廖良才

国防工业出版社
·北京·

内 容 简 介

本书主要介绍了北斗二号卫星导航系统从立项论证到工程建设,再到系统运行整个过程的管理实践活动,既是对该系统工程管理成果和管理经验的归纳总结,也是对北斗卫星导航系统工程管理理论和方法的研究创新。全书按照系统工程和项目管理相结合的思路对其工程管理涉及的管理理论方法进行了系统梳理,总结提出了北斗二号卫星导航系统工程管理体系和管理模式。全书共分17章,包括绪论、系统工程管理知识体系、战略管理、需求工程、组织管理、任务管理、进度管理、费用管理、质量与可靠性管理、风险管理、采购与合同管理、信息沟通管理、技术状态管理、试验与评价管理、产品成熟度管理、综合集成管理和科技创新管理。

本书可作为我国北斗卫星导航系统后续工程建设管理的参考书,也可作为国内其他大型复杂工程项目管理人员、科研院所从事工程管理的研究人员的参考书。

图书在版编目(CIP)数据

北斗二号卫星工程系统工程管理/孙家栋,杨长风

主编. —北京:国防工业出版社,2017.5

ISBN 978 - 7 - 118 - 11250 - 4

Ⅰ.①北… Ⅱ.①孙… ②杨… Ⅲ.①卫星导航—全球定位系统—系统工程—工程管理—中国 Ⅳ.①P228.4

中国版本图书馆 CIP 数据核字(2017)第 055549 号

※

*国防工業出版社*出版发行

(北京市海淀区紫竹院南路 23 号 邮政编码 100048)

北京嘉恒彩色印刷有限责任公司

新华书店经售

*

开本 710×1000 1/16 印张 26¾ 字数 500 千字

2017 年 5 月第 1 版第 1 次印刷 印数 1—4000 册 定价 198.00 元

(本书如有印装错误,我社负责调换)

国防书店:(010)88540777 发行邮购:(010)88540776

发行传真:(010)88540755 发行业务:(010)88540717

《北斗二号卫星工程系统工程管理》
编 委 会

主　编　孙家栋　杨长风

副主编　李祖洪　谭述森　冉承其　郭树人　谭跃进
　　　　　廖良才

委　员（按姓氏笔画排序）

马加庆　孙雅度　李长江　吴　斌　吴光辉

岑　拯　张春领　陈建宇　姜　杰　杨　军

杨　慧　周建华　赵文军　黄乔华　焦文海

谢　军　蔡兰波

编　写　谭跃进　廖良才　郭　波　李孟军　杨克巍

郭滕达　熊　健　杨清清　姚　锋　刘　琦

赵青松　迟　妍　翟军武　丛　飞　潘　鑫

刘　琳　黄　亮　李树洲　郭盛桃　汪　勃

郭　洁　杜向光　庄文义　丁　群　陈　罡

王　智　姜　坤　国　际

前　言

　　北斗卫星导航系统是中国着眼于国家安全和经济社会发展需要，自主建设、独立运行的卫星导航系统，是为全球用户提供全天候、全天时、高精度的定位、导航和授时服务的国家重要空间基础设施。

　　20 世纪后期，中国开始探索适合国情的卫星导航系统发展道路，逐步形成了三步走发展战略：2000 年年底，建成北斗一号系统，向中国提供服务；2012 年年底，建成北斗二号系统，向亚太地区提供服务；计划 2020 年前后，建成北斗全球系统，向全球提供服务。

　　作为北斗系统研制建设承上启下的北斗二号卫星工程，是我国迄今为止规模最大、复杂程度最高、建设周期最长的航天系统工程，是我国航天领域实现由"以航天器为中心"到"以系统为核心，面向应用、面向服务"转型的标志性工程，在我国航天发展史上具有重要里程碑意义，也将在世界航天工程和卫星导航发展史上留下光辉一页。成功的实践离不开科学的管理，从工程管理角度对该工程建设的管理工作进行系统总结很有必要。

　　为此，中国卫星导航系统管理办公室组织北斗二号卫星工程各大系统和国防科学技术大学信息系统与管理学院，编著了《北斗二号卫星工程系统工程管理》一书。该书从工程建设管理的视角，对北斗二号卫星导航系统的战略管理、需求工程、项目管理、技术状态管理、试验与评价管理、产品成熟度管理、综合集成管理、科技创新管理等方面进行了系统、深入、全面的介绍。这既是对工程建设管理工作的系统总结，也是后续工程实践的管理指南，还可作为其他复杂大型工程项目管理实践的重要参考。

　　时空信息是人们与生俱来的基本需求，它使我们的生活更加智能。北斗系统在十几年间，经历了从无到有、从有到优、从区域到全球拓展的跨越式发展，相关产品已广泛应用于交通运输、海洋渔业、水文监测、气象预报、测绘地理信息、森林防火、通信时统、电力调度、救灾减灾、应急搜救等领域，逐步渗透到人类社会生产和人们生活的方方面面，为经济和社会发展注入新的活力。随着北斗卫星导航系统不断发展和完善，必将为全球用户提供更加优质的服务。欢迎大家继续关心北斗，支持北斗！

2017 年 1 月

目　录

第 1 章 绪 论

卫星导航系统可提供高精度、全天时、全天候的定位、测速和授时服务,是国民经济和社会发展不可或缺的重要空间基础设施,在国民经济和国防建设的众多领域应用非常广泛。世界主要大国对卫星导航系统的建设和发展都非常重视,美国和俄罗斯相继建成了全球定位系统 GPS(Global Positioning System)和全球导航卫星系统 GLONASS(Global Navigation Satellite System),欧盟正在建设 Galileo(伽利略)系统。此外,日本、印度等国家的区域卫星导航系统也正在建设之中。为保障国家安全,促进经济社会可持续发展,增强综合国力,实现从航天大国到航天强国的转变,我国制定了卫星导航系统"三步走"的发展战略。在 2000 年建成了北斗一号卫星导航系统,实现了第一步发展目标,成为世界上第三个拥有自主卫星导航系统的国家;2004 年,我国正式启动建设北斗二号卫星导航系统,经过 8 年努力,于 2012 年 12 月 27 日正式提供区域运行服务,实现了第二步发展目标,为建设覆盖全球的北斗卫星导航系统奠定了良好的基础;预计到 2020 年,我国将建成覆盖全球的北斗卫星导航系统,完成"三步走"发展战略目标。这是我国航天史上一项建设投资规模大、研制周期长、技术非常复杂的重大科技工程和系统工程。北斗二号卫星导航系统建设实践表明,充分认识系统建设的特点和规律,综合运用系统工程和现代项目管理的理论方法,创新管理模式,构建科学的北斗卫星导航系统工程管理体系,为工程建设顺利完成提供了重要保证。

1.1 北斗卫星导航系统发展概况

20 世纪 60 年代末,我国就开始在卫星导航系统上进行探索,20 世纪 80 年代开始进行演示验证试验。1994 年正式建设北斗一号卫星导航系统。在此基础上,2004 年正式开始建设北斗二号卫星导航系统。2012 年底,北斗二号卫星导航系统建成并正式投入运行,为我国及周边地区提供定位、测速、授时和双向短报文通信服务。

1.1.1 北斗一号卫星导航系统

北斗一号卫星导航系统是我国自主研制建设北斗卫星导航系统"三步走"发

1

展规划的第一步,是基于双星定位原理的卫星导航试验系统,通过利用地球同步卫星对目标实施快速定位。

我国双星定位系统的方案在 20 世纪 80 年代初期提出。北斗一号卫星工程于 1994 年正式立项建设。2000 年,我国发射了两颗北斗一号卫星,并投入运行。这标志着北斗一号卫星导航系统的正式建成,中国成为继美国、俄罗斯之后世界上第三个拥有自主卫星导航系统的国家。为提高系统运行的可靠性,2003 年,我国又发射了一颗北斗一号备份星。

北斗一号卫星导航系统的服务范围为我国及周边地区,是一种全天候、全天时、高精度的区域导航系统。系统具有如下三大主要功能:

(1)快速定位。系统可为服务区内用户提供全天候、高精度、快速实时定位(可在 1s 之内完成)服务,水平定位精度为 100m,有标校的地区为 20m。

(2)精密授时。系统具有单向和双向两种授时功能,单向授时精度 100ns,双向授时精度 20ns。

(3)短报文通信。用户间、用户与中心控制系统间均可实现双向短报文通信,一次最多可传送 120 个汉字的信息。

北斗一号卫星导航系统具有卫星数量少、投资小,能实现区域的导航定位、通信等功能,初步满足了我国陆、海、空运输导航定位的使用需求,特别是在 2008 年南方冰冻灾害、汶川地震、2010 年玉树地震等抢险救灾中发挥了重要作用。北斗一号卫星导航系统是我国独立自主建立的卫星导航系统,解决了中国自主卫星导航系统的有无问题。

1.1.2　北斗二号卫星导航系统

由于受系统工作体制的限制,北斗一号卫星导航系统不具备无源定位和测速功能,且系统容量有限。为全面满足用户的需要,我国在北斗一号卫星导航系统的基础上,研制建设了北斗二号卫星导航系统。

1. 建设目标

北斗二号卫星导航系统的目标是建成能在我国及周边地区提供导航定位、测速和授时功能,满足用户导航定位需求,在服务区内与美国 GPS、俄罗斯 GLONASS 性能相当,并具有短报文通信能力的卫星导航系统。

2. 系统组成、工作过程和基本体制

1)系统组成

北斗二号卫星导航系统由空间段、地面控制段和用户段三大部分组成。空间段是由导航卫星构成的导航星座。根据系统发展的原则与思路,综合考虑国家的经济承受能力、技术基础与科研生产能力,经过多方案的优选,北斗二号卫星导航系统的基本星座由 12 颗卫星组成。星座配置为 5 颗地球静止轨道（GEO）卫星、3 颗倾斜同步轨道（IGSO）卫星和 4 颗中圆轨道（MEO）卫星，即 5GEO + 3IGSO + 4MEO。为提高星座可用性和可靠性，增加了 2 颗 IGSO 卫星作为在轨备份卫星。因此，实际工作星座为 5GEO + 5IGSO + 4MEO。地面控制段主要由主控站、监测站、时间同步/注入站组成。用户段主要包括各类用户接收机，以及为满足用户特殊需求而建立的各种增强服务设施。

　　2）工作过程

　　地面监测站与时间同步/注入站对卫星下行的导航以及时间比对信号进行接收、处理，并收集相关的观测信息，一并通过站间通信信道送到主控站，主控站根据这些信息处理生成导航电文，并通过时间同步/注入站上行注入到卫星。卫星接收、存储导航电文，适当处理后按星上时间进行扩频、调制生成导航信号，向用户发播。用户机接收导航卫星发播的导航信息并进行处理，确定用户的位置、速度、当前时间以及其他导航参数。

　　3）基本体制

　　北斗二号卫星导航系统在设计上充分考虑了对北斗一号卫星导航系统的兼容性和继承性。北斗二号卫星导航系统导航定位和单向授时采用卫星钟同步下的伪距测量体制，测速采用载波多普勒测量体制，双向数字报文通信和双向授时工作体制与北斗一号系统相同。

3. 工程建设概况

　　北斗二号卫星工程建设过程分为工程论证阶段、工程研制阶段和发射组网与应用三个阶段。工程论证阶段主要完成了需求分析、方案设计和立项审批等工作。工程研制阶段主要完成了研制总要求编制、卫星初样与正样研制、火箭生产、发射场适用性改造和发射试验星，对关键技术进行验证。发射组网与应用阶段按照渐进式组网策略，分为最简系统、基本系统和区域系统三个子阶段。

　　北斗二号卫星工程在工程大总体的统一组织下，分为卫星系统、运载火箭系统、地面运控系统、应用系统、测控系统和发射场系统六大系统。各大系统按照工程大总体协调确定的计划进度，以及技术及接口要求，完成各自的研制、生产、建设任务，完成导航卫星发射、系统星座组网以及系统的测试、联调，建成满足性能指标要求的北斗二号卫星导航系统。此外，北斗二号卫星工程在建设过程中非常重视频率工作，将其作为整个工程建设一项非常重要的工作内容。整个北斗二号卫星工程建设按照"1 + 6 + 1"的模式展开，即在工程大总体的协调下开展六大系统的建设和频率工作。

　　1）工程大总体

　　北斗二号卫星工程是一项庞大而复杂的航天系统工程，与其他卫星工程大总体相比,北斗二号卫星工程大总体的地位和作用更高,其管理模式具有一定的独特性,具有专门的技术支撑单位。工程大总体的主要职责包括以下几个方面。

(1)组织开展工程总体方案设计、系统间指标分配与协调、编制系统间接口控制文件。

(2)及时掌握各大系统的研制建设进展、技术状态更改等情况,组织开展工程大总体技术协调。

(3)组织系统间大型试验和大系统指标评估,主要内容包括:拟制有关试验、测试大纲,协调解决试验、测试过程中出现的重大技术问题,进行试验、测试结果的分析评定等。

(4)建立有效的审查与评估机制,对系统研制总要求的综合论证报告组织评估;对各大系统各阶段方案、重大技术状态更改及卫星在轨测试大纲等进行审查和评估。

(5)建设工程大总体试验评估系统,提高评估手段和能力。

(6)组织开展工程设计改进和卫星导航新技术研究,为北斗二号卫星导航系统向全球扩展奠定技术基础。

(7)实施工程标准化等技术基础工作。

(8)承办工程领导小组、工程总师、办公室日常工作。

通过不断的实践和磨合,工程大总体形成了设计、协调、试验、评估、集成五位一体的工作体系和有效的运行机制,实现了对工程全过程的技术状态控制和管理。各项工作既相互独立,又有密切的联系,主要工作包括以下几个方面。

(1)工程总体设计包含总体方案设计、专题技术研究、系统间接口设计、技术与计划流程编制、星地一体化指标研究等工作。

(2)工程总体协调包含以工程领导小组会、工作会、工程大总体会、工程总师办公会和专题协调会为主要手段的多层次、近实时的日常协调机制。

(3)总体试验测试体系包含试验测试方案研究、大纲细则制定、组织实施和结果评定。

(4)工程总体过程评估包括对工程过程的跟踪、检查、评审、测试结果评定。

(5)技术支撑体系包括试验评估系统、情报资料、标准化等工作。

2)卫星系统

卫星系统主要包括 GEO、MEO、IGSO 三种轨道、两类卫星。GEO 卫星采用"东方红三号"改进型平台,使用 CZ-3C 运载火箭一箭一星发射。MEO 和 IGSO 卫星采用"东方红三号"平台,MEO 卫星使用 CZ-3B 运载火箭一箭双星发射,IGSO 卫星使用 CZ-3A 运载火箭一箭一星发射。

北斗二号卫星工程中卫星系统的主要建设内容如下。

（1）论证提出了卫星系统总体方案，明确卫星关键技术状态。

（2）攻克了一系列技术难题，奠定了导航卫星研制基础。

（3）进行了多项改进设计，提升卫星性能和可靠性、安全性。

（4）完成了卫星研制，技术指标满足研制要求。

3）运载火箭系统

运载火箭系统的主要任务是研制生产 CZ-3A 系列运载火箭。北斗二号卫星工程中运载火箭系统的主要建设内容包括：

（1）完成运载火箭 GEO、IGSO、MEO 多种轨道卫星发射任务。

（2）完成 CZ-3B/G1 构型火箭研制，完成一箭双星发射任务，提高工程组网效率、降低发射成本。

（3）研制远距离测发控系统，实现组网卫星窄窗口发射。

（4）全面梳理运载火箭系统设计、工艺方面存在的薄弱环节，采取针对性的改进措施，降低发射风险。

4）地面运控系统

北斗二号地面运控系统包含主控站、时间同步/注入站和监测站。

主控站是运控系统的运行控制中心，主要任务是收集系统导航信号监测、时间同步观测比对等原始数据，进行系统时间同步及卫星钟差预报、卫星精密定轨及广播星历预报、电离层改正、广域差分改正、系统完好性监测等信息处理，完成任务规划与调度和系统运行管理与控制等。同时，主控站还需与所有卫星进行星地时间比对观测，与所有时间同步/注入站进行站间时间比对观测，向卫星注入导航电文参数、广播信息等。

时间同步/注入站主要任务是配合主控站完成星地时间比对观测，向卫星上行注入导航电文参数等，并与主控站进行站间时间同步比对观测。

监测站主要任务是利用高性能监测接收机对卫星多频导航信号进行连续监测，为系统精密轨道测定、电离层校正、广域差分改正及完好性确定提供实时观测数据。

北斗二号卫星工程中，运控系统承担着地面站建设和星地集成两大任务，全面实现系统能力；此外，还负责卫星在轨测试、星地对接和大系统测试等具体工作。其建设内容主要包括：

（1）完成地面运控系统总体方案设计，确定高精度时间同步、多星多站运行管控、卫星精密定轨、RDSS 与 RNSS 业务融合处理等核心技术体制。

（2）完成地面运控系统全部项目设备研制任务，突破数字多波束、监测接收机、激光双向时差测量、高精度设备时延标定等一批关键技术。

（3）完成运控系统设备集成和星地联调，实现"地面等星"。

（4）针对卫星在轨运行中出现的重难点问题，开展数十项专题试验和性能优化，实现"地面强星"。

（5）完成北斗二号 RDSS 业务联调和北斗一号无缝接续，实现 RDSS 业务的能力扩展和平稳过渡。

（6）参与所有卫星星地对接、在轨测试工作，全面检核了卫星发射前、发射后的运行状态。

5）应用系统

应用系统的主要任务是研制完成多型用户设备，配套研制相关芯片模块、用户设备测试系统、授权用户注册管理系统、应用标准体系等，形成用户设备批量装备、定点生产、测试管理能力，为逐步实现用户设备国产化、系列化和产业化，构建自主基础产业支撑体系奠定基础。在北斗二号卫星工程中，应用系统的主要建设内容包括：

（1）科学设计总体方案，有序开展研制建设。

（2）突破多项核心关键技术，解决多个重难点问题。

（3）完成应用系统研制建设任务，推动北斗应用国产化、产业化发展。

6）测控系统

测控系统的主要任务是完成发射阶段对运载火箭的遥测接收与状态监视、弹道测量以及安全控制；完成卫星发射和轨道早期段的状态监视、轨道测量与确定、轨道控制、遥控操作等测控任务，以及长期运行阶段的星座在轨管理。

为适应多星管理的要求，主要完成了以下建设内容：

（1）新建扩频测控网，包括统一测控设备、遥测接收设备、标校设备等。

（2）测控中心和试验通信网进行改造和扩容。

7）发射场系统

北斗二号卫星选择在西昌卫星发射中心发射。发射场系统由发射区和技术区以及测试、发射控制系统和相应保障系统组成。发射场系统的主要任务是完成卫星及运载火箭的测试发射，并提供与此相关的测试发射条件以及气象、通信等技术勤务保障和后勤保障。为了适应北斗二号卫星组网的高密度、高可靠、高成功率要求，发射场系统经过统筹安排，按计划要求，保质保量完成了发射场改造，完成了卫星组网发射任务。发射场系统的主要建设内容包括：

（1）完成适应性建设改造的总体设计工作。

（2）完成发射场系统适应性改造建设。

（3）完成发射场合练，有效应对突发事件，严格进行了质量问题归零，保障了发射任务。

（4）组织完成工程发射任务。

8）频率工作

北斗频率工作主要任务是申报北斗卫星导航系统所需的频率和轨位资源,满足工程建设需要。频率工作的主要内容包括：

（1）完成频率申报及协调工作。频率工作首要任务是解决北斗无频率资源的急迫问题,在 1997 年 10 月世界无线电通信大会上,通过修改国际电联无线电规则,完成了北斗 RDSS 可用频率申请问题。2000 年世界无线电通信大会上,保护了北斗 RDSS 取得的频率资源,并进一步获取北斗二号卫星导航 1164 ~ 1215MHz（下行）、1260 ~ 1300MHz（下行）频率资源。截至目前,北斗系统共向国际电联申报了 19 套卫星网络资料,包括 11 个 GEO 轨位、2 个 IGSO 星座和 2 个 MEO 星座,涵盖了 RDSS（卫星无线电测定业务）、RNSS（卫星无线电导航业务）、FSS（卫星固定业务）、ET（空间操作业务）和 MSS（卫星移动业务）共 5 种空间业务。

（2）完成接收机标准申报。历经国际电联技术研究、北斗接收机保护标准研究、国际电联输入技术文件编写,以及历时 8 年共 16 次国际电联工作组会议的努力,我国北斗接收机的国际电联保护标准已获得通过,并被正式纳入国际电联的技术建议书。

（3）完成共轨安全协调。为保证卫星的在轨安全,避免碰撞风险,与测控系统、卫星系统共同努力,研究制定共轨策略和方案,并与其他共轨卫星操作者开展协调,达成共位协议,实现 140°E 轨位北斗 G1 卫星与日俄三星共位运行,160°E 轨位北斗 G4 卫星与澳大利亚双星共位运行,110.5°E 轨位北斗 G3 卫星与中星 10 号双星共位运行,80°E 轨位北斗 G6 卫星与俄四星共位运行。

（4）完成频率轨位保障。在北斗二号组网发射阶段,频率工作结合卫星发射计划,针对每次发射任务,提前完成相应的空间轨位频率干扰分析,提出卫星发射轨位建议,优化调整在轨测试方案,制定风险应对预案,为卫星发射、在轨测试提供有力支撑。先后对 10 个静止轨位的使用可行性进行了分析,择优提出了 7 个轨位的使用建议并被采纳,兼顾了北斗一号和北斗二号系统的平稳过渡,保障了北斗二号系统的组网成功。

（5）完成频率干扰与排查。针对北斗入站 L 频段、出站 S 频段及 B1、B2、B3 频点相继出现干扰等问题,及时采取措施查找并消除了干扰源。尤其是北斗二号 GEO 卫星入站信号出现干扰,影响了系统稳定运行,通过和卫星系统共同排查,最终确定了干扰源,采取有效措施降低了干扰影响。

1.2　北斗二号卫星导航系统和工程建设特点

北斗二号卫星导航系统作为我国航天史上第一个多星组网、星地一体的系统,与传统航天系统相比,具有高精度、高稳定、高可靠等一系列新的特点。系统本身的特点决定了其工程建设和工程管理必将呈现出许多新的特点,面临许多新的问题。

1.2.1 系统的特点

1. 高精度

北斗二号卫星导航系统将为用户提供高精度的定位、测速和授时服务。开放服务的精度为:定位精度平面 10m,高程 10m,测速精度为 0.2m/s,授时精度为单向 50ns、双向 10ns。北斗二号卫星导航系统借助广域差分技术,可以提供更高精度的服务。

2. 高稳定

北斗二号卫星导航系统需要全天候连续地为各类用户提供高精度的导航定位、测速和授时服务,这要求系统具有很高的稳定性和可用性。

3. 高可靠

北斗二号卫星导航系统是一个多星组网的系统。单颗卫星的可靠性对整个系统的可靠性有着重要影响。因此,要实现整个系统的高可靠,就需要每颗卫星都能高可靠地工作。这对卫星设计和研制,以及星座的可靠性都提出了更高的要求。

4. 规模庞大

截至 2012 年 12 月,北斗二号卫星导航系统已经有 14 颗卫星在轨运行,正式提供区域运行服务,数十个地面站遍布全国。北斗二号卫星导航系统是我国迄今为止规模最大的航天系统。

5. 星座复杂

目前,在轨运行的北斗二号导航卫星包括 5 颗 GEO 星、5 颗 IGSO 星和 4 颗 MEO 星,该星座配置既有较好的阶段效能,可适应对各类用户的迫切需求,又可尽快向全球扩展,实现了近期目标与长远发展的有机结合。这也是国际上首次采用非均匀复杂星座构型,对卫星组网提出了更高的要求。

6. 体制兼容

根据北斗一号用户需求和系统的兼容性要求,需要在完成北斗二号 RNSS 服务性能的基础上,继承北斗一号的服务性能,在研制过程中逐步完成北斗一号系统空间段载荷和业务数据处理服务向北斗二号过渡。在此基础上,兼容实现两种导航体制,实现导航定位与报文通信一体化服务。

7. 应用广泛

北斗二号卫星导航系统广泛应用于国家经济建设,为我国交通运输、气象、石油、海洋、森林防火、灾害预报、通信、公安以及其他特殊行业提供高效导航定位服务。系统具备双向短报文通信功能,特别适用于需要导航与移动数据通信场所,如交通运输、调度指挥、搜索营救、地理信息实时查询等。

8. 面向公众用户

北斗二号卫星导航系统广泛的应用领域决定了北斗二号卫星导航系统面向的不是某些特定用户,而是公众用户,这是北斗卫星导航系统与其他航天产品的一个显著区别。这使得对北斗二号卫星导航系统的评价方式发生了根本性的转变,需要接受全国乃至全世界千万用户的检验和历史的考验,更强调服务承诺,性能指标要求更高。

9. 产业化

北斗二号卫星导航系统是一个开放兼容的系统,必须与国际上其他类似系统,如 GPS 和 GLONASS 进行竞争。为了进一步拓展国内外市场,北斗二号卫星导航系统的发展必须走应用推广和产业化的道路,提高国际竞争力,扩大市场份额。

1.2.2　工程建设的特点

1. 工程建设的阶段性

北斗二号卫星导航系统是我国卫星导航系统发展"三步走"战略的重要组成部分,其工程建设处在一个承前启后的关键阶段。北斗二号卫星导航系统的建设既要继承北斗一号的技术基础和体制优势,又要为全球系统的建设奠定良好的基础。

2. 时间紧、任务重

卫星导航系统的重要地位决定了我国必须尽快建成自主可控的卫星导航系统,摆脱在国民经济重要领域依赖国外卫星导航系统的局面。这对北斗二号卫星导航系统的建设进度提出了非常高的要求。北斗二号卫星导航系统于 2004 年立项,2012 年完成卫星组网发射,正式投入运行,提供区域服务。8 年多时间完成这样一个规模庞大的航天工程,其中涉及大量的技术研发和工程建设工作,工程具有任务繁重、时间极为紧迫的特点。

3. 新技术新体制多、创新性强

卫星导航系统规模庞大、技术复杂,涉及的关键技术多。与北斗一号相比,北斗二号卫星导航系统不仅仅是规模的扩大,技术水平更需要突破性的提高,涉及的关键技术多,采用较多的新技术、新体制,且技术指标高、实现难度大。北斗二号卫星工程在国际上首次采用 GEO 和 IGSO 卫星构建导航星座,面临着组网发射、在轨控制策略、高精度测定轨和时间同步等一系列技术难题。此外,受到国内布站和工业科技基础的局限,为了实现与国外相当的指标,必须实现自主创新,突破一系列关键技术。

4. 建设规模大

导航卫星系统建设规模大,是一项高投入的项目,其建设需要大量的资源,包括人力、物力和财力等。而且导航卫星系统的高投入具有持续性的特点。基于我国国情和国家财力的限制,我国在导航卫星系统上的投入和国外比起来还是比较少的。因此,需要在北斗二号建设中将有限的资源管理好、使用好,发挥最大的效益。

5. 不确定性高、研制风险大

北斗二号卫星导航系统的复杂性决定了系统的建设和运行势必面临多种不确定因素。星座组网运行对运载火箭可靠性和卫星定点成功率提出了更高的要求。北斗二号卫星导航系统是一个系统性总体性极强的复杂系统工程,需要总体人员在系统顶层进行很好的设计与论证,系统的状态一旦确定,在很长一段时间内难以改变。然而,系统研制建设和运行环境面临的不确定性,加上设计人员对未来事物认识的局限性,使系统的总体设计工作成为一项不确定性极高的工作。系统的连续性、完好性和稳定性要求工程建设能够很好地应对各种各样的风险,通过地面试验验证和在轨技术验证,降低各种技术的研制风险和不确定性。

6. 批生产、高密度发射

北斗二号卫星导航系统的复杂性和建设进度的紧迫性决定了在卫星研制阶段,传统的单颗卫星的生产模式已经不能满足工程建设的需求。北斗二号卫星工程要采用三种火箭、两种发射方式,实现三类轨道的卫星组网发射,在 3 ~ 4 年时间内,完成所有火箭和卫星的研制、生产和发射,一方面对卫星产品工艺一致性、稳定性提出了更高的要求,另一方面对运载火箭和发射场的高密度研制和发射能力提出了新的挑战。

7. 建用并举、边建边用

北斗二号卫星工程建设按卫星系统、地面运控系统、应用系统、测控系统、运载火箭系统和发射场系统六大工程系统组织实施。应用系统承担北斗二号用户设备的研制开发以及北斗二号卫星导航系统的应用推广任务,应用任务首次作为独立系统开展研制建设体现了我国北斗二号系统建设与应用并举的战略决策。

应用系统研制北斗二号基本型、兼容型、双模型和定时型用户设备期间,同步开展星地对接试验、在轨验证阶段试验、初始运行阶段试验、部队用户试用评估和用户设计定型试验,对北斗二号卫星导航系统功能性能指标进行全面验证,为系统状态确认、设计优化、运行服务承诺提供支撑。

8. 平稳过渡、无缝接续

北斗二号卫星导航系统是对北斗一号卫星导航系统的继承和发展。在北斗一号系统的服务期内,拥有大量的用户,北斗二号卫星工程建设过程中必须确保这部分用户的利益。北斗二号 RDSS 业务接续北斗一号是工程的一项重要建设任务,要确保北斗一号的用户服务不受影响。因此,必须实现北斗一号向北斗二号的平稳过渡和无缝接续。由于北斗二号 RDSS 联调及接续难度大、要求高,必须通过联调联试、试验验证、信息服务系统信息推送、用户信息迁移等专题研究和地面运控系统、卫星系统、测控系统三方密切协作,确保北斗二号 RDSS 业务接替北斗一号后,系统能稳定运行,定位、定时、授时、通信各项服务结果能满足指标要求。

1.3　国外卫星导航系统管理概况

目前国外卫星导航系统主要有美国全球卫星定位导航系统 GPS、俄罗斯自主研发的卫星导航系统 GLONASS、欧盟联合建设的卫星导航系统 Galileo、印度基于 GPS 辅助的 GEO 增强导航系统 GAGAN 和自主建设的区域卫星导航系统 IRNSS,以及日本的"准天顶"卫星系统 QZSS 等。其中,建设历史最悠久、应用最广泛的卫星导航系统还是美国的 GPS 和俄罗斯的 GLONASS,围绕太空统治权的竞争也随着这两大卫星导航系统的建成正式拉开帷幕。卫星导航系统已经经历了几十年的发展,在其发展的进程中,有成功的经验,也有失败的教训。总结这些系统建设和应用的经验教训,分析其管理体制和管理模式的变迁,从中得到有益的管理启示,具有非常重要的意义。

1.3.1　美国 GPS

GPS 是以卫星为基础的无线电导航定位系统,在子午仪卫星系统的基础上发展起来,已经成为美国继"阿波罗"登月飞船和航天飞机以后的第三大航天工程。该系统从 20 世纪 70 年代开始研制,历时 20 余年,耗资 200 余亿美元,于 1994 年全面建成。GPS 最初主要是为了满足军方用户导航定位的需求,但由于民用市场上存在巨大的收益,20 世纪 80 年代初,美国国防部与交通部决定将这一系统建设成为军民两用的定位、导航和授时系统。其具有全能性(海洋、陆地、航空和航天)、全球性、全天候、连续性和实时性的导航、定位和定时功能,能为各类用户提供精密的三维位置、三维速度,并给出精确的卫星时间基准。

美国发展 GPS 的战略目标主要有两个:一是要保持美国在卫星导航定位领域的垄断和霸主地位;二是逐步扩大民用,旨在推动美国 GPS 产业及相关领域的发展,以获取最大的安全、经济、外交和科学利益。围绕着战略目标,美国政府进行了科学的战略规划,既保证了 GPS 的正常稳定运行,又积极进行前瞻性的科研工作,确保 GPS 在技术上保持绝对的领先,同时通过制定、修订和颁布一系列国家相关政策使得其战略目标得以充分实现。然而,美国的 GPS 政策并不总是万无一失的。在美国当局制定 GPS 政策时，总是把 GPS 用户区分为三类，一类是美国及其盟国的军事用户，另一类为潜在敌对方的军事用户，再一类为全世界的民用用户。GPS 系统是由美国军方研制和操控的，本质上是一个军事系统，它的首要目的是为美军谋取军事优势。这种目的性体现在美国以总统令形式颁布的一系列政策上。政策上的倾向性损害了 GPS 民用用户的利益。同时，这种倾向性使得很多国家认识到 GPS 从根本上是不可靠的，过于依赖 GPS 是危险的，进而有了俄罗斯坚持全面恢复 GLONASS，以及欧盟坚持自主研发 Galileo 系统等，也促成了目前世界上几大系统多足鼎立的局面。这在一定程度上妨碍了 GPS 应用的推广，和美国的经济利益也是不相符的。

美国政府针对 GPS 系统的发展在不断进行着军民双方的权衡，GPS 系统的管理体制经历了军方集中统一管理、军民统筹协调和国家天基 PNT（定位、导航、授时）协调体系三个阶段，组织结构在此期间也在进行着依势而行的优化调整。

第一阶段（1973—1995 年）为系统研制建设阶段，美国政府专门成立了由空军牵头的 GPS 联合计划办公室（JPO），统筹军兵种导航需求，统管 GPS 系统研制建设，全面负责 GPS 的采办、部署、保障、测试、集成、用户设备研制、对外军售、合同管理、部门间协调以及市场开发等，形成了军方集中统一的管理模式。第二阶段（1996—2003 年）的组织结构调整是在美国 1996 年政策的指导下完成的，当年的 GPS 系统政策明确规定：GPS 由国防部和运输部共同管理。随后，美国建立了一个较为完整的 GPS 系统管理机构和政策决策体系，即联合执行局（IGEB）。IGEB 的日常运行由依据 IGEB 宪章规定成立的执行秘书处负责。IGEB 的主要成员有国防部、运输部、商务部、内务部、国务院、参谋长联席会议、司法部、农业部和 NASA。国防部和运输部担任 IGEB 的联合主席。运输部地位的提升标志着军民统筹协调的管理模式正式形成。第三阶段始于 2004 年至今，国防和经济社会已对 GPS 形成高度依赖，GPS 安全成为关注焦点。为继续保持 GPS 在卫星导航领域的领先和主导地位，实现任何时间、任何地点、任何环境都具备定位、导航和授时能力的目标，美国政府在 2004 年整合全国的天基、地基、空基等多种导航定位资源，成立国家天基 PNT 执行委员会，代替原有的 IGEB，提升了天基定位、导航与授时系统的管理等级，构建了以 GPS 为核心的国家天基 PNT 体系。

在 GPS 发展期间，美国政府一直注重其组织管理，在 GPS 每次组织结构的优化调整之前，都由国防部组织开展专门研究。从联合计划办公室到联合执行局，再到国家天基委员会，美国政府一直在不断地创新 GPS 组织管理理念，并将其置于国家战略高度，由强势部门的高级官员负责领导，加大协调力度，确保从国家整体利益出发进行规划，避免各部门各自为政和重复建设，同时注重系统的互换管理，形成了层次分明、职责明确的科学化组织管理体制与机制。

渐进式采办策略是美国比较成熟的武器装备采办策略,在 GPS 的采办管理中,同样可以看到渐进式采办的应用——将最终交付用户的能力分成两批或多批提供,初始使用能力可以在较短的时期内提供,随着时间的推移和适应技术的改进,将陆续提供后续批次的能力。

美国政府对 GPS 采办合同实行分类管理:针对相对成熟的技术部件,尽可能地采用固定价格的多重奖励合同;鉴于开发低成本、轻型接收机存在着风险,针对初始用户设备开发采取了成本加奖励金的合同方式。

1.3.2 俄罗斯 GLONASS

GLONASS 起步于 20 世纪 70 年代,基于苏联成功的低轨系统"圣卡达"发展而来,是一种星基定位、测速和授时系统。在系统建设过程中,由于苏联的解体造成经济危机,致使继续发射导航卫星补网出现困难,原来的在轨卫星又陆续退役,GLONASS 一度陷入低迷状态,极大地影响到 GLONASS 系统政策的连续性和管理体系与组织结构的建设。进入 21 世纪,俄罗斯经济逐渐恢复,国家财政得到极大改善,时任总统普京亲身感受到了 GLONASS 的好处,将该系统的恢复设定为政府的头等大事,自此,GLONASS 开始了其全面复兴与现代化历程。随着一系列导航卫星相继发射成功,GLONASS 星座在轨可用卫星 2011 年底时达到 24 颗,至此,俄罗斯建成了全球卫星导航系统。

GLONASS 自计划开始,政府一直坚持不依托于他国的独立自主方针,重视系统控制权,坚定只有依靠政府的大力支持和投入、先进技术的运用,才能使其重回卫星导航大国的行列。在民用推广的道路上,苏联政府乃至俄罗斯政府的政策支持起到了至关重要的作用。然而,俄罗斯在 GLONASS 系统建设和应用上,相比GPS 的开放程度仍然不足,加之系统在很长时期处于不完整状态,导致世界范围内相关研究十分有限,系统性能一直未能得到充分挖掘,极大地影响了其应用推广。

GLONASS 的组织体系随任务的增减而产生变化,建立了任务导向的组织机构,最初基于为陆上、空中、海面和空间无穷多军事用户提供全球范围的连续导航和定时的任务确立了军事航天部门的职责。随着民间应用任务的增加,建立了国际导航委员会部间委员会,由联邦航天局、国防部、工业与能源部、联邦运输部等 4部门组成,联邦航天局和国防部负责召集。为了更好地突出联邦航天局的地位,进行民用开发,2004 年,俄罗斯将 GLONASS 项目部间委员会改组为 GLONASS 部际委员会。其中,国防部负责 GLONASS 的开发、运行和政府用终端设备的研制。联邦航天局协助 GLONASS 研制,负责民用应用的开发、GLONASS 增强系统建设、系统性能检测,以及相关国际合作事宜。工业与能源部、运输部主要负责 GLONASS民用部分的管理,参与系统政策制定,以及部分用户设备的研制。俄罗斯部际委员会下设执行工作组和总设计师委员会,实行总设计师负责制度。总设计师制度的运行与我国北斗卫星导航系统的组织管理机制相似。

1.3.3 主要管理启示

1. 集中统一管理是卫星导航系统建设的重要保证

为改变美国各军种分别独立发展卫星导航系统的不利局面,建设供三军共同使用的全球卫星导航系统,美国国防部实施了跨军种的 GPS 联合计划,成立了由各军种共同参与的 GPS 联合计划办公室。随着军民应用对 GPS 依赖程度不断加深,保证 GPS 连续稳定运行和持续的性能升级改造已成为一项长期的业务,相关管理工作也成为美军常态化任务之一。为此,2006 年美军将 GPS 联合计划办公室改组为 GPS 联队,标志着 GPS 管理部门由临时机构变为常设机构。美军始终坚持 GPS 的集中统一管理,更好地适应了 GPS 持续发展的需要。

在系统建设阶段,GLONASS 一直由苏联国防部实行集中统一管理和运行控制。1991 年苏联解体后,国家政治体制发生重大变革,俄罗斯经济面临崩溃边缘,航天力量建设受到了重大冲击。在此背景下,俄联邦国防部克服重重困难,于1996 年 1 月建成了 GLONASS 并投入运行。这表明,在国家动荡时期保持军队管理制度相对稳定,始终坚持国防部集中统一管理,是在困难时期仍能建成 GLO-NASS 的重要保证。

2. 坚持应用服务为先是卫星导航系统建设的基本准则

GPS 不仅在精确打击和联合作战等方面发挥了重要作用,还广泛地拓展了其民用应用服务领域。以应用服务为纽带,GPS 将政府、军队、企业和社会公众连接起来,既使其技术升级和现代化改造有非常明确的目标,也使导航系统管理、建设和应用形成良性发展。这是 GPS 的巨大成功。相比 GPS,俄军方在卫星导航的应用服务方面显然做得不够,长期以来只重视导航卫星系统的研发和部署,很少关注系统建成后对国家经济的回报率,出现"重系统,轻应用"的倾向,这是不可取的。卫星导航系统的设计建设必须紧紧围绕应用服务展开,坚持应用服务为先是卫星导航系统建设需要遵循的基本准则,应用服务的效果是卫星导航系统建设成功与否的试金石。

3. 创新管理模式和机制是卫星导航系统建设的客观需要

没有创新便很难有广阔的卫星导航市场。在 GPS、GLONASS 卫星导航系统的发展过程中,技术创新、制度创新以及管理理念的创新思想和实践在不断涌现,例如,渐进式采办策略、系统互换管理、资格许可制度、总设计师制度等。这些创新思想和实践蕴含在卫星导航系统的战略规划中,并以国家政策作为支撑,为卫星导航系统的顺利建成和应用产业推广注入强大的动力。卫星导航系统的发展史可以说是卫星导航系统的创新史,这是系统管理的需要,也是国家进步的需要。

1.4 北斗二号卫星工程管理面临的挑战

北斗二号卫星工程的建设有诸多经验可以借鉴。一方面,国外卫星导航系统建设提供了值得学习和借鉴的经验和教训;另一方面,我国航天工业经过五十多年的发展,取得了以"两弹一星"和"载人航天"为代表的辉煌成就。在这一历程中,系统工程与项目管理的应用和发展为中国航天事业的成功提供了强有力的支撑,中国航天开创了一条具有中国特色的运用系统工程实施科学管理的发展之路,为北斗二号卫星工程建设奠定了坚实的基础。但是,北斗二号卫星工程建设管理没有现成的模式可以照搬,北斗二号卫星导航系统高精度、高稳定、高可靠、长寿命、安全性和产业化,以及工程建设时间紧、任务重、技术复杂、创新性强、不确定性高、研制风险大等特点,对工程管理提出了前所未有的挑战,对工程的管理和决策提出了更高的要求。

1. 系统建设"三步走"的发展战略对顶层设计提出了更高的要求

传统的航天型号研制项目通常目标比较明确,总体任务要求比较清晰,承研单位根据上级下达的任务合同,实现研制任务的进度、质量、范围、经费等目标。尽管航天任务在不断更新和变化,不断涌现出新的技术指标和要求,但总的来说,传统航天产品有比较成熟的技术和经验可以借鉴。而我国自主建设卫星导航系统,是中国航天史上前所未有的壮举。北斗二号卫星工程是我国卫星导航系统发展"三步走"战略规划中承前启后的重要一步,在国民经济和国防建设的持续健康发展中有着重大的战略意义。建设这样一个庞大的、长期的系统,必须加强系统的顶层设计工作。然而,我国现行体制要求必须在项目立项后才能开展顶层设计工作,由于进度和经费等原因往往导致顶层设计不够科学合理。这对北斗二号卫星工程的顶层设计提出了更高的要求。同时,需要各级决策者、管理者和研制者具有战略眼光和战略思维,站在全局的高度,从全系统全寿命的角度科学谋划系统的建设和发展,充分运用战略管理理论,解决好北斗二号卫星工程面临的一系列战略问题,如战略需求分析、战略环境分析和发展战略选择等。

2. 系统的广泛应用对系统的需求分析与论证提出了更高的要求

系统应用是系统建设的出发点和落脚点。北斗二号卫星系统要支撑多种类型任务的实现,要提供给不同层次、不同类型用户使用,并且使用的过程和方式也不尽相同。这对系统的需求分析与论证提出了更高的要求。需求是系统建设的目标和方向,系统需求正不正确、合不合理很大程度上影响着系统的应用与推广,决定了系统建设的效益和水平。北斗二号卫星导航系统在体系结构和信号体制等方面表现出较高的复杂性,作为一项长期的工程,所处环境复杂多变,导致需求具有诸多不确定性因素,需求变更时有发生。这给北斗二号卫星导航系统的需求分析和论证提出了很大的挑战,势必需要更加科学有效的需求论证方法和手段,确保系统建设的顺利进行,减少建设过程中的反复。

3. 系统的整体性、关联性、协调性对高效的组织机制和管理模式提出了更高的要求

中国航天事业自创建以来,在系统工程理论方法的指导下,依靠广大航天科技人员和管理人员的共同奋斗,取得了一个又一个的成功。我国的火箭、卫星、导弹等航天产品已经成系列,基本建立起相对配套的研究、设计、生产和试验体系,培育了独特的航天文化,造就了一支素质好、技术水平高的航天技术和管理队伍,探索出一套有效的航天工程管理模式。其中具有代表性的是强调总体设计的技术管理模式和建立"两总系统"的组织管理模式。

北斗二号卫星导航系统作为一项重要的空间信息基础设施,对国家的国防安全、政治地位、经济建设和科技发展至关重要。系统的建设和应用涉及众多的行业和部门,各自所关注的角度不同,各个部门在系统建设和应用中承担的任务和责任也各不相同。系统的整体性、关联性和协调性极强。因此,必须在传统航天工程组织管理模式的基础上,建立新的组织机构,探索更为高效的组织机制和管理模式。

4. 工程建设时间紧、任务重对组批生产和高密度发射提出了更高的要求

有中国特色的航天工程管理模式在航天型号项目研制中得到了广泛应用,取得了巨大成就。但这主要是针对单个航天产品或系统,如卫星的研制或火箭的研制,即传统的航天工程管理模式是以单个产品为核心。北斗二号卫星工程建设不仅应用范围广、协调层次高,而且星地一体、联系紧密,单颗卫星发射成功并不意味着整个卫星组网的成功。北斗二号卫星工程在8年内完成所有卫星和火箭的研制生产和组网发射,时间紧迫、任务艰巨,传统单星单箭科研生产管理模式,无法适应工程对宇航产品的新要求,必须针对新任务、新特点、新要求,建立宇航产品组批生产组织管理模式,提高卫星高密度发射的能力。必须实现工程管理模式的转变,以推动北斗二号卫星导航系统的整体发展,提高系统的服务质量,实现我国卫星导航系统的产业化发展。

北斗二号卫星工程的组批生产和高密度发射对工程的规划和计划提出了较高要求,特别是在进度计划方面,要求必须采用有效的方法和手段,确保工程进度顺利推进。一方面,北斗二号卫星工程的规划计划层次多,包含了最高层次的系统战略规划、工程大总体层次的整体建设计划、各大系统层次的计划,以及单机级和元器件级的研制计划。必须建立综合的规划计划体系,确保每一个层次的计划都有专门的责任人,不同层次的计划之间能够互相协调、沟通,促进系统建设的整体推进。另一方面,北斗二号卫星工程计划涉及的内容多、范围广、时间跨度长、不确定因素多。必须采用多种计划管理方法,针对不同类型计划的特点,实施科学有效的管理。

5. 系统的高精度、高稳定、高可靠对质量和可靠性管理提出了更高的要求

北斗二号卫星导航系统是我国首个大型组网航天系统,是促进航天工业上台阶、上水平的标志性项目,要实现箭星的组批生产和组网运行,达到最终系统连续可靠稳定运行,对产品的质量可靠性提出了更高要求。由于北斗二号卫星工程任务多、范围广,在工程建设过程中,一旦中间环节出现质量问题,将严重影响整个工程的建设。在系统组网成功并正式投入运行后,若是关键环节出现质量可靠性问题,对整个系统会造成更加严重的后果,影响系统的精度、连续性、完好性和稳定性。可以说,质量可靠性问题事关整个北斗二号卫星导航系统建设的成败。北斗二号卫星工程的质量可靠性工作,必须强化设计、分析、验证等环节的工作,实现质量重心前移。

6. 工程建设和系统运行对风险管控提出了更高的要求

对工程进行风险分析,并采取有效的措施控制风险,是工程管理的重要内容。针对北斗二号卫星工程这样一个庞大复杂的航天工程,更是需要风险分析与控制的有效方法和手段。北斗二号卫星工程任务分工复杂,涉及很多不同的单位,项目协调管理的难度较大,技术上和管理上都面临很多不确定因素。北斗二号卫星工程的风险类型多,包括卫星发射风险、卫星组网风险、系统关键技术指标实现风险、系统连续稳定运行风险、频率与轨位风险等。这需要在工程实践中不断探索,系统地分析和梳理工程研制建设过程中各个环节可能存在的风险或故障模式,通过预先制定规避风险和排除故障的措施,通过系统研制过程中有效的试验与评价,以及提高产品成熟度等措施,有效应对风险,确保北斗二号卫星工程圆满完成。

7. 多系统、多阶段、多部门、多要素对综合集成管理提出了更高的要求

北斗二号卫星工程中诸如运载火箭和卫星等航天产品由于技术水平高、结构复杂,是多学科和技术的综合集成,其研制生产的管理已经呈现出管理复杂性的特点。北斗二号卫星工程作为这些复杂产品和系统的有机结合,其复杂性管理的特点进一步凸显。北斗二号卫星工程管理过程中,不仅要处理系统内部的常规管理问题和系统层次的问题,而且还要处理系统与系统之间的交互所带来的系统复杂性问题。

北斗二号卫星工程建设涉及多个系统,其建设过程涉及多个阶段,如关键技术攻关、产品初样研制、正样研制、卫星发射与组网、系统运行和推广等。系统建设和运营涉及多个部门。工程建设涉及多个目标,如工程进度、成本、可靠性、精度、连续性、完好性等,这些目标彼此约束,在一定程度上存在相互矛盾和冲突。工程建设还涉及各个管理要素,如人员、物资、设备、基础设施、政策法规等。因此,北斗二号卫星工程管理过程中,必须通过科学有效的方法和手段将不同系统、不同阶段、不同部门、不同目标、不同要素综合集成起来,形成一个有机联系的整体,并加以管理。

同时,北斗二号卫星工程具有很强的总体性,必须组织一个强有力的总体管理与技术研发机构,系统地开展工程总体管理、设计、试验、评估和集成等工作,实现全过程闭环的技术状态控制与管理,为工程研制建设提供有力的支撑。系统总体结构的设计、试验和评定等工作直接关系到整个系统建设和应用的成败,这对研制队伍的技术和管理水平提出了很高的要求。

8. 系统应用广、用户量大,对系统运营管理提出了更高的要求

北斗二号卫星导航系统与其他航天系统的显著区别在于其应用非常广泛,用户量巨大,是一个"千家万户"都要使用的系统。应用和服务是北斗二号卫星导航系统建设的出发点和落脚点。这不仅要求系统在建设之前必须有科学的战略分析、战略定位和准确的需求分析,而且要求在系统建设过程中要同步考虑应用和产业化,以及商业推广的问题,做到建设与应用并举。北斗二号卫星导航系统的运行、使用和维护涉及不同的单位和部门,这些单位来自不同的领域,隶属不同的机构。在系统的运营管理中,需要有效地组织这些相关单位和部门,积极协调可用资源。此外,系统的运营管理中还需要解决服务观念的问题。中国的导航体制要求有主动服务观念,任何的被动服务或消极服务都会影响北斗卫星导航系统应用范围的拓展。由于北斗市场占有率并不高,特别需要北斗导航服务管理部门增强主动服务观念,加大对北斗导航系统的宣传,加快北斗导航系统的建设与应用步伐,提高北斗导航用户接收机的性能,减小体积,降低价格,从而迅速扩大北斗导航系统的用户群体。

9. 系统技术复杂、创新性强对科技创新管理提出了更高的要求

北斗二号卫星导航系统涉及的关键技术多,科技含量高,工程建设难度大,系统建成后,还将与国外同类型的系统进行竞争。这要求北斗二号卫星导航系统的建设必须进行持续不断的科技创新,坚持持续创新的发展之路,对技术、设计和管理等进行持续改进。在关键技术领域采取自主创新策略,掌握一批拥有自主知识产权的核心技术,不断增强我国在卫星导航领域的核心竞争力。对于一些重大科技专项,采用消化吸收引进的二次创新战略模式和集成创新战略模式,通过开放的产品平台集成各种各样的技术资源,以技术集成创新研发新产品。

此外,北斗二号卫星导航系统的工程建设要求我国航天研发生产要实现从"作品""作坊"到"产品""产业"的转型,从逐个卫星研制走向组批化生产,从单星管理走向组网运行管理,从以卫星为核心转向以系统服务为核心,从面向行业用户扩展到面向大众用户。这对我国航天产业的体制机制改革提出了新的要求。

1.5　北斗二号卫星工程管理措施与成果

针对工程建设过程中的问题和挑战,为了圆满完成系统研制建设任务,在北斗二号卫星工程的各个阶段,综合运用系统工程和项目管理的理论和方法,大胆探索适合于北斗二号卫星工程的管理方法,创新管理模式,取得了丰硕的管理成果。

1.5.1　北斗二号卫星工程管理措施

北斗二号卫星工程从立项论证阶段,到系统研制建设、在轨试验和验证,再到系统试运行和正式投入运行,工程建设人员和管理人员坚持以系统工程方法为指导,充分运用现代项目管理技术,积极应对工程建设中的各种困难和挑战,为北斗二号卫星导航系统的顺利建成奠定了坚实的基础。北斗二号卫星工程管理的主要措施如下。

1. 运用系统工程和项目管理理论方法,构建北斗卫星导航系统工程管理知识体系

北斗二号卫星导航工程建设者从一开始就面临如何认识和驾驭工程复杂性的重大挑战。针对北斗卫星导航工程面临的管理问题,认真分析和梳理工程管理涉及的系统工程和项目管理理论方法,构建一个不断完善、与时俱进的北斗卫星导航系统工程管理知识体系,建立北斗二号卫星导航系统工程理论方法、综合性管理和项目管理知识,形成北斗二号卫星导航系统建设的管理模式和管理措施。实践证明,这个工程管理知识体系对工程的建设管理具有重要的指导意义,是非常必要的。

2. 采用科学的方法对系统的发展战略进行分析和选择

由于北斗卫星导航系统重要的战略地位,在工程建设中,结合我国国情和国内外形势,运用 SWOT 方法对北斗卫星导航系统的战略环境进行了全面分析。在此基础上,明确了北斗二号卫星导航系统的战略定位。在总体战略定位的指导下,制定和选择了北斗二号卫星导航系统的发展战略,如分阶段发展战略、特色优势战略、自主创新战略、国际合作战略和应用推广与产业化战略等。

3. 重视需求工程管理,规范需求开发和管理过程

北斗二号卫星导航系统的复杂性、长期性和高不确定性,导致了系统需求难以获取,需求变更时有发生。在工程立项论证阶段,采用需求工程的理论方法,建立了"业务领域分析—功能需求分析—技术需求分析"三阶段的北斗二号卫星导航系统需求开发过程,规范了需求的开发过程和描述方法;在工程研制建设阶段和系统运行阶段,通过需求管理过程和方法实现对需求变更的有效管理。

4. 加强组织管理,培育组织文化

在工程建设过程中,运用组织管理理论,分析和设计了北斗二号卫星工程的组织结构。针对组织管理体制和组织形式的变化,利用组织设计理论,充分论证组织结构设计的影响因素。同时,在工程建设中,不断培育具有自身特色的北斗文化。

5. 统筹建设任务,建立完整的计划体系,科学有效地控制工程进度

采用工作分解结构方法,对建设任务统筹规划、合理划分,并对任务的变更进行管理和控制。在任务分解的基础上,采用网络计划技术、关键链理论和并行工程等方法,编制进度计划,建立多层次多类型的进度计划体系,并对进度计划执行过程进行监控,针对影响进度计划的不确定因素,及时采取纠偏措施。根据各项工作的地位和工程大总体以及各大系统的关系,建立完善的进度计划调整机制和流程。

6. 按照全系统全寿命的观点开展质量和可靠性工作

针对北斗二号卫星导航系统的复杂性和高精度等要求,从项目立项论证阶段就开展质量可靠性论证工作,制定质量管理方针和要求,建立健全质量管理标准,制定可靠性管理大纲,明确质量管理的工作流程,开展了大量的质量可靠性方面的研究工作。针对北斗二号卫星工程中一系列问题,对质量管理模式进行了探索和创新。

7. 系统研制建设过程中持续地开展风险管理工作

针对北斗二号卫星工程的高不确定性和高风险性,全面引入了项目风险管理,持续地开展风险管理工作。借鉴国内外航天工程风险管理的经验,结合北斗二号卫星工程的实践,运用项目风险管理的基本理论,从树立风险意识开始,将风险管理贯穿于工程实施的全过程。采用层次全息建模方法、故障树分析法、现场调查法、蒙特卡洛模拟、模糊综合评价等方法对风险进行识别、评估和等级划分。针对具体的风险因素,制定不同的风险预案,以控制和降低风险。

8. 重视信息沟通,建立完善的信息沟通机制

北斗二号卫星工程涉及面广、参研单位和人员多,为了提高沟通效率,促进决策意见的形成和实施,在信息沟通需求分析的基础上,建立了完善的信息沟通机制、沟通管理计划和信息沟通平台。

9. 实施全系统技术状态管理

为了准确、全面地描述北斗二号卫星导航系统产品的技术状态,实施了全系统的技术状态管理,建立功能基线、研制基线和生产基线,并对这些基线的更改进行控制和管理,实现全系统技术状态的可查询和可追溯。

10. 大力开展试验与评价管理

对北斗二号卫星导航系统的各类试验进行了分类管理,明确了试验与评价的地位和作用,确定了试验与评价的原则和基本内容。探索了北斗二号卫星导航系统的矩阵式试验管理,建立了试验与评价的流程,制定了各类试验大纲。在工程建设中,开展了试验与评价的计划管理、质量管理、装/设备管理和人才管理等活动。

11. 应用产品成熟度评价技术,提高工程的研制质量和水平

在北斗二号卫星导航系统的研制建设和运行中,应用产品成熟度评价方法,对技术成熟度、集成成熟度、系统成熟度、制造成熟度和产品成熟度等进行度量和评估,对成熟度等级进行了划分。重点开展了产品成熟度的研究,建立了产品成熟度的评价目标和标准,在各大系统的工程实践中,充分运用产品成熟度管理技术,进行持续不断的改进,提高工程研制质量和水平。

12. 探索系统综合集成管理的方法和模式

针对北斗二号卫星工程中多系统、多阶段、多要素、多部门和多学科之间的集成问题开展创新性研究,提出了有效的集成管理方法,结合总体设计、总体计划、总体协调和总体集成等具体工作,探索建立了北斗二号卫星工程大总体集成管理模式。

13. 大力开展科技创新管理活动

作为一项大型国防科技研发类项目,北斗二号卫星工程过程中,大力开展了各项科技创新管理活动,从科技创新战略、创新管理模式、创新管理制度、创新人才管理、创新文化管理和知识创新管理等方面,搭建了科技创新平台,为工程建设中技术创新提供了有效支撑。

14. 建立应用推广与产业化工作体系

针对北斗二号卫星导航系统的应用推广与产业化工作,制定了相应的战略方案和战略目标,分别从系统应用、产业发展和建设期间三个方面对该系统应用推广与产业化的需求进行了分析,建立了独特的应用推广与产业化工作体系。

1.5.2　北斗二号卫星工程管理成果

北斗二号卫星工程是航天应用的示范工程,质量可靠性的典型工程,自主创新的推进工程,科技进步的牵引工程。工程面临从单星单箭研制到多星多箭组批生产、从单星独立工作到多星组网运行、从先建后用到边建边用等前所未有的跨越与挑战,工程全线人员通过科学的总体规划,实施全寿命、全要素的统一管理和监控,在航天领域率先推行产品化、产业化的管理思想和方法,探索实践了北斗系统建设特色管理之路。工程建设中,勇于创新管理模式,在工程总体、宇航产品、组网发射、系统运行、质量控制、系统服务等方面取得了丰硕的成果,并锻造了一支高水平的卫星导航人才队伍,孕育了北斗精神和文化。

1. 建立了以系统为核心的航天工程管理模式

北斗二号卫星工程建设不仅应用范围广、协调层次高,而且星地一体、联系紧密,传统的"以卫星为核心"的航天工程组织管理模式难以适应,必须推行和建立"以系统为核心,面向应用、面向服务"的系统工程组织管理模式。决策机构方面,成立了国家有关部门和研制部门组成的北斗二号卫星工程领导小组,实施跨部门高层决策,确保了系统建设、应用、服务等重大问题决策的有效性和高效率。协调机制方面,在传统工程两条指挥线的基础上,按照系统工程动态管理的要求,构建了工程领导小组会、工程大总体会、工程总师办公会和专题协调会等多层次、多维度的协调机制,加强了技术状态控制,突出了建用协调,确保了工程管理模式的高效运转。责任落实方面,突出应用、频率地位,将应用系统、频率工作与工程其他各大系统一道,纳入责任体系。明确了第一责任人、直接责任人、抓落实责任人,确保了系统建设、应用推广、频率工作的责任清晰、整体联动,有力推动了系统工程理念的贯彻和应用服务工作的整体谋划。系统评估方面,以独立于运行系统之外的大总体仿真验证与试验评估系统为支撑,对系统性能和运行状态进行连续监测与评估,实现了从设计到实现、从监测到评估的闭环技术状态管理与控制,建立了竞争、监督、评价、激励机制,强化了系统技术状态管理,保证了系统建设整体最优。

2. 建立了宇航产品组批生产管理模式

北斗二号卫星工程突破传统单星单箭科研生产管理模式,建立了宇航产品组批生产组织管理模式。顶层谋划方面,按照系列化、通用化、产品化的思路,制定了"集中设计、统一状态,全面投产、分批验收,流水作业、滚动备份"的宇航产品组批生产总体策划,有力指导了北斗二号星箭产品研制生产。物资配置方面,针对元器件原材料依赖进口、需求数量大、供应周期长等难题,分析物资供应保障链薄弱环节,采取提前储备、集中采购、滚动备份、灵活调配的措施,保证了批量产品物资供应的持续、通畅、稳定。研制流程方面,针对任务密集、多线并举、环环相扣等特点,采取产品并行测试、优化测试项目、整合出厂流程等一系列措施,实现流程优化再造,缩短研制周期,提高测试效率,保证了星箭组批生产的高效运转。状态管理方面,针对产品数量多、一致性要求高,性能持续提升、状态分段固化等特点,创新宇航产品数据包管理,强化信息化技术手段建设,建立批产质量问题数据库,保证了卫星、火箭批产技术状态的有效管控。

3. 建立了高密度测发控的组网发射管理模式

北斗二号卫星工程要采用三种火箭、两种发射方式,实现三类轨道的卫星组网发射。针对发射任务密度高、成功率要求高、判断决策风险高等特点,探索实现了高密度测发控的组织管理模式。流程方面,针对传统发射流程中卫星测试发射准备时间长、星箭运输转运程序复杂等不适应密集发射、高效组网的情况,采取了整星空运、多星并行测试、星箭组合体整体转运、一箭双星发射、优化测试发射流程等措施,缩短了发射场测试周期,大大提高了组网效率。组织方面,针对多型号并举、高密度发射条件下,任务转换时间短、发射窗口控制严、计划调整余量小等特点,采取了提前协调、物资常备、岗位备份、强化演练、快速判读、快速归零和举一反三等措施,实现了快速响应和快速恢复,使西昌发射场具备了高密度发射的能力。保障方面,针对组网发射保障条件要求高、测试资源占有量大、数据处理工作量大、质量安全可靠性要求高等特点,采取了双厂房保障卫星测试、双工位保障测试发射、远距离测发控模式、仿真手段提高可视化演练水平等措施,有力保障了北斗组网阶段3年14颗卫星的高密度发射任务。

4. 强化了事前控制的质量管理模式

工程大总体强化设计、分析、验证,实现质量重心前移,构建了以预防为主的"事前控制"质量管理模式。事前策划方面,针对卫星导航系统快速组网、稳定运行对星箭产品高可靠性、一致性和长寿命的高要求,深入分析航天质量管理与工程要求的差距,实施质量可靠性专项工作,强调从试验故障纠错模式向设计分析验证模式转变,对薄弱环节、潜在隐患和风险及关键设备进行再设计、再分析、再验证,实现了质量重心前移。过程控制方面,针对北斗二号卫星工程产品种类多、数量多、新技术多,各环节之间的关系复杂,星地一体化组网运行风险高的特点,实施了全过程质量控制。在立项阶段,制定了可靠性质量保证大纲,明确质量工作计划。在方案设计阶段,开展可靠性设计,强化分析验证。在产品研制生产阶段,强化"九新"分析、关键环节、关重件控制。在总装集成测试过程中,注重产品最终状态确认和试验、测试覆盖性确认,强化数据判读比对工作。实现了过程中对质量的精细化控制,缩短了质量问题归零时间。专业化保障方面,针对北斗二号卫星工程对组批生产要求高、产品化设计一致性控制难的特点,推行工艺、测试、生产专业化保障,专门设立总工艺师,建立专业工艺保证队伍,实现了对生产过程的专业化控制。推行设计与生产分离,组建专业化生产队伍,依托技术状态控制委员会,对产品技术状态变更进行严格审查和把关,保证了产品状态和生产过程的有效控制。组建专业化测试队伍,实现了设计与测试分离,保证了测试的独立性和公正性。

5. 建立了立体推进的系统服务管理模式

北斗二号是典型实用航天系统,应用是工程建设的出发点和落脚点,工程建设以"系统建成之时就是提供服务之日"为目标,统筹考虑建设与应用、国内市场与国际市场等多维度因素,建立了立体开发、整体推进的组织管理模式。建设与应用方面,按照"建用统筹、边建边用、以建带用、以用促建"的总体思路,从顶层上分别建立了建设规划与应用规划,通过两个规划的齐头并进、统筹联动,实现了建用并举,缩短了建设周期,加快了应用步伐,系统建成后两个月即对外提供正式服务。

国内市场与国际市场方面,按照北斗二号卫星导航系统既要满足国内需求,又要面向国际市场的要求,结合国内现状,对照国际标准,整合国内国际各类需求,打造统一的应用推广平台,建立统一规范,搞好内外统筹,同步开展应用示范,营造国内国际协调发展、整体推进的良好局面。

6. 锻造了一支经验丰富的卫星导航人才队伍

事业锻造队伍,队伍是事业发展的关键要素。北斗事业的持续发展,为卫星导航专业人才的培养提供了难得的历史机遇和广阔空间,导航专业人才队伍迅速发展壮大。北斗二号卫星工程的实践,凝聚了一支工程总师和高级专家队伍,在工程重大技术决策、扭转工程被动局面以及把控工程建设方向等方面发挥了重要作用,是工程建设的主心骨。锻炼了一支以各大系统总指挥、总师为龙头的工程型号两师队伍,担当起工程型号研制建设指挥和设计的重任,是工程建设的核心。培养了一支以年轻技术骨干为主体的专业技术队伍,在工程研制建设一线埋头苦干、百折不挠、建功立业,是工程建设的生力军。

7. 孕育了北斗精神和文化

事业孕育精神,精神文化是事业发展的强大动力和力量源泉。参加北斗卫星导航系统研制建设的所有同志继承和发扬"两弹一星"精神,发扬"严、慎、细、实"和"一丝不苟,分秒不差"的优良作风,大兴求真务实之风,以寝食不安、夜以继日的工作精神,肩负起历史的使命,与时俱进,开拓创新,顽强拼搏,为我国卫星导航事业续写新的篇章,圆满完成了工程建设的各项任务,不断创造了我国航天事业的新辉煌。千千万万北斗人孕育的"自主创新、团结协作、攻坚克难、追求卓越"北斗精神,已成为我国航天精神的核心要素和重要组成部分,体现了当代社会主义核心价值观。

1.6 本书目标定位和篇章结构

本书的目标定位是按照北斗二号卫星导航系统建设"质量、安全、应用、效益"的指导思想,从战略管理、系统工程、项目管理和科技创新管理等现代管理理论方法的角度,对北斗二号卫星导航系统建设的管理工作进行全面系统的总结,总结成功的管理经验,提炼科学的管理方法,为工程的后续建设提供科学的指导。本书所涵盖的范围包括北斗二号卫星导航系统论证、立项、研制建设、正式投入运行整个过程中开展的管理活动。

全书的篇章结构是在北斗二号卫星工程管理实施举措和创新成果的基础上,根据第2章"北斗卫星导航系统工程管理知识体系"而设计的。在这个管理知识体系中,创新提出了北斗二号卫星导航系统的战略管理、需求工程、综合集成管理和科技创新管理四个方面的综合性管理知识及组织管理、任务管理、进度管理、费用管理、质量与可靠性管理、风险管理、采购与合同管理、信息沟通管理、技术状态管理、试验与评价管理、产品成熟度管理等 11 个领域的项目管理知识。全书共分 17 章，包括绪论、工程管理知识体系、战略管理、需求工程、组织管理、任务管理、进度管理、费用管理、质量与可靠性管理、风险管理、采购与合同管理、信息沟通管理、技术状态管理、试验与评价管理、产品成熟度管理、综合集成管理和科技创新管理，构成了"一纵一横"的各章关系结构图，如图 1.1 所示。

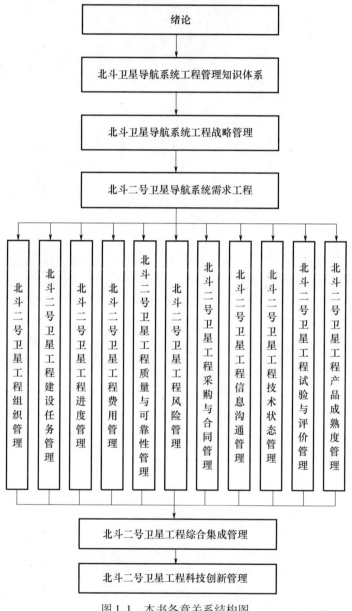

图 1.1　本书各章关系结构图

北斗二号卫星导航系统要总结的工程管理理论与实践内容很多，由于篇幅所限，只能筛选部分有代表性的管理成果反映到本书中，力求把管理工作的亮点认真加以总结，力求工程大总体和各大系统的管理成果在书中都有充分的体现。因此，每一章都是按照先工程大总体后各大系统的顺序介绍系统建设各个阶段、各个层次所开展的管理活动、应用的管理方法，以及取得的管理成果和管理经验。

第2章 北斗卫星导航系统
工程管理知识体系

北斗卫星导航系统建设投资规模大、研制周期长、系统技术复杂、要求高、参研单位多、协调面广,是一项重大的科技工程和复杂的系统工程。从北斗二号卫星导航工程的管理实践看,管理者面临如何认识和驾驭工程复杂性的重大挑战。因此,综合运用"系统工程+项目管理"的管理理论方法,针对北斗二号卫星导航工程面临的管理问题,构建北斗卫星导航系统工程管理知识体系,对工程的研制建设进行科学管理是非常必要的。

2.1 卫星导航系统工程

2.1.1 卫星导航系统工程的概念

系统工程是重大科技工程研制建设的产物。第二次世界大战期间,美国在研制原子弹的"曼哈顿计划"中,运用系统工程方法进行了富有成效的组织管理,1944年5月世界上第一颗原子弹试验成功,对推动系统工程的发展起到了巨大作用。1969年,"阿波罗"登月计划的实现,是系统工程应用的辉煌成就,它标志着人类在重大科技工程的组织管理技术上迎来了一个新时代。"阿波罗"登月工程有运载火箭系统、载人飞船系统、跟踪和数据系统、发射和飞行指挥系统4大系统,有860多万个零部件,还有众多的子系统,各子系统之间接口关系复杂,是一项复杂的系统工程。由于运用了系统工程的理论方法,结果提前两年成功将3名宇航员送上月球。美国国家航空航天局(NASA)在"阿波罗"登月计划的方案开发和选择、详尽的工程研制规划制定、总体性能指标控制等方面,创立了矩阵式管理技术、技术预测关联树法(PATTERN)、计划协调技术(PERT)、图解协调技术(GERT)、风险评审技术(VERT)等许多系统工程管理的新技术,出版了《工程管理》《系统工程分析》《系统工程管理指南》等系统工程专著和管理手册。从20世纪40—70年代,系统工程经历了由产生、发展到初步形成的发展阶段,其应用范围已从传统的工程领域发展到社会、经济、生态、环境、军事等多学科领域,应用领域十分广泛。但是,系统工程作为一门新兴的综合性的边缘(交叉)科学,无论在理论、方法和应用上都还处在发展之中,必将随着基础理论、工程技术、计算机应用的发展而不断发展。

系统工程在我国比较系统和有组织的研究和运用始于 20 世纪 60 年代。当时,在著名科学家钱学森的倡导和支持下,系统工程在"两弹一星"等国家重大科学工程研制方面进行了成功的应用,取得了显著成效,为重大科学工程的系统工程管理进行了许多探索。钱老在总结国防工业部门设立"总体设计部"的经验和作用,以及系统工程在国防尖端技术攻关中的应用实践时,给系统工程下了一个精辟的定义:"系统工程是组织管理'系统'的规划、研究、设计、制造、试验和使用的科学方法",是一种对所有"系统"都具有普遍意义的科学方法。强调"系统工程是一门组织管理的技术"。

系统工程从一开始很多学者就把它定义为一门新兴的综合性的边缘(交叉)科学,是传统工程技术和系统科学交叉结合的产物,系统工程与各门传统工程科学交叉结合就形成了各门系统工程。按照钱学森对系统工程的定义,我们认为卫星导航系统工程就是将相关的科学和工程技术知识或成就应用于:

(1)通过运用定义、综合、分析、设计、试验和评价的反复迭代过程,将卫星导航系统的需求转变为一系列系统性能参数和系统技术状态的描述;

(2)综合有关关键技术和参数,确保卫星导航系统的软硬件设备、功能和接口的兼容性,以优化整个系统的设计;

(3)将质量和可靠性以及其他有关因素综合到卫星导航系统研制工作中去,以满足费用、进度、保障性、技术性能指标和推广应用的要求。

从上述卫星导航系统工程的定义可以看出,卫星导航系统工程既是一个系统研制建设的工程技术过程,又是一个从方案论证、到系统研制、再到投入运行的组织管理过程。为了顺利完成系统的研制并投入运营,在整个系统寿命周期内,技术和管理两方面都很重要。卫星导航系统工程的主要任务是组织协调系统内部各部门、各大系统、各分系统、各要素的活动,使它们为实现系统整体目标最优做出应有的贡献。因此,卫星导航系统工程也可以认为是以卫星导航系统为研究对象,使系统建设和运行整体达到高度协调和优化,实现费用、进度、保障性、技术性能总体要求的科学方法,是系统工程在卫星导航工程领域的具体应用。

2.1.2　卫星导航系统工程的特点

北斗二号卫星导航系统作为一项重大的航天工程,除了具有一般航天工程的特点外,还具有本系统自身的许多特点。对北斗二号卫星导航系统的特点,在第 1 章中作了比较详细的介绍。概括起来讲,北斗二号卫星导航系统主要有高精度、高可靠、高稳定、持续性、多用途等特点。北斗系统的这些特点,使得北斗二号卫星导航系统工程对于整体性、关联性、协调性、最优性等方面的目标要求更高。因此,北斗二号卫星导航系统工程管理的主要特点如下。

1. 整体性

整体性是卫星导航系统工程最基本的特点,卫星导航系统工程把所研究的对象看成一个整体系统。这个整体系统是由空间段、地面控制段和用户段三大部分组成。空间段主要是指由导航卫星构成的导航星座,多星组网运行。地面控制段主要由主控站、监测站、时间同步/注入站以及站间通信信道等组成。用户段主要包括各类用户接收机,以及为满足用户特殊需求而建立的各种增强服务设施。要边建边用,建用并举,探索北斗系统建设特色之路,实践"以系统为核心,面向应用、面向服务"的系统工程组织管理模式。因此,在系统建设和应用过程中,总是要从整体性出发,从大总体和各个大系统之间的相互依赖、相互制约关系中去研究系统的特点和规律,从整体效能和效益出发去实现整体系统各组成部分的有效运转。

2. 关联性

卫星导航系统工程在分析和处理问题时,不仅要考虑整体与局部之间、各部分之间的相互关系,而且还要优化处理好各大系统的关系。从卫星导航系统基本工作原理就可以了解到,各组成部分的接口关系和信息流程十分复杂:地面监测站与时间同步/注入站对卫星下行的导航以及时间比对信号进行接收、处理,并通过站间通信信道送到主控站,主控站根据这些信息处理生成导航电文,并通过主控站、注入站上行注入到卫星;卫星接收、存储导航电文,进行处理后按星上时间进行扩频、调制生成导航信号,向用户发播;用户机接收导航卫星发播的无线电信号和广播信息并进行处理,就可以确定用户的位置、速度、当前时间以及其他导航参数。因此,系统各部分之间、各部分与整体之间的相互关系和作用直接影响到系统整体性能,优化处理好它们的接口关系便可提高系统整体性能。

3. 协调性

北斗卫星导航系统建设和应用涉及的行业、部门很多,为此,成立了由国家有关部门、研制部门组成的北斗二号卫星工程领导小组,实施跨部门高层决策,确保系统建设、应用、服务等重大问题决策的科学性和有效性。在工程建设方面,设立工程大总体,对工程研制建设的重大技术和计划问题进行协调确定,负责总体方案设计、系统接口关系协调确定、专题研究、大型试验与集成、测试评估、国际合作、技术基础,以及工程大总体协调的技术支撑工作。航天科技集团公司中国空间技术研究院负责北斗二号卫星的研制生产。航天科技集团公司中国运载火箭技术研究院负责研制生产运载火箭。地面运控、应用、测控、发射系统由国内数十家单位承担研制及建设任务。因此,卫星导航系统建设涉及的部门多、单位多,关联因素很复杂,学科领域也较为广泛,要开展工程总体方案设计、系统间指标分配与协调、编制系统间接口控制文件,进行系统间大型试验和大系统性能指标评估,建设工程总体仿真验证与测试评估系统,开展工程设计改进和卫星导航新技术研究,掌握各大系统的研制建设进度、技术状态及更改等,需要一个良好的协调机制。因此,卫星导航系统工程必须综合研究各种因素,综合运用各门学科和技术领域的知识,按照系统工程过程管理的要求,在传统的工程两条指挥线的基础上,加强工程大总体综合协调能力,使各部门、各建设单位相互配合,协调一致,确保工程的顺利进行。

4. 最优性

系统整体性能的最优化是卫星导航系统工程所追求并要达到的目标,系统工程是实现系统最优化的组织管理技术。在充分利用北斗一号系统成熟技术,借鉴国外卫星导航系统建设成功经验的基础上,通过各种渠道积极开展国际合作,按国际电联规则积极开展国际协调工作,引进关键设备,学习管理经验,充分吸取国外卫星导航系统建设和使用的经验教训,提高二代卫星导航系统的研制起点,降低系统建设风险,加快建设步伐。一方面要协调处理好各大系统的关系,另一方面要军民融合,协调发展,积极开发国内外民用市场,协调处理好各大部门和用户的关系。因此,系统工程并不追求构成系统的个别部分最优,而是通过协调各部门、各大系统的关系,使整体系统目标达到最优。

整体性是北斗卫星导航系统工程遵循的基本点,各大系统的关联性和各部门的协调性是北斗卫星导航系统工程实践的着力点,最优性是北斗卫星导航系统工程追求的最终目标。因此,北斗卫星导航系统工程就是以系统科学为理论基础,从用户需求出发,在技术、费用、进度和风险要求约束下,组织管理系统的规划设计、任务分解、接口协调、状态控制、综合集成、试验验证、效能评估、测试验收、使用维护、退役更新等全寿命过程活动,构建一个满足用户需求、整体目标优化的北斗二号卫星导航系统。

2.1.3　卫星导航系统工程理论方法

北斗卫星导航系统工程理论方法是根据北斗卫星导航系统工程的特点,在对系统工程理论方法进行剪裁和创新应用的基础上建立的。因此,这里所讲的北斗卫星导航系统工程理论方法包括了具体的理论、方法、技术、软件工具、过程控制、流程优化、决策程序、接口管理、标准规范等,用到的系统工程理论方法主要包括系统工程方法论,以及系统工程方法论指导下的系统分析方法、系统评价方法、系统决策方法、系统仿真方法和网络计划方法等具体方法。结合卫星导航系统重大工程背景及面临的管理挑战,北斗卫星导航系统工程理论方法主要有卫星导航系统工程方法论,系统需求分析与论证,卫星导航系统寿命周期各个阶段的方案评审与鉴定、成熟度评价,多目标决策及性能、进度、费用、风险和保障性等方面的综合权衡,各大系统及组网仿真试验,基于网络计划方法的工程进度/费用的计划管理,以及过程控制、流程优化、决策程序、接口管理、标准规范等。

1. 系统工程方法论

卫星导航系统工程方法论是研究和探索卫星导航系统问题的一般规律和途径的方法,它的主要工作是明确卫星导航系统寿命周期各个阶段的过程系统、分析步骤和知识体系,在此基础上,对管理模式、过程控制、流程优化、协调机制和决策程序进行管理创新。一般情况下,对象系统都包含"硬件"单元、"软件"要素和人的因素,系统具有复杂性和不确定性。因此,要有独特的思考问题和处理问题的方法,要用多种技术方案进行分析和求解。这就是我们要讲的系统工程方法论,其主要特点是研究方法强调整体性,技术应用强调综合性,管理决策强调科学性。系统工程方法论就是系统观,就是关于事物的整体性观念、相互联系的观念、发展演化的观念。即全面地而不是片面地、联系地而不是孤立地、发展地而不是静止地看问题。系统工程方法论把卫星导航系统看作是一个有机整体,各分系统之间相互联系,缺一不可。系统工程方法论有很多,在卫星导航系统建设中,应用最多、最具代表性的系统工程方法论是霍尔(A. D. Hall)的"三维结构"模型、并行工程方法学、钱学森的综合集成方法和美国国防部的体系结构框架等。

1) 霍尔的"三维结构"模型

1969 年美国工程师霍尔提出"三维结构",对系统工程的一般过程做了比较清楚的说明,它将系统的整个管理过程分为前后紧密相联的 6 个阶段和 7 个步骤,并同时考虑为完成这些阶段和步骤的工作所需的各种专业技术和管理知识。"三维结构"由时间维、逻辑维和知识维组成,如图 2.1 所示。

在霍尔的"三维结构"模型中,时间维表示从规划、方案到更新,按时间顺序排列的系统工程全过程,包括规划、方案、研制、生产、运行、更新等 6 个阶段;逻辑维是指每个阶段所要进行的工作步骤,是运用系统工程方法进行思考、分析和解决问题时应遵循的一般程序,包括明确问题、选择目标、系统综合、系统分析、方案优化、做出决策、付诸实施等 7 个步骤;知识维是指完成上述各种步骤所需要的各种专业知识和管理知识,包括工程技术、经济学、法律、数学、管理科学、环境科学、计算机科学等方面的知识。

运用系统工程知识,把 6 个时间阶段和 7 个逻辑步骤结合起来,便形成霍尔管理矩阵(见表 2.1)。矩阵中时间维的每一阶段与逻辑维的每一步骤所对应的点 a_{ij}($i = 1, 2, \cdots, 6; j = 1, 2, \cdots, 7$)代表着一项具体的管理活动。矩阵中各项活动相互影响,紧密相关,要从整体上达到最优效果,必须使各阶段、步骤的活动反复进行。反复性是霍尔管理矩阵的一个重要特点,它反映了从规划到更新的过程需要综合、

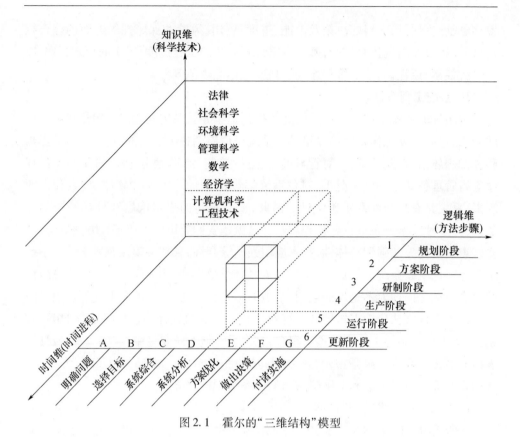

图 2.1 霍尔的"三维结构"模型

协调、分析、控制、优化和决策。因此,这个系统工程过程充分体现了计划、组织、协调和控制的职能。

表 2.1 霍尔管理矩阵

逻辑维(步骤) 时间维(阶段)	1. 明确问题	2. 选择目标	3. 系统综合	4. 系统分析	5. 方案优化	6. 做出决策	7. 付诸实施
1. 规划阶段	a_{11}	a_{12}	a_{13}	a_{14}	a_{15}	a_{16}	a_{17}
2. 方案阶段	a_{21}	a_{22}	a_{23}	a_{24}	a_{25}	a_{26}	a_{27}
3. 研制阶段	a_{31}	a_{32}	a_{33}	a_{34}	a_{35}	a_{36}	a_{37}
4. 生产阶段	a_{41}	a_{42}	a_{43}	a_{44}	a_{45}	a_{46}	a_{47}
5. 运行阶段	a_{51}	a_{52}	a_{53}	a_{54}	a_{55}	a_{56}	a_{57}
6. 更新阶段	a_{61}	a_{62}	a_{63}	a_{64}	a_{65}	a_{66}	a_{67}

在这个过程系统中,每一阶段都有自己的管理内容和管理目标,每一步骤都有自己的管理手段和管理方法,彼此相互联系,再加上具体的管理对象,组成了一个有机整体。霍尔管理矩阵可以提醒人们在哪个阶段该做哪一步工作,同时明确各

项具体工作在全局中的地位和作用,从而使工作得到合理安排。

北斗卫星导航系统的建设也是按照霍尔的"三维结构"模型,按照"北斗一号""北斗二号"区域和全球系统分期开展的,北斗二号卫星工程各个阶段的建设和系统运行充分体现了霍尔的"三维结构"模型和系统工程的一般过程。把系统工程过程运用于探索性强、技术复杂、投资大、周期长的北斗卫星导航工程,并与项目管理有机结合,可以优化管理过程和流程,加强过程和"里程碑"控制,明确决策程序和协调机制,创新管理模式,达到减少决策失误、降低研制费用、缩短研制周期、提高工程质量的目的。

2)并行工程——综合研制工程

并行工程(Concurrent Engineering,CE)是美国在 20 世纪 80 年代末提出、在计算机集成制造系统(CIMS)和系统工程中发展起来的工程技术,也是美国国防部在 20 世纪 90 年代乃至 21 世纪发展武器装备系统的基本管理模式。其核心内容是:强调用户需求,并把用户需求转化为完整的产品要求;强调交互作用和互相协调的并行研制过程,以便将产品的设计与制造过程和保障过程用系统工程方法综合在一起,从而在产品的整个研制过程中综合考虑其性能、可靠性、维修性和生产性;强调建立多学科(多专业)的综合产品研制机制以及计算机辅助工程环境,亦称为综合研制工程。

美国国防部对并行工程的定义是:并行工程是对产品及相关过程,包括制造过程和支持过程,进行并行、一体化设计的一种系统化方法,这种方法力图使产品开发者从一开始就考虑到产品全寿命周期从概念形成到产品报废的所有因素,包括质量、成本、进度和用户需求。

因此,并行工程所体现的主要思想如下。

(1)约束信息的并行性:设计时同时考虑产品寿命周期的所有因素,作为设计结果,同时产生产品设计规格(或 CAD 文件)及相应的制造和支持过程计划。

(2)功能的并行性:产品寿命周期所涉及的各功能领域工程活动并行交叉进行。

(3)集成性:要求实现产品及其过程的一体化并行设计,根本在于研究开发、产品设计、过程设计、制造装配和市场的全面集成。

(4)协同性:指多学科并行工程小组协同工作,即产品全寿命周期中各阶段不同领域技术人员(包括顾客和供应商)的全面参与和协同工作。

(5)科学性:并行工程采用了先进的开发工具、方法和技术,如全面质量管理、系统工程方法、仿真技术、虚拟制造技术、计算机辅助系统等。

并行工程强调加速产品开发周期、提高产品质量、降低研制成本、提供优质服务等四大要素。并行工程实际上是系统工程的深入和应用,也是一种更为广义的优化设计和综合研制工程,更加着重于集成性、综合性、协同性、并行性。

在北斗卫星导航系统的建设中,技术日益复杂,涉及的专业很多,所以综合设计始终是贯穿系统研制全过程的一项重要任务。因此,要求从系统研制过程一开始就进行传统工程、专业工程和生产工程的综合,亦即并行地进行装备传统性能、可生产性和可靠性、保障性等特性的研制,即所谓的"综合研制工程"。

综合研制过程的关键是应把以往的那种序列化的设计→生产→保障研制过程变为并行的、交互作用的综合研制过程。如图2.2(a)所示为序列化研制过程,其特点是:前一研制阶段的工作全部完成后,方能进入下阶段;前一研制阶段结束时,向下一阶段交付完整的成套信息(含图样、资料等);若前一阶段中的某些工作对后一阶段的工作造成困难或不协调时,则前一段的有关工作将予以修改,亦即产生返工或重新设计,直到该问题被解决为止。这种序列化工程研制的问题是:由于各个研制阶段是相对独立的,故前一阶段的设计人员往往是在不能充分地了解后续各阶段工作特性的情况下做出设计决策的。因此,不能很好地满足产品的功能要求,特别是产品的可生产性和保障性要求,容易造成返工、重新设计和需要较长的生产准备时间,从而使生产和保障费用过高,寿命周期费用也随之增高。

图2.2(b)所示则是并行的、交互作用的综合研制过程。这种过程要求不同的研制阶段并行进行,且有一段搭接时间,其特点是:当每一后续阶段开始时,前一阶段尚未结束。在后续阶段刚开始时,绝大多数的信息都是单向传输的(由上游向下游流动),但经过一段时间后,信息流就变成双向的了。亦即在两个阶段的人员之间有了信息交流。当后续阶段发现以前的设计中存在问题时,即可根据反馈的信息及时对上一阶段的设计进行修改,解决该问题。同样,前一阶段应当将现行的设计方案提交给后一阶段的设计人员,以便观察是否会产生矛盾和不协调的问题。如果有问题发生,综合产品研制组织内的成员将以协同的方式解决。

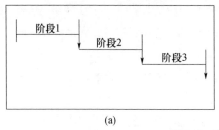 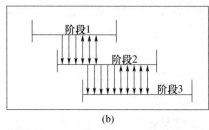

(a)   (b)

图2.2 两种研制过程

(a)序列化研制过程;(b)并行化研制过程。

因此,采用并行的研制过程可以使不同研制部门的所有成员都能了解在研产品的总目标和技术要求。采用并行的研制方法可以减少迭代循环。由于并行方法减少了重新设计、返工和迭代循环,故通常会显著地缩短研制周期、降低寿命周期费用。美国洛克希德导弹与空间企业（LMSC）采用并行工程方法研制新型号导弹，开发周期缩短了 60%。

并行工程方法在北斗卫星导航工程建设中尤为突出，在实施综合研制工程过程中，一方面开展系统的传统工程设计，另一方面同时确定该系统的生产制造过程和使用保障过程。如统筹考虑建设与应用并举的总体思路，立体开发、整体推进的组织管理模式。又如多星并行测试、一箭双星发射、组网发射、高密度测发控和宇航产品组批生产的组织管理模式，适应时间紧、任务重、标准高的新要求。从上述几个事例不难看出，并行工程组织管理模式是北斗卫星导航工程建设中重要的管理创新。

3）综合集成方法

综合集成是从整体上研究和解决复杂巨系统问题的方法论，是人—机结合、以人为主的思维方法和研究方式。钱学森等人在研究解决开放的复杂巨系统问题时，提出了"从定性到定量综合集成方法"，这是系统工程思想的新发展。这里所讲的综合集成是专家经验、统计数据和信息资料、计算机技术等三者的有机结合，构成一个高度智能化的管理决策机制。在这个管理决策机制中，集大成、得智慧，产生新思想、新知识、新方法，去解决开放复杂巨系统问题。体现了从定性判断到精确论证、以形象思维为主的经验分析到以逻辑思维为主的定量分析的系统工程思想和方法。综合集成就是创造，是实现大科学、大工程的基本途径，综合集成的关键是解决整体与局部的关系问题，实现 $1+1>2$。

系统综合集成有方法论层次上的和工程技术层次上的。方法论层次上的综合集成就是把经验与理论、定性与定量、微观与宏观辩证地统一起来，用科学理论、经验知识、专家判断相结合的半理论、半经验的方法去处理复杂系统问题。工程技术层次上的综合集成就是根据研究问题所涉及的学科和专业范围，组成一个知识结构合理的专家体系，通过各种信息、模型方法和评价决策体系以及支撑工具的集成，实现系统的建模、仿真、分析与优化。钱学森从定性到定量的综合集成工作程序如图 2.3 所示。

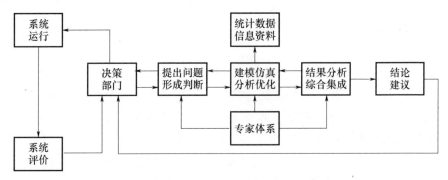

图 2.3　钱学森从定性到定量的综合集成工作程序

从科学管理的历史发展趋势看,管理方法经历了从经验管理到 20 世纪 20 年代的泰勒科学管理、再到 50 年代的系统管理、90 年代的综合集成管理的发展过程。在这个过程中,管理的对象系统不同了,要解决的关键问题也不同了,管理方法当然也就不同了,大型复杂工程建设管理面临的挑战也越来越大。北斗二号卫星工程建设不仅应用范围广、协调层次高,而且星地一体、联系紧密,是一个开放的复杂巨系统。传统的"以卫星为核心"的航天工程组织管理模式难以适应,必须推行和建立"以系统为核心,面向应用、面向服务"新的系统工程组织管理模式。因此,需要从定性到定量的综合集成方法来进行综合集成管理。在决策机构方面,成立了北斗二号卫星工程领导小组,实施跨部门高层决策,确保系统建设、应用、服务等重大问题决策的有效性和高效率。在协调机制方面,建立工程领导小组会、工程大总体会、工程总师办公会和专题协调会等多层次、多维度的协调机制,确保工程管理模式的高效运转。在系统评估方面,以独立于运行系统之外的大总体仿真验证与试验评估系统为支撑,对系统性能和运行状态进行连续监测与评估,实现从设计到实现、从监测到评估的闭环技术状态管理与控制,保证系统建设整体最优。从北斗二号卫星工程的管理实践看,这三个方面有机结合,充分体现了从定性到定量的综合集成管理创新。在第 16 章专门对北斗二号卫星工程综合集成管理进行了总结。

4)体系结构框架

体系结构是用来明确信息系统组成单元的结构及其之间的关系,以及指导系统设计和演进的原则和指南,涵盖了系统组成单元的结构、组成单元之间的交互关系、约束、行为以及系统的设计、演化原则等方面的内容。体系结构设计成果的具体形式:描述用户需求、系统能力、设计方案和技术标准等内容,说明业务和技术、信息和系统之间的彼此联系。

体系结构既是北斗二号卫星导航系统建设顶层设计的科学方法论,同时也是顶层设计成果的具体存在形式。作为方法论,体系结构规范了系统建设的套路和流程,大家遵循统一的流程来规划、开展工程建设。作为具体成果形式,体系结构描述了系统建设的用户需求、任务需求、系统需求等内容,明确了用户和任务之间、任务和系统之间的彼此联系。

美军为了应对 21 世纪安全环境的严峻挑战,提出并发布了与国防部的需求、规划、预算、系统工程以及采办决策过程紧密关联的体系结构框架 DoDAF2.0 版,具体包括全视图、作战视图、能力视图、系统视图、标准视图、数据信息视图、服务视图和项目视图等 8 个视图和 51 种产品。DoDAF2.0 将体系结构分为 4 个层次:部门层(Department Level)、能力层(Capability Level)、部件层(Component Level)和项目层(Program Level),其中部门层、能力层和部件层体系结构属于企业体系结构

（BEA）。企业体系结构是在整合了 DoDAF2.0 视图产品工具的基础上开发的,它包含了活动、过程、数据、信息交换、商业规则、系统功能、系统数据交换、术语、相关法律、规定、政策等,支持部门层、能力层、部件层的规划计划、需求、采办等活动。项目体系结构包括项目知识体系、管理体系、项目视图、项目组成、项目技术组成、项目与能力的关系等,支持作战人员、技术人员、采办管理人员的活动。这些层面的体系结构框架可分别用于国防部的规划、需求分析、预算、采办等各项决策活动,全面支持国防部的联合能力集成与开发系统(JCIDS)、规划计划预算与执行过程系统(PPBES)和国防采办系统(DAS)制度。

北斗卫星导航系统的体系结构框架是由用户、任务、系统、服务、接口标准等视图以及视图产品工具构成的。通过这类系统体系结构框架来实现北斗卫星导航系统的需求分析、体系结构设计和综合集成。例如北斗二号卫星导航系统需求分析涉及多种业务、技术领域以及各级各类管理、应用、研制部门和相关人员,承担了需求提出、需求开发等角色,通常会以自己的职能任务为视角,采用相应的表述方式,对系统的功能或者系统组成提出自己期望的需求。这些需求的表述由于提出的角度不同、描述的方式不同、需求的内涵不同,很难形成一个具有全局性、一致性、完整的需求理解和需求规格,直接影响系统的研制。

从不同的角度进行系统需求描述,以形成对系统的一致性理解,采用基于多视角的需求描述方法。一方面能够较方便地反映各类人员从不同视角确定的系统能力需求;另一方面也具有直观、易懂等特点,易于形成对系统需求的整体理解。

需求内容包括了任务需求、使用需求和系统需求。任务需求主要包括任务背景、使命任务、业务样式、使用环境以及组织编成等;使用需求主要包括业务流程、信息需求、系统能力和功能、技术指标等;系统需求主要包括系统设计方案、系统质量、系统检验与验证以及标准化等。在第 4 章专门对北斗二号卫星导航系统需求工程进行了总结。

2. 系统工程基本方法

卫星导航系统工程的基本方法主要包括系统分析方法、系统评价方法、系统决策方法、系统仿真方法和网络计划方法等。根据卫星导航系统建设的实际需要,在系统分析方法中主要运用了 SWOT 分析方法对发展战略进行内部条件和外部环境分析,运用了需求工程方法,开展系统需求分析论证;在系统评价方法中主要开展了卫星导航系统寿命周期各个阶段的方案评审、试验评价、风险评价,以及成熟度评价;在系统决策方法中主要运用了多目标决策和性能、进度、费用、风险和保障性等方面的综合权衡;在系统仿真方法中主要采用了各个分系统及组网仿真试验和地面演示验证;在网络计划方法中主要采用了基于网络计划方法的工程进度/费用的计划管理等。下面简单介绍这些系统工程的基本方法。

1）系统分析方法

系统分析技术是一个有目的、有步骤的探索过程，是一门由定性、定量方法组成的、为决策者提供正确决策所需信息和资料的技术。目的是对系统的目的、功能、环境、效益等进行充分的调查研究，把试验、分析、计算的各种结果，同预期的目标进行比较，最后整理成完整、正确、可行的综合资料，作为决策者择优的主要依据。因此，系统分析是通过一系列的步骤，帮助决策者选择最优方案的一种系统方法。这些步骤归纳起来主要是：研究决策者提出的整个问题，确定目标，建立方案，并且根据各个方案的可能结果，使用适当的方法比较各个方案，以便能够依靠专家的判断能力和经验处理问题，其具体内容包括研究决策者意图，明确主要问题，确定系统目标，开发可行方案，建立系统模型，进行定性与定量相结合的分析，全面评价和优化可行方案，从而为决策者的科学决策（即选择最优方案或者满意方案）提供可靠的依据。由此可见，系统分析是辅助决策者实现科学决策的一种重要工具。

系统分析有七个基本要素：目标、可行方案、费用、模型、效果、准则和结论。它们之间的关系是：系统分析是在明确系统目标的前提下进行的，经过开发研究得到能够实现系统目标的各种可行方案以后，建立模型，并借助模型进行效果—费用分析，然后依据准则对可行方案进行综合评价，以确定方案的优先顺序，最后向决策者提出系统分析的结论（报告、意见或建议），以辅助领导者进行科学决策。

在北斗卫星导航系统分析中，一个最重要的系统分析就是系统需求分析，所用的方法主要是 SWOT 分析方法和需求工程方法。在第 3 章中，专门研究总结了运用 SWOT 分析进行北斗卫星导航系统发展战略研究的工作。在第 4 章中，专门研究总结了北斗二号卫星导航系统的需求工程，其需求涉及不同层次、不同类型用户等不同维度的需求，不同维度的需求之间相互关联，相互影响。同时，北斗二号卫星导航系统作为一项长期的工程，所处环境复杂多变，导致需求具有诸多不确定性因素，需求变更时有发生。这些都决定了北斗二号卫星导航系统的需求开发和需求管理等工作需要有效的需求工程的理论方法和管理手段的支撑。

2）系统评价方法

系统评价是对系统开发提供的各种可行方案，从社会、政治、经济、技术的观点予以综合考察，全面权衡利弊得失，从而为系统决策选择最优方案提供科学的依据。因此，系统评价是系统工程工作中一项重要的基础工作。北斗二号卫星导航系统的开发、研制和运用的解决方案都是多方案的，都要进行多方案综合评审。在系统寿命周期各个阶段都有转阶段评审，在论证阶段，有需求分析、可行性研究、系统使用要求、维修保障方案、系统初步分析、系统研制规划、系统要求审查等论证评审会；在方案阶段，有系统功能分析、系统分析及子系统优化、系统及子系统备选方案的权衡与评价、原型系统的研制、试验和评价等；在工程研制阶段，有部件试验及评价、系统生产型样机的试验及评价、鉴定等；在生产与部署阶段,有系统评价、定型及部署；在使用与保障阶段,有系统使用及评价等。在采用各种关键技术和产品时,有技术、产品成熟度评价,选择产品供应商时,有供应商的资质审核和认定。在第 10、14、15 章中,专门研究总结了北斗二号卫星工程的风险评价、试验与评价、产品成熟度评价等方面的管理实践成果。

　　3）系统决策方法

　　决策是人类社会的一项重要活动,它关系到人类生活的各个方面。决策是为达到某种目标,从若干个问题求解方案中选出一个最优或合理方案的过程。因此,决策是人们在各项工作中的一种重要选择行为。关于这一点,著名科学家、诺贝尔奖获得者西蒙(H. A. Simen)有句名言:"管理就是决策",决策贯穿于管理的全过程。也就是说,一切管理工作的核心就是决策。在系统工程的工作过程中,由系统开发得到的若干解决问题的方案,经过系统建模、系统分析以及系统评价等步骤之后,最终必须从备选方案中为决策者选出最佳的开发方案。这一程序是系统工程过程中最后一个,也是最重要的一个,这就是系统决策。西蒙把决策过程同现代的管理科学、计算机技术和自动化技术结合起来,将其划分为 4 个主要阶段:第一阶段是寻求决策的条件和依据,即"情报阶段";第二阶段是创造、制定和分析可能采取的行动方案,即"设计阶段";第三阶段是从可供利用的备选方案中选出一个特别行动方案,即"抉择活动";第四阶段是决策的实施与评审,西蒙称其为"审查活动",其实质是对过去的抉择进行评价。这 4 个阶段交织在一起,就形成了系统决策的过程。

　　现代计算机技术、管理科学等的发展,给决策制定的过程赋予了新的内容和涵义。在情报和设计阶段,主要是依赖于可靠、准确、及时的基本信息,因此管理信息系统(MIS)就成为当代决策的重要技术基础;而在抉择和评价阶段的主要技术措施就是模型方法,主要是指管理科学、运筹学、系统工程中的模型方法(MS/OR/SE),将上述两部分技术集成在一起,利用先进的计算机软硬件技术,实现上述决策过程,开发成界面友好的人机系统,这就是决策支持系统(DSS)。为此,在北斗二号卫星导航系统建设中,专门开展了信息管理平台建设。

　　4）系统仿真方法

　　系统仿真是近 30 年来发展起来的一门新兴学科。仿真就是利用模型对实际系统进行试验研究的过程。系统仿真的确切概念可以表述如下:系统仿真是指通过建立和运行系统的计算机仿真模型,来模仿实际系统的运行状态及其随时间变化的规律,以实现在计算机上进行试验的全过程。由于北斗卫星导航系统要在空间组网,考虑到保障、安全、经济、技术等方面的约束,对实际系统进行空间的、真实的物理试验不具备可行性。因此,系统仿真技术就成为十分重要、甚至是必不可少的工具。在北斗卫星导航系统建设中,系统仿真方法用来对各个分系统及组网仿真试验和地面演示验证进行分析设计,通过对仿真运行过程的观察和统计,得到被仿真系统的仿真输出参数和基本特性,以此来估计和推断实际系统的真实参数和真实性能。另外,系统仿真方法用来对系统的管理进行仿真分析。特别是随着计算机技术的发展,仿真技术日益受到人们的重视,其应用领域也愈来愈广泛,成为分析、设计和研究各种系统的重要手段和辅助决策工具。

5)网络计划方法

网络计划方法是系统工程中常用的一种科学管理方法。它是把工程开发研制过程当作一个系统来处理,将组成系统的各项工作和各个阶段按先后顺序,通过网络图的形式,统筹规划,全面安排,并对整个系统进行组织、协调和控制,以达到最有效地利用资源,并用最少的时间来完成系统的预期目标。网络计划方法主要有关键路线法(CPM)、计划协调技术(PERT)、图解协调技术(GERT)、风险评审技术(VERT)、关键链理论(CCT)等。关键链(Critical Chain Technology)是约束理论(Theory of Constraints,TOC)应用于项目管理的产物,被称为"应用于项目管理中的约束理论"。在钱学森等著名科学家的主持和倡导下,我国于1963年首先推广和应用了计划协调技术,并在国防科研中取得了很好的效果。网络计划方法的实际应用表明,它是一种十分有效的科学管理方法,在第6章的任务管理和第7章的进度管理中都得到很好的总结和应用。

2.2 卫星导航系统项目管理

2.2.1 卫星导航系统项目管理的基本概念

项目管理是20世纪40年代后期发展起来的重大管理技术之一,早期有代表性的项目管理技术有关键路径法(CPM)和计划评审技术(PERT),项目管理的应用范围只限于建筑、国防和航天等少数领域。和系统工程一样,现代项目管理也是起源于重大国防科技工程的管理。著名的"阿波罗"登月工程既是系统工程应用的典范,也为现代项目管理的形成做出了重大贡献。项目管理在"阿波罗"登月工程中取得巨大成功,使得项目管理从经验式管理阶段发展到科学化管理阶段。很多系统工程方法在项目实践中取得的成果被抽象为具有普遍适用性的项目管理方法,并逐步发展成为现代项目管理。"现代项目管理"是一个具有时代性的名词,通常是指20世纪80年代以后的"科学化的项目管理",并逐步形成两大项目管理研究体系:一是以欧洲为代表的项目管理研究体系——国际项目管理协会(IPMA);二是以美国为首的项目管理研究体系——美国项目管理协会(PMI)。在过去30

多年中,它们为推动现代项目管理的发展发挥了积极作用,成为重大工程建设和重大装备采办的基本管理方法。

北斗二号卫星工程建设总体方案确定之后,由数百家公司、企业和科研院所来承担和完成。例如大总体组织的系统性能评估试验涉及卫星系统、地面运控系统、应用系统、测控系统等 20 余家单位。因此,工程建设研制任务就要分解为很多由具体承担单位来完成的项目,包括关键技术攻关项目、设备研制项目、系统集成项目、联调测试项目等,北斗二号卫星导航工程建设的管理是典型的现代项目管理。

国内外许多项目管理研究机构,如美国项目管理协会(PMI)推出了项目管理知识体系指南,作为公认的项目管理专业标准,并定义项目管理及其相关概念,描述项目管理生命周期及其相关过程。

1. 项目的涵义和特征

项目是为创造独特的产品、服务或成果而进行的临时性工作。项目的"临时性"是指项目有明确的起点和终点。临时性并不一定意味着持续时间短。项目所创造的产品、服务或成果一般不具有临时性。大多数项目都是为了创造持久性的结果。例如,北斗卫星导航系统建设项目就是要创造一个持续不断的成果,对国家社会、经济、国防和环境产生长久的重大影响。持续性的工作通常是按组织的现有程序重复进行的。相比之下,由于项目的独特性,其创造的产品、服务或成果可能存在不确定性。项目团队所面临的项目任务很可能是全新的,这就要求比其他例行工作进行更精心的规划。项目通常具有下列特征:

(1)有一个明确界定的目标及一个期望的结果或产品;

(2)按照一定的顺序完成一系列相互联系而又不重复的任务,以达到项目目标的要求;

(3)需要利用各种资源来执行任务;

(4)有具体的时间计划和有限的寿命;

(5)可能是独一无二的、一次性的工作;

(6)每个项目都有客户;

(7)每个项目都有一定的风险及不确定的因素。

2. 项目管理的含义

项目管理是以项目为对象的系统管理方法。它是通过一个临时的、专门的柔性组织,对项目进行高效率的计划、组织、指导和控制,以实现项目全过程的动态管理。项目管理就是将知识、技能、工具与技术应用于项目活动,以满足项目的要求。项目管理是通过合理运用与整合若干个项目管理过程来实现的。项目管理分为启动、规划、执行、监控、收尾 5 大过程,需要平衡相互竞争的项目制约因素,包括范围、质量、进度、预算、资源、风险等。项目管理贯穿于项目的全寿命周期,是对项目的整个过程进行管理。它是一种运用既规律又经济的方法对项目进行高效率的计划、组织、指导和控制的手段,以在时间、经费和技术上达到预定目标。因此,美国项目管理协会(PMI)把项目管理定义为在项目活动中使用知识、技巧、工具和技术去实现项目需求的过程,其中的项目是指为实现特定目标的一次性任务,管理是指正确地完成任务。

"项目管理"一词有两种不同的含义:一是指一种管理活动,即一种有意识地按照项目的特点和规律,对项目进行组织管理的活动;二是指一种管理科学,就是以项目管理活动为研究对象的一门科学,研究对项目活动进行有效的、科学的组织管理的方法和理论。前者是一种客观的实践活动,后者是前者的理论总结;前者以后者为指导,后者以前者为基础。就其本质而言,两者是统一的。

按照美国项目管理协会(PMI)的项目管理知识体系,项目管理体系框架包括项目范围管理、项目时间管理、项目费用管理、项目质量管理、项目人力资源管理、项目沟通管理、项目风险管理、项目采购管理和项目集成管理等9大领域和项目需求、组织类型选择、项目团队、项目计划、机会和风险、项目控制、项目可见性、项目状况、纠正措施、项目领导能力等10大要素。结合北斗卫星导航系统项目管理的实际背景,它是对在北斗卫星导航系统的论证、方案、设计、初样、试验、生产、发射、运行等各个环节的包括人、财、物、技术、信息与知识等所有资源实行的全过程、多方位的综合管理,以达到系统既定的目标。因此,北斗卫星导航系统的项目管理是指为正确地完成北斗卫星导航系统的特定任务,实现特定的目标,在相关的项目活动中使用知识、技巧、工具和技术去实现项目需求的过程。

3. 卫星导航系统项目管理的特点

北斗二号卫星导航系统的项目管理不失一般项目管理的普遍意义,也是一种一次性的社会生产活动而存在于人类社会活动之中。但是,由于北斗二号卫星导航系统的特殊性,要完成特定任务和实现特定目标,因此北斗二号卫星导航系统的项目管理还具有自身的许多特点。

(1)综合集成性:北斗二号卫星导航系统中项目之间的集成性很强,因此,在项目的管理中必须根据具体项目各要素或各专业之间的配置关系做好集成性的管理,而不能孤立地开展项目中各大系统、各个专业的独立管理。

(2)技术创新性:北斗二号卫星导航系统的项目管理对象,即每一个具体的项目本身都有很强的创新性,因此,对于项目的管理也有很大的创新性。

(3)建设阶段性:北斗卫星导航系统的建设是按照"北斗一号""北斗二号"区域和全球系统分阶段开展的。因此,北斗二号卫星导航系统的项目管理是多阶段的项目管理,要在现阶段通过开展项目管理活动去满足项目的潜在需求和追求。

(4)产业带动性:北斗卫星导航系统的项目管理不同于过去的航天工程的项

目管理,也不同于一般企业的项目管理内容。卫星导航系统是继移动通信、互联网后的第三大战略新兴产业,具有强大的融合性、渗透性和带动性。可以升级传统产业、促进现代产业、培育新兴产业,形成从基本服务到增值服务的卫星导航产业链。因此,北斗卫星导航系统的项目管理是一种在项目管理过程中不断向产业化延伸的、完全不同的管理活动。

2.2.2　卫星导航系统项目管理的基本内容

项目管理的基本内容也就是指项目管理的 9 大基本职能领域,根据北斗二号卫星导航系统的管理实践,结合美国项目管理协会(PMI)推出的项目管理知识体系指南要求,北斗二号卫星导航系统的项目管理归纳起来有如下基本内容(括号内的是 PMI 推出的项目管理的相关内容名称):项目任务管理(项目范围管理)、项目进度管理(项目时间管理)、项目费用管理(项目成本管理)、项目质量与可靠性管理(项目质量管理)、项目组织管理(项目人力资源管理)、项目信息沟通管理(项目沟通管理)、项目风险管理、采购与合同管理(项目采购管理)和项目综合集成管理(项目集成管理)等,对如何开展北斗二号卫星导航系统的项目管理工作有着规范的指导作用。

1. 项目任务管理

项目任务管理是卫星导航系统工程管理的重要组成部分。在卫星导航系统工程研制管理工作中要严格按照有关法规文件和用户提出的型号战术技术指标、进度、质量及经费要求,结合具体型号特点和现有技术水平、保障条件等因素,综合考虑,周密安排,编制出切实可行的针对某具体型号的研制程序,明确研制和试验工作。

2. 项目进度管理

项目进度管理是为确保项目准时完工所必需的一系列管理过程与活动。进度管理通常也称为"进度控制",与质量控制、费用控制并称为"项目三大控制"。鉴于其重要性,进度管理在控制体系中处于协调、带动其他工作的龙头地位。北斗二号导航卫星系统涉及面广、任务量大、技术复杂、建设进度要求紧迫,从 2004 年立项论证到 2012 年系统组网成功,仅仅用了 8 年多时间。科学有效的进度管理是北斗二号卫星导航系统建设成功的重要保证,没有合理的进度计划以及有效的进度控制措施,整个系统的建设目标就难以实现。北斗二号导航卫星系统作为一项复杂的系统工程,其进度管理划分为不同的层次:战略层(宏观层)、总体层(系统层)和分系统层。进度管理主要是加强各级指挥调度和协调工作,做到情况明、消息灵、信息通、决策快,通过过程跟踪、节点控制、里程碑考核、阶段小结的系统工程管理等方法,确保项目按计划进行。

3. 项目费用管理

项目费用管理是指在项目的具体实施过程中,为了保证项目完成所花费的实际费用不超过其预算费用而展开的项目的费用估算、费用预算编制和费用控制等方面的管理活动。费用管理的主要目的是在预算经费条件下,确保国防项目保质按期完成。项目费用管理主要包括项目资源计划、费用估算、费用预算和费用控制等4个阶段的工作。其中,项目资源计划、费用估算和费用预算是项目实施前所要做的工作,是项目实施的主要依据;费用控制则是在项目实施过程中,依据计划,应用挣得值分析等方法,对项目费用使用进行适时而有效的控制,以保证项目在规定的费用等约束条件下实现其目标。北斗二号卫星导航系统费用管理的相关问题是从费用估算、费用预算、费用执行与控制和费用分析与考核等方面入手的,其实质是对工程研制、生产和交付全过程的各类活动实施货币化协调和控制的过程。

4. 项目质量与可靠性管理

质量与可靠性管理的主要任务是建立和保证质量体系的运行,决定质量与可靠性工作的策略、目标和责任。通过运用先进的质量与可靠性技术,建立健全质量管理体系,制定可靠性管理大纲,不断提高卫星导航系统的研制与生产质量,降低研制风险及生产使用成本,提高经济效益,增强卫星导航系统的竞争力。

5. 项目组织管理

项目组织管理是为了完成卫星导航系统研制任务而对相关的各类组织和人员进行系统安排所采取的一种手段,其目的是使型号研制得到组织保证,确保在规定的时间、资源条件下,把相关人员等要素集合起来,完成预定研制目标。项目组织管理的主要任务是运用组织设计理论,进行北斗二号卫星导航系统的组织设计,确立科学的组织管理模式,制定各类人才吸纳、培养以及待遇等一系列相应的规定,根据卫星导航系统的需要,任命、调整各级领导,做到卫星导航系统研制的组织、人员落实并对各类人员进行考核、奖惩。另外,我们把卫星导航系统工程的组织文化管理也纳入组织管理之内,目的就是通过一定的组织形式对卫星导航系统的文化建设和发展进行全面系统的规划,使得"北斗精神"不断发扬光大。

6. 项目信息沟通管理

信息沟通是把一个组织中的成员联系在一起,以实现共同目标的手段。项目信息沟通管理是为确保项目信息及时恰当地产生、搜集、传播、存储并最终处置项目信息所需的活动过程。高效的信息沟通管理有助于改进个人或集体决策,有助于团队成员协同工作,有助于良好组织关系和氛围的形成。北斗二号卫星导航系统的信息和沟通管理涉及面很广,在组织、进度、费用、风险、采购等管理过程中均存在着利益相关者的沟通需求,沟通管理贯穿着整个系统生命周期的始终。北斗二号卫星导航系统管理人员在信息沟通管理过程中引入信息沟通需求分析,建立了独有的信息沟通方式方法,如总师办公会、大总体协调会等,设置了沟通管理计划,并通过信息平台的建设和管理,实现了信息的高效传递和文件的有序归档。

7. 项目风险管理

项目风险管理是对可能造成有害后果的事件进行辨识和控制的有组织的活动过程,目的是应对和规避可能造成的重大损失。北斗二号卫星导航系统工程投资规模巨大,在卫星导航系统研制和发射中,可能出现技术、进度、费用、安全性以及事故等各种各样的风险,如何降低这些风险是北斗二号卫星导航系统工程管理的一个重要内容。因此,必须在整个研制过程中进行风险管理,以控制或消除各种风险。风险管理是通过风险识别、风险分析、风险处理、风险控制等一系列手段,对风险做出积极反应的一系列工作过程。

8. 采购与合同管理

采购与合同管理是指采购部门签订采购合同、履行合同直至合同结束而进行的全部管理活动。在北斗二号卫星导航系统建设过程中,无论是需求论证、研制生产还是运行保障都需要通过签订严格的采购合同来保证建设目标的实现。为了建立科学的采购与合同管理体系,必须做好建设承制单位(供应商)管理和合同管理两项工作,从采购策略制定、供应商评价、合同定价方式、竞争性和合同监管等方面进行管理创新,保证北斗二号卫星工程的顺利实施。

9. 项目综合集成管理

项目综合集成管理是集成专家经验智慧、数据信息和计算机技术,构成一个智能化的管理决策机制和工程化方法,来组合、统一与协调项目管理各个阶段、各个过程和各个活动而进行的管理活动。我国科学家钱学森针对复杂巨系统的建设与运行组织管理问题提出的定性定量综合集成思想与方法,对工程建设的综合集成管理工作具有重要的指导意义。在综合集成方法的指导下,工程大总体根据北斗二号卫星导航系统建设管理实践,针对工程建设过程中多系统、多阶段、多要素、多部门和多学科之间的集成问题开展创新性研究,并结合总体设计、总体计划、总体协调和总体集成 4 项具体工作,探索建立了北斗二号卫星工程大总体集成管理模式。

2.3　卫星导航系统工程与项目管理

2.3.1　系统工程与项目管理的关系

1. 系统工程与项目管理的相关性

在袁家军主编的《神舟飞船系统工程管理》一书中,对系统工程与项目管理的关系进行了论述,认为"系统"与"项目"虽然是两个不同的词,但却有很大的相关性。系统不一定是项目,但任何项目都可以看成是一个系统。因此,系统工程方法完全适用于项目管理,特别是那些存在很大不确定性和探索性的大型科技工程的项目管理。例如,钱学森在领导"两弹一星"和航天工程的实践中,把系统科学、运筹学、管理科学、控制论、信息论和工程研制有机结合,按照整体优化、系统协调、环境适应、创新发展、风险管理、优化保证等系统工程的核心理念,组织和创建了中国特色的系统工程。早期的美国国家航空航天局(NASA)实施了"阿波罗"载人登月计划,也是运用系统工程理论与方法解决复杂工程技术系统的典范。20世纪50年代后期,随着大量类似的大型基础设施建设项目的出现,以及市场化的商业运作,开始出现了职业化的项目经理。从项目的视角,按照矩阵式管理的模式,把系统工程的基本方法运用于项目管理之中,以提高工程建设的经济效益。这种管理模式在项目实践中取得了丰硕成果,逐步形成了对不同项目具有普遍适用性的系统管理方法体系,称为"项目管理"。因此,系统工程和项目管理在管理方法上有很多相同之处,系统工程可以看作是项目管理中的工程技术管理,它在管理目标上与项目管理是一致的。

《NASA系统工程手册》也是将系统工程放在项目管理的背景下来运用的。依据《NASA空间飞行工程和项目管理需求》文件的定义,项目管理是在一定的费用、品质及进度约束下,为达到客户和其他利益相关者的需求、目的和目标所需要进行的对大量活动的规划、监督和指导。项目管理有两个同样重要的研究领域,即系统工程和项目控制。可以看出项目管理的这两个研究领域具有重叠的部分。系统工程为重叠部分提供技术层面的输入,而项目控制主要提供规划、费用以及进度方面的输入,从图2.4可以看出系统工程与项目控制有重叠的部分和紧密的关系。

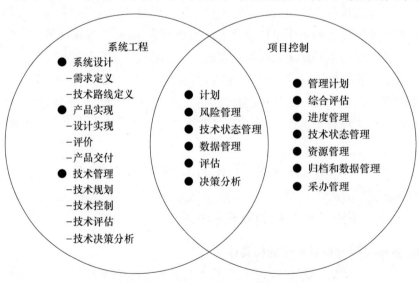

图2.4　系统工程与项目控制的关系

另外,从系统工程与项目管理的要素看,它们是你中有我,我中有你,相互支撑,特别是系统工程方法在项目管理中得到充分应用,形成一个有机整体。例如开展系统工程管理的重要手段是制定相关的计划并予以实施,这些计划主要包括项目管理计划(Program Management Plan,PMP)、系统工程管理计划(System Engineering Management Plan,SEMP)、试验及评价总计划等。项目管理计划是一个顶层的管理文件,在论证的早期,就要按照项目的要求制定该项计划。它包括技术要求和管理要求两个方面,技术要求主要体现在 5 类规范和系统工程管理计划之中,而管理要求则体现在系统工程管理计划和相关项目管理计划中,如图 2.5 所示。系统工程管理计划是一个关键的管理文件,它直接支持项目管理计划。在相关项目管理计划中包含试验及评价总计划,而试验及评价总计划是系统工程的主要方法和手段。因此,项目管理计划要在各种规范、系统工程管理计划、相关项目管理计划之间进行协调和权衡,保证项目管理计划的顺利实施。

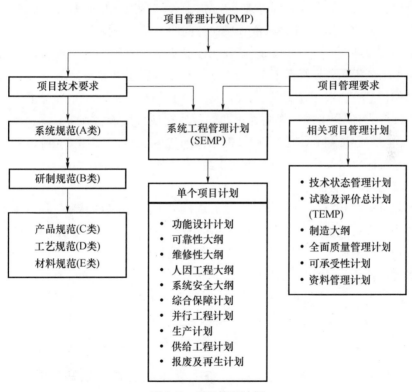

图 2.5　项目管理计划

2. 系统工程与项目管理的互补性

系统工程的研究对象主要是复杂的大型科技工程,如航天、大型装备系统等长周期、高投入、高风险的大型工程研制项目。系统研制是其中最关键的过程,即如何从系统使用要求出发,通过运用系统工程方法,科学地组织规划论证、方案设计和研制生产,以达到最优规划、最优设计、最优管理和最优控制的目的,最终得到一个整体优化的系统。

项目管理是以一套独特的且相互联系的任务为前提,有效地利用资源,为实现一个特定的目标所做的工作。项目管理包括人员管理、范围管理、进度管理、费用管理、质量管理、合同管理、风险管理和信息管理等。项目经理必须考虑合理利用人力、物力、财力等资源,必须在项目过程中协调好成员间的关系,保持团队的凝聚力,激发团队成员的积极性,必须保证及时、准确的信息沟通,必须关注和分析风险,为抵御和控制风险做准备。从合同签订到生产交付,任何一个环节出现问题,都会导致项目的完成周期拖延,经费超支。项目管理贯穿于项目的整个寿命周期和各个方面,对项目的整个过程进行管理。

因此,系统工程更加偏重于顶层设计和技术过程的管理。而项目管理则更加偏重于职能部门和人、财、物的管理。例如,北斗二号卫星导航系统的需求分析是一项非常重要的工作,属于系统的顶层设计问题。需求分析主要包括功能需求、性能需求和接口需求的分析和开发,以及需求管理和工具等。而项目管理中的需求管理对需求分析和开发强调不多,基于系统工程的需求开发很好地解决了这一问题。又如,要建立"以系统为核心,面向应用、面向服务"的北斗二号卫星工程新的组织管理模式,综合集成管理尤为重要。虽然在项目集成管理中,"集成"一词兼具统一、合并、连接和一体化的性质,但如何通过专家知识、经验,资料信息,建模、仿真、分析、评价与优化方法以及支撑工具,来实现系统从定性到定量的、人机结合的综合集成,项目整合管理中没有具体的方法和手段。

由此可见,钱学森的综合集成系统方法论给了我们很好的启示,形成了指导我们工作的综合集成管理方法论框架。中国工程院何继善院士等在所著的《中国工程管理现状与发展》一书中,结合系统工程与项目管理,提出了工程决策科学化、工程管理规范化,并探讨了工程管理的理论体系。南京大学盛昭瀚教授等在所著的《大型工程综合集成管理》一书中,从复杂系统工程的角度,研究总结了基于综合集成管理的复杂工程管理的若干问题。这些研究为我们构建北斗二号卫星导航系统工程 + 项目管理的知识体系打下了坚实的基础。

2.3.2 北斗二号卫星导航系统工程 + 项目管理的知识体系

前面介绍了卫星导航系统工程和项目管理的基本概念、特点和研究内容,强调要综合运用"系统工程 + 项目管理"的管理理论方法,构建北斗卫星导航系统工程管理知识体系,解决北斗二号卫星导航工程面临的管理问题。那么,如何针对北斗二号卫星工程的具体背景,构建"系统工程 + 项目管理"的管理知识体系,一直是工程大总体不断追求和探索的。

从理论上讲,项目管理和系统工程都是重大工程管理体系中不可或缺、相互支撑的重要组成部分。从北斗二号卫星工程管理实践看,它们在卫星导航系统工程建设的不同层次、不同类型问题和建设的不同阶段,都发挥了各自重要的、不可替代的作用。系统工程强调的是工程系统复杂性管理,这是目前项目管理替代不了的。系统复杂性管理的提出,很大程度上进一步丰富和完善了项目管理理论,这也反映了项目管理理论与系统工程理论方法的"与时俱进"。因此,我们有理由把系统工程和项目管理的理论方法有机地结合在一起,构建北斗二号卫星导航系统工程管理的知识体系。北斗二号卫星导航系统工程管理知识体系包括三个方面,分别是系统工程知识、项目管理知识和应用知识。

1. 北斗二号卫星导航系统工程知识的构建

运用系统工程理论方法,建立了北斗卫星导航系统工程 6 大类方法,主要包括以霍尔的"三维结构"模型、并行工程方法学、钱学森的综合集成方法和美国国防部的体系结构框架等为代表的系统工程方法论和系统分析方法、系统评价方法、系统决策方法、系统仿真方法和网络计划方法等具体方法。北斗二号卫星工程各个阶段的建设和系统运行充分体现了霍尔的"三维结构"模型和系统工程管理过程,运用霍尔的"三维结构"模型建立了北斗卫星导航系统工程管理过程系统。并行工程方法在北斗卫星导航工程建设中尤为突出,北斗卫星导航工程中的并行工程组织管理模式是北斗卫星导航工程建设中重要的管理创新。综合集成管理是一种基于综合集成方法论构建起来的管理思想与模式,运用钱学森的综合集成方法建立了北斗二号卫星导航系统综合集成管理和科技创新管理模式。美国国防部的体系结构框架是开展北斗二号卫星导航系统顶层设计和需求分析的方法指南,应用体系结构框架技术,开展了北斗二号卫星导航系统需求工程和战略管理研究,形成了独具特色的北斗卫星导航系统工程战略管理、北斗二号卫星导航系统需求工程、北斗二号卫星工程综合集成管理和北斗二号卫星导航系统科技创新管理。因此,战略管理、需求工程、综合集成管理和科技创新管理这些管理创新都具有综合性和全局性的特点,构成了北斗二号卫星导航系统四大综合性管理,很好地弥补了目前项目管理知识体系在这方面存在的不足。

1）战略管理

北斗二号卫星导航系统作为一项对国民经济发展和全面实现小康社会具有重要战略意义的长期建设任务,其战略管理关系到整个系统的建设能否沿着正确的方向顺利进行,系统建成后能否发挥重大效益。在第 3 章中,系统地梳理和总结了北斗二号卫星导航系统中的战略管理内容以及科学的战略管理对系统建设的指导作用和意义。北斗二号卫星导航系统与外部环境之间存在着密切的联系和相互影响,准确的战略定位需要对战略环境进行客观的分析,这里的战略环境是指北斗二号卫星导航系统在立项论证、研制建设和运行维护整个过程中面临的国际和国内的政治、经济、军事、外交、科技、地理等方面的客观条件及其所形成的战略态势。因此,北斗二号卫星导航系统战略环境分析是战略管理的首要环节和重要基础,是系统分析的一项重要内容。在此基础上,重点研究了系统在发展路线、特色优势、自主创新、国际合作和系统应用5个方面的发展战略。

2)需求工程

需求开发工作是北斗二号卫星导航系统工程过程中的重要组成部分,是系统建设的目标和方向,系统需求正不正确、合不合理很大程度上决定了系统建设的效益和水平。北斗二号卫星导航系统一方面要支撑导航定位、精确授时等多种类型任务的实现,而且要提供给军方各部门、民用各领域等不同层次、不同类型用户进行使用,并且使用的过程中对功能、性能、可靠性等要求也不尽相同;另一方面,不同于以往的航天工程,北斗二号卫星导航系统建设成果要持续应用,需要带动整个航天产业的发展,是一项长期的建设工程,所处环境复杂多变,导致需求具有诸多不确定性,需求变更时有发生,需要进行需求管理。因此,在北斗二号卫星导航系统建设过程中特别重视需求工程问题,采用了一系列的需求工程的理论方法,支撑了系统需求开发和需求管理工作。这方面的研究和管理工作总结在第4章中进行了详细介绍。

3)综合集成管理

综合集成管理是大型工程项目建设管理工作中的重要内容,具有综合性和全局性的特点。在北斗二号卫星导航系统建设管理过程中,其集成管理工作是确保工程各项目标顺利实现的关键之一。在第16章中,全面研究和总结了北斗二号卫星导航系统研制建设过程中在不同系统、不同阶段、不同要素、不同部门之间进行集成管理所采取的理论方法,以及所开展的具体集成管理活动,形成了北斗二号卫星工程综合集成管理模式。

4)科技创新管理

科技创新的过程离不开管理。科技创新管理是指按照科学技术自身发展的规律和特点,以现代管理手段为基础,组织和运筹各项科学技术活动,从而在时间与空间上最合理、最经济、最有效地完成预定的科学技术创新目标的管理活动。因此,科技创新管理是管理科学的一个重要分支,是把一般管理学的原理、方法、手段运用于科学技术管理的具体实践,并在实践中总结、提炼、创新,上升为理论和方法。随着社会的发展,科技创新活动越来越重要,科技创新管理也越来越显示其促进科技、经济发展的重要性。科技创新强调思维(创新思维、团队精神)、资源(人、知识)、能力(创新能力、技术能力)、制度、环境等各方面的融合。其中环境包括创新网络、产品信息网络、全球化制造、知识型服务等,这些都是科技创新管理的基本要素。因此,科技创新管理需要从思维、资源、能力、制度、环境 5 个方面进行精心设计,使得管理活动合理地互动,持续地推动创新,从而构建起北斗二号卫星导航系统科技创新管理体系。这方面的研究和管理工作总结在第 17 章中进行了详细介绍。

　　除了运用系统工程方法论,建立了北斗二号卫星导航系统 5 大综合性管理外,系统工程理论方法还在很多方面得到应用。如系统分析方法(SWOT 分析方法)用来对北斗二号卫星导航系统的发展战略进行分析,系统评价方法用来对卫星导航系统寿命周期各个阶段的方案评审、定型与鉴定、成熟度进行评价,系统决策方法用来对多目标决策和性能、进度、费用、风险和保障性等方面的综合权衡,系统仿真方法用来对各大系统及组网仿真进行试验,网络计划方法用来对工程进度/费用进行计划管理。因此,北斗二号卫星导航系统工程知识是北斗二号卫星导航系统工程管理知识体系的基础,也是顶层设计和综合性管理的方法工具。

2. 北斗二号卫星导航系统项目管理知识的构建

　　在北斗二号卫星导航系统工程管理知识体系中,项目管理知识是主体,通过研究和创新,构建了包括组织管理、任务管理、进度管理、费用管理、质量与可靠性管理、风险管理、采购与合同管理、信息沟通管理、技术状态管理、试验与评价管理和产品成熟度管理等为主要内容的北斗二号卫星导航系统项目管理知识。其中,在质量管理中,考虑到北斗二号卫星导航系统的高可靠性要求,更加强调了可靠性管理;参照《NASA 系统工程手册》,结合装备系统工程应用,增加了技术状态管理、试验与评价管理和产品成熟度管理 3 个章节的内容,使北斗二号卫星导航系统项目管理知识更加完整,更加具有针对性。

　　因此,除组织管理、任务管理、进度管理、费用管理、质量与可靠性管理、风险管理、采购与合同管理、信息沟通管理之外,新增加的管理知识有:

　　1)技术状态管理

　　所谓技术状态管理,就是运用技术的、行政的手段以保证对产品的技术状态进行标识、控制、记实和审核的活动。简言之,技术状态管理就是对设计文件以及依据它生产出来的产品进行系统的文件化管理。技术状态管理也是对产品技术状态进行文件化及其更改、控制的管理方法。它是系统工程过程管理的有机组成部分,用于系统的定义和控制。北斗二号卫星导航系统研制建设过程中,由于研制费用高,研制周期长,在长达数年或十余年的研制周期中,人事常有变动,不利于研制的连贯性,参加研制的单位多,协作要求高,有大量的技术资料需要及时交换和处理,研制中不可避免地要不断更改设计方案,从而涉及某些数据和设计资料也要随之更改,并与总体设计方案协调一致。这方面的研究和管理工作总结在第 13 章中进行了详细介绍。

2）试验与评价管理

试验与评价管理主要包括试验与评价的概念与作用、试验与评价的类型与特点、试验与评价流程、试验与评价的管理实践等。北斗导航系统的试验与评价是验证北斗卫星导航系统关键技术指标和使用适用性指标，发现系统设计生产使用中的薄弱环节，确保系统安全稳定运行的关键技术手段。北斗导航系统试验与评价管理的内容包括试验与评价的政策、法规、标准，试验与评价的组织与领导体制，试验与评价的人员培训与管理，试验与评价资源的协调与管理，试验与评价活动的计划制定与实施，试验结果的分析与处理，试验结果的综合评价与决策技术等。这方面的研究和管理工作总结在第 14 章中进行了详细介绍。

3）产品成熟度管理

成熟度是指特定的组织所采用的某项技术或者管理过程满足特定目标需求的能力。针对卫星导航系统特点，参考借鉴国内外航天工程领域的成功做法和有益经验，引入并应用"产品成熟度"概念、理论和工具，在产品层面探索试行产品成熟度评价工作，识别、度量和控制北斗二代卫星工程的风险，确保北斗二代卫星导航系统工程建设质量。产品成熟度评价及管理主要包含技术成熟度、制造成熟度和应用成熟度 3 个方面内容，采用成熟的产品技术和管理方式，开展北斗二号卫星导航系统的研制，是保证工程项目顺利完成的关键。这方面的研究和管理工作总结在第 15 章中进行了详细介绍。

在北斗二代卫星导航系统项目管理知识中，既有美国项目管理协会（PMI）推出的项目管理知识体系指南要求的基本内容，又有基于系统工程的方法与应用，整合进来的技术状态管理、试验与评价管理和产品成熟度管理等新的工程管理内容，很好地与项目管理相结合，体现了系统工程与项目管理相结合是北斗二号卫星导航系统研制的现实需要。

3. 北斗二号卫星导航系统应用知识的构建

北斗二号卫星工程大总体和六大系统，特别重视系统工程和项目管理的应用研究，在构建"北斗二号卫星导航系统工程 + 项目管理"的知识体系的过程中，注重系统工程和项目管理的有机结合，在此基础上，跟踪国外卫星导航系统管理研究，充分借鉴国外成功的管理经验，开展了注重实效的管理创新研究，形成和固化了很多北斗二号卫星导航系统建设的管理模式、决策程序、接口文件、软件工具、控制过程、优化流程、协调机制、政策法规和标准规范等，不断丰富了北斗二号卫星导航系统工程管理知识体系的内涵。

总之，北斗二号卫星导航系统工程管理知识体系是一个不断完善、与时俱进的体系，在这个系统工程管理知识体系上，形成了独具特色的北斗二号卫星导航系统工程管理体系。北斗二号卫星导航系统工程管理知识体系如图 2.6 所示,包括:①北斗二号卫星导航系统工程理论与方法,主要有系统工程方法论、系统分析方法、系统评价方法、系统决策方法、系统仿真方法和网络计划方法等;②北斗二号卫星导航系统综合性管理知识,主要有战略管理、需求工程、综合集成管理和科技创新管理 4 个方面;③北斗二号卫星导航系统项目管理知识,它是由美国项目管理协会(PMI)推出的组织管理、任务管理、进度管理、费用管理、质量与可靠性管理、风险管理、采购与合同管理、信息沟通管理等项目管理知识体系和技术状态管理、试验与评价管理、产品成熟度管理等装备系统工程管理知识组成的,共 11 个部分;④北斗二号卫星导航系统应用知识,这是在运用前述的"系统工程 + 项目管理"的管理理论方法基础上,形成和固化的北斗二号卫星导航系统建设的管理模式、决策程序、接口文件、软件工具、控制过程、优化流程、协调机制、政策法规和标准规范等。在第 1 章 1.5 节中,概要介绍了北斗二号卫星工程管理这方面的主要举措和创新成果。因此,本书按照突出重点和亮点,兼顾系统工程管理知识体系的完整性原则,进行研究策划,书中各章也是按照四大综合性管理知识和 11 个部分的项目管理知识进行安排和组织编写的。

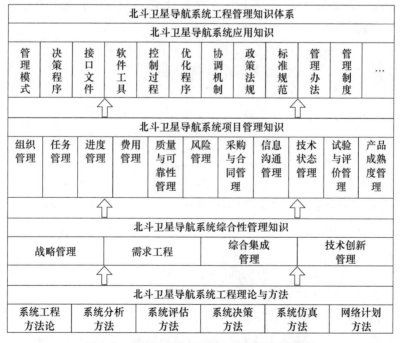

图 2.6　北斗卫星导航系统工程管理知识体系

第3章　北斗卫星导航系统工程战略管理

北斗卫星导航系统的建设和应用,面临着严峻的挑战,美国 GPS 系统建成并占领了绝大部分卫星导航市场,俄罗斯 GLONASS 系统已建成并投入运行。上述国际形势决定了北斗卫星导航系统想要占有一席之地,必须做好系统的顶层设计和战略管理。建设这样一个庞大的、复杂的系统,需要各级决策者、管理者和研制者具有战略眼光和战略思维,从战略的高度科学谋划系统的建设和发展。因此,北斗卫星导航系统的建设必须结合我国国情和国内外形势,充分运用战略管理理论和方法,对北斗卫星导航系统进行准确的战略分析和定位,研究和制定正确的发展战略。在北斗卫星导航系统建设过程中,非常注重战略研究,从系统的建设和应用出发,重点研究了系统在发展路线、特色优势、系统应用、自主创新和国际合作等方面的发展战略。北斗卫星导航系统的实践表明,战略管理对北斗卫星导航系统的顺利建设和成功应用起着至关重要的作用。

3.1　战略管理概述

战略是为实现组织长远目标所选择的发展方向和所确定的行动方针,以及关于资源分配方针和资源配置方案的总纲。制定战略的目的是通过确定一系列的主要目标和政策,来决定系统或组织未来的长远发展。

战略管理是组织确定其使命,根据组织外部环境和内部条件设定组织的战略目标,为保证战略目标的实现进行谋划,并依靠组织内部能力将这种谋划和决策付诸实施,以及在实施过程中进行控制的一个动态管理过程。

战略管理主要有 4 个要素。

(1)战略定位:了解组织所处的环境和相对竞争地位;

(2)战略选择:战略制定、评价和选择;

(3)战略实施:采取措施发挥战略作用;

(4)战略调整:根据环境的变化及执行结果反馈进行战略评价与调整。

战略管理中的战略定位主要是进行内外部形势和环境分析,战略选择主要是制定具体战略目标和发展战略等,战略实施主要是指在工程实施过程中确保实现战略目标而采取的组织设计、流程再造、项目管理等活动,战略调整则是根据环境的变化及执行结果反馈进行战略评价与调整。

北斗卫星导航系统工程战略管理,是指从战略全局的高度对北斗卫星导航系统工程建设重大问题进行目标定位、优化决策、实施保障、评价调整等一系列活动和过程。北斗卫星导航系统工程战略管理的基本任务包括:通过战略形势和环境分析确定工程建设的战略定位,通过工程的顶层设计和优化决策选择系统的发展战略,通过完善工程建设的组织机构及运行机制为战略实施提供组织保障,通过体制变革与流程再造为战略目标实现奠定基础,在战略实施过程中,通过综合集成管理为工程建设的战略评价和调整提供依据。

图 3.1 给出了北斗卫星导航系统工程战略管理的整体框架。

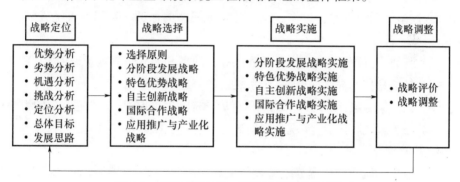

图 3.1　北斗卫星导航工程战略管理整体框架

1. 战略定位

北斗卫星导航系统的建设是一项跨部门、跨领域的系统工程,影响工程建设的因素多、关系复杂,既受国家战略、经济实力、技术水平等的影响,也受管理体制、人员素质等的制约。需要准确地分析北斗卫星导航系统所面临的内外部环境,包括优势、劣势、机遇和挑战,在此基础上,确定北斗卫星导航系统的战略定位,制定总体发展目标和具体发展思路。

2. 战略选择

北斗卫星导航系统的战略选择主要就是要搞好系统顶层设计,即从全局的角度,综合考虑现实和未来对北斗卫星导航系统的要求,技术、经济等因素对系统的约束,制定工程建设的发展战略和总体规划的相关活动。

其顶层设计的主要任务是:

(1)确立北斗卫星导航系统的远期战略构想。主要是未来发展趋势、环境发展变化以及未来技术发展对北斗卫星导航系统的要求。

(2)制定北斗卫星导航系统的中长期发展规划。主要是遵循工程建设发展原则,开展卫星导航系统的顶层设计,制定满足用户需求的、内容详尽明确的中长期发展规划。

(3) 对具体系统或项目进行规划论证。在规划计划的指导下,对大型、复杂和综合性的项目或系统进行规划论证。

(4) 科学确立、及时调整和逐步优化北斗卫星导航系统工程领导体制和运行机制。为了适应未来发展和建设的要求,需要不断创新和完善北斗卫星导航系统的组织机构、领导体制、建设手段和运行管理机制等。

3. 战略实施

北斗卫星导航系统的战略实施主要就是要搞好组织设计,即从战略的功能定位出发,开展组织体制、组织架构、组织治理结构设计,以及责权体系、管理流程、业务流程、控制体系等一整套工作。组织是实施战略的保证。组织设计的发展趋势如下:

(1) 与战略管理理论融合,由业务流程管理提升为战略流程管理;

(2) 与信息技术高度融合,打好系统建设信息化的基础;

(3) 与供应链融合进行跨组织流程再造,整合组织间流程,打造超高效的组织;

(4) 与管理流程融合,实现高度集成化、模块化、联盟化、一体化。

4. 战略调整

北斗卫星导航系统工程战略管理的最后一项任务就是战略评价与调整,即根据环境的变化及执行结果反馈进行战略评价与调整。传统的战略调整方法是根据反馈结果信息进行综合评价,进行人为调整,缺乏科学的定量支撑手段。由于北斗卫星导航系统工程的复杂性,其建设过程中需要适时地、动态地、交互地进行战略评价与调整,需要结合战略环境分析及工程进展情况,建立战略评价与调整方面的信息管理与决策支持系统。

3.2　战略定位

北斗卫星导航系统的复杂性和瞬息万变的国内国际形势使得北斗卫星导航系统的战略问题变得十分复杂。因此,在北斗卫星导航系统立项论证阶段,对系统进行了全面的战略分析,即对面临的国际和国内的政治、经济、外交、科技、地理等方面的客观环境进行科学、全面、准确的分析。在此基础上,对北斗卫星导航系统进行了准确的战略定位。

在进行战略定位分析时,需要综合分析系统的内部条件和外部环境,一般采用SWOT(Strengths Weaknesses Opportunities and Threatens)分析法。SW 是指系统内部的优势和劣势,OT 是指外部环境存在的机遇和威胁(或挑战)。SWOT 分析是一种被广泛应用的系统分析和战略分析方法。

SWOT 分析的主要步骤如下。

(1) 分析环境因素。进行因素调查分析,找出系统所处的各种环境因素,包括机会(O)和威胁(T),属于外因和客观因素。

(2) 分析内部因素。包括优势(S)和劣势(W)因素,属于内因和主动因素。在调查分析这些因素时,不仅要考虑到历史和现状,还要考虑未来发展问题。

(3) 构造 SWOT 矩阵。将调查得出的各种因素,根据轻重缓急或影响程度等进行排序,对系统发展有直接、重要、深远影响的因素优先排序,构造 SWOT 矩阵。

(4) 制定发展战略方案。制定方案的思路是:发挥优势,克服劣势,利用机会,消除威胁,立足当前,着眼未来。运用 SWOT 分析,综合考虑各种因素的相互匹配,得出未来发展战略的若干备选方案。

3.2.1 战略环境分析

1. 优势分析

进入 21 世纪以来,世界政治、经济和科技等各个领域都呈现出新的特点,这对全球卫星导航系统发展带来深刻影响。分析我国自主建设北斗卫星导航系统在环境、政策、人才队伍等方面的优势具有重要意义。

1) 科技革命为卫星导航创新发展注入新的推动力

进入 21 世纪以来,以生物技术、信息技术、纳米技术、新能源技术等为代表的一批新技术迅猛发展,并有可能孕育着人类科技的重大突破,科技创新与突破将创造新的需求与市场,将改变生产方式、生活方式与经济社会的发展方式,甚至改变全球产业结构和人类文明的进程。世界科技革命的最新成果,将为卫星导航系统创新发展提供强大的技术推动力。对于北斗卫星导航系统发展而言,充分利用世界科技革命成果,有利于实现概念上的创新和系统的跨越发展。

2) 卫星导航产业成为经济发展新的亮点

卫星导航系统是经济社会发展不可或缺的信息基础设施,是名副其实的战略性新兴产业,各国都在积极扶持、发展。据估计,全球卫星导航系统发展带动的卫星制造业和位置信息服务业,到 2020 年产值将达数千亿美元,有可能成为世界经济重要的、新的增长点。在经济全球化的浪潮中,面对广阔的国内和国际市场,北斗卫星导航系统发展存在强劲的发展动力和巨大的发展潜力,但需顺应"应用大众化、服务产业化、市场全球化"的发展趋势。

3) 北斗卫星导航系统具有后发优势

在全球卫星导航系统蓬勃发展的时期,我国独立自主建设北斗卫星导航系统,具有一定的后发优势。2004 年,我国开始建设北斗二号卫星导航系统时,GPS 和 GLONASS 系统已经建成并投入运行,其建设过程的经验和教训可以为我国建设北斗卫星导航系统所借鉴和参考。

4）北斗卫星导航系统的应用具有良好的基础

卫星导航系统是国家重要的战略基础设施。北斗卫星导航系统是我国自主开发、独立建设的，拥有自主知识产权，采用高强度加密设计，安全稳定可靠，适合关键部门应用。既为国家经济健康发展奠定良好基础，也能为国防建设提供基础技术支撑。

5）国家高度重视卫星导航系统的建设和发展

长期以来，国家对中国航天事业的发展极为重视，为中国航天事业保持强劲的发展势头，在国际航天市场上占有一席之地创造了良好的条件。北斗卫星导航系统作为一个跨部门、跨学科、跨专业的大型复杂航天工程，从论证设计到研制建设，再到投入运营的整个过程，都得到了国家的大力扶持，制定了一系列产业化的政策和措施，以实现北斗卫星导航系统的推广应用。

6）具有一支高水平的航天研制队伍和管理队伍

中国航天事业的辉煌离不开广大航天人，特别是为航天事业奉献毕生精力的老一代航天人的共同努力。他们在国家经济最困难的时期，自力更生、独立自主地发展了具有自主知识产权的航天科技工业，中国航天事业取得了卓越的成就。这些航天人并没有沾沾自喜，而是一如既往地为中国航天事业贡献自己的力量。在航天事业的实践中，新一代航天队伍茁壮成长，形成了一批高水平、年轻化的科研、管理队伍，这为北斗卫星导航系统的建设奠定了良好的基础。

7）在航天工程的实践中形成了传统的航天文化

我国航天工程发展的几十年中，形成了一套独有的航天文化。其中，以"两弹一星"精神为主要代表。"两弹一星"精神象征了中华民族自力更生，在社会主义制度之下集中力量从事科学开发研究，并创造科技奇迹的态度与过程。在"两弹一星"精神的基础上，随着航天事业的发展，又形成了"载人航天"精神，取得了我国载人航天的一次次成功。这些传统的航天文化，在北斗卫星导航系统的建设中起着凝聚力和向心力的作用。

8）具有完善的组织机制和制度保障

中国航天工业在发展过程中，形成了一套完善的组织机制和制度保障，包括人才培养机制、合作机制、竞争机制和激励机制等。北斗卫星导航系统在论证设计阶段，秉承了传统航天工业的组织机制和制度，并进行了体制机制上的创新，建立了高层集中统一领导的组织机构，制定了一系列规章制度，为北斗卫星导航系统的建设和运行提供了可靠保障。

2. 劣势分析

我国作为发展中国家自主建设卫星导航系统，最大的困难在于技术基础相对薄弱,工业基础相对落后,产业尚不成熟,导航专业人才队伍亟待加强等。

1）技术基础相对薄弱

建设高性能的北斗卫星导航系统,核心是拥有一套富有特色的、拥有自主知识产权的新体制、新方案、新技术。系统建设过程中面临先进的导航信号体制、高精度星载原子钟技术等一系列技术难题。在卫星导航基础研究方面,美国有深厚的研究积累和沉淀。随着全球卫星导航系统更新换代的加速,卫星导航领域核心关键技术与基础技术研究快速发展,竞争异常激烈。我国卫星导航系统相对美、俄起步晚20余年,研究力量相对薄弱,需要下大力气缩短这方面差距,支撑北斗系统可持续发展。

2）工业基础有待加强

与发达国家相比,我国的工业基础相对落后,如精密制造和批量生产方面,与世界一流水平相比,还存在一定差距。而北斗卫星导航系统的高精度高可靠的建设要求和连续、稳定、完好的运行要求,对我国航天工业提出的要求较高。特别是完全实现关键元器件的国产化方面,在一定程度上还是受到工业基础的制约。

3）进入市场较晚

北斗卫星导航系统虽然具有后发优势,但同时必须认识到,这在一定程度上也是系统发展的劣势。由于我国卫星导航系统起步较晚,国外卫星导航系统的产品,特别是GPS,已经先期进入市场,占领了大部分市场份额。而北斗卫星导航系统进入市场较晚,这使得在与其他产品的市场竞争中处于劣势。

4）产业尚不成熟

经过前期的尝试和探索,北斗一号系统的应用已取得一定进展,集定位、授时、短报文通信及用户监测于一体的显著特点已成功运用在渔业、气象、交通、通信和电力等5大民用领域,产生了显著的经济效益和社会效益。但是,GPS产品已进入成熟期,在中国市场处于先发优势地位。相比之下,北斗系统产业发展尚处于成长期,应用市场开发能力较为薄弱,应用技术水平较低,单靠纯商业投资无法形成产业规模,致使企业生产出的导航终端价格偏高,缺乏高技术含量和高附加值的产品,应用推广比较困难,相对竞争力较弱,配套的运营服务能力也不够强,这些都是北斗系统的应用和产业化必须要解决的问题。

5）卫星导航专业人才亟待补充

虽然我们具有一支高水平的航天队伍,但对于北斗卫星导航系统而言,卫星导航专业人才队伍仍然是需要迫切解决的问题。卫星导航产业涉及多种专业技术,培养人才需要一定过程。

3. 机遇分析

我国作为发展中国家,在21世纪初开始建设北斗二号卫星导航系统,处在一个战略机遇期,在国家发展、经济建设、市场拓展、国际化发展方面都面临诸多机遇。

1) 符合国家战略利益拓展需求

自主卫星导航系统的建设和应用,有利于国家安全和国民经济安全,有利于推动航天科技的自主创新和民族卫星导航产业的建立,有利于推进新一代信息等战略性新兴产业的发展。同时,北斗卫星导航系统的发展是政治、经济全球化趋势下国家战略利益拓展的要求。随着国家综合实力的快速增强,我国在国际舞台上逐步展现出负责任大国的形象,北斗系统建设和全球化应用是顺应国家战略利益拓展的重要举措。

2) 具备较好的经济基础

建设一个全球性的卫星导航系统,不仅需要高水平的导航技术支持,也需要国家对系统建设给予庞大的资金投入。21 世纪中国的经济快速增长,成为世界第二大经济体;在经济发展的带动之下,国家科技实力也在不断提高。强大的经济实力和科技水平的提高,推动了北斗卫星导航系统的各项关键技术攻关与试验,为全球系统建设提供了必要的保证。

3) 国内卫星导航需求增长和市场正在扩展

国内卫星导航需求增长和市场逐步成熟,为北斗卫星导航系统应用推广提供了较好的环境。对于卫星导航产业而言,中国的最大优势是有庞大的内需市场,中国移动通信市场和汽车销售市场规模均名列全球第一,而移动通信和汽车产业两大市场恰恰是卫星导航的主流应用市场。尽管 GPS 系统已经占据了国内的绝大部分导航市场,但国内卫星导航市场的需求依然不断增长,潜力巨大,并且卫星导航市场在中国经过多年的发展,已为北斗系统的应用推广创造了较为成熟的市场环境。

4) 具有较大的国际化发展空间

一方面,卫星导航国际格局多极化发展趋势,为北斗发展提供了提高竞争力的条件和良机。21 世纪初,卫星导航国际格局正处于多极化转型初期,除 GPS 外其他各国卫星导航系统发展遇到不同程度的严重障碍,有关国际卫星导航的规则、标准正在形成中。我国是卫星导航国际体系中的积极建设者,可利用这一大好时机,在尽可能短的时间里做好充分准备,努力提高竞争力,并参与国际规则和标准的制定,提升我国在重大议题上的发言权和影响力,为北斗拓宽战略回旋空间,逐步走向世界舞台中心,加速全球化战略创造有利条件。另一方面,北斗卫星导航系统建设"三步走"战略的稳步推进引起世界范围内的热议,各卫星导航国家高度关注北斗的发展进程。随着我国综合实力的快速增强,在国际舞台上逐步展现出负责任大国的形象,大大提高了国际事务中的话语权。这为北斗发展提供了有利的政治背景,加之国家经济实力和举国体制的支撑,北斗必将拥有广阔的国际化发展空间。

5）全球卫星导航系统建设进入既竞争又合作的历史机遇期

21 世纪以来,美、俄、中、欧等航天大国正在加快各自卫星导航系统的建设步伐,呈现出多系统并存、既竞争又合作的态势。各主要航天大国在全球卫星导航系统建设中竞争的重点是抢占技术制高点和国际合作及规则标准的话语权。虽然美国无论在技术还是规则标准方面都处于遥遥领先地位,但北斗卫星导航系统的后发优势使其在这场四大供应国争夺技术制高点和话语权的激烈竞争中面临战略机遇。通过合作和竞争,可以不断提高北斗卫星导航系统的技术和服务水平,扩大其在国际上的影响力,提高在国际合作和规则标准方面的话语权。

4. 挑战分析

北斗卫星导航系统立项论证阶段,对系统建设和运行中可能面临的挑战进行了分析,主要体现在以下方面。

1）面临国际政治影响的挑战

"9·11 事件"以来的一系列国际重大事件,深刻地改变了国际关系,加速了国际秩序的调整,世界格局朝多极化发展。面对诸多的全球性挑战,诸如全球气候变暖、环境和工业污染、国际反恐、有组织国际犯罪等,各国普遍认识到通过国际合作共同应对挑战的必要性,重视所有行为体在世界事务中的共同责任。卫星导航系统国家战略性信息基础设施,将极大地影响到国家安全和经济社会秩序,是国际战略竞争的制高点,是大国地位的象征。卫星导航系统发展将成为国际政治的一个缩影,并处处投射出国际合作和竞争博弈的特征。北斗卫星导航系统将不可避免地受到国际政治发展的深刻影响,在发展过程中将始终伴随着国际竞争与合作。

2）面临建设可信系统的挑战

可信的卫星导航系统规模庞大、整体性强、技术难度高,在 GPS 和 GLONASS 组网初期,都遇到了实现高精度、高可靠、抗干扰、长寿命四大难题,必须实现高密度研制生产、高成功率发射、高稳定运行以及降低高风险组网四大跨越。北斗面临从单星研制向组批生产,从面向行业用户向公众用户的历史性转型,任务十分艰巨。建设高可靠的北斗卫星导航系统,核心是实现与世界其他全球卫星导航系统同等甚至更优的可用性、连续性、完好性的系统指标,这将是我国航天史上一项系统极为复杂、规模庞大的可靠性工程。我国面临系统可靠性设计、星箭批产和高密度发射、大型复杂星座运行控制与管理的挑战。

3）面临空间资源和环境的挑战

各航天大国都在大力加强空间能力,空间日趋拥挤,仅就卫星导航系统而言,除全球卫星导航系统委员会(ICG)确定的四大全球导航卫星系统核心供应商GPS、GLONASS、Galileo和北斗卫星导航系统外,印度、日本也先后开始建设独立的卫星导航系统,使得卫星导航系统的空间环境日益复杂。对于北斗卫星导航系统使用卫星无线电导航业务频段,与其他卫星导航系统间存在频谱重叠,在国际电联有关规则、建议的指导下,需要制定相关的政策,通过频率协调,在保障北斗利益的前提下与其他系统开展兼容和互操作工作。同时,随着北斗系统应用的不断拓展,国民生产、生活对北斗系统的依赖程度提高,来自空间和地面的干扰可能带来巨大的损失。因此,干扰与抗干扰问题也是保证北斗系统正常运行的重要方面。

4)面临制定卫星导航政策和标准的挑战

在北斗卫星导航系统建设的初始阶段,尚无健全的国家政策和标准。为了掌握卫星导航的主导权,北斗卫星导航系统一方面需要构建独立自主的导航定位与时间系统,另一方面要实现与其他卫星导航系统兼容与互操作,既要满足国防建设急需,还应该促进国民经济建设的发展,所以需要尽快制定较完备的卫星导航国际合作政策、应用政策和管理政策。为实现北斗卫星导航与各行业应用相结合的关键技术标准的制定和推广,需要积极推进北斗标准与国际组织卫星导航标准化领域的合作,将北斗应用、服务、产业标准融入国际民航组织、国际海事组织等的标准和规范文件及相关指导材料当中,加强北斗国际市场推广过程中的标准宣贯与监督检查。

5)面临国际合作与提高话语权的挑战

在空间建设和应用全球化的客观环境下,北斗卫星导航系统必须不断融入卫星导航国际格局,融入卫星导航国际应用市场,争取在市场化竞争环境中维护好核心利益并不断发展。长期以来航天强国美国技术领先,在北斗系统国际合作研究基础薄弱和协调经验不足的情况下,提升话语权是一个长期的过程。鉴于各国卫星导航系统发展不平衡,以及多边合作的差异性、技术合作的复杂性并存,北斗系统在与世界上其他系统协调宝贵的频率轨位资源、协调兼容与互操作、融入国际标准化体系等方面,必将付出很大努力。

5. 组合分析

上述优势、劣势、机遇、挑战分析的结果可总结为表3.1,在此基础上,可进一步通过不同组合开展相关组合分析。

1)SO(优势—机遇)分析:利用优势,抓住机遇

北斗卫星导航系统的建设,要充分发挥我国航天事业的优良传统,利用自身队伍、文化和制度的优势,推进系统的顺利建设。在系统地应用推广和产业化方面,要依托政府的大力扶持,抓住国际发展机遇,进一步扩展市场。

2）ST（优势—挑战）分析：利用优势，应对挑战

主要包括利用政策优势，尽快推进北斗卫星导航系统的广泛应用，以应对国际形势和卫星导航市场的各种变化。在现有人员队伍和技术的优势上，大力开展核心技术攻关，逐步掌握核心技术。同时应该大力开展国际合作，提升北斗卫星导航系统的整体形象。

3）WO（劣势—机遇）分析：抓住机遇，克服弱点

由于北斗卫星导航系统具有较大的国际化空间，应该大力加强与周边国家和地区的合作，以及世界其他主要国家的合作，有利于技术水平的提高和北斗卫星导航系统在全球的应用。通过国际合作，也可以加强专业人才队伍的建设。同时，应该重视和扶持相关服务产业，形成新的持久的经济增长点。

4）WT（劣势—挑战）分析：扬长避短，应对挑战

北斗卫星导航系统的劣势和面临的威胁是相互关联的，通过有效措施，克服系统建设和运行中的弱点，同时也可以有效地应对系统面临的各种挑战。例如，通过自主研发，提高技术水平，加强工业基础，实现北斗卫星导航系统的自主创新，可以有效地应对国际政治影响对系统带来的挑战。通过大力推广系统的应用，促进系统产业化发展，可以很好地应对卫星导航政策和标准方面的挑战。

综合以上分析可以看出，北斗卫星导航系统面临复杂的战略环境，在具有众多内外部优势的情况下，也存在诸多技术、市场、产业、专业人才等方面的劣势，同时机遇与挑战并存。为了应对复杂多变的战略环境，实现北斗卫星导航系统的顺利发展，必须对系统进行准确的战略定位，做好顶层设计和战略选择。

表 3.1　北斗卫星导航系统的 SWOT 分析

优势	1. 科技革命为卫星导航创新发展注入新的推动力 2. 卫星导航产业成为经济发展新的亮点 3. 后发优势 4. 良好的应用基础 5. 国家高度重视卫星导航系统的建设和发展 6. 具有一支高水平的航天管理队伍和研制队伍 7. 在航天工程的实践中形成了传统的航天文化 8. 具有完善的组织机制和制度保障	机遇	1. 符合国家战略利益拓展需求 2. 具备较好的经济基础 3. 国内卫星导航需求增长和市场正在扩展 4. 具有较大的国际化发展空间 5. 全球卫星导航系统建设进入既竞争又合作的历史机遇期
劣势	1. 技术基础相对薄弱 2. 工业基础有待加强 3. 进入市场较晚 4. 产业尚不成熟 5. 卫星导航专业人才亟待补充	挑战	1. 面临国际政治影响的挑战 2. 面临建设可信系统的挑战 3. 面临空间资源和环境的挑战 4. 面临制定卫星导航政策和标准的挑战 5. 面临国际合作与提高话语权的挑战

3.2.2 战略目标和总体思路

经过北斗卫星导航系统发展的战略环境分析,明确了我国卫星导航系统的战略定位,制定了北斗卫星导航系统发展规划纲要,确定了北斗卫星导航系统发展的战略目标和总体思路。

我国卫星导航战略定位是发展具有中国特色、具有一定优势的全球卫星导航系统,构建国家战略性空间基础设施,促进国家战略性新兴产业发展与经济社会进步,支撑国家战略利益全球拓展。

北斗卫星导航系统发展的战略目标是突破以星座组网、高精度时空基准、星座自主运行为主要特征的关键技术,建成独立自主、开放兼容、技术先进、稳定可靠的中国第二代卫星导航系统。促进卫星导航产业链形成和自主系统在交通、通信、金融、防灾减灾等重要领域的应用,保障我国国家安全和和平发展,提升我国作为世界大国的国际地位。

北斗卫星导航系统发展的总体思路是实现 4 个转变:从较单一的系统建设向较综合的体系建设发展转变;从实现系统基本性能、满足应急需要向自主创新、形成特色转变;从卫星导航试验应用向业务服务、产业发展转变;从国内独立发展、被动应对国际形势向开放合作、主动作为转变。

3.3 战略选择

北斗卫星导航系统在战略定位的基础上,按照发展思路制定了战略选择的原则,选择了系统发展的一系列重大战略。这些战略既包括系统发展的总体战略,也包括各大系统在研制建设过程中所采取的战略。在确定系统发展战略过程中,充分考虑了北斗卫星导航系统面临的战略环境,分析了各种组合下的优势、劣势、机遇和挑战,根据不同组合,制定了总体上的发展战略。北斗卫星导航系统的发展战略是一个庞大的体系。在系统的建设过程中,发展战略渗透到各个系统,各个层次,各个环节和各个要素。结合我国作为发展中国家自主建设卫星导航系统的国情,为了应对日益激烈的国际竞争环境,提高北斗卫星导航系统的国际影响力和话语权,实现系统长期稳定运营,为用户提供安全可靠、高精度、高质量的服务,北斗卫星导航系统在顶层设计时重点考虑了以下几方面的发展战略:分阶段发展战略、特色优势战略、自主创新战略、国际合作战略和应用推广与产业化战略。这些发展战略互相联系、相辅相成,构成了一个有机的整体。分阶段发展战略是我国卫星导航系统发展的路线图,其他发展战略的制定和选择,需要综合考虑我国卫星导航系统发展所处的阶段和基本国情。特色优势战略是北斗卫星导航系统建设和运行的基本立足点。自主创新战略是基于我国卫星导航系统建设和发展的实际情况做出的选择,是确保北斗卫星导航系统顺利发展、在国际合作中享有充分的主动权,以及产业化发展的基本前提和重要保障。国际合作战略是实现系统顺利建设和发展,以及实现应用推广与产业化的必然选择。应用推广与产业化战略是为了实现北斗卫星导航系统建设最终目标的必然要求,只有实现系统的应用推广和产业化,才能充分发挥北斗卫星导航系统的经济效益、社会效益和军事效益。

3.3.1　战略选择的原则

北斗卫星导航系统的战略选择遵循以下一些基本原则。

(1) 紧贴需求、突出重点。北斗卫星导航系统的建设要紧贴国家战略需求,确保各个阶段重要用户的需求得到满足,在重点区域增强星座设计,实现广域差分、位置报告和功率增强,具备更高的精度、完好性、连续性、可用性。

(2) 独立自主、开放兼容。北斗卫星导航系统需要具有完全自主知识产权,基于国内地面站实现对全系统的自主操控,对国外资源尽量充分利用而不依赖。通过国际合作进一步提高系统能力。时间系统、坐标系统、工作频段、电文格式等均考虑与国外系统兼容和互操作,增强系统生命力。

(3) 有机结合、优化体系。北斗卫星导航系统的建设和运营需要通过加强各方统筹协调,建立有效的宏观协调机制,统筹协调各类科技计划和研究开发力量,从国家整个定位、导航、授时发展角度,完善卫星导航相关管理体系、政策体系、应用服务体系。

(4) 自主创新、实现跨越。在北斗发展新时期、新阶段,通过夯实基础,利用后发优势,在发展理念、系统设计、技术创新等方面形成鲜明的中国特色,实现跨越式发展,从而在激烈的国际竞争中形成有利的地位。

(5) 面向服务、形成产业。要抓住战略性新兴产业发展机遇,通过市场运作和创新模式,加快卫星导航服务体系建设和卫星导航服务产业发展,使北斗卫星导航系统更有效地服务于国民经济和国防建设,产生更广泛、更有效的经济效益。

(6) 开放合作、争取主动。通过树立全球发展战略视野,以开放合作心态和主动作为的意识,加强卫星导航战略资源谋划、着力提升卫星导航技术水平,为我国卫星导航系统发展努力创造一个良好的战略环境。

(7) 统筹规划、继承发展。北斗卫星导航系统的建设和发展,需要从全局上统一谋划,分阶段实施,统一协调运载火箭和卫星等各个分系统的资源,实现系统建设的集成发展和平稳过渡。

(8) 齐抓共建、明确责权。北斗卫星导航系统建设过程中要确保各个方面共同推进,协调发展,在系统建设的同时,配套开展各种实用化用户机研制,以及相关产业化政策的制定。将应用推广和产业化等相关工作统一纳入责任体系,明确任务,实现责、权、利的高度统一。

3.3.2 分阶段发展战略

北斗卫星导航系统建设的最终目标是建成全球卫星导航系统。综合考虑用户需求、技术水平、建设效益、国家经济的承受能力和建设周期等方面因素,北斗卫星导航系统按照"先区域,后全球"的总体思路进行建设,分步实施。

1. 用户需求

2012 年前,用户对二代导航系统的需求重点在我国及周边地区、印度洋、西太平洋至东经 180°一带。2012 年后,随着经济活动的全球化,全球导航的需求会越来越迫切,北斗卫星导航系统将提供全球导航服务。分阶段发展的思路与用户需求的发展变化是相符的。

2. 技术水平

全球无源卫星导航系统建设技术难度大,星座的运控及高精度的定轨、时间同步等核心技术,都需经过长时间的摸索才能逐步掌握。以 GPS 的发展为例,从 1974 年发射第一颗携带原子钟的导航技术试验卫星开始,在方案论证阶段发射了 6 颗试验卫星,对工作原理、工作体制、卫星技术、接收机原理、星座设计、控制管理等问题进行验证;1980 年开始发射了第二批 5 颗试验星用于替代第一批试验卫星,继续开展试验工作。正式的第一颗卫星(Block - Ⅱ)的发射时间是 1989 年,整个卫星在轨试验探索阶段长达十余年。

对区域系统而言,由于卫星几乎可连续观测与注入,可实现导航参数的近实时修正,技术难度相对于全球系统要大大降低。考虑到我国的技术基础,首先建成区域系统,充分试验、积累经验,再逐步扩展为全球系统,可降低技术和投资风险。

3. 阶段效能

全球无源卫星导航系统星座庞大,初期投资和运行维持费用都远高于区域系统,且需要较长的部署周期,在部署过程中难以较快在区域形成实用能力,阶段效能差。首先以较低的投入建设区域系统,再逐步扩展成全球系统,可尽快形成实用能力,满足用户的急需,并可提高系统研制建设的效费比。

3.3.3 特色优势战略

我国卫星导航系统的正式建设起步较晚,21 世纪初进行北斗二号卫星导航系统论证时,美国 GPS 和俄罗斯 GLONASS 系统已经建成并正式投入运行多年。北斗卫星导航系统的建设和运行面临着严峻的竞争形势。首先,北斗面临无线电频率资源的竞争,要实现北斗卫星导航系统与其他卫星导航系统间的兼容与互操作,首先面临频率资源短缺问题;其次,北斗坐标系统的最佳实现应该全球均匀建站,但是很难实现;第三,卫星导航定位市场竞争也十分激烈,GPS 导航定位用户在国际市场上占有优势地位,在国内测绘、导航领域也占据主导地位,GPS 时间系统也已在国内电力、通信、交通、金融、空间技术等领域广泛应用。

在国际国内环境日益严峻的情况下,北斗卫星导航系统想要在国际卫星导航产业中占有一席之地,发挥更为重要的作用,必须打造自己的品牌,具有自己的特色和优势,不能照搬 GPS 和 GLONASS 等国外卫星导航系统的模式。因此,北斗二号卫星导航系统在论证和方案设计阶段就坚持突出实现导航与短报文通信集成、兼容与互操作、提供双向授时授权服务等系统的特色和优势,将其作为一个重点战略进行管理。

3.3.4　自主创新战略

国外卫星导航发展的经验和我国卫星导航系统建设的实践表明,建设卫星导航系统必须坚持自主创新。与其他航天产品或项目不同,卫星导航系统不是一次性的,而具有连续性。这要求北斗卫星导航系统的关键单机和元器件必须实现长期、稳定、连续的供给。北斗二号卫星导航系统的关键单机和元器件均为高科技产品,包含了诸多核心关键技术。长期以来,我国在核心技术引进方面存在一定困难。因此,为了确保工程建设的顺利进行,缩短研制周期,提高系统质量和可靠性,必须实现关键单机和元器件的自主研制生产。这就要求北斗二号卫星导航系统的建设必须坚持自主创新的道路。

3.3.5　国际合作战略

北斗卫星导航系统的建设与发展离不开国际上的支持和合作,必须开展国际合作。

1. 必要性

1)国际合作是系统建设的内在要求

卫星导航系统间的核心竞争是系统性能的角力,领先者将占据主导,落后者将被边缘化。在这样残酷的全球化竞争现实下,在全球范围内选择最佳技术与资源是系统建设的必然要求。北斗卫星导航系统复杂庞大,要快速攻克大量关键技术,保障系统的先进性,合理引进国际先进技术与智力,站在巨人肩膀上实现高起点建设是十分必要的。另外,系统的全球连续监测、控制,更需要通过国际调研、交流、协调来开发和利用国外资源,确保海外建站的顺利实施。

2)国际合作是开拓国际市场的必要途径

北斗卫星导航系统国际市场开拓是系统提高建设效益、实现可持续发展的重要支撑。北斗卫星导航系统国际市场开拓需要一系列的国际交流、协调、合作来铺垫和保障。只有大力开展国际交流合作,推介和宣传北斗系统,利用国际交流与培训加强认识基础、探索可行渠道,采取海外应用演示吸引潜在的国际用户,通过参与和主导国际规则制定拓宽北斗卫星导航系统的应用范围,才能为边系统建设边拓展国际市场提供先期而充分的准备和支持。

3) 国际合作是维护拓展国家战略利益的客观需要

随着卫星导航的全球化,我国国家利益空间必然向国际延伸。在全球多个卫星导航系统竞相发展、卫星频率等国际资源日益匮乏的局势下,必须顺应国际形势,加强国际战略政策研究,充分展现北斗开放合作形象,大力营造有利于我国的国际环境,与世界卫星导航强国展开谈判协商,维护我国的正当权益,为系统争取发展资源、赢得发展空间,为国家在世界政治、经济、军事方面的战略利益拓展提供有力支撑。

2. 基本内涵

国际合作的基本内涵包括五个方面:一是加强与其他卫星导航系统的兼容共用;二是按照国际规则合法使用频率轨位资源;三是持续推动北斗系统进入国际标准;四是积极参与国际卫星导航领域多边事务;五是大力推动卫星导航国际化应用。

3.3.6 应用推广与产业化战略

北斗卫星导航系统是国家战略性基础设施,在国防和军队建设、国家经济、社会、科技各领域发挥着重要的作用。北斗卫星导航系统的广泛应用是系统建设的出发点和落脚点,是牵引北斗卫星导航系统持续发展的关键,也是检验北斗卫星导航系统成功与否的重要标志。只有北斗卫星导航系统在各行、各业得到广泛的应用,才能获得预期的经济效益、社会效益、军事效益和国家战略利益。要实现北斗卫星导航系统的广泛应用就必须大力加强系统的应用推广工作,走产业化发展的道路。

1. 应用推广

北斗卫星导航系统应用推广总的来说包括三个方面的内容:一是北斗卫星导航系统的军事应用;二是北斗卫星导航系统的行业应用;三是北斗卫星导航系统的大众应用。

1) 军事应用

北斗卫星导航系统军事应用,因涉及国家安全,所以是首先进行大规模应用的领域。北斗卫星导航系统的军事应用涉及军事能力建设的方方面面,几乎应用于所有的新式武器装备和作战系统之中。北斗卫星导航系统应用产品可以提高部队后勤保障能力、单兵作战能力、军事指挥能力、整体作战反应能力,以及武器装备水平和指挥决策水平。

2）行业应用

北斗行业应用是关乎国计民生的重要领域的应用,可以促进国民经济建设新的发展。北斗导航应用已经覆盖交通运输、海洋渔业、水文监测、气象预报、森林防火、通信时统、电力调度、抢险救灾和国家安全等诸多领域,推动了在国家重点工程、重要行业、关键领域的应用,带来了显著的社会、经济效益,成为国民经济和社会发展的一个新的经济增长点。

3）大众应用

北斗大众应用是北斗产业的重心和依托,所占份额最大。大众应用产品主要包括车辆应用和个人应用,车辆应用包括导航、跟踪监控、防盗报警与紧急救援、车辆信息服务系统等,个人应用包括导航、人员跟踪、急救和位置报告,以及移动位置服务等;终端产品类型包括车辆导航仪(前装、后装)、车辆跟踪监控终端、车辆信息服务终端、个人导航仪、人员跟踪监控终端、智能定位手机、便携式导航与通信终端等。

2. 产业化

产业化主要包含四个方面:

(1)市场化。这是产业化的运作方式,即产品的研发要紧跟市场需求,坚持科学态度,严格按照市场规律办事。

(2)规模化。这是产业化发展的基础,即产品的生产不仅要形成群体规模,而且要通过多种形式不断地扩散和推广,形成聚合规模效益。

(3)一体化。这是产业化经营的核心,即在市场经济条件下,通过利益或产权的联结,将科研、生产、销售各环节联结为一个完整的产业体系,形成紧密的经济利益共同体。

(4)现代化。这是产业化水平的标志,即产业化始终表现为一种动态行为——由初级产业向高级产业发展,由传统产业向现代产业进军的产业化过程。它包括科研、开发、推广以及生产各环节的现代化。

北斗卫星导航系统应用产业化是指北斗卫星导航产业形成和发展的过程,是以北斗卫星导航系列核心技术为特征,以市场为导向,以相关产业为依托形成完整的北斗卫星导航产业群链实体的发展过程,其特点是:生产规模化、技术专业化、系统标准化、功能社会化、布局集群/区域化、应用国际化和发展持续化。

北斗二号卫星导航系统应用的产业化发展战略是由卫星导航服务的特点决定的。与其他航天工程项目不同,北斗二号卫星导航系统是要为大众用户提供卫星导航定位服务。卫星导航应用服务产业是个大产业,也是个大众化消费类产业,是国民经济新增长点。事实证明,卫星导航应用服务产业是极少数真正能进入人们日常工作与生活的航天高科技产业。它与移动通信、互联网及物联网的结合,使其服务畅行无阻,延伸到四面八方、千家万户。行业覆盖的普遍性,用户群体的不可限量性,对汽车业、移动通信业和个人消费业的增值能力和依从性,均证明卫星导航是一个大产业,将迅速成长为国民经济发展新的增长点。

3.4 战略实施

准确的战略定位和战略选择为北斗卫星导航系统的建设指明了方向。为了确保各项战略的顺利实施,需要广大工程建设者和管理者相互协调、相互配合、共同奋斗,在工程建设过程中不断完善体制机制,创新管理方法和手段。一是加强战略实施的组织设计,通过工程建设的探索和实践实现组织创新,克服影响北斗卫星导航系统工程建设的体制障碍,积极推进组织变革与创新,为战略实施提供组织保障。二是积极推进组织设计和流程再造,更新观念,优化生产流程、业务流程、数据流程,完善组织体制,提高战略管理能力。三是建立和完善北斗卫星导航系统工程建设的运行机制、激励机制、监督机制、保障机制、评价机制、创新机制等。四是综合应用需求工程和综合集成等管理理论和方法,增强北斗卫星导航系统建设需求论证和战略定位的科学性,为战略评价与调整提供技术支持。

针对北斗卫星导航系统发展的分阶段发展战略、特色优势战略、自主创新战略、国际合作战略和应用推广与产业化战略,分别采取了积极有效的措施,确保系统发展战略的实现。

3.4.1 分阶段发展战略实施

1. 总体目标

北斗卫星导航系统分阶段发展战略实施的总体目标是根据我国国情,按照先有源后无源,先区域后全球,满足急需,建用并举,以用促建的发展思路,采用"三步走"战略,到2020年左右最终建成覆盖全球的卫星导航系统。

2. 主要举措

1)科学谋划、有序推进

按照党中央、国务院、中央军委的整体部署,坚持在卫星导航发展战略、工程建设筹划、重点工作统筹、重大问题解决等方面,科学谋划、有序推进。制定卫星导航事业发展"三步走"战略,从顶层保证了北斗一号、北斗二号和全球系统建设的科学性、渐进性、有序性;在北斗二号卫星工程建设过程中,增加试验卫星、备份卫星,科学制定系统组网策略,划分最简系统、基本系统、区域系统三个建设阶段,组织工程六大系统按照工程总体计划协调匹配发展,注重星地互补实现系统指标,保证了在轨验证、初始运行、正式运行等各阶段工作的顺利推进;科学筹划北斗"建、用、斗"三方面重要工作,在系统建设的同时,同步开展性能测试和试用评估,确保系统建成即发挥效益,同步开展"三争一合作"国际工作,确保系统建设中即向国际拓展,实现了系统建设、应用推广和国际工作整体推进。

2）建用并举、以用促建

北斗二号卫星工程建设周期长、投入经费多、应用需求迫切,为了实现建用统筹,做到及早完成建设,及早投入使用,及早产生效益,按照"以建带用"的思路,在工程建设初期即成立应用系统,直接参与星地接口设计与协调、系统测试等各项工程建设工作,攻克并掌握了用户终端核心技术,促进了终端研制,带动了应用推广;按照"以用促建"的思路,在工程完成6颗卫星组网,建成基本系统后,果断决策开通系统试运行服务,推出系统测试版接口控制文件,组织实施用户试用评估工作,及时发现系统问题,及时反馈工程解决,促进了系统服务性能的不断提升,有力保证了系统建成即投入使用,最大程度发挥了系统应用效益。

3. 具体方案

北斗卫星导航系统的发展分为三步:验证系统、扩展的区域导航系统和覆盖全球的北斗卫星导航系统。

（1）第一步:验证系统。2000年以来,中国已成功发射3颗GEO卫星,初步建成北斗卫星导航试验系统,即北斗一号卫星导航系统。该系统能够提供基本的定位、授时和短报文通信服务。

（2）第二步:扩展的区域导航系统。在验证系统的基础上,北斗卫星导航系统进行区域导航能力拓展。2012年建成由14颗卫星组成的扩展区域卫星导航系统,即北斗二号卫星导航系统,采取有源与无源相结合体制,兼容北斗验证系统的全部功能。在服务区内与美国GPS、俄罗斯GLONASS性能相当,并具有报文通信能力。其服务区为东经55°~180°,南、北纬0°~55°范围内的大部区域。其中,东经75°~135°,北纬10°~55°为重点地区。

（3）第三步:覆盖全球的北斗卫星导航系统。在扩展区域导航系统14颗卫星基础上,北斗导航系统的服务将由区域拓展到全球,设计性能优于俄罗斯的GLO-NASS,与第三代GPS性能相当,将在2020年左右为全球用户提供服务。

3.4.2　特色优势战略实施

1. 总体目标

北斗卫星导航系统特色优势战略实施的总体目标是面向卫星导航应用领域的现实需求,结合我国国情,设计实现若干国外卫星导航系统所不具备的独特功能和在若干性能指标方面实现超越,从而提升其整体性能,增强其在国际市场环境中的竞争力。

2. 主要举措

1）坚持继承和发展原则

北斗一号卫星导航系统是我国独立研制建设的基于双星定位原理的有源卫星导航系统,已有众多用户,在多个领域发挥了重要作用,具有美国 GPS、俄罗斯 GLONASS 系统不具备的短报文通信功能。该功能在实际工作中具有重要应用价值。因此,在北斗二号卫星导航系统保留了北斗一号卫星导航系统的短报文通信功能。

2）面向应用需求

根据导航应用产业在实际工作中需求,进行优化设计。例如,根据当前世界上已有美国 GPS、俄罗斯 GLONASS 系统和即将建成的欧洲 Galileo 系统,用户在多套卫星导航系统之间的选择不可避免,提供与其他卫星导航系统之间的兼容和互操作是一个非常现实的需求。因此,在北斗二号卫星导航系统充分考虑了与其他卫星导航系统之间的兼容和互操作问题。

3）突破薄弱环节

针对当前卫星导航系统中还没有解决好的薄弱环节,开展深入研究,给出有效解决方案,提升北斗卫星导航系统的整体性能。

3. 主要特色优势

概括起来,北斗二号卫星导航系统的特色主要体现在以下几个方面。

1）实现导航与短报文通信集成

北斗卫星导航系统的最大特点是实现了导航与通信集成,增强了导航能力和搜索救援能力,可实现用户信息共享和信息交换。

北斗一号卫星导航系统采用卫星无线电测定(RDSS)原理,通过两颗地球静止轨道卫星,由用户以外的中心控制系统完成经卫星至用户的询问式距离测量,并计算出用户的三维坐标,再通知用户。在此过程中,同时完成了位置报告和用户位置信息共享。北斗二号卫星导航系统在体制设计时兼容了北斗一号的 RDSS 体制。

2）兼容与互操作

为了适应世界卫星导航的发展趋势和日趋激烈的竞争环境,北斗卫星导航系统必须实现兼容和互操作。兼容与互操作是多导航卫星系统资源利用与共享的重要内容。兼容性是指分别或综合使用多个全球卫星导航系统及区域增强系统,不会引起不可接受的干扰,也不会伤害其他单一卫星导航系统及其服务。互操作是指综合利用多个全球导航卫星系统、区域卫星导航系统、增强卫星导航系统及相应服务,能够在用户层面比单独使用一种服务获得更好的能力。

北斗二号卫星导航系统在顶层设计、研制建设和运营中始终重视实现与其他卫星导航系统的兼容与互操作,主要包括以下几个方面。

(1) 北斗二号卫星导航系统的频率兼容与互操作。卫星导航系统的频率资源十分紧缺,不同卫星导航系统间的频谱重叠不可避免。关于频谱重叠和频谱分离是兼容与互操作讨论的热点,不同系统服务信号间共享频谱是可行的。对许多应用来说,开放信号的频谱重叠对实现互操作是有益的。

(2) 北斗时空基准的统一性。北斗时(BDT)通过协调世界时 UTC(NTSC),与UTC 建立联系,时间偏差小于 100ns。BDT 的起算历元时间是 2006 年 1 月 1 日零时零分零秒(UTC)。在设计北斗时间系统时,已经考虑到与 GPS 时、Galileo 时和GLONASS 时的互操作问题,并将监测和发播 BDT 与其他 GNSS 系统的时差。

北斗卫星导航系统采用中国 2000 大地坐标系(CGCS2000),与世界大地坐标系(WGS84)、国际地球参考框架(ITRS)保持一致。

(3) 多系统兼容服务。在用户端提供多用户兼容接入信息,实现公开服务相互兼容,必要时可提供多系统监测信息和差分改正信息,满足完好性信息要求。

3) 提供双向授时服务

提供 RDSS 双向授时服务,解决了用户的高精度授时问题。

4) 双向伪距时间同步方法

以双向伪距时间同步方法解决了卫星时间同步与精密轨道之间的依赖关系,解除了一个卫星原子钟性能下降对其他卫星钟同步及精密定轨的影响。

3.4.3　自主创新战略实施

1. 总体目标

北斗卫星导航系统自主创新战略实施的总体目标是围绕北斗卫星导航系统建设和运行过程中的若干关键技术和重要零部件,主要依靠国内技术优势单位,通过协作和竞争,集智攻关,独立自主地突破相关技术瓶颈,不使工程建设和系统运行受制于人,确保工程建设任务圆满完成和长期稳定地运行。

2. 主要举措

1) 开展专题研究

在工程建设期间,为提升导航领域关键产品单机国产化水平,有效应对重要器部件禁运,开展了以星载原子铷钟、导航专用处理芯片为代表的国产化专项工作。

2) 创新设计理念

不照搬国外设计理念,深入研究卫星导航基础理论,敢于挑战权威。例如,结合本国国情,按照分步骤战略,科学论证,设计出了北斗特色混合星座和导航、通信一体化系统服务模式,实现系统整体最优,建成了与国外性能相当的卫星导航系统。

3)大力协同,集智工作

组织全国社会主义大协作,集智攻关、攻坚克难,是攻克工程重大难点问题的有效组织形式,也是社会主义优势的生动体现。在试验卫星研制建设过程中,面对北斗频率资源即将到期的重大风险,工程全线在当时航天质量形势极其严峻的情况下,按照后墙不倒的原则,统一思想、统一组织、统一行动、优化流程、加快进度、共担风险,提前半年完成卫星发射任务,成功抢占频率资源。面对工程组网初期GEO-2卫星在轨突发故障、卫星上行信号受到干扰、星上关键单机频繁中断等严峻挑战和不利局面,工程全线充分认识质量可靠性工作存在差距、空间环境认识不足等关键问题,有风险共同化解、有责任共同承担,集中国内优势力量,组建国家队,采取了故障问题限期归零、平稳过渡三方联保等超常措施排除GEO-2故障带来的不利影响,专项开展了质量可靠性工作,加强批产质量控制,开展了上行注入抗干扰专题攻关实现了抗干扰指标大幅提升,完成了抗单粒子星载专用芯片大幅降低了星上关键单机中断频率,克服了前进道路上的难题,成功扭转工程建设的被动局面,充分体现了社会主义制度"集中力量办大事"的政治优势。

3. 主要成果

北斗卫星导航系统的建设经过前期的探索和实践,最终走上了自力更生的道路。面对星载原子钟、红外地敏等核心产品依赖进口的局面,坚持自主创新,组织力量开展国产化专题工作,为我国星上核心部件的自主研制树立了典范。面对我国原子钟性能比国外先进产品相对落后、地面站布设范围局限国内等不利因素,坚持体制创新,创新设计理念,设计了北斗特色混合星座,攻克了精密定轨与时间同步体制难题,设计了导航、通信一体化的系统服务模式,实现了系统整体最优,建成了与国外性能相当的卫星导航系统。

北斗二号卫星工程中星载原子钟的研制和生产是北斗卫星导航系统自主创新战略实施成果的生动体现。作为导航系统核心部件的星载原子钟性能直接决定着系统导航定位精度,对整个工程成败起着决定性作用。作为关键战略性元器件,高性能星载原子钟出口被严格控制,难以满足北斗二号卫星工程对批量化、高性能星载原子钟的迫切需求。为了实现核心技术的自主创新、突破原子钟国产化研制关键技术,确保北斗二号卫星工程的顺利进行,工程大总体协调组织国内多家单位进行了星载国产铷钟研制技术攻关工作。铷钟国产化专项有力推动了国产星载原子钟的发展,突破了一大批制约原子钟技术的瓶颈问题,带动了国内原子钟研究领域科研水平的迅速提升。

3.4.4 国际合作战略实施

1. 总体目标

北斗卫星导航系统国际合作战略实施的总体目标是在平等互利、优势互补、取长补短、和平利用、共同发展以及公认的国际法原则的基础上开展的积极务实的国际交流与合作。坚持开放、友好的态度，与已经拥有卫星导航系统的国家开展密切的交流和协商，推动全球卫星导航系统间的兼容与互操作；与未拥有卫星导航系统的国家开展广泛的沟通与合作，与其共享卫星导航发展成果；统筹国内外市场和资源。

2. 指导思想

北斗卫星导航系统国际合作战略实施的主要指导思想为：以科学发展观为指导，以新时期国家对外交往基本方针和军事战略方针政策为依据，以打造"世界的北斗"为战略目标，以"开放合作、主动作为"为发展理念，采用柔性灵活战略，前瞻、务实地开展北斗卫星导航系统国际工作，为系统可持续发展创造一个良好的战略环境，在发展中树立负责任大国形象，实现全球卫星导航系统一定意义上的"包容性增长"。

3. 合作原则

在国际化战略实施中，坚持的基本原则为：

1）服从大局

北斗国际化直接关系到我国卫星导航事业发展全局，要自觉站在政治高度和国家利益全局，正确区分核心利益、重大利益和一般利益，正确处理维护我国根本利益与维护国际共同利益的关系，坚持从国际国内形势的相互联系中把握发展方向，从国家安全发展与经济社会建设的相互联系中把握大局，为维护国家发展利益、拓展系统发展空间服务。

2）统筹协调

在工作布局上，按照"大国是关键、周边是首要、发展中国家是基础、多边是重要舞台"的总体布局，突出重点，兼顾一般，合理调配力量，与各国开展多渠道、多层次的国际交流与合作。坚持立足当前与着眼长远相统一，坚持循序渐进与突出重点相统一，坚持开展对外工作与加强内部建设相统一，坚持增强硬实力与增强软实力相统一，统筹协调各方面工作，确保卫星导航国际合作全面协调可持续发展。

3）务实合作

把握卫星导航在竞争中合作，在合作中发展的趋势，紧密结合我国卫星导航系统建设和发展实际，坚持以我为主、合作共赢、有予有取，积极推进正和博弈，不断加强务实合作。在与外方的利益博弈中,以我方利益诉求和对外合作交流基础为出发点,加强风险分析与控制,不断吸纳国外先进技术、人才、推广应用模式等,为我所用;促进各卫星导航系统互相开放、相互包容,创造应用效益共享、互利共赢的局面,努力扩大我国在卫星导航国际合作方面的同盟军,树立我国世界政治经济大国形象。

4)科学管理

按照统一领导、归口管理、分级负责、协调配合的原则,着力解决卫星导航国际合作上面临的突出矛盾和问题,顺应瞬息万变的国际形势,动态调整战略、规划、策略和方式,建立高效顺畅的工作机制,修订完善规章制度,改进工作方式方法,提高卫星导航国际合作工作效率。

4. 工作思路

针对北斗卫星导航系统的国际化发展战略,充分运用系统工程方法,对北斗卫星导航系统的国际工作进行整体设计。

(1)通过自上而下、自下而上、上下结合分析,在整体上把握北斗卫星导航系统国际工作的战略意义,系统构建北斗系统国际合作框架,梳理卫星导航国际合作的基本内容。

在我国国家战略和空间战略牵引下,卫星导航国际合作涉及体系、系统、分系统、关键技术、技术基础、基础设施、基础科学各个层面的内容;从系统发展全寿命过程看,卫星导航国际合作涉及预先研究、型号研制、试验评估、应用服务、市场拓展、产业发展等各个方面的内容。

(2)通过自外向内、自内向外、内外兼顾,准确把握卫星导航国际工作方向,确定国际工作重点,梳理具体需求。

自外向内,就是从构建北斗卫星导航系统发展保护机制和开拓国际市场两条主线,选择卫星导航国际工作重点,涉及频率协调、兼容与互操作、亚太地区市场开拓等内容。自内向外,就是要从当前北斗系统建设发展迫切需要出发,选择卫星导航国际工作重点,包括在关键技术、试验技术、试验方法、试验手段、基础数据、标准规范、海外测试、海外建站等方面的合作。

(3)通过自前向后、自后向前、前后衔接,合理设计卫星导航国际合作发展模式、发展途径。

自前向后,就是要梳理卫星导航发展历史脉络,总结发展规律,把握发展趋势、沉淀发展模式,在这个基础上,提出卫星导航国际合作发展路线图。自后向前,就是针对发展路线图,需要创新发展模式、明确合作途径,并逐步研究解决技术转移、出口控制、知识产权保护、保密、对外投资、税收优惠等领域的配套政策制度建设问题。

（4）通过加强理论研究与技术基础工作，为北斗国际工作可持续发展奠定基础。

以柔性战略、博弈理论等当代国际关系基本理论为指导，以新时期我国对外合作总体发展设想和要求为依据，逐步建立起卫星导航国际工作的科学发展观；加强国际合作数据库、博弈推演系统、应用演示环境等基础能力建设，为国际工作搭建基础平台，促进国际工作向广度和深度发展。

5. 具体工作

结合卫星导航国际形势与北斗卫星导航系统发展现状，北斗国际合作工作主要包括：

1）加强与其他卫星导航系统的兼容共用

积极推动北斗系统与其他卫星导航系统在系统建设、应用等各领域开展全方位合作与交流，加强兼容与互操作，实现资源共享、优势互补、技术进步，共同提高卫星导航系统服务水平，为用户提供更加优质多样、安全可靠的服务。

2）按照国际规则合法使用频率轨位资源

频率轨位资源是有限的、宝贵的自然资源，是卫星导航系统发展的重要基础。中国按照国际电信联盟规则，通过友好协商开展北斗系统频率轨位协调，积极参与国际电信联盟规则的研究制定及有关活动，并与有关国家合作拓展卫星导航频率资源。2000 年以来，先后与 20 余个国家、地区和国际组织，300 余个卫星网络进行了有效协调。

3）持续推动北斗系统进入国际标准

进入国际标准是北斗系统融入国际体系的重要标志。我国高度重视并持续推动北斗系统进入国际标准化组织、行业和专业应用等国际组织。目前，积极推动北斗系统进入国际民用航空组织、国际海事组织、移动通信国际标准组织等，并鼓励企业、科研院所和高校参与卫星导航终端和应用标准的制定。2014 年 11 月，北斗系统获得国际海事组织认可。

4）积极参与国际卫星导航领域多边事务

北斗系统作为全球卫星导航系统核心系统之一，我国积极参与卫星导航国际事务，参加联合国全球卫星导航系统国际委员会（ICG）以及有关国际组织活动，促进学术交流与合作，贡献北斗力量，推动卫星导航应用。高度重视并积极参加联合国工作，2012 年成功主办 ICG 第七届大会，发起国际监测与评估、应用演示与用户体验活动等倡议，促成各卫星导航系统联合发布服务世界的共同宣言；每年举办中国卫星导航学术年会，为世界卫星导航技术与应用发展发挥积极作用。

5) 大力推动卫星导航国际化应用

加强宣传普及。持续开展"北斗行"系列宣传推广活动,推动建立北斗中心,让用户更好地了解北斗、感知北斗,已与多个国家合作建立北斗中心。成立北斗国际交流培训中心,搭建卫星导航教育培训演示平台,持续开展学历教育、暑期学校、短期培训班和研讨会等国际教育培训活动。

推动实施国际化工程。鼓励开展国际卫星导航应用的政策、市场、法律、金融等领域的研究和咨询服务,提升国际化综合服务能力。服务"一带一路"建设,与全球有意愿的国家一起,共同建设卫星导航增强系统,提供高精度卫星导航、定位、授时服务,提升北斗系统海外服务性能,促进导航技术的国际化应用。通过构建高精度卫星导航、定位、授时服务运营服务平台,开展交通运输、大众旅游、海上应用、减灾救灾、精密农业等领域应用示范,带动大规模应用推广。

6. 工作成果

北斗系统国际合作工作始于 20 世纪末,至 2012 年底系统正式向亚太地区提供全面运行服务,积累了近 20 年的实践经验。一是国际合作初始探索阶段(1999—2003 年),基于北斗一号建设成果和扩展服务能力需要,与俄罗斯 GLO-NASS 等其他导航系统探讨合作可能,先后开展了四轮中俄卫星导航领域合作会谈;二是国际合作逐步开拓阶段(2004—2010 年),根据北斗二号卫星工程需要,与美国、欧洲、俄罗斯等开展系统间以兼容与互操作为重点的国际协调;三是国际合作全面推进阶段(2011 年至今),结合系统应用和发展需要,从主办 ICG – 7、双边合作、境外性能测试验证、海外应用推广、国际标准等方面,利用政府、商贸、科技、教育等多种渠道和平台,全面推进多双边国际交流、协调与合作,推动北斗国际化应用。

为了推动北斗卫星导航系统的国际合作工作,中国卫星导航系统管理办公室相继成立了国际合作研究中心、国际交流与培训中心等单位开展国际合作领域的相关工作。为规范国际工作的管理行为,针对北斗卫星导航国际合作战略研究、国际协调、国际交流、对外合作、国际市场开拓、基础能力建设等国际工作,制定了国际合作管理工作要求文件,对国际工作的规划管理、计划管理、项目管理、出国管理、外联管理等各项工作进行了规范。

3.4.5　应用推广与产业化发展战略实施

1. 总体目标

北斗二号卫星导航系统应用推广与产业化战略实施的总体目标是积极培育北斗系统的应用开发,打造由基础产品、应用终端、应用系统和运营服务构成的北斗产业链,持续加强北斗产业保障、推进和创新体系,不断改善产业环境,扩大应用规模,实现融合发展,提升卫星导航产业的经济和社会效益。

2. 总体思路

北斗二号卫星导航系统应用推广与产业化战略实施的总体思路如下。

1)构建产业保障体系

(1)出台有关产业政策。我国已制定了卫星导航产业发展规划,对卫星导航产业中长期发展进行了总体部署,鼓励国家部门与地方政府出台支持北斗应用与产业化发展的有关政策。

(2)营造公平的市场环境。努力建立竞争有序的导航产业发展环境,提高资源配置效益和效率;鼓励并支持国内外科研机构、企业、高等院校和社会团体等组织,积极开展北斗应用开发,充分释放市场活力。

(3)加强标准化建设。2014 年,成立了全国北斗卫星导航标准化技术委员会,建立并完善北斗卫星导航标准体系,推动标准验证与实施,着力推进基础、共性、急需标准的制(修)订,全面提升卫星导航标准化发展的整体质量效益。

(4)构建产品质量体系。着力建立健全卫星导航产品质量保障公共服务平台,积极推进涉及安全领域的北斗基础产品及重点领域应用产品的第三方质量检测、定型及认证,规范卫星导航应用服务和运营,培育北斗品牌。逐步建立卫星导航产品检测和认证机构,强化产品采信力度,促进北斗导航产品核心竞争力的全面提升,推动北斗导航应用与国际接轨。

(5)建设位置数据综合服务体系。基于北斗增强系统,鼓励采取商业模式,形成门类齐全、互联互通的位置服务基础平台,为地区、行业和大众共享应用提供支撑服务。

2)构建产业应用推进体系

(1)推行国家关键领域应用。在涉及国家安全和国民经济发展的关键领域,着力推进北斗系统及兼容其他卫星导航系统的技术与产品的应用,为国民经济稳定安全运行提供重要保障。

(2)推进行业/区域应用。推动卫星导航与国民经济各行业的深度融合,开展北斗行业示范,形成行业综合应用解决方案,促进交通运输、国土资源、防灾减灾、农林水利、测绘勘探、应急救援等行业转型升级。鼓励结合"京津冀协同发展""长江经济带"以及智慧城市发展等国家区域发展战略需求,开展北斗区域示范,推进北斗系统市场化、规模化应用,促进北斗产业和区域经济社会发展。

(3)引导大众应用。面向智能手机、车载终端、穿戴式设备等大众市场,实现北斗产品小型化、低功耗、高集成,重点推动北斗兼容其他卫星导航系统的定位功能成为车载导航、智能导航的标准配置,促进在社会服务、旅游出行、弱势群体关爱、智慧城市等方面的多元化应用。

3）构建产业创新体系

（1）加强基础产品研发。突破核心关键技术，开发北斗兼容其他卫星导航系统的芯片、模块、天线等基础产品，培育自主的北斗产业链。

（2）鼓励创新体系建设。鼓励支持卫星导航应用技术重点实验室、工程（技术）研究中心、企业技术中心等创新载体的建设和发展，加强工程实验平台和成果转化平台能力建设，扶持企业发展，加大知识产权保护力度，形成以企业为主体、产学研用相结合的技术创新体系。

（3）促进产业融合发展。鼓励北斗与互联网＋、大数据、云计算等融合发展，支持卫星导航与移动通信、无线局域网、伪卫星、超宽带、自组织网络等信号的融合定位及创新应用，推进卫星导航与物联网、地理信息、卫星遥感/通信、移动互联网等新兴产业融合发展，推动大众创业、万众创新，大力提升产业创新能力。

3. 工作成果

为了进一步加速北斗二号卫星导航系统应用推广与产业化进程，在工程建设期间已经做了大量工作。

（1）对北斗二号卫星导航系统应用做了全面的需求分析。随着 GNSS 应用技术的迅速普及和知名度的提高，以及国家各行业信息化建设发展要求，交通、通信、电力等众多国民经济命脉领域大量应用 GNSS 技术。应用国家自主的、安全可靠的卫星导航系统和产品，保障国家经济社会安全，是各行业、各领域的迫切需求。

（2）对北斗二号卫星导航系统应用推广与产业化工作进行了任务分解，设置了相关项目体系。北斗二号卫星导航系统应用推广及产业化工作的任务包括夯实技术基础、开拓市场、加强管理保障，以及总体策划和顶层设计等。北斗二号卫星导航系统应用推广与产业化工作任务被分解为总体类、基础类、示范类、保障类 4 部分内容。根据任务分解，设置了总体类、基础类、示范类、保障类 4 个专题，每个专题根据工作目标不同分别设置不同项目。

（3）在不同层面建立了一系列推动卫星导航系统应用的国家政策和行业规章。为进一步加强北斗卫星导航系统标准归口管理职能，推进卫星导航系统标准化工作，2011 年，中国卫星导航系统管理办公室通过与国家标准化管理委员会沟通协调，确定建立全国卫星导航标准技术委员会。对北斗卫星导航产品的认证提出了新要求，研究制定了北斗产品检测认证体系。为创造北斗差异化服务优势，建设了北斗地基增强网和中国位置网。此外，还采取了一系列具体措施，推动北斗卫星导航系统产业化发展。主要包括积极开辟国内外两大市场、发展卫星导航应用的民族产业、重点推动车辆应用和个人应用、促进产业发展的规模化、增强主动服务观念、抓好产业联盟、加速企业联合以推动产业整体升级、抓好国家和各级政府项目的统一规划、全程跟踪与组织管理以促进卫星导航产业链的形成和完善、强化整体规划与宏观调控。

（4）北斗卫星导航系统正式提供服务以来,应用于交通运输、海洋渔业、水文监测、气象测报、森林防火、通信授时、电力调度、救灾减灾和国家安全等诸多领域,带来了显著的社会和经济效益。为打开北斗卫星导航系统广泛应用局面的突破口,中国卫星导航系统管理办公室联合行业主管部门和地方政府,开展北斗卫星导航系统行业和区域应用示范项目,通过在交通、民航、通信、海洋、民政减灾、气象、公安、金融、电力、国土资源、农业、旅游等行业,长三角、珠三角等有关区域进行示范应用,全面验证北斗卫星导航系统高可靠产品、平台、设施和解决方案,创造规模应用条件,以行业示范带动行业应用,以区域示范带动区域应用,建立全面应用的信心,推动我国自主卫星产业的发展。

（5）北斗/GNSS 基础产品关键技术已突破,一大批企业的芯片、天线和 OEM 板基本成熟,技术攻关和使用验证基本完成。具有自主知识产权的北斗/GPS 双模芯片已具备量产实用,可靠性、稳定性、灵敏度等性能方面进一步提升,参与企业数十家,先后推出多款芯片、天线、高精度 OEM 板等产品。国内主要的北斗芯片厂家成果在交通示范、气象示范、珠三角、渔业示范等地区和行业示范中得以大量应用。

3.5　战略调整

作为一项复杂的具有战略意义的工程,其发展战略并不是一成不变的,而是要根据建设过程中不断变化的内外部环境和因素及时地进行调整。战略调整以战略评价为依据。通过战略实施情况以及战略环境的变化,对战略实施效果进行评价,当发展战略的执行情况与预期结果相差较大时,需要采取纠正措施或对战略进行调整,以保证系统的建设能够满足战略需求。由于北斗卫星导航系统主要发展战略的相互关联性,战略之间相互影响,一个战略的调整会导致其他战略实施过程的变化。

北斗卫星导航系统在建设过程中,根据工程建设的实际情况,综合内外部因素,采取科学评价方法,多次对战略实施情况进行分析和评价,根据评价结果,采取了有效措施对战略进行适当调整。具体来说,就北斗二号卫星导航系统的建设过程而言,其战略调整主要包括以下几个方面。

（1）为了降低风险、验证相关技术,在原有方案的基础上加了一颗 MEO 试验卫星,用于卫星在轨技术验证。

（2）由于星载原子钟引进工作面临复杂局面,为确保工程建设的顺利推进,迅速做出原子钟等关键元器件的战略调整,要求加强国产化工作力度,对铷钟的国产化研制生产工作采取了有效措施。

（3）为了提高系统质量,开展可靠性专项工作,将"质量重心"前移,确保了组网阶段卫星和火箭的高密度研制和发射。

（4）综合考虑确保基本星座配置、星座整体可用性、卫星在轨控制等因素,增加两颗在轨备份卫星,即 IGSO – 4 和 IGSO – 5,并组织工程各大系统和有关单位对 IGSO – 4、IGSO – 5 卫星的组网轨位方案进行了科学论证。

第4章　北斗二号卫星导航系统需求工程

需求工程是北斗二号卫星导航系统工程过程中的重要组成部分，是北斗二号卫星导航系统建设的起点，贯穿于系统建设的全过程，对系统的建设、发展具有举足轻重的作用。首先，北斗二号卫星导航系统具有应用领域广、任务类型多、使用要求复杂等特点，不仅需要提供给多个领域用户进行使用，并且要支撑导航定位、精确授时等多种类型任务的实现。不同领域的用户、不同类型的任务对系统功能、性能、可靠性等要求也不尽相同，甚至存在一些冲突。其次，不同于以往的航天工程，北斗二号卫星导航系统建设成果要持续应用，需要带动国家相关产业的发展，是一项长期的建设工程，这使得系统建设面临诸多不确定性因素，系统建设需求变更时有发生。因此，在北斗二号卫星导航系统建设过程中特别重视需求工程管理问题，采用需求工程理论方法，提出了"业务领域分析—系统需求分析—技术需求分析"三阶段的北斗二号卫星导航系统需求开发过程，建立了包括业务需求视图、系统需求视图和技术需求视图的三视图的北斗二号卫星导航系统需求描述框架，规范了北斗二号卫星导航系统的需求开发过程和需求开发内容，支撑了系统建设过程中的需求开发和需求管理工作。

4.1　需求工程概述

4.1.1　需求与需求工程

需求的概念从不同角度有着不同的理解，从用户角度（系统的外部行为）来说，需求是"从系统外部能发现系统所具有的满足于用户的特点、功能及属性等"；从开发者角度（系统内部特性）来说，需求则是"指明必须实现什么的规格说明，它描述了系统的行为、特性或属性，是在开发过程中对系统的约束"。

IEEE 将"需求"定义为：

（1）用户解决问题或达到目标所需的条件或能力；

（2）系统或系统部件要满足合同、标准、规范或其他正式文档所需具有的条件或能力；

（3）一种反映上面（1）或（2）所述的条件或能力的文档说明。

需求工程是应用已证实有效的技术、方法进行需求分析、确定用户需求、帮助分析人员理解问题并定义目标系统的所有外部特征的一门学科。需求工程包括需求开发与需求管理两个部分。需求工程的主要结果产品是"文档化的描述",即需求规格。

需求规格的基本内容包括:

(1) 行为需求:定义目标系统需要"做什么",完整地刻画系统功能,描述系统输入/输出的映射及其关联信息,是整个系统需求的核心。

(2) 非行为需求:定义系统的属性,描述和行为无关的目标系统特性;包括系统的性能、有效性、可靠性、安全性、可维护性及适应性等。

4.1.2　北斗二号卫星导航系统需求与需求工程

北斗二号卫星导航系统的需求是指北斗二号卫星导航系统为解决问题或完成目标所必须满足的条件或能力。

北斗二号卫星导航系统的需求具有如下显著特点:

(1) 需求的层次高。北斗二号卫星导航系统是包括了各种类型子系统的一个复杂系统,其需求以满足未来使命任务为基本目标,必须发挥各类子系统的相对优势,统筹规划。因此,北斗二号卫星导航系统需求是比单项子系统更高层次的需求。

(2) 覆盖的领域广泛。北斗二号卫星导航系统涉及多个领域,每个领域都有各自的业务特点、建设规律和使用要求,造成了系统需求涉及领域众多、需求内容复杂。

(3) 需求的变更难以避免。北斗二号卫星导航系统的建设受到外部复杂环境变化的影响,要在国民经济建设和国防建设中进行持续的应用,系统的需求会随着环境和使命任务的改变以及应用要求的不断提升而不断调整变化,系统需求的变更难以避免。

北斗二号卫星导航系统的需求主要来源于 3 个方面:国际上类似系统的现状与发展趋势、系统使命任务需求和用户的使用要求、新技术发展带来的新要求。

北斗二号卫星导航系统需求工程过程可以划分为需求开发和需求管理两个阶段。需求开发属于需求工程产品的前期论证、设计阶段,而需求管理则属于系统需求工程产品的建立、开发与维护阶段。

北斗二号卫星导航系统的需求开发过程主要包括业务领域分析、系统需求分析和技术需求分析 3 个部分,如图 4.1 所示。

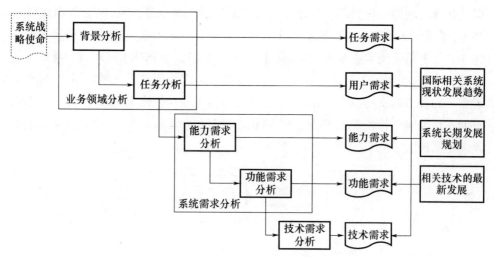

图 4.1　北斗二号卫星导航系统需求开发过程

（1）业务领域分析。北斗二号卫星导航系统的建设要服务于国家的发展战略，系统的各项系统功能体现在完成系统的各种使命任务，实现各类型用户对系统的使用要求上。业务领域分析包括背景分析和任务分析两个部分。背景分析是分析系统建设的背景和竞争对手情况，得到系统建设的任务需求；在此基础上进行任务分析，明确任务完成过程中各类型用户的使用要求，得到用户需求。

（2）系统需求分析。系统需求分析首先根据系统所要完成的使命任务要求和用户的使用要求，分析得到整个北斗二号卫星导航系统的能力需求。在此基础上，分析得到系统必须提供的系统功能、系统性能需求等。

（3）技术需求分析。分析系统必须遵守的技术标准要求，从而保证系统各个组成部分之间能够互联互通、形成一个整体来完成其任务要求和用户要求。

除此之外，国际相关系统现状与发展趋势、系统长期发展规划和相关技术的最新发展也是系统任务需求、用户需求、能力需求、功能需求和技术需求的重要来源。

通过上述三个阶段的需求获取，可以清楚地回答系统需求的 5W1H 问题，即：

（1）谁需要（Who）：描述需求的使用用户是谁；

（2）为什么需要（Why）：描述用户使用系统的使命和原因是什么；

（3）什么场景下需要（Where & When）：描述用户在什么样的环境背景下，何时、何地使用系统；

（4）要什么（What）：描述为了实现其业务使命和任务，对系统的具体要求是什么；

（5）如何使用（How）：描述用户通过怎样的方式使用系统。

通过需求开发获取的需求需要采用一定的方法工具将其描述出来。需求描述主要是描述系统需求的各个方面的本质属性，以方便人们认识与理解系统的需求以及相互之间的结构关系。在北斗二号卫星导航系统论证方面,结合该系统需求特点,采用了多视图的方法描述北斗二号卫星导航系统需求,建立了基于多视图的北斗二号卫星系统需求描述框架,从业务需求、系统需求和技术需求三个视角描述系统的需求,如图 4.2 所示。业务需求包括任务需求和用户需求两个部分,指导系统需求和技术需求的提出;系统需求包括能力需求和功能需求,系统需求和技术需求的实现能够支持业务需求的实现;系统需求对技术需求提出了约束,技术需求必须满足系统需求的实现。

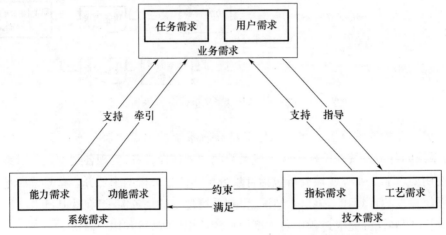

图 4.2 基于多视图的北斗二号卫星导航系统需求描述框架

4.2 需求开发

4.2.1 业务领域分析

系统建设的目标是为了满足其战略使命,而战略使命的完成是依赖于各个系统用户通过一定的方式使用系统完成各自的任务来实现的。因此,业务领域分析就是梳理国际类似系统的建设情况和发展趋势,并分析系统为了完成战略使命要求而必须达到的使命任务要求,明确各类型系统用户对系统的使用要求。

1. 系统的战略使命

北斗二号卫星导航系统是国民经济发展的助推器,对实现全面建设小康社会的战略目标具有重要作用。在预测、描述和分析未来我国战略环境的基础上,北斗二号卫星导航系统的主要战略使命如下。

1) 建设信息化军队、打赢信息化战争

现代战争是陆、海、空、天、电一体化,多军兵种参加的协同作战,兵力调动范围广、机动性强,纵深范围达上千甚至数千千米。导弹等武器的发射与制导,航空器导航与辅助着陆,海上舰船航行、进港靠泊及潜艇的精度校正,地面部队的集结与机动等,无不需要高精度的导航定位保障。北斗二号卫星导航系统是全面满足这种大范围、高精度、实时导航定位要求的最佳途径,是提高远程精确打击武器打击精度的重要手段,是多军种协同作战的重要保证。

2）确保国家信息安全、支持国民经济发展和国防建设

北斗二号卫星导航系统在交通运输、电信、金融、航空、农业、气象、测绘、海洋、地震预报、水文监测等国民经济发展和国防建设诸多领域应用非常广泛,是各领域信息安全的重要保证。随着经济发展和社会进步,对卫星导航系统的依赖性也将逐步增强,系统本身成为一个庞大产业的同时,还将像供水系统、电力系统、通信网络、高速公路一样,成为国家不可或缺的重要基础设施,全面支持国民经济发展。

3）推动科技进步、创建创新型国家

北斗二号卫星导航系统具有星座组网、高精度时空基准等鲜明的技术特征。它的建设,对于促进我国一箭多星发射组网,大型复杂星座的管理、控制和维持,高精度测量,时间同步,精密定轨等技术的进步,提高卫星、运载火箭的批生产和密集发射能力,带动星载原子钟、长寿命陀螺、地球敏感器、功率放大器、集成电路等星载关键部件和元器件的国产化水平,推动我国航天、导航等领域的科技进步十分必要。

2. 系统的任务需求

成功地理解并定义系统的使命任务目标和运行使用构想是获取系统建设目标的关键,这些任务目标和使用构想将转化为系统全寿命建设过程中的功能、性能等各种需求。

北斗二号卫星导航系统建设的使命任务是,建成北斗二号卫星导航系统,在我国及周边地区、印度洋、西太平洋至东经180°一带,为用户提供定位、测速、授时以及报文通信服务,包括:

（1）在服务区域独立提供基本的连续实时无源三维定位、测速和授时服务。需求主要集中在航天、航空、航海等领域。随着综合国力的增强和经济水平以及人民生活水平的提高,我国的航海、民航等传统行业和投资、贸易、维和、救灾、科考、旅游等领域都对北斗二号卫星导航系统提出了迫切需求,既包括一般的导航定位授时需求,也包含高精度、高可用性、高连续性、高完好性需求。

（2）在我国及周边地区提供高精度、高连续性、高可用性的服务,具备一定的位置信息交互能力。航海、航空、内河、公路、铁路等交通运输领域,电力、通信、建筑、农业、林业、渔业等国民经济建设领域,旅游、娱乐、车辆与行人导航等日常生活

领域,防震减灾领域,公安消防领域,测绘与勘探领域,海洋应用与管理领域,自然科学研究领域,对外贸易、灾害救援、国际维和、国际援助等领域都对建设北斗二号卫星导航系统提出了广泛需求。

3. 系统的用户需求

北斗二号卫星导航系统涉及的用户包括高层的战略决策人员、中层的业务组织人员和基层的业务实施人员,不同人员对于系统使用的理解和对使用的需求也不尽相同。因此,针对不同层次的需求人员,建立了用户主导的、层次化的系统用户需求获取结构,包含组织层、单元层和子单元层的三层用户需求层次,如图4.3所示。组织层是从系统高层用户的角度描述系统业务的组织关系和业务范围,分析获取组织的业务过程;单元层是从单元组织用户的角度描述系统业务的单元关系和业务范围,分析获取单元的业务过程;子单元层是从组织基层用户的角度描述系统业务的子单元关系和业务范围,分析获取子单元的业务过程。

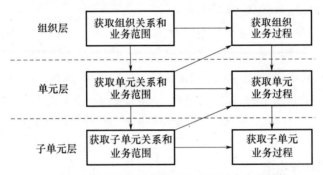

图4.3　用户主导层次化的系统用户需求获取结构

针对不同层次的用户,建立了三阶段的用户需求获取过程,如图4.4所示。业务定位需求描述需求的系统定位、环境定位和用户定位,说明业务所处的环境是什么、业务的使用用户是谁以及业务系统所要达到的业务任务和目的;业务流程需求描述需求的业务规则、使用方式和使用角色,说明用户从什么样的立场,通过何种使用方式使用系统,以及使用过程中所遵循的业务规则有哪些;业务实现需求描述需求的功能需求、接口需求、可靠性需求和性能需求,站在业务的角度对系统提出具体的需求。

北斗二号卫星导航系统应用领域主要包括交通运输、电信、测绘、海洋、地震预报、水文监测、抢险救灾等。用户需求如表4.1所列,具体包括:

(1) 船舶、车辆、飞机以及个人的导航应用。船舶在海洋内的导航精度要求$10 \sim 100m$,内河航运$3 \sim 10m$;公路运输$3 \sim 5m$;民航飞机在航路上的最高精度要求为$25m$,在航路终端要求$10 \sim 15m$,同时对于完好性和可用性要求分别为完好性每次进近$(1 \sim 2) \times 10^{-7}/h$,可用性$0.99 \sim 0.99999$。

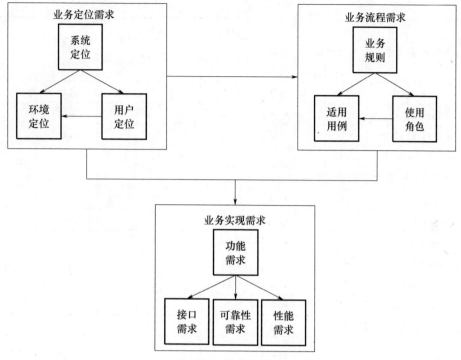

图 4.4　三阶段的系统用户需求获取过程

（2）测绘、海洋、地震与环境监测、卫星定轨等领域的精密定位。这类用户需求的特点是对于精度要求高，但是对于实时性及动态性能要求不高，要求单点测量定位精度为 10m 左右；双频载波相位测量重复精度达到 cm 量级。

（3）精密授时服务。一般要求 1μs，科研要求 10ns。

表 4.1　用户需求

工作环境/任务		技术指标(门限值/期望值)							备注
		定位精度/m		时间精度	覆盖区域	完好性	可用性/%	连续性	
		水平	垂直						
航空	航路	156/25		秒级	全国/全球	$(1\sim2)\times$ 10^{-7}/h		$(10^{-8}\sim$ $10^{-4})$/h	
	航路终端	100/10		秒级	全国/全球				
	非精密进近	110		秒级	全国/全球				
	垂直引导进近（APV－I）	110	10	秒级	全国/全球	$(1\sim2)\times$ 10^{-7}/h 每次进近	99.999	$(1\sim8)\times$ 10^{-6}/h 在 15s 内	
	垂直引导进近（APV－II）	8	4	秒级	全国/全球				
	I 类精密进近	8	2	秒级	全国/全球				

（续）

工作环境/任务		技术指标(门限值/期望值)						备注
		定位精度/m		时间精度	覆盖区域	完好性	可用性/%	连续性	
		水平	垂直						
水路	航海导航	100/10		秒级	全球			连续	要求数据通信(单/双向)
	内河导航	10/3		秒级	全国及周边			连续	
公路	公路车辆定位	5/3		秒级	全国			连续	
	公路、水路(桥、隧道)勘测测量	0.05/0.01		秒级	全国			连续	
铁路	定位	30		秒级	全国			连续	
	火车控制	1		秒级	全国			连续	
金融		30		秒级	全国			连续	
海关		30		秒级	全国			连续	
公安系统		5		秒级	全国			连续	
个人	行人－导盲	<5		秒级	全国			连续	
	卫生护理	5		秒级	全国			连续	
	娱乐/运动	2		秒级	全国			连续	要求通信服务

注:进近是指飞机下降时对准跑道飞行的过程,非精密进近无垂直引导

4.2.2 系统需求分析

在用户需求分析的基础上,形成北斗二号卫星导航系统的服务能力需求。基于上述北斗二号卫星导航系统的各种用户需求结果,可以总结得出该北斗二号卫星导航系统必须具备定位、测速、授时基本导航功能。同时,北斗一号卫星导航系统已经实现的短报文通信能力在大量实践中被证明是一项非常有用的能力,特别是在通信设施被破坏的情况下,能够提供用户间的通信。

北斗二号卫星导航系统需求除了服务能力需求外,还包括功能需求(需要具备什么功能)、性能需求(这些功能必须执行到何种程度)、可靠性需求(影响鲁棒性、故障容错性和冗余方面的设计选择)和环境需求(明确了系统运行所需的外部环境)。其他专业特性的需求还有可生产性、可维护性、可用性、可升级性、人的因素等。

(1) 功能需求。功能需求定义为实现系统目标需要做到的功能要求,通过如下类型的问题来形成运行使用构想和想定来获取功能需求:需要执行什么功能,这些功能需要在何处,在什么运行使用和环境条件下执行以及是否经常执行等。系

统的功能需求可以分配到各级子系统,通过采用输入、输出和接口需求形式自顶向下辨识和描述每项功能。

(2) 性能需求。性能需求量化定义系统需要执行功能的程度,通过询问如下类型的问题来形成运行使用构想和想定来获取性能需求:多少频度和多大程度,需要什么精度(如需要怎样精确的度量指标),形成什么定性和定量的输出,在什么强度或环境条件下,需要持续多少时间,在什么取值范围内,有多少偏差许可,在多少最大通量和带宽容量内。

(3) 可靠性需求。可靠性是指产品在规定的条件下和规定的时间内完成规定功能的能力。可靠性确保了系统(分系统,如软件和硬件)能像整个使命任务过程中期望的那样在预计的环境和条件下运行使用,并确保系统有能力经受住一定数量和类型的错误、误差或故障(如经受住振动、预期的数据率、命令和/或数据错误、单事件扰动和温度变化达到设定的极限等)。

(4) 环境需求。系统所处的环境包括了地面试验、存储、运输、发射、部署以及寿命周期内的常规运行使用可能遭遇到的所有状况。必须说明的相关外部和内部环境包括加速度、振动、震动、静态负载、声学的、热学的、污染、乘员引发的负载、辐射的总剂量/辐射影响、单一事件影响、表面和内部电荷、轨道碎片、大气的(氧原子)控制和性质、姿态控制系统扰动(大气阻力,重力梯度,太阳压强)、磁场的、发射时压力梯度、微生物的生长、地面和在轨辐射频率等。

针对北斗二号卫星导航系统的服务能力,结合上述用户需求分析结果,相应的功能需求为:服务区域要求覆盖亚太地区。亚太地区平均可见 4 颗星以上,中国大陆平均可见 5 颗星,局部地区(南海地区,南亚地区)平均可见 6 颗星。系统短报文服务要求:120 汉字/次。系统主要功能需求如表 4.2 所列。

表 4.2　系统主要功能需求

定位精度		测速精度	时间精度	完好性	可用性	连续性
水平	垂直	优于 0.2m/s	单向 50ns	$(1 \sim 2) \times 10^{-7}/h$	99.999%	连续
优于 10m	优于 10m					

4.2.3　技术需求分析

系统是由若干个子系统所构成,为了保证各个子系统可以互联互通,能够集成为一个整体,为系统(包括附属系统)定义所有的接口需求十分重要。接口包括了系统内各子系统之间的接口,也包括了系统与系统外的其他系统的接口。接口类型包括:操作命令和控制指令、计算机之间、机械的、电子的、热学的和数据的接口。与产品全寿命周期所有阶段关联的接口都要进行考虑,包括与试验环境、运输系统、综合后勤保障系统、制造设备、操作人员、用户和维护人员的接口。

接口需求定义主要描述存在于两个或多个系统、系统功能、系统单元、技术状态项等之间系统公共边界上的功能的、性能的、电子的、环境的、人因的、物理的需求与约束。接口需求包括逻辑接口需求与物理接口需求。按照需要划分,接口通常包括物理参数、能量参数或信息传输序列的定义以及所有其他重要的交互关系。例如,通信接口包含系统内部以及系统与其环境之间数据和信息的流动与传输。通信需求的适当评估牵涉到通信的结构性元素(如带宽、数据率、分布等)与内容性元素(如用于通信的数据/信息、系统组件之间流动的数据/信息、这些数据/信息对系统功能性的重要度)的定义。

北斗二号卫星导航系统各组成部分的接口关系与信息流程如表4.3所列。

表 4.3　系统各组成部分接口关系需求与信息流转需求

	输入	处理	输出
空间段（卫星）	导航电文 遥控指令 上行时间比对信号 用户简短数字报文通信与双向授时信息（GEO 卫星）	导航电文的存储、处理、生成执行有关指令 时间测量,发射下行时间比对信号	射频导航信号 遥测信号、时间测量信息 下行时间比对信号 转发用户简短数字报文通信与双向授时信息（GEO 卫星）
地面控制系统	射频导航信号 遥测信号 下行时间比对信号	星地时间同步、星历预测、钟差预测、完好性分析,用户请求、信息的处理与交换,系统状态分析	导航电文 遥控指令 上行时间比对信号
用户机	射频导航信号 通信、双向授时信息（部分用户）	信号、信息处理,导航解算	位置、速度、时间 通信信息,双向授时申请（部分用户）

4.3　需求管理

北斗二号卫星导航系统建设周期长,环境复杂多变,涉及的人员众多,造成系统的需求之间关系复杂并且变化时有发生。为了更好地应对需求的改变所带来的影响,在系统建设过程中十分重视系统需求管理工作,并且贯穿于系统需求工程的全过程。系统的需求管理工作主要包括需求跟踪、变更控制、版本管理和需求状态跟踪,如图4.5所示。

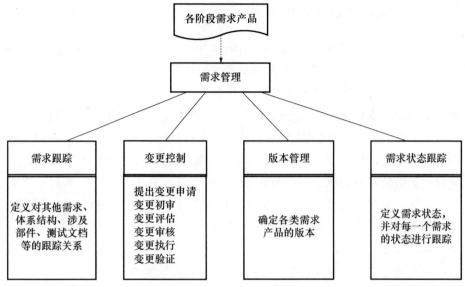

图 4.5　系统需求管理的主要组成

4.3.1　系统的需求跟踪管理

北斗二号卫星导航系统在建设初期,通过多方面的收集确定了系统的建设需求,并且随着系统建设过程的持续,初期确定的需求往往会产生变化,甚至会产生新的需求。系统需求跟踪就是在系统建设的整个生命周期中,从正反两个方面描述和追踪需求。分析系统的各种需求具体是由哪些系统,通过什么指标来实现的,分析建设的各个子系统,实现的各种系统功能是支撑哪个需求的。

系统需求跟踪通过需求跟踪矩阵进行表示,直观规范地反映了一类需求同另一类需求之间,以及同类需求之间的关系。如表 4.4 所列的是系统某类任务需求的需求跟踪矩阵。系统的需求跟踪矩阵是随着需求管理工作而持续更新的,建立矩阵时不会将每一项数据都获取,跟踪矩阵是可拓展的,随着系统建设的进行,矩阵的某些数据项可能会发生变化。

表 4.4　系统需求跟踪矩阵

	定位精度	测速精度	授时精度	…
定位精度	▲		▲	
测速精度		▲		
授时精度	▲		▲	
……				
注:▲表示需求跟踪矩阵中对应的行元素和列元素之间存在跟踪关系				

4.3.2 系统的需求变更管理

系统建设过程中受外界环境的影响,需求变更不可避免,为了更好地对系统需求变更进行分析和控制,建立了系统需求变更机构和变更流程。

(1) 变更申请。具有变更建议权限的部门或人员对系统需求提出变更建议,包括变更理由。变更建议人员可以对某一条具体需求提出变更建议,比如修改需求中某个参数的值,提出此类变更建议的人员可以是技术人员、专家组或是相关部门的参谋人员等;也可以对某个需求文档或模型提出宏观的修改意见,此类需求变更建议一般由负责系统建设的相关负责人提出。

(2) 变更初审。对提交的变更建议进行初步的审核,初步进行影响范围分析、进度影响分析和风险分析等,审核通过的变更建议进入下一个处理流程,被推迟的变更建议返回到上一阶段。

(3) 变更评估。变更评估是变更过程的关键阶段,要有两方面的内容,一方面评估需求变更对系统现有需求的影响,分析变更后的需求是否能满足系统的使命任务要求;另一方面评估需求变更批准后,执行需求变更所花费的代价。变更评估阶段形成的评估报告是进行变更审核的重要依据。

(4) 变更执行。变更执行者在收到变更执行通知后实施需求变更,在实施需求变更时在允许的时间范围内可以分阶段地执行。

(5) 变更验证。实施需求变更后对其进行验证,检验变更是否被正确地执行,并形成验证报告。

例如,北斗二号卫星导航系统中应用系统需求共进行了 5 项变更,其中 4 项变更来自应用系统内部,1 项由其他系统引起。5 项变更中,有 3 项为设备/系统调整类型,1 项为系统功能完善类型,还有 1 项为适应性改造类型。具体情况如表 4.5 所列。

表 4.5 应用系统需求变更项目

类别	变更内容	变更属性
应用系统自身需求变更	增加用户设备模拟信号源	设备/系统调整
	用户管理系统功能完善	系统功能完善
	某典型应用项目调整	设备/系统调整
	某典型应用项目未批复	设备/系统调整
其他系统对应用系统需求变更	接口控制文件内容调整	适应性改造

各项目的变更原因、变更内容和变更执行情况具体如下。

1. 设备/系统调整

（1）变更项目：增加用户设备模拟信号源、某典型应用项目调整和某典型应用项目未批复。

（2）变更原因：为使某典型应用项目更具示范性、代表性和通用性，对其做了调整。

（3）变更执行情况：经过了申请、会签、批准、评审，并在后续验收测试中检核。

2. 系统功能完善

（1）变更项目：用户管理系统功能完善。

（2）变更原因：完善用户管理系统功能，以满足现代信息化作战模式下的大区域、大规模、高频度的授权保障需求。

（3）变更内容：将"用户管理系统"更名为"北斗授权用户注册管理系统"。北斗授权用户注册管理系统作为资源调配和用户管理的平台，采取一个中心和多个分中心的全覆盖体系结构设计，通过安全存储介质或综合信息网，实现终端用户授权、隶属关系调配的管理保障和动态备案。

（4）变更执行情况：经过了申请、会签、批准、评审。

3. 适应性改造

（1）变更项目：接口控制文件内容调整。

（2）变更原因：为了适应接口控制文件新要求。

（3）变更内容：详见应用系统各研制任务的研制技术要求。

（4）变更执行情况：经过了申请、会签、批准，并在后续验收测试中检核。

以上三类需求变更均履行了审批手续，符合需求更改要求。需求变更落实后，可满足北斗二号卫星导航系统对应用系统的指标要求。

4.3.3　系统的需求版本管理

系统需求的多次变更会造成多个需求版本，如果缺少有效的需求版本管理，会导致系统建设的很多工作徒劳无功，甚至造成系统建设的失败。

在系统建设过程中，为了做好需求版本控制，制定了以下需求版本管理规定：

（1）统一需求文档的每一个版本，保证每个成员都能得到最新的需求版本；

（2）清楚地将变更形成文档，并及时通知到系统建设所涉及的部门、人员；

（3）为尽量减少困惑、冲突、误传，只允许指定的人员来更新需求，同时包括修正版本的历史情况，即已做出变更的内容、变更日期、变更人员的姓名以及变更的原因，并根据标准标记系统需求的每一次修改。

4.3.4 系统的需求状态管理

为了更好地描述系统需求,必须对系统需求的相关属性进行规范。在系统建设过程中,对系统需求进行了以下方面的属性要求:需求的创建时间、需求的版本、需求的创建者、需求的批准者、需求状态、需求的原因或根据、需求涉及的子系统、需求涉及的产品版本、需求的验证方法或测试标准、需求的优先级、需求的稳定性。

由于系统建设周期长,因此系统的需求在某个时间段内会出现以下 4 种情况。

(1) 用户可以明确且清楚地提出的需求。

(2) 用户知道需要做些什么,但却不能确定需求。

(3) 需求可以由用户得出,但需求的业务不明确,还需要等待外部信息。

(4) 用户本身也说不清楚的需求。

对于上述系统需求,在系统建设过程中的处理方式是不尽相同的,根据对需求的不同处理,将系统需求状态分为以下 8 种。

(1) 已建议。需求已经被有权提出需求的人所建议。

(2) 已批准。需求已经被分析,估计了其对系统其余部分的影响。

(3) 已拒绝。需求已经有人提出,但被拒绝了。拒绝的需求被列出的目的是因为它有可能被再次提出。

(4) 已设计。已经完成了需求的设计和评审。

(5) 已实现。已经完成了需求要求的系统设计和实现。

(6) 已验证。已经用某种方法验证了实现的需求,需求能够达到预期的效果,此时认为需求已经完成。

(7) 已交付。需求完成后,已经交付用户进行使用。

(8) 已删除。需求已经删除。

4.4 需求工程实践经验总结

基于北斗二号卫星导航系统需求工程实践,可总结得出以下经验。

1. 树立"联合需求工程"的观念,应用系统工程方法,解决系统需求工程问题

北斗二号卫星导航系统建设不是某个行业、某个系统、某个要素的建设,从层次上包括战略需求和业务需求,从构成上包括硬件和软件需求,从专业上划分就更加复杂。为了更好地处理北斗二号卫星导航系统方方面面的需求,工程大总体遵循"联合需求工程"的观念,从支持国民经济发展和国防建设,推动科技进步、创建创新型国家等多个方面,从区域系统建设、全球系统建设多个阶段,从交通运输、电信、测绘、海洋、地震预报、水文监测、抢险救灾等多个用户领域全方位、多层次地开展北斗二号卫星系统的需求论证,保证了系统建设需求的不遗漏、不重复和不冲突。

2. 坚持"任务牵引,技术主导,多方联合"的需求论证思路

北斗二号卫星导航系统作为重要的军民共用空间基准设施,要完成的使命任务多种多样、用户众多、使用方式复杂,并且涉及大量新技术的使用和创新。为了更好地满足各领域对系统的使用要求,坚持采用了"任务牵引,技术主导,多方联合"的需求论证思路,提前启动技术预先研究和需求论证,通过工程领导小组、专业技术队伍等多级组织管理模式来整合各种使命任务要求。

3. 通过仿真系统开展系统需求指标的检验与验证,可提高系统需求的生成质量与效率

北斗二号卫星导航系统庞大复杂,建设周期长,系统需求对整个系统建设影响重大,并且在建设过程中需求不可避免会发生变更。为了更好地为系统建设指明方向、确定目标,在系统需求论证工作中高度重视系统需求的检验与验证工作。随着北斗二号卫星导航系统大总体工作的全面展开,为了有效支撑北斗二号卫星导航系统工程总体方案设计,系统接口与指标需求的分析与协调,提供客观、量化、可行的分析、验证与评定手段,组织建设了北斗二号卫星导航系统大总体仿真验证系统,顺利开展了工程最简系统、基本系统、区域系统三个阶段的性能测试评估试验,为全面分析系统功能需求的合理性和接口关系的正确性等情况提供了重要依据。通过及早开展验证活动,及时发现系统需求缺陷,大大提高了系统需求生成的质量和效率。

第5章　北斗二号卫星工程组织管理

组织管理是确保项目目标实现的重要保证,也是实施大型项目系统工程管理首先要解决的基本问题。计划、指挥、协调、控制等管理职能的实现都需要依托组织来执行。高效的组织管理,对于发挥集体力量、合理配置资源、提高研制生产效率具有重要的作用。北斗二号卫星工程庞大,涉及参与方众多,论证、研制、建设、运行等过程所处的环境和管理要素多复杂。管理人员在组织管理过程中引入组织设计理论,按照国家层次、大总体层次和大系统层次确定适合的组织结构,并建立了科学的制度体系以规范组织行为。同时,北斗二号卫星工程在继承航天传统、发扬北斗精神的过程中,形成了具有特色的组织文化。

5.1　组织管理概述

5.1.1　组织管理的概念

组织,是社会发展过程中劳动分工的产物,是在目标条件下形成的人的有序集合。现代组织管理理论的代表学者巴纳德从功用上定义,认为:组织是二人或二人以上,用人类意识加以协调形成的活动或力量的系统。组织管理是通过建立组织结构,规定职务或职位,明确责权关系,以使组织中的成员互相协作配合、共同劳动,有效实现组织目标的过程。

组织管理理论学派纷呈。古典组织管理理论、行为组织管理理论和现代组织管理理论等从多个角度、运用多种方法、借鉴多学科的研究成果对组织展开研究,大大丰富了组织理论的内容,为管理的实践活动提供了系统的理论指导。综合各学派的观点,针对组织和组织管理的研究均是从经济学和管理学角度着手,以组织设计为中心,探讨组织结构、组织行为和组织规范等内容。进入21世纪以来,虚拟组织、学习型组织、团队组织、网络组织等新的组织结构不断涌现,组织形态正在发生彻底的改变以适应技术革命与外部环境的变化。组织管理的重点由物质层次、管理层次转向意识层次,强调组织文化在组织发展中的作用成为组织管理理论新的发展趋势。

5.1.2　组织设计的原则和程序

1. 组织设计原则

组织设计是组织管理最重要的核心问题,在长期的组织变革过程中,组织积累了丰富的实践经验,提出了一些组织设计原则,可以归纳如下。

1) 任务与目标原则

组织设计必须围绕战略任务和目标开展,目的是为实现战略任务和目标提供组织保障及组织行为规范。这是一条最基本的原则。组织结构的全部设计工作必须以此作为出发点和归宿点,即任务、目标同组织结构之间是目的手段的关系;衡量组织结构设计的优劣,要以是否有利于实现任务、目标作为最终的标准。从这一原则出发,当任务、目标发生重大变化时,组织结构必须作相应的调整和变革,以适应任务、目标变化的需要。进行组织机构改革,必须明确要从任务和目标的要求出发,该增则增,该减则减,避免单纯地把精简机构作为改革的目的。

2) 专业分工和协作原则

在合理分工的基础上,各专业部门只有加强协作与配合,才能保证各项专业管理的顺利开展,达到组织的整体目标。贯彻这一原则,在组织设计中要十分重视横向协调问题。主要的措施有:实行系统管理,把职能性质相近或工作关系密切的部门归类,成立各个管理子系统;设立一些必要的委员会及会议来实现协调;创造协调的环境,提高管理人员的全局观念。

3) 有效管理幅度原则

由于受个人精力、知识、经验条件的限制,一名领导人能够有效领导的直属下级人数是有一定限度的。有效管理幅度不是一个固定值,它受职务的性质、人员的素质、职能机构健全与否等条件的影响。这一原则要求在进行组织设计时,领导人的管理幅度应控制在一定水平,以保证管理工作的有效性。由于管理幅度的大小同管理层次的多少呈反比例关系,这一原则要求在确定组织的管理层次时,必须考虑到有效管理幅度的制约。因此,有效管理幅度也是决定管理层次的一个基本因素。

4) 集权与分权相结合原则

组织设计时,既要有必要的权力集中,又要有必要的权力分散,两者不可偏废。集权是大生产的客观要求,它有利于保证组织的统一领导和指挥,有利于人力、物力、财力的合理分配和使用。而分权是调动下级积极性、主动性的必要组织条件。合理分权有利于基层根据实际情况迅速而正确地做出决策,也有利于上层领导摆脱日常事务,集中精力抓重大问题。因此,集权与分权是相辅相成的,是矛盾的统一。

5) 稳定性和适应性相结合原则

稳定性和适应性相结合原则要求组织设计时,既要保证组织在外部环境和任务发生变化时,能够继续有序地正常运转;同时又要保证组织在运转过程中,能够根据变化的情况做出相应的变更,组织应具有一定的弹性和适应性。为此,需要在组织中建立明确的指挥系统、责权关系及规章制度;同时又要求选用一些具有较好适应性的组织形式和措施,使组织在变动的环境中,具有一种内在的自动调节机制。

2. 组织设计程序

组织设计是一个动态的工作过程,包含了众多的工作内容。科学地进行组织设计,要根据组织设计的内在规律性有步骤地进行,才能取得良好的效果。

组织设计的一般程序如表5.1所列。

表5.1　组织设计的一般程序

序号	设计程序	设计工作内容
1	设计原则的确定	根据目标和特点,确定组织设计的方针、原则和主要维度
2	职能分析和设计	确定经营、管理职能及其结构,层层分解到各项管理业务的工作中,进行管理业务的总体设计
3	结构框架的设计	设计各个管理层次、部门、岗位及其责任、权利,具体表现为确定组织系统图
4	联系方式的设计	进行控制、信息交流、综合、协调等方式和制度的设计
5	管理规范的设计	主要设计管理工作程序、管理工作标准和管理工作方法,作为管理人员的行为规范
6	人员配备和训练	根据结构设计,定质、定量地配备各级各类管理人员
7	运行制度的设计	设计管理部门和人员绩效考核制度,设计精神鼓励和工资奖励制度,设计管理人员培训制度
8	反馈和修正	将运行过程中的信息反馈回去,定期或不定期地对上述各项设计进行必要的修正

5.1.3　北斗二号卫星工程组织管理的特点

1. 北斗二号卫星工程组织管理具有国家主导性

国家和政府在组织管理中具有主导作用,这是北斗二号卫星工程组织管理的重要特征之一。北斗二号卫星工程的组织实施不仅是一个技术整合和造物过程,更是一个涉及政治、安全、经济等诸多因素的管理过程。正是由于国家和政府的强大支持,组织了全国范围内的科技人员集智攻关,北斗二号卫星工程才得以在相对较短的时间内成功完成。北斗二号卫星工程项目组织管理在发挥市场机制配置资源的同时,也体现了国家意志。

2. 北斗二号卫星工程组织协调要求高

十余年来,参与北斗二号卫星工程研制建设的单位众多、人员数量庞大,组织管理工作量巨大,涉及多种复杂的人际关系、行政关系和经济关系等。这些复杂的关系交织在一起使得组织的协调工作变得异常艰难、复杂和多变,并促使北斗二号卫星工程管理者不断强化组织协调工作以保证工程项目的顺利进行。

3. 北斗二号卫星工程组织结构柔性好

相对于一般刚性组织而言,北斗二号卫星工程组织构成单位之间更多表现的是一种柔性特征。因此,在组织管理过程中,除了关注组织成员之间以契约为约束的刚性关系之外,更强调组织结构的柔性和灵活性,以实现组织对环境变化的适应性、敏锐性、创新性和学习性。

5.1.4　北斗二号卫星工程组织管理的流程

北斗二号卫星工程基于现代组织管理理论,按照国家层次、大总体层次和系统层次设计了适合的组织结构,确立了保证组织结构正常运行的制度体系,并逐步形成了具有特色的组织文化。北斗二号卫星工程的组织管理按照图 5.1 所示的流程展开。

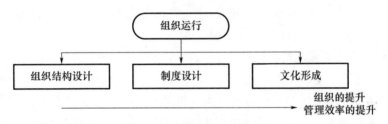

图 5.1　北斗二号卫星工程组织运行管理模型

5.2　组织结构设计

组织结构是指组织的框架,是对完成组织目标的人员、工作、技术和信息所作的制度性安排。借鉴以明兹伯格等为代表的现代组织管理理论观点,任何一个组织均由 5 个基本部分组成:

(1) 战略顶层(决策指导层)。这是一个组织的最高领导层,从事决策及组织协调活动。

(2) 中间层(综合管理层)。介于战略顶层与操作层之间,执行上传下达任务。

(3) 操作层(执行层)。组织中从事基础工作的核心人员。

(4) 技术机构。组织中从事技术和分析职能的人员。

(5) 协同人员。存在于组织操作流程之外,间接地辅助基层操作人员的工作。

北斗二号卫星工程组织由国家层次、大总体层次和系统层次三个主要组成部分构成。由于北斗二号卫星工程组织管理具有国家主导性,国家层次的组织便构成了工程的战略顶层,即制定战略决策、规划战略实施的决策指导层。工程大总体层次的组织是北斗二号卫星工程负责计划、协调、集成、试验、评估的综合管理层,是连接起战略顶层和操作层的中间层次。工程各大系统组织是北斗二号卫星工程的操作层或执行层,负责北斗二号卫星工程各大系统整个寿命周期内的全部研制、运营等工作,执行战略顶层的战略规划,服从综合管理层的协调整合管理。此外,北斗二号卫星工程涉及主体庞大,在工程的建设过程中有大量分包单位和技术服务咨询机构参与。这些共同构成了北斗二号卫星工程的组织结构。

5.2.1 国家层次的组织结构设计

1. 组织设计总体目标

国家层次的组织结构设计充分考虑了北斗二号卫星工程的整体战略、组织规模、技术水平以及组织所存在的环境,确立了组织设计总体目标,即国家层次的组织设计需要有利于北斗二号卫星工程的战略实施,为军民融合式发展服务。国家层次的组织结构设计依据集权和分权原则,明确直线式的权力层级,准确定位谁对谁负责,并规定了每个管理部门的管理幅度。

2. 组织结构形式选择和职能分工

北斗二号卫星工程组织规模庞大、建设周期很长,只有在国家层次上采用直线式的组织结构才能保证项目组成员的相对稳定与连续。北斗二号卫星工程在确定集权程度的基础之上,进一步分解国家层次各部门的具体管理业务和工作,确定了完成总体目标的各项业务工作及其关系,根据各管理层次设置部门,将每一个部门应承担的任务工作分解成各个管理职务和岗位。专门成立了北斗二号卫星工程领导小组和中国卫星导航系统管理办公室,全面负责北斗二号卫星工程研制建设的组织管理工作。同时,为了满足军民融合式发展的组织设计总体目标,在领导小组层面,由一定数量的委员组成委员会组织结构,共同行使组织的决策权,集思广益,促进了北斗二号卫星工程决策的专业性和可行性。

在"直线式+委员会式"组织结构框架下,北斗二号卫星工程采用航天型号组织模式,建立工程行政和技术两条指挥线体系。工程领导小组是部际协调机构,主要负责工程重大问题的协调,确保工程研制建设顺利进行。工程领导小组采取定期会议的形式,听取工程进展情况,协调、明确重大问题。这种"直线式+委员会式"的组织结构框架,经过多次创新设计并不断完善,最终确立。

3. 确定职责权限

1)北斗二号卫星工程领导小组职责

北斗二号卫星工程领导小组是北斗卫星工程研制建设的决策机构。

2）中国卫星导航系统管理办公室职责

中国卫星导航系统管理办公室在北斗二号卫星工程领导小组的领导下,负责工程建设管理和大总体协调等工作,是工程总设计师的办事机构。

3）工程总设计师职责

工程总设计师根据工程技术、经济可行性论证报告提出的工程总体技术性能指标和要求,组织方案论证,提出工程总体方案;根据工程研制程序,提出各阶段研制任务;参与拟制工程研制计划,提出工程研制和试验的技术保障条件;确定各系统的设计任务书,审定各系统的技术方案,组织编拟工程研制任务书;负责对工程研制建设中的重大技术问题做出决策,协调解决系统之间的技术问题;审批各系统涉及工程总体技术指标和系统技术状态的重大修改;负责组织对各系统进行阶段评审;组织制定工程各系统合练与飞行试验大纲,负责组织解决合练与飞行试验中的重大技术问题;参与工程计划的管理,对重大基建、技术改造和引进项目提出审查意见。

4）任务承担单位职责

任务承担单位主要为工程研制建设单位,在工程大总体的组织协调下,按照卫星、运载火箭、地面运控、应用、测控、发射场六大系统分工,承担各系统的工程研制建设任务。其主要任务是:

（1）贯彻执行国家有关卫星导航的方针、政策、法规、规章、标准和规范性文件。

（2）按照计划和合同要求,完成所承担的工程研制建设。

（3）按规定管理和使用经费。

（4）建立健全质量管理体系,确保各项任务满足质量要求。

北斗二号卫星工程组织复杂程度很高,作为北斗二号卫星工程组织的战略顶层领导者,他们是组织的旗帜,肩负着带领组织所有成员完成组织使命的任务。战略顶层领导者需要整合各种资源,其协调能力和应付突发事件的能力要求是最高的。同时,战略顶层领导者需要具备在不确定环境中进行正确取舍和决策的能力。上述这些能力的有效性取决于组织面临的任务和环境,同时取决于组织结构的适应性,因为组织信息传播是通过组织结构来实现的。北斗二号卫星工程组织的战略顶层领导者对组织成员进行强有力的指导与集成,采用“直线式 + 委员会式”的组织结构促使决策流程迅速、科学、高效地实施,这是组织效能提高的关键,也是决策能力有效的关键。

5.2.2　大总体层次的组织结构设计

1. 组织设计总体目标

根据北斗二号卫星工程建设特点,按照设计、协调、试验、评估、集成的五位一体职能,设立工程大总体,组织协调工程六大系统的研制建设的实施,确保工程按计划完成。

2. 组织结构形式选择和职能分工

北斗二号卫星工程极其复杂,需要不同学科的专业人员共同参与,这样使得北斗二号卫星工程项目不可能由一个单位独自完成,需要不同领域的多家单位相互协作。大总体层次的主要组织实体承担了工程建设和工程参与者总体协调等工作,属于北斗二号卫星工程组织的综合管理层。任务特征和组织设计目标要求其组织结构形式一方面需要稳定,以发挥组织效率;另一方面需要使得各职能部门分工精细、责任清楚,既能保持统一指挥,又能发挥项目各参与方的作用,以利于多方的协调。

中国卫星导航系统管理办公室将北斗二号卫星工程产品或服务的特征做出明确的界定并不断地细分,把握好各项目内在的相互关系,在此基础上组织和协调项目参与人员。在组织管理的过程中,为实现各参研单位技术与资源的有效配置与利用,避免多头管理、重复工作,中国卫星导航系统管理办公室设计若干工作组,从行政方面管理承研单位职能部门,同时依托工程大总体以项目负责制的形式,从整体上进行全局优化考虑,统一协调各参研方的技术力量与资源优势,统筹兼顾,确保了各方的优势互补,实现了资源的合理配置,形成的组织结构示意图如图 5.2 所示。

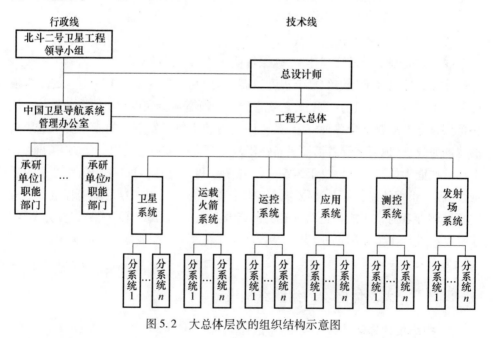

图5.2 大总体层次的组织结构示意图

3. 确定职责权限

中国卫星导航系统管理办公室下设若干工作组,具体协调工程六大系统。工程大总体在中国卫星导航系统办公室的业务指导下,辅助工程总设计师工作。在各大系统总设计师的技术指导下,工程大总体与任务单位通过项目的形式展开合作。

5.2.3　系统层次的组织结构设计——以卫星系统为例

每一个组织的目标、所处的环境、所拥有的资源是不同的,因此其组织结构也必然会有所不同。下面以卫星系统为例,介绍大系统的组织结构设计过程。

1. 卫星系统组织设计总体目标

卫星系统通过组织结构的有效设置来协调各种工作,促进信息的有效沟通,进而保证卫星批生产等任务的完成。卫星系统遵从专业分工与协作原则,重视部门间的协调合作,发挥了组织的整体优势。同时,遵从稳定和适应性相结合原则,在相对稳定的组织结构下,使得组织更具柔性,即能够对环境变化做出迅速的反应,克服僵化状态,实现组织管理的高质高效。

2. 组织结构形式选择和职能分工

批生产是卫星系统的一个重要特色。批生产具有标准化、品种多、数量大等特点,它要求组织具有灵活的运行机制,具备良好的协调能力和快速的反应能力。组织的扁平化是提高组织反应能力和协调能力的重要途径之一。卫星系统选择了矩阵式组织结构,增强了横向部门之间的协调能力,做到条块结合,有效协调了有关部门活动,实现了柔性化管理。

卫星系统明确职能分工,对每个部门和每个岗位的工作内容、工作范围、相互协作方法等做出规定。中国空间技术研究院卫星导航项目办是卫星系统型号项目管理的责任主体,按照合同和上级要求,依据院和所属总体单位的技术及管理标准、规范,组织开展本型号研制的有关技术、质量、进度等管理工作。卫星系统型号项目管理是在项目经理的领导下,以项目最终完成为目标实行矩阵模式的系统工程管理,型号项目横向由项目经理、项目办公室、型号项目队伍直接完成型号任务,执行各职能部门和各专业部门制定的各项标准;纵向是由职能部门、专业技术部门有关人员组成的项目支持队伍,为项目办输送所需要的专业人员。

卫星系统的组织结构示意图如图 5.3 所示。

这种组织结构具有如下优点:

(1)组织结构简单,权责明确。卫星导航项目在一个部门内研制、完成,部门内集中型号项目工作所需的人力、物力。项目经理可以充分调动项目内的各种资源,从而在技术、进度和质量等方面进行有效控制。

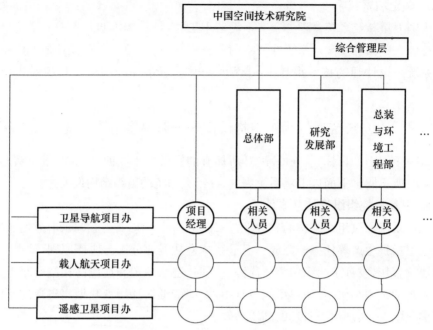

图 5.3　卫星系统组织管理结构图

（2）项目目标明确单一，团队精神得到发挥。相关人员只从事一个项目，目标明确单一，所有组织成员能够集中全部精力到卫星导航的研制、生产和建设中。整个项目团队为共同的目标努力，团队精神得到充分的发挥。项目成员的个人利益与项目的成败紧密联系在一起，能最大限度地调动全体项目成员的积极性。

（3）沟通协调好，反应速度快。由于项目经理对卫星导航项目的研制生产全权负责，权利的集中使决策的速度得以加快。横向和纵向的良好协调使得对用户的需求以及上级的管理意图能做出更快的反应。

3. 确定职责权限

1）导航项目办职责

（1）负责在合同范围内与上级机关和用户进行沟通协调，组织落实工程大系统协调的工作项目和要求。

（2）负责制定型号设计规范、试验规范、验收规范等顶层规范。

（3）负责制定型号技术方案、研制技术流程和计划流程，组织制定整星产品配套表，审查、确认产品配套状态变更和工作流程的变更，引起合同变化等重大变更需报院审定。

（4）负责制定分系统研制技术要求、产品保证要求、计划进度要求，对分系统技术方案、研制流程、产品保证大纲、转阶段及出厂等有关工作进行评审把关。

（5）对分系统间接口及相关技术状态进行管理和控制,对分系统间接口的正确性、协调性负责。

（6）负责对分系统的验收,对于跨分系统使用的单机产品,负责组织相关分系统进行验收,并对验收结果负责。

（7）型号项目办有权参与分系统对单机产品的过程强制检验与验收。

（8）负责对型号系统级风险进行识别与控制,并对分系统和单机级风险控制工作进行监督和检查。

（9）负责型号各阶段研制生产的组织、协调、监督、检查等管理工作,对影响型号技术、质量、进度等方面的问题进行处理。

（10）负责整星级总装、测试、地面试验(含专项试验)、飞行试验的组织实施,对型号质量问题组织归零和举一反三。

2）岗位人员职责

卫星系统岗位人员职责通常以岗位职责说明书的形式表现,如表5.2所列。

表5.2 卫星系统岗位职责说明书

岗位编号	为便于归类、查阅,给各岗位按一定标准编号
职 系	所属系列(如技术系列、管理系列等)
职 级	通过岗位评估可以给每个岗位确定相应的职级。岗位职责说明书上标明的岗位职级
薪金标准	将与薪金标准相对应
直接上级	对岗位进行定位,明确各个岗位在组织中、部门中所处的位置,以及岗位之间的汇报
直接下属	关系
晋升岗位	反映该岗位未来的发展空间
岗位概要	以一句话概括该岗位主要的工作
工作描述	分为重点工作、一般工作
主要责任	该岗位所承担的责任
岗位权力	为完成岗位职责而应当具备的权力
任职资格	从资历、技能、素质等方面描述该岗位应具备的最低条件

4. 卫星系统的组织结构创新

随着导航事业的快速发展,卫星系统在矩阵式组织管理的基础之上逐渐形成了项目群组织结构,这是卫星系统组织管理在实际应用中不断进行的新的尝试。

项目群结构是指由两个或两个以上大小不一的独立项目组成的一组项目。项目群管理是在单个项目管理基础上,进行横向的拓展和完善,以更加适应周围环境的变化。卫星系统项目群的划分主要依据是项目之间的关联度,将多个项目进行组合,以利于统一的组织管理,对人力和物力资源重新组合,合理利用,从而降低单个项目成本。项目群组织结构的核心是项目群管理办公室,即五院卫星导航项目办,它是一个组织实体,关注如何有效管理项目群的所有项目,负责将战略反映到项目群中去,并监控项目群,以确保可以持续地获得战略上的主动权,提升核心竞争能力。

当卫星导航项目群中存在多个项目并行工作时,在项目经理的统一管理下,卫星导航项目办公室人员进行临时的职责调整,对项目群中的相关项目提供必要的人员支持,这是组织结构柔性化的体现。卫星导航项目办公室根据卫星系统阶段研制需要,阶段性组织有关研制单位的非项目办公室人员成立临时工作组,进行协同工作,以快速高效地推进卫星系统研制进展。

5.3 制度设计

在组织确定后,需要人切实地去将组织的目标变为现实,可以说人力资源是支持组织达成战略目标的条件和资源保障,人与人的合作产生了团队工作。在团队工作中,成员之间的想法(动机)、行为均不同,因此,需要一系列的规章制度加以规范,使所有团队成员朝着一个战略目标前进。制度整合了战略、组织和人力资源等要素,并促进组织发展。

组织的制度体系通常是一个由许多子系统和因素构成的多层次、多元化的系统。北斗二号卫星工程的制度体系正是由以产权制度为核心而构建的组织制度和管理制度构成,制度体系架构如图5.4所示。其中,产权制度是决定北斗二号卫星工程组织和管理的基础,组织制度和管理制度则在一定程度上反映着权利的安排,这三者共同构成了北斗二号卫星工程的制度体系。不同层次的组织均是围绕着下述架构而展开制度设计。

5.3.1 产权制度

产权制度是既定产权关系和产权规则结合而成的且能对产权关系实现有效组合、调节和保护的制度安排。参与北斗二号卫星工程研制建设的组织大都是非营利性组织,从本质上来讲产权一词并不合适,北斗二号卫星工程的产权制度实际上是围绕人力资本作用的发挥和控制以及知识成果的保护来展开的。

北斗二号卫星工程产权制度设计的普遍做法如下。

1. 产权保护制度

产权保护制度主要是针对北斗二号卫星工程研制、建设、运行、推广过程中而形成的一系列科技产权的保护、界定、分配、调整、交易和履行等制度安排的总括。北斗二号卫星工程的产权保护制度主要包括:

(1)法律法规,指由国务院颁布并由国家强制力量保证实施的行为规则,如

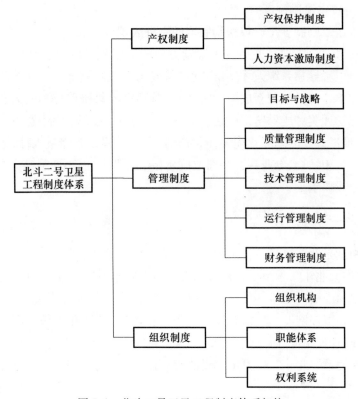

图 5.4　北斗二号卫星工程制度体系架构

《国防专利条例》《专利法》《著作权法》《反不正当竞争法》《版权法》等;

（2）政策与规章,指北斗二号卫星工程参研单位制定实施的旨在约束本部门或本行业行为的规则;

（3）合同,指北斗二号卫星工程研制过程中不同主体之间进行交易时就产权的规定所签订的具有法律效力的合同、委托书等文件;

（4）产权契约,指各产权主体（两个以上）之间在产权交易过程中按照自愿、平等与公正等契约原则就产权的界定、调整、分配、转让与履行等达成的契约关系。

在知识产权方面,针对产权诉讼逐渐成为市场竞争的惯用手段,北斗二号卫星工程管理人员在充分调研的基础上编写形成《北斗二号卫星导航系统知识产权战略》,对北斗卫星导航产业进行整体性筹划,制定一系列的策略、法规、政策、原则及手段等,运用知识产权保护制度,获得、保持卫星导航产业的竞争优势。北斗二号卫星工程一直在不断致力于建立一套知识产权保护工作体系、保障条件和工作标准,依托中国卫星导航学术年会建立经验交流和研讨机制,并通过召开北斗知识产权工作大会形式建立完善的汇报和总结机制。

2. 人力资本激励制度

人力资本激励制度是产权激励制度的一种表现形式。

北斗二号卫星工程在人力资本激励方面积累了先进的管理经验,形成了《中国北斗二号卫星导航系统人才队伍建设》等复合型激励制度。基于公平公正的原则将个人和集体奖励与创新成果紧密联系,激励广大科研单位和个人积极对创新成果进行评功评奖和成果鉴定。建立人才引进政策、人才培养制度,深入挖掘人才潜能,积极推进人才的国际化配置,同时充分利用工程任务储备人才,采取型号实践和系统学习相结合、专业深造和岗位成才相结合的方式,不断提高人员的岗位适应能力和专业化水平。

5.3.2 管理制度

管理制度是北斗二号卫星工程为了规范工程的研制建设、维护工作秩序、提高工作效率、扩大北斗二号卫星工程影响力所制定的相关规范,是北斗二号卫星工程管理的依据和准则。北斗二号卫星工程的管理制度就其内容来说,大体上可以分为规章制度和责任制度。规章制度侧重于工作内容、范围和工作程序、方式,如管理细则、行政管理制度、研制生产管理制度;责任制度侧重于规范责任、职权和利益的界限及其关系。北斗二号卫星工程的管理制度就其表现形式,可以分为如下几个方面。

1. 目标与战略

目标与战略作为一种管理制度可以从两个角度考察和认识。

(1)目标与战略应该被看作一种管理活动,它涉及制定、决定及组织实施战略方案(计划)等方面。战略所要发现和解决的问题是不确定的、例外性的、非程序性的;但战略作为一种管理活动,有其特定的职能内容、过程、步骤与方法,这方面则有规律可循,具有普遍意义。

(2)目标与战略问题极其复杂,涉及多方面知识、信息和资源,需要众多人员的参与和努力。战略决策与目标的有效性对北斗二号卫星工程而言是命运攸关的,为了有效地运用各方面的知识、经验、信息和资源,协调、集中众多参与计划等职能活动的人员和部门的力量,提高战略管理的效率,制定出富有创造性的、积极适应环境变化的战略,有必要根据战略活动的内在规律性,形成一系列有关目标与战略的规范,对目标与战略的活动内容、原则、基本过程、步骤与方法以及所涉及部门、人员的职责分工与合作关系等予以明确,这就是目标与战略制度。

北斗二号卫星工程的目标与战略管理制度主要包括《北斗二号卫星工程顶层设计方案》《卫星导航发展战略》《卫星导航产业化战略》等,这些目标与战略管理制度的制定和实施为北斗二号卫星导航系统的顺利建成指明了方向。

2. 质量管理制度

北斗二号卫星工程将工程质量放在工程建设的首位,提高工程的可靠性和系统之间接口的一致性,制定配套的质量控制制度,建立健全北斗二号卫星导航工程安全性、可靠性体系;并与设计师系统密切配合,严格落实《质量保证大纲》《安全性大纲》《可靠性大纲》等质量管理制度,推动工程技术的应用。此外,北斗二号卫星导航工程规范了全系统的质量体系,在质量管理过程中形成了质量管理"双五条"制度:针对发生的质量问题,从技术上按"定位准确、机理清楚、问题复现、措施有效、举一反三"的五条要求识别问题、分析原因、彻底解决问题,形成技术归零报告、技术文件和相关证明材料;针对发生的质量问题,从管理上按"过程清楚、责任明确、措施落实、严肃处理、完善规章"的五条要求识别问题管理上的原因和责任,彻底解决管理上存在的薄弱环节,形成管理归零报告、相关文件和证明材料。以"双五条"为标准进行质量问题归零,形成全面覆盖、预防为主、事前控制、常抓不懈的质量管理机制。

3. 技术管理制度

北斗二号卫星工程为保证技术开发活动有序进行,工程大总体和各系统总体设计部门从研制需求出发,严格技术状态管理,制定了工程各研制阶段的技术要求和基本方案,明确了技术流程,制定了《工作技术流程》等技术与管理工作的依据性文件,确认了完成任务的标志,使整个工程在各研制阶段起始前有明确要求,过程中有可遵循的技术流程,研制结束后以完成标志作为检查评价的标准。此外,工程大总体和各系统设计部门从全局出发,在体制不同、管理模式差别很大的多个单位之间建立了便于信息交互的、一致的技术接口关系,形成了良好的技术协调关系。对历次技术试验均从方案上明确了每一次试验的主任务及其完成的措施,要求其他任务服从于主任务,确保系统和整体最优。

4. 运行管理制度

运行管理制度是用以指导组织运转过程的一系列管理规范。运行制度体现在北斗二号卫星导航工程各系统的各个职能部门中,包括研发、采购、生产、质量、安保、人事、财务、国际合作、应用与推广等。这些运行制度的具体内容各不相同,但均以战略为目标,以组织制度为基础,各制度相互影响,也相互作用,形成有机协调的运行制度体系。北斗二号卫星工程的运行管理主要采用项目管理模式,遵循了项目管理流程,形成了诸如《关键技术攻关与试验项目管理实施细则》《应用项目管理办法》《北斗卫星导航系统标准化管理办法》《应用推广与产业化管理实施细则》等成熟完善的运行管理制度。

5. 财务管理制度

财务管理制度是组织针对财务管理和财务工作制定的制度。财务管理制度的订立通常根据国家有关法律、法规及财务制度,并结合组织具体情况制定。北斗二号卫星工程严格执行《北斗二号卫星导航系统项目费用管理办法》和财务会计制度等相关法规和制度,采用上级拨款的直线式财务管理办法,对项目经费按照项目进度实行预算控制。各分系统实施全面预算管理,将所有型号收支活动均纳入综合计划和预算管理。如卫星系统严格按照《院本级经费支出审批管理办法》要求履行审批手续,项目拨款按照年度预算和月度拨款计划进行款项拨付,项目引进、外协及其他各项付款按照审批流程,经相关业务审批人和财务审批人审批后方能执行。卫星系统所属事业单位按《科研事业单位财务制度》《科研事业单位会计制度》及相关要求进行成本归集和核算。卫星系统所属企业单位执行财政部《企业会计准则》和集团公司下发的《企业会计制度》,期间费用直接计入损益,在上报本项目财务数据时,按照规定比例分摊入项目成本。

5.3.3　组织制度

组织制度是北斗二号卫星工程组织形式的制度安排,它是组织的基本规范,规定了组织指挥系统,明确了人与人之间的分工和协调关系,并规定着工程参与单位内部的分工协作和权责分配关系。北斗二号卫星工程的组织制度主要包括以下几项内容:

(1) 组织机构,保证决策的制定和执行;

(2) 职能体系,使组织成员有效地实现专业化分工和协作;

(3) 权利系统,使组织成员能够接受并执行管理者的决定。

北斗二号卫星工程的组织制度,就其表现形式可以分为:

(1) 组织制度设计的原则规定。根据北斗二号卫星工程的目标和战略,确定北斗二号卫星工程组织制度设计的原则、方针和主要参数。

(2) 职能分析和设计规定。规定北斗二号卫星工程组织管理职能及其结构,并层层分解到大总体和各级系统的管理业务和工作中,进行管理业务的总体设计。

(3) 结构框架的设计规定。具体表现为北斗二号卫星工程各个层级的组织结构图,明确各个管理层次和部门、岗位及其责任、权利的规范。

(4) 联系方式的设计规定。规范北斗二号卫星工程控制、信息交流、综合、协调等方式和规定的设计。

(5) 人员配备和培训规定。指根据北斗二号卫星工程结构框架设计,对配备和培训各级各类管理人员的过程进行管理。

(6) 运作规定的设计规定。设计各个层级管理部门和人员绩效考核规定。

(7) 反馈和修正制度。规定信息反馈和修正流程,定期或不定期地对上述设计进行必要的修正。

北斗二号卫星工程为适应外部环境变化而制定相应的战略,战略的调整与改变,意味着工程任务与政策发生了变化。北斗二号卫星工程不断根据目标与战略进行组织结构的设计和人员的配置,同时根据战略的改变适时地调整原有的组织结构,重新进行职能的划分与有机结合,设定组织的职责权限系统,建立新的沟通渠道,明确组织内部门、各层次的相互关系以及协调方式等。在组织的过程之中,建立了"两总系统"的基本组织架构,在不同的组织层次分别采用了直线式、委员会式和矩阵式组织结构等,创新了项目群组织管理方法,形成了诸如《北斗二号卫星导航系统研制建设组织实施方案》《招投标组织实施方案》等制度,这一切形成了内部管理中组织行为的规范,即组织制度。

5.4　组织文化

北斗二号卫星工程组织文化包含组织精神、组织灵魂、组织价值观、组织运行思想、组织管理哲学、组织行为规范与准则,又为组织共同体成员所接纳、共识,形成一种群体意识,成为组织成员的共同信仰、共同追求、共同约束和统一的行为准则。

5.4.1　组织文化的产生

组织文化的形成往往与创始团队的管理思想、工作作风、管理风格以及领导者的意志、胆量、魄力、品格以及时代背景有着直接的关系,它的形成是一个长期积累的过程。北斗二号卫星工程组织在组建、成长的过程中,逐步形成了具有鲜明特征的组织文化。

1. 领导的倡导和支持

领导者和管理者是北斗精神的模范实践者,组织文化的界限、基础以及重点是由领导决定的。北斗二号卫星工程组织文化的建设首先由领导倡导,并得到领导的支持,使得领导的指导成为北斗二号卫星工程在进行组织文化建设时把握方向的关键。

2. 组织环境分析

组织环境分析的目的是比较分析北斗二号卫星工程组织面临的挑战和优势,以对组织文化进行修改和调整。北斗二号卫星工程对团队成员的需求进行评估,将拟达到的组织文化目标和现状加以对照,如实反映组织环境的现状,使组织文化的建设目标更加切合实际。

3. 确立北斗精神、北斗价值观等核心理念

组织文化是一个组织的底蕴和精神支柱,是从组织成员的行为中提炼出来的,具有特定的文化背景和制度基础。北斗二号卫星工程组织文化建设的核心是北斗精神和价值观,这是由管理者和团队成员需求构成的价值体系。北斗二号卫星工程持续创新北斗精神等核心理念,使其具有鲜明的个性,这些核心理念彰显了北斗二号卫星工程的影响力和感召力。

4. 建立实施机构

在确定了北斗精神和核心价值观后,北斗二号卫星工程建立了相应的组织文化实施机构。实施机构是组织文化建设和变革的大使,他们制定组织文化的实施计划,向团队不断宣传着北斗组织文化的核心,与团队成员交流,帮助团队成员更好地理解并融入日臻完善的组织文化。在工作过程中又陆续积淀了组织的制度文化、行为文化和物质文化。

5. 组织文化渗透和传播

北斗二号卫星工程管理者将积淀的组织文化向团队成员进行渗透和传播,使得组织文化植根于每位团队成员之内心,并用组织文化去引导人、领悟人、凝聚人以及激励人,增强团队成员对组织文化的认同感与对组织的归属感,也使整个团队中的每位成员目标明确,有的放矢,极大鼓励了成员投身北斗二号卫星工程建设的主动性和积极性。

5.4.2 组织文化的构成

北斗二号卫星工程的组织文化是以组织内部创新为主,外部文化刺激、输入为辅,内、外文化交互作用所形成的多层次复合体系,如图 5.5 所示。

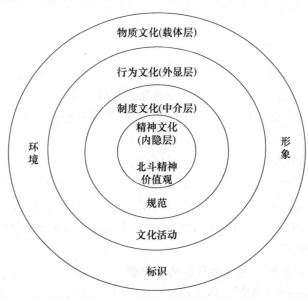

图 5.5 北斗二号卫星工程组织文化构成

在图 5.5 中,物质文化(载体层)最为具体实在,是组织文化的表层部分,是组织成员创造的产品及各种物质设施等构成的器物文化,俗称"物文化",它反映了与组织文化相关的物质层面,是组织文化水平的外在标志;行为文化(外显层)作为组织文化的"活文化",表现为各种各样的文化活动,是组织文化的晴雨表,构成组织文化的软件外壳;制度文化(中介层),也称规范文化,包括组织行为规范和组织规章制度,是组织文化中的"法文化";精神文化(内隐层)则是观念形态和文化心理,核心是组织所奉行的北斗精神和价值观念,精神文化作为组织文化的灵魂,是组织文化建设应当着力的关键。

物质文化、行为文化、制度文化和精神文化构成了一个表里一致、相互渗透的有机整体。其中,物质文化是组织文化的基础;制度文化则作为一种"上层建筑",反映组织成员文化活动的规则;精神文化是组织文化的核心和精髓,可称之为组织精神,它蕴含于物质文化、行为文化和制度文化之中,通过三者体现出来;行为文化是组织文化主体的具体体现。

1. 精神文化

精神文化是北斗二号卫星工程在长期的研制建设过程中,受一定的社会经济、政治、文化背景、意识形态等影响而形成的为团队成员所认同和遵循的精神成果与文化观念,其核心是北斗精神和共同价值观,主要体现为北斗二号卫星工程的文化传统、精神氛围、工作理念和工作作风等。精神文化具有积沉性、隐渗性和持久性,具有号召力、凝聚力和向心力,是北斗二号卫星工程与时俱进、昂扬向前的精神财富。参与北斗二号卫星工程研制的所有成员全面继承了载人航天和"两弹一星"精神,发扬"严、慎、细、实"和"一丝不苟,分秒不差"的优良作风,肩负起历史的使命,与时俱进,开拓创新,顽强拼搏,赋予了组织文化以灵魂,正是凭着这种精神,北斗人不断创造了我国航天事业的新辉煌。2012 年 12 月 27 日,随着中国北斗二号卫星工程正式对亚太地区服务,党中央、国务院、中央军委贺电嘉许"自主创新、团结协作、攻坚克难、追求卓越"的北斗精神,寄望 2020 年全面建成小康社会之际,成功实现全球导航,造福人类文明发展。

(1)自主创新是北斗二号卫星工程建设肩负的民族使命。只有坚持独立自主地发展中国人自己的卫星导航系统才不会受到国外卫星导航大国的限制和威胁。北斗二号卫星工程建设以来,我国采取了分阶段、分步骤的发展战略,便于北斗二号卫星工程不断吸收新的科技发展成果,也利于在新技术的基础上加大自主创新力度,凸显北斗的特色与优势。目前,北斗二号卫星工程在技术领域、管理领域、应用领域实现了全方位的自主创新,塑造了一批拥有自主知识产权的科技队伍,大大提高了我国在卫星导航领域的核心竞争力。自主创新的使命与责任始终引领着北斗二号卫星工程研制建设的不断发展。

（2）团结协作是北斗二号卫星工程顺利建成的重要保障。北斗二号卫星工程团队成员采取团结协作、集智攻关的工作模式，汇集了全国多个科研院所、数千个协作配套单位、几十万科技大军，形成了规模庞大的协作体系。各系统、各单位、各部门牢固树立"一盘棋"思想，有困难共同克服，有问题共同解决，有风险共同承担，谱写了一曲万众一心、众志成城、夺取胜利的壮丽凯歌。团结协作使得北斗二号卫星工程团队成员形成了空前的凝聚力，这是北斗二号卫星工程顺利建成的重要保障。

（3）攻坚克难是北斗二号卫星工程取得成功的有力途径。在工程建设之初，团队成员遇到了很多技术上的难题需要大力攻关。成员们拼搏奋进、攻坚克难，使得国产星载铷钟等一系列技术问题取得重大突破，保证了北斗二号卫星工程的研制建设实施。北斗二号卫星工程技术含量高、工作难度大，攻坚克难始终贯穿于工程研制建设的全过程，它是工程取得成功的有力途径。

（4）追求卓越是推动北斗二号卫星工程研制建设的不竭动力。北斗二号卫星工程团队成员全身投入，甘于奉献，不计较个人得失，不断追求卓越，抱定了达成目标的必胜信心，用忘我工作的态度迎来了北斗二号卫星工程的巨大成就。追求卓越为北斗二号卫星工程研制建设注入了不竭动力。

2. 制度文化

制度文化是精神文化的产物，包括北斗二号卫星工程组织结构和管理制度以及组织成员间默认的共同行为规范。组织结构是组织文化的载体；管理制度是研制建设实践中制定的各种带有强制性的规定和条例，对组织文化具有支撑作用；组织成员间默认的共同行为规范是在长期的实践中产生的特殊成员内部文化，如组织成员交往原则等。当制度体现为规则时，它必然反映了文化的价值、文化的精神和文化的理念。而当文化体现为规则时，它必然采取或风俗、或习惯、或制度的形式。从某种意义上可以说，没有文化价值的制度是不存在的，没有制度形式的文化也是不存在的。制度为北斗二号卫星工程团队成员提供了品质、行为、人格自我评定的内在尺度，同时也对成员品德行为进行规范和约束——有什么样的制度，就形成和强化什么样的人生观和价值观。因此，制度文化对全体团队成员发挥了指向与约束、矫正与激励、整合与保障的作用。

北斗二号卫星工程团队制度文化构建主要有三个渠道。

1）传统、习惯、经验与知识积累形成制度文化的基本层面

自卫星系统团队成立起，就树立了"定位好快省，追求零缺陷"的质量目标，提出了"三有""四透""五清楚"和"六意识"的团队管理理念。在理念的指导下，卫星系统团队意识到制度建设的支撑作用，依靠传统和经验从各级规章制度中提炼出最重要的、且易于执行的 50 条规则，形成了《日常管理基本手册》，一册在手，"可指导、易执行"，确保了团队日常工作井然有序、高效开展。同时，卫星系统团

队十分注重知识沉淀与共享,不仅精心策划、并着力打造了专业技术交流平台与总体设计应用平台的"1+1"工程,而且为了进一步拓展管理手段、指导专业工作,通过编制《总体总装工程实用手册》,建立集专利、标准、国防科技报告等为一体的知识沉淀体系,构建了专业能力提升"1+N"工程,这是由传统、习惯、经验与知识积累形成制度文化的典型事例。

地面运控系统针对参与地面运控系统研制建设的单位多、人员多、设备多的特点,为了使所有参试单位、参试人员能够形成一个整体,更加高效地开展工作,制定了 21 项联试制度与规定,统一设计了 15 个标准文档模板,如技术问题归零报告、工作总结报告、技术总结报告、测试报告、设备档案本、联试值班日志、外发文登记本等。系统研制建设期间,始终坚持上述规章制度,通过管理规定、作业指导书、第三层次文件形成了分级细化的管理文件体系。这些制度的制定和贯彻落实,规范了组织管理,提高了工作效率,确保了研制管理工作有序开展。这种分级细化的管理文件体系是制度文化基本层面的体现。

2) 由理性设计建构的制度文化的高级层面

由数十年航天经验积累并在此基础上发展而成的质量管理制度并积淀成为质量管理文化,即著名的技术和管理"双五条",是由理性设计构建的制度文化高级层面。最初建立的质量管理制度只有俗称的"技术五条"。然而,在系统不断地研制过程中,管理者在每次梳理技术问题的产生原因时发现,其中100%的技术问题都因由管理问题而产生。因此,经过科学提炼和理性设计,构建"管理五条",与"技术五条"相对应,并相辅相成,作为对质量的双重把关,使得北斗系统乃至整个航天系统从论证、研制到开发、应用少走了很多弯路,确保了建设任务的顺利完成。

此外,北斗二号卫星工程大力实施人本精细化管理,不断完善标准、考核、奖惩三大体系。积极构建科学公平的竞争机制,建立全员性工作绩效考核机制,使人人事事有考核、有兑现,凭业绩取人、用人,并在全员性绩效考核的基础上,进一步健全完善激励机制,对各类先进典型给予物质和精神方面奖励或待遇,从根本上克服干好干坏一个样、干多干少一个样、会干与不会干一个样的弊端;充分利用内部劳务市场的人力资源调节作用,建立起岗位靠竞争、收入靠奉献的竞争机制。这种公平、公正的竞争机制是制度文化高级层面的又一体现。

3) 机构、组织、设备等的实施机制层面

文化整体的协调互动必须依赖一个良性有效的秩序,这唯有通过实施机制层面的文化才能达到。北斗二号卫星工程确立了"两总、两线"组织体系,各大系统均在两总的指导下,成立了由各大系统两总、项目办公室等组成的组织机构,作为基本的组织运行平台,对组织的效率提升起到重要的作用。此外,北斗二号卫星工程在两总领导方式上更加强调个人责任,构建了科学的责任矩阵。责任矩阵的形

117

成和落实是组织文化在实施机制层面的具体体现。

3. 行为文化

北斗二号卫星工程的行为文化主要指在研制、建设、运行、推广过程中产生的文化现象，包括主体行为形象、科技文化活动以及交际活动。主体行为形象主要指北斗二号卫星工程管理者和领导者的作风和风格，团队成员的品行、人格和气质、仪表等；科技文化活动指科研活动、学术活动、文体娱乐活动、群众性俱乐部活动等；交际活动指团队成员之间的互动。行为文化是北斗二号卫星工程文化的"活化"，是组织成员精神面貌、组织制度、人际关系的动态体现，也是北斗精神、北斗价值观的折射。它表现为一种积极向上的团队精神，一种良好的管理作风、工作风气，一种和谐相处的人际关系，对促进团队成员的思想观念、价值体系、精神风貌的养成具有重要的隐性影响。北斗二号卫星工程的行为文化通常以动态形式存在：一方面，其不断向人的意识转化，并影响精神文化的形成；另一方面又不断向物质文化创造转化。

4. 物质文化

北斗二号卫星工程的物质文化主要包括研发产品的标识、产品结构和外表款式、劳动环境、休闲娱乐环境、文化设施以及厂容厂貌等。在北斗二号卫星工程的物质文化建设方面，管理者采用了一系列特色鲜明的做法，如制作具有北斗标识的邮封、邮票、星座水晶球、纪念章、纪念币等系列礼品，以展示多元、丰富的北斗物质文化。卫星等系统从产品和服务、工作环境和生活环境等方面着手，实施形象再造工程，着力塑造在国内和国际的良好形象。此外，各大系统坚持以人为本，大力倡导"立足卫星平台成长，携手空间伟业腾飞"的团队发展理念，积极营造有利于员工发展的各种物质环境，努力做到"事业留人、待遇留人、感情留人"，为人才发展搭建了良好的物质平台。

物质文化、行为文化、制度文化和精神文化，是从表到里、逐渐深入的关系，同时又是相互关联、互相体现的关系，它们共同构成了北斗二号卫星工程组织文化的完整体系。在这四个层次中，精神文化是最根本、最稳定的，具有隐性的特点，常常隐藏在物质层、制度层和行为层文化的背后，并决定着这三个层面。环境、设施等物质文化以及规章制度等制度文化和行为、活动文化则是组织文化的显性内容，是以精神性行为和精神的物化产品为表现形式的，是精神的外化，是组织文化的重要组成部分。物质文化和行为文化之中有制度文化的规约，制度文化又附着在物质文化和行为文化形态上，精神文化则以物化形态或规约等方式隐含于物质、制度和行为层面，统领并彰显着北斗二号卫星工程的其他文化。

5.4.3 组织文化的渗透

组织文化渗透是组织文化建设的重要步骤。北斗二号卫星工程团队采用了一系列的组织文化渗透措施,突出以人为本的精细化管理,使得团队成员的凝聚力、归属感、认同感得到了充分的提升。

1. 引导启发,以文化塑造人

北斗二号卫星工程利用组织文化引导成员认同北斗精神与价值观,进而使得成员理解和执行各级管理者的决策和指令;注重启发,使团队成员把北斗二号卫星导航研制建设任务与个人的荣辱、国家的利益紧密结合,自觉地按照整体战略目标和制度要求调节和规范行为。卫星系统团队在北斗精神的牵引下,创立了"甘于奉献、乐于吃苦、技术过硬、勇于钻研"的卫星团队文化,全体成员对此高度认同,并将其付诸于实践。经过了近 10 年的高技术难度攻关和型号任务大工作量磨练与积累,团队成员刻苦攻坚,一批又一批导航队伍中的优秀同志得到了培塑、锻炼和提高,逐步成为导航队伍中的中坚力量,在各自岗位上发挥着不可替代的作用。

2. 学习思考,以文化领悟人

北斗二号卫星工程团队始终坚持学习与思考并重,不断创新着团队的制度文化和行为文化。如发射场系统在"双五条"质量管理文化的牵引下,针对质量问题,印发《质量工作手册》和《质量问题警示录》,在试验场所悬挂"质量在我心中、成功在我手中""我的工作无差错、我的岗位党放心""颗颗螺钉连着航天事业,小小按钮维系民族尊严"等标语,设立质量警示牌,营造浓厚的质量文化氛围。团队成员在文化的创新过程中得以感知、体会和领悟文化的作用,成员的潜能和创造张力被激发,在学习思考和求新求变中,不断拓展创新空间,实现团队成员的自我超越。

3. 尊重理解,以文化凝聚人

北斗二号卫星工程团队树立科学的发展观、正确的政绩观,塑造高效、务实、学习、创新、廉洁、自律、团结、尊重、理解、整洁、文明的干事创业环境,并着力树立良好的产品形象和物质环境形象,将其作为工程物质文化的外在表现。在优质的精神文化和物质文化凝聚作用下,各系统实现了"事业留人、待遇留人、感情留人",成员的归属感大大增强,打造了一个又一个国际一流科技攻关团队,促使团队成员不断攀登一个又一个导航领域的高峰。

4. 竞争创造,以文化激励人

为了充分调动起团队成员的积极性和创造性,北斗二号卫星工程管理者建立了公平、公正的竞争机制,形成了制度文化,成为北斗二号卫星工程团队激励的准则。在竞争机制的牵引下,测控系统完善其人才激励制度,着力建设公平、公正的竞争环境,在课题申请方面对有工程背景的预研项目在政策上予以一定倾斜,对知识成果给予物质奖励,不断鼓励人才创新。

5.5　组织管理创新与经验总结

与以往我国航天工程相比,北斗二号卫星工程关键技术攻关工作量繁杂,涉及单位数量庞大,给组织管理带来了非常大的挑战。为了应对这些挑战,北斗二号卫星工程进行了一系列的组织管理创新和实践,得到了一些经验与体会,正在迈向相对较为成熟的组织管理模式。

5.5.1　组织管理创新

1. 主管部门引领协调,参与部门大力协同,实现建用并举

北斗二号卫星工程是一项极其复杂的系统工程,具有高、广、强、大等系统特征。工程的研制、民用开发与基建技改由不同部门管理,系统建设各作业紧密相连、相互依赖,管理环节环环相扣、缺一不可。整体性、关联性、协调性的系统特点在工程组织管理中尤为突出,在统筹规划和协调管理等方面给工程带来了很大的挑战。工程主要管理部门引领协调、合理决策,参与部门大力协同;各部门以系统为核心,面向应用、面向服务,将建设与应用并行,集智攻关、指令畅通,不同部门之间和不同系统之间形成合力,使各系统成为纵横有序、衔接紧密、运筹科学的有机整体;实现了全国资源的统一调动、统一使用,形成跨部门、跨行业、全国一盘棋的大协作,有力推动了工程快速、高质量地实施。

2. 创新组织管理模式,提升组织效率

北斗二号卫星工程紧紧围绕战略发展的动态与趋势,积极创新管理模式,不固守陈规,使得组织在不断的发展中逐渐完善。在集中统一领导的管理模式下,根据国家层次、大总体层次、系统层次的任务特点和组织设计目标,选择直线式、委员会式、矩阵式、项目群等多种组织结构交织在一起的复合型组织管理方法,使得各部门分工明确,避免了职能交叉而可能导致的管理环节脱节。在组织管理具体实施层面,由于需要集成多个部门,地面运控系统、应用系统采用3种方法创新了管理模式,保证了项目的顺利进行。

（1）倒排工期,制定总体工作计划。

（2）组织调度例会,实时跟踪和监控计划的落实进展。

（3）派人驻厂,及时了解、发现、协调解决问题。这一系列做法大大提升了组织效率。

3. 完善组织管理制度,构建科学的制度体系

为了对组织成员的行为进行规范、制约与协调,北斗二号卫星工程在制度管理过程中,构建了以产权制度为核心的组织制度和管理制度,形成了科学的制度体系。工程大总体和各大系统均在制度体系架构下,不断完善自身的组织管理制度,围绕制度架构展开管理活动。如地面运控系统在运行制度体系框架下,制定了20多项联试制度与规定、统一设计了许多标准文档模板、形成了分级细化的管理文件体系,并通过制度的贯彻落实,规范了工作流程,提高了工作效率,保障了工程建设的顺利有序开展。

4. 培育北斗精神,积淀具有特色的北斗组织文化

组织文化是组织核心竞争力的重要组成部分,在组织的改革发展中起着"变量增效"的重要作用。北斗二号卫星工程管理者一直把北斗精神作为组织文化的核心和灵魂,始终以"自主创新、团结协作、攻坚克难、追求卓越"作为北斗二号卫星工程整个团队的精神支柱和根本动力源;将卓越看作一种精神,把"求新求变"等信念引入组织文化之中,并发扬光大;通过举办各种文化活动增进团队成员之间的友谊,消除冲突,增强团队的凝聚力和感召力;利用公平竞争的管理机制作为团队激励的准则。管理者们成功地塑造了能够使得全体团队成员认同的核心价值观念和使命感,这种核心价值观念积极地影响着团队成员的思维模式和行为模式。"以文化塑造人、以文化领悟人、以文化凝聚人、以文化激励人",北斗二号卫星工程在一系列的实践过程中积淀了具有特色的北斗组织文化。

5.5.2　组织管理经验

1. 创新管理模式是组织效率提升的有效途径

战略是组织的竞争纲领,它指明组织谋求持续稳定发展的道路和前进方向。战略决定组织管理模式,组织管理模式为战略服务。二者的关系,不仅表现为依据战略而确定相应的组织体制与结构,还体现在组织要根据环境、技术、人员、规模以及成长阶段等其他影响因素的状况和变化进行改革,以提高组织的整体效率。因此,只有变才是永恒的不变。卫星系统在矩阵式组织结构基础上形成了以北斗卫星导航项目办为核心的导航卫星项目群管理新模式,为卫星批产管理提供了组织保障。地面运控系统、应用系统与其他几大系统不同,其他大系统承担任务的单位相对固定,而地面运控、应用是个总体单位,需要集成多个部门。地面运控系统一级、二级合同单位有几十家,应用系统合同单位更多,如何让各单位协调一致地平稳向前推进是摆在两大系统面前的重要问题。地面运控系统和应用系统采取了一系列创新管理方法,为组织效率提升提供了有效途径。

2. 健全制度体系是组织效率提升的基本原则

如何通过制度管理提升组织的管理效率,是推动组织成长的关键。如果制度不健全,团队成员行为方式正确与否就没有衡量尺度,久而久之,就会形成组织的内耗,影响团队的协作力,从而影响组织整体工作效率。北斗二号卫星工程建立了科学、规范的制度体系,这是组织内部的法规,也是团队成员共同遵守的规则。

在管理如此庞大的一个组织时,要真正实现制度管人,而且不是人管人,即实现从人治到法治的根本转变,北斗二号卫星工程管理者一直致力于抓好两个环节:①建立合理的管理规则。管理规则的建立兼顾组织利益和个人利益,并且使得个人利益与组织整体利益统一起来。责任、权利和利益是北斗二号卫星工程组织管理平台的三根支柱,在此平台下,团队成员完成了自我管理。②制定有可操作性的工作标准。只有组织内每个成员都明确自己的岗位职责,才不会产生推诿、扯皮等不良现象。北斗二号卫星工程管理者结合岗位要求提出可操作和执行的工作标准,将工作标准作为团队成员的行为指南和考核依据。这两个环节的落实使得制度管理切实可行,进而促进了组织效率的提升。

3. 整合组织文化为组织效率提升注入了强大动力

北斗二号卫星工程通过组织文化的整合使得组织的制度体系具有了个性特征,降低了沟通成本,为组织效率提升注入了强大动力。在北斗精神的引导下,组织文化使得组织成员形成了统一的价值观,促进成员向组织既定的目标努力。组织文化在潜移默化中对组织成员产生积极的引导作用,这是任何道德、奖惩约束都不能代替的一种隐性力量。制度文化、行为文化和物质文化在北斗精神的聚合下,爆发出巨大的能量,指引着团队向更具竞争力的方向迈进。

第6章　北斗二号卫星工程建设任务管理

北斗二号卫星工程是一个典型的紧密型项目群,建设任务复杂庞大,参研单位众多;科研、装备、应用任务并举,建设时间紧;任务范围宽、交叉性强,涉及北斗一号的平稳过渡和系统的技术攻关工作;新技术新体制多,建设难度大、风险高;星地一体,系统之间联系紧密,传统的"以卫星为核心"的航天工程任务管理模式已难以适应。因此,如何对建设任务进行统筹规划、合理划分和变更控制,是保障北斗二号卫星工程按期保质建成的前提和基础。

6.1　任务管理概述

6.1.1　任务管理基本概念

1. 项目任务

这里所指的项目任务也称为"项目范围",包括项目的最终产品或服务以及实现该产品或服务所需要做的各项具体工作。项目的范围包括两个方面的含义。

(1) 项目产品范围,即确定客户对项目最终产品或服务所期望包含的功能和特征的总和。

(2) 项目工作范围,是指为交付满足产品范围要求的产品或服务所应做和必须做的所有工作。

产品范围的界定就是对产品要求的度量,工作范围的界定在一定程度上是产生项目计划的基础。

2. 任务管理及其作用

这里所指的任务管理也称为"范围管理",是指对确保成功完成项目所需的全部工作,但又只包括必须完成的工作的各个过程管理。

任务管理是项目管理体系最关键的组成部分之一,具有十分重要的作用。

(1) 为项目实施提供工作范围的框架。项目任务管理最重要的作用就是为项目实施提供了一个项目工作范围的边界和框架,并通过该边界和框架去规范项目组织的行动。

(2) 提高资金、时间、人力和其他资源估算的准确性。项目的具体工作任务和内容明确以后,可以依据各项具体任务来规划其所需的资金、时间、人力和其他资源。

(3)确定进度测量和控制的基准,便于对项目的实施进行有效的控制。项目任务是项目计划的基础,项目任务确定了,也就为项目进度计划的执行和控制确定了基准,从而可以采取相应的纠偏行动。

(4)有助于清楚地分派责任,指导项目组织实施。

3. 任务管理的基本过程

任务管理的重点是对项目范围和具体任务的定义与控制过程。这个过程用于确保项目组和项目干系人对作为项目结果的项目产品以及生产这些产品所用到的过程有一个共同的理解。任务管理保证项目包含了所有要做的工作而且只包含要求的工作,它主要涉及定义并控制哪些是项目范畴内的,哪些不是。任务管理的基本过程如下。

(1)范围规划——制定项目任务管理计划,记载如何确定、核实与控制项目范围,以及如何制定与定义工作分解结构(Work Breakdown Structure,WBS)。

(2)范围定义——制定详细的项目范围说明书,作为将来项目决策的根据。

(3)制定工作分解结构——将项目大的可交付成果与项目工作划分为较小和更容易管理的组成部分。

(4)范围核实——正式验收已经完成的项目可交付成果。

(5)范围控制——控制项目范围的变更。

以上各过程既彼此独立,又相互影响,其中,如何制定科学合理的工作分解结构(WBS)是任务管理的核心,也是项目管理过程中最为重要、最为复杂的管理工作之一。项目的所有计划工作,包括项目的时间计划、成本计划、风险计划、质量计划、人力资源计划、沟通计划、采购计划和对项目的集成管理都必须基于一个良好的工作分解结构。

6.1.2 建设任务及特点

我国卫星导航系统建设坚持独立自主,在技术基础和经济实力相对薄弱的情况下,确立了按照"三步走"的总体任务规划,以"先区域、后全球,先有源、后无源"的总体发展思路分步实施。2000年,建成了北斗一号系统,解决了我国卫星导航手段的有无问题;2012年,建成了北斗二号系统,满足我国及周边地区的应用需求;2020年左右,完成覆盖全球的北斗卫星导航系统。北斗二号卫星工程是我国卫星导航"三步走"发展战略中承前启后的关键一步。

1. 建设目标及主要任务

北斗二号卫星工程建设的目标是建成北斗二号卫星导航系统,在我国及周边地区为用户提供定位、测速、授时以及报文通信服务。

北斗二号卫星工程建设的主要任务是完成14颗组网卫星以及运载火箭研制、生产和发射,建设由数十个地面站组成的地面运控系统,实现卫星与卫星、卫星与地面站、地面站与地面站之间的高精度时间同步下组网运行。

2. 建设任务特点分析

北斗二号卫星工程建设任务具有如下特点。

(1)工程复杂庞大,星地一体,总体性强。以往的卫星航天工程一般来说星地接口关系比较简单,运载火箭一般采用成熟型号,发射场、测控系统也都利用现有设施,工程大总体主要是协调工作。而北斗二号卫星工程建设的系统性,特别是天地一体的特点十分明显,各大系统之间的技术与计划进度关系错综复杂,工程总体工作量大、技术难度高,简单地把工程分成几大系统,工程总体在出现问题时进行协调,已经不能完成二代导航系统的研制建设工作。

(2)建设与应用并举,时间紧、任务重。北斗二号卫星工程建设进度紧张,将科研星与装备星在时间节点上绝对分开已不能适应工程建设的实际情况。另一方面,为满足系统应用的急需,还必须在工程研制建设的同时,配套开展定位、导航、授时等各种实用化用户机研制定型以及应用开发工作。

(3)采用较多的新技术、新体制,技术指标高、难度大。北斗二号卫星工程采用较多的新技术、新体制,且技术指标高、实现难度大,有关总体指标的确定与分配、参数的优化与选择,无不影响着各大系统的研制建设以及工程总体指标与技术先进性。同时,由于工程总体与各大系统的技术指标要求都很高,实现难度大,对各大系统以及工程总体指标的测试与结果评定难度更大。

6.1.3　以系统为核心的北斗二号卫星工程项目群任务管理

近年来,我国大型、特大型的工程项目逐渐增多。很多项目以项目群的形态出现,使得工程系统变得更为复杂,任务呈现动态变化的特征,对任务管理提出了新的挑战。这些项目群的建设承担了重要的政治、经济、社会、国防和文化功能,投资额巨大,对我国社会经济和国家安全都产生了重要的影响。在工程实践中,项目群任务管理更为复杂,北斗二号卫星工程建设任务管理更是如此,传统的“以卫星为核心”的航天工程任务管理模式已难以适应,需要建立“以系统为核心”的北斗二号卫星工程项目群任务管理模式。

1. 项目群基本内涵

在项目管理的各类文献中,项目群(Program)有多种定义和理解。一个大型而又复杂的工程可以称为一个项目群,而若干相互关联的工程组合在一起也可以称作一个项目群。PMBOK(第四版)认为项目群是一组相互关联且被协调管理的项目。美国项目管理协会(Project Management Institute,PMI)的《项目集管理标准》(第二版)认为项目群是经过协调管理以便获取单独管理这些项目时无法取得的收益和控制的一组相关联的项目。

项目群的概念来源于项目的概念,因而它具有项目的特征,但是又与项目有较大的区别,例如项目群具有整体性、相容性、内部竞争性、战略性等特征。由于项目群的多个项目之间形成复杂的关系,所以,项目群具有复杂系统的基本特征。

PMI把项目群管理定义为对项目群的统一协调和管理以实现项目群的战略目标和效益。因此,项目群管理实际上是集成和管理一组具有共同目标、相互联系的项目,达到单独实施各个项目难以实现的战略目标。

2. 北斗二号卫星工程作为紧密型项目群的典型特征

北斗二号卫星工程由卫星系统、运载火箭系统、地面运控系统、应用系统、测控系统和发射场系统相对独立又密切关联的六大系统组成,具有紧密型项目群的典型特征。

1)系统之间的关联密切

北斗二号卫星工程具有突出的系统性,特别是天地一体的特点十分明显,各系统之间存在大量的物质、信息和能量交换,产生大量的管理界面,每一个系统的成功与否都决定着工程整体的成败。

2)系统功能的相对独立性

北斗二号卫星工程项目群的每个系统都有特定的功能,这些功能都成为项目群整体功能的有机组成部分。不同系统的独立性表现在这些系统能够作为单独的项目进行管理,具有项目的基本特征。

3)组织的统一性

北斗二号卫星工程项目群具有统一的管理组织,所有项目都由工程大总体负责统一的管理和协调。

3. 以系统为核心的北斗二号卫星工程项目群任务管理模式创新

北斗二号卫星工程是典型的紧密型项目群,这类项目群任务管理最为复杂、管理难度最大。所以,北斗二号卫星工程项目群的管理必须"以系统为核心",不但需要关注每个项目的目标,还需要从总体任务上统筹规划与协调,以确保项目群的成功。

1)建设任务的统一筹划、协调与决策

成立了由国家有关部委、研制部门组成的北斗二号卫星工程领导小组,实施跨部门高层决策,有效协调各方关系,实现建设任务的统一筹划、协调与决策,保证工程研制建设和应用开发工作的顺利进行。

2）打破条块分割，科研、装备、应用任务统一组织和实施

按照"建用统筹、边建边用、以建带用、以用促建"的总体思路，从顶层上分别建立了建设规划与应用规划，通过两个规划的齐头并进、统筹联动，实现了建用并举，缩短了建设周期，加快了应用步伐，系统建成即对外提供服务，保证北斗二号卫星工程建得好、用得上。

3）全过程闭环的任务状态控制与管理

加强系统总体设计、验证、测试、评定等工作，以独立于运行系统之外的大总体仿真验证与试验评估系统为支撑，对系统性能和运行状态进行连续监测与评估，实现了从设计到实现、从监测到评估的闭环技术状态管理与控制，建立了竞争、监督、评价、激励机制，推动了系统技术状态固化，保证了系统建设整体最优。

6.2　基于 PWBS 的北斗二号卫星工程建设任务分解

6.2.1　工作分解结构概述

根据 PMI 的定义，工作分解结构是一个以项目的可交付成果为中心的，为了完成项目的目标和创造项目的可交付成果，由项目团队进行的一种对项目工作有层次的分解。

工作分解结构是一种面向可交付成果的项目元素分组，这个分组定义和组织了项目的全部范围，每下降一级都表示一个更加详细的项目工作的定义。工作分解结构的定义理解如下。

（1）由项目目标和项目产品、服务或结果导出。

（2）提供了一种定义工作全部范围的工具。

（3）确保工作元素被定义，并且仅仅与一个具体工作有关，这样，活动就不会被忽略或者重复。

（4）作为定义项目任务或活动的一个框架。

1. 建立 WBS 的步骤

建立一个 WBS 通常分为 4 个步骤。

（1）确定项目目标，着重于项目产生的产品、服务以及提供给客户的结果。

（2）准确确认项目所产生的产品、服务或提供给客户的结果（可交付成果或最终产品）。

（3）识别项目中的其他工作领域以确保覆盖 100% 的工作，识别若干可交付成果的领域、描述中间输出或可交付成果。在建立一个 WBS 和评估分解逻辑时，

百分之百规则是最重要的标准。该规则是指一个 WBS 元素的下一层分解（子层）必须百分之百地表示上一层（父层）元素的工作，该规则应用于所有 WBS 的所有层级。

（4）进一步细分步骤（2）和（3）的每一项，使其形成顺序的逻辑子分组，直到工作要素的复杂性和成本花费成为可计划和可控制的管理单元。

有不同类型的项目，就有不同类型的 WBS，每一个 WBS 又有独有的元素。

2. 任务管理中的 WBS 方法

任务管理中的 WBS 方法主要包括以下几种。

（1）类比法。以一个类似项目的 WBS 为基础，制定本项目的工作分解结构。这种方法的优点是，由于大多数建设项目都有一定程度的相似，所以如果存在一个类似项目的 WBS，那么就可以利用该 WBS 作为新建项目的模板，根据新建项目的各种独特情况，对工作分解结构模板中的工作进行增加或减少，从而生成新的工作分解结构，减少在工作分解中的工作量，提高工作效率。一般来说，重复次数较多的项目、管理经验比较成熟的项目在运用 WBS 时可使用类比法。

（2）自上而下法。这是构建工作分解结构 WBS 的常规方法，即根据建设项目的目标和产出物将工作逐层向下细分，分解得到下一层的子项目或项目要素。这种方法最适合人们的常规思维和计划方式，即从宏观开始计划和考虑，在宏观的指导下逐步细化和分解为下一级的多个子项工作。

（3）自下而上法。自下而上法实际上是对项目工作分解的一个先发散后归纳的过程。自下而上法就是要让项目团队成员从一开始就尽可能地确定与项目有关的各项具体任务，然后再将各项具体任务进行分析与整合，再归总到一个整体活动或 WBS 的上一级内容当中去。

一般来说，以上三种方法可交替使用。一个项目在制定 WBS 时可首先使用类比法借鉴相关项目的经验，然后使用自上而下法对项目的工作进行系统的分解，最后使用自下而上法再对 WBS 中有可能遗漏的工作进行补充。

3. 项目群任务分解结构 PWBS

项目群标准中定义了项目群任务分解结构（Program Work Breakdown Structure，PWBS）的概念和特点。PWBS 是分解主要项目群可交付成果、项目活动和项目群实施阶段的过程。PWBS 分解的层面停止在项目群经理所要求的控制层上，一般来说，对应在每个单项目 WBS 的第一级和第二级的层面。PWBS 不能替代项目群内每个项目所需的 WBS，它只是用于澄清项目群的范围，帮助识别组件工作的逻辑分组，识别项目群和产品的接口，并澄清项目群最终结果。

项目群的工作分解结构是在项目的工作分解结构的基础上得出的。项目群在对其子项目进行深入工作分解的基础上,加入了协调管理,将其内部各子项目间关联密切的工作包打包在一起,提高项目群的管理效率。因此,项目群的管理重点是协调各子项目之间的关系和冲突,并加强对利益相关者的管理。

6.2.2　基于项目群全寿命周期的 PWBS 分解原则及流程

1. PWBS 分解原则

北斗二号卫星工程内部包含了大量相互联系的项目,为减少项目群管理的困难,提高项目群的管理效益,有必要对项目群中各子项目工作进行分析,找出其内部的逻辑关系,将工作性质相似、内部联系紧密的工作结合在一起,合并为子项目群进行管理。项目群工作分解也是在此基础上,对合并后的子项目群包按照项目群全寿命周期的各个阶段进行一步步分解。根据项目群的具体工作及特点,为达成项目群目标,北斗二号卫星工程 PWBS 分解应遵循以下原则。

（1）全面原则。北斗二号卫星工程项目群中包含许多类型不同、特点不同的子项目,因此在进行项目群工作分解过程中,分解的范围应包括项目群审批文件中各单项工作,不重不漏,不应因某些项目工作简单或资金较少而有所偏废,而应将其都包括在项目群工作分解范围内统筹规划。

（2）相似工作优先合并。虽然北斗二号卫星工程项目群中每个子项目的特点各不相同,但各个项目在流程、研制、建设等许多方面还是有许多相似之处,因此在进行项目群工作分解时,重要的一点是要将不同项目的相似工作合并考虑,从而化繁为简,对项目群工作包进行统一协调和资源调配,达到事半功倍的目的。

（3）满足工期要求。北斗二号卫星工程项目群在管理和工程进度上都存在很大的风险和困难,因此必须通过项目群工作分解达到简化项目群工作,缩减工期的目标。在进行项目群工作分解时要谨记工期要求,力求通过相关工作的合并和工序的优化,在保证工程质量的基础上尽量压缩工期,为项目群其他不确定性因素留下足够的缓冲时间,从而达成工程目标,实现北斗二号卫星工程按期保质完成。

（4）降低成本的要求。北斗二号卫星工程各个子项目组织在一起进行管理的最终目标就是要降低成本,提高收益,获得单独管理这些项目无法实现的效益。因此在北斗二号卫星工程项目群全寿命周期各个阶段对项目群进行工作分解时,也要同时注意降低项目总成本的目标。

（5）便于协调的要求。在分析北斗二号卫星工程项目群内部工作时,要注意各个工作的成本、质量和进度要求,并分析各子项目之间的内在关联度。在进行工作分解时,要尽量将内在联系比较密切、工作性质相似的工作包结合在一起作为一个子项目群,这样不仅有助于使协调力度达到最大,同样有助于整个项目群的高效管理和控制。

2. 基于项目群全寿命周期的 PWBS 分解流程

项目群管理工作贯穿于整个北斗二号卫星工程全寿命周期过程中,因此对项目群工作按照其寿命周期的各个阶段进行分解,能够明确项目群全寿命周期各阶段所必须进行的工作,简化项目群管理流程,更符合项目群管理的需要,基于项目群全寿命周期的北斗二号卫星工程 PWBS 分解主要按照以下流程进行。

(1)确定项目群范围。首先应根据北斗二号卫星工程报批过程中的各项文件确定整个北斗二号卫星工程包含的全部规定任务和工作,即界定项目群的范围。

(2)确定主要阶段。在北斗二号卫星工程的工作范围确定后,应划分出北斗二号卫星工程项目群的主要阶段,并应同时确定出各阶段的进度安排和时间要求。主要阶段的划分可以采用关键节点法,根据北斗二号卫星工程的性质、特点,在某些关键节点建立评审关口对项目的建设情况进行审查,以便能够发现建设实施过程中存在的问题及风险,保证整个北斗二号卫星工程建设处在可控的情况下,使项目能够顺利完工。

(3)合并相似工作。北斗二号卫星工程项目群虽然包含众多各式各样的子项目,但大多数子项目在设计、研制、流程等方面有许多相似之处,因此可以将许多工作性质相似、内部联系紧密的工作进行合并,打包成一个子项目群工作包,从而减少项目群工作任务的种类,降低项目群管理的难度。同时将相似工作进行合并,能够使管理人员从更加宏观的角度审视整个项目群,而不是聚焦在每一个子项目的工作上。

(4)确定主要任务。确定主要任务是在确定主要阶段以及将相似工作进行合并的基础上进行。根据每个阶段的内容要求,将每个阶段按照时间顺序划分为几个主要任务,即合并的项目群工作包。该阶段的工作划分比较粗,尚不能对项目群工作进行具体指导,因而还需要对主要任务进行更加具体的分解。

(5)确定各子项任务。为准确指导北斗二号卫星工程项目群的工作和管理,需要将各阶段的主要任务进一步分解成子任务,直到子任务可控。子项目划分完成的主要标志是有可交付的成果,状态/完成情况可以计量,时间/费用可以估算,活动工期在可接受期限内,工作安排可以独立进行。

6.2.3 北斗二号卫星工程项目群工作分解结构

基于上述原则,北斗二号卫星工程项目群任务分解结构如图 6.1 所示。

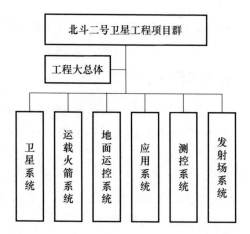

图 6.1　北斗二号卫星工程项目群任务分解结构

北斗二号卫星工程项目群建设任务分解为工程大总体、卫星系统、运载火箭系统、地面运控系统、应用系统、测控系统和发射场系统七个一级子项。任务分解表如表 6.1 所列。

表 6.1　北斗二号卫星工程项目群任务责任分配矩阵

序号	系统	任务描述
1	工程大总体	项目群的组织、战略、计划、费用、控制与变更、沟通、成果、国际合作、应用产业化等方面的管理,对工程研制建设的重大技术和计划问题进行协调确定工程大总体方案设计、系统接口关系协调确定、组织系统间大型试验与评估以及工程大总体协调的技术支撑工作
2	卫星系统	北斗二号卫星的研制生产,并为卫星发射和在轨运行提供技术支持
3	运载火箭系统	研制生产运载火箭
4	地面运控系统	地面运行控制系统研制、频率协调和系统运行管理等
5	应用系统	通用型用户机研制、用户设备模块芯片国产化、用户设备测试系统研制、测试环境建设、用户注册管理系统研制、应用标准体系建设等
6	测控系统	承担系统的适应性改造,完成运载火箭主动段和卫星发射早期轨道段、长期运行段的测控工作
7	发射场系统	承担发射场系统总体技术工作,发射场的适应性改造,具体组织卫星和运载火箭的发射任务

6.3 北斗二号卫星工程任务管理实践

6.3.1 工程大总体建设任务管理实践

北斗二号卫星工程形成了设计、协调、试验、评估、集成五位一体的工程大总体工作体系和有效的运行机制,实现对工程全过程的技术状态控制和管理。工程大总体各项工作既相互独立,又有密切的联系,工程大总体工作任务如表6.2所列,工作总体思路如图6.2所示。其中的仿真试验与监测评估体系为工程大总体工作提供量化可信的设计验证、监测评估和试验平台支撑;技术基础工作为工程大总体工作提供工程建设相关领域的情报、动态、数据、档案等支撑。

表6.2 工程大总体工作任务

任务	子任务	任务描述	与各大系统关系
设计	总体设计	明确总体方案、对各大系统技术要求、系统间接口关系、技术与计划流程,为工程研制建设提供依据	提供研制建设技术依据
	专题研究	针对影响系统关键指标实现和工程建设进展的重大技术问题,研究提出解决方案和要求	
协调		掌握日常研制建设情况,协调决策问题	问题决策
试验	系统间大型试验	验证系统间接口的适应性、匹配性,确认产品技术状态,为其出厂、发射等提供决策依据	确认状态,提供出厂放行和技术更改依据
	在轨试验验证	验证卫星主要的新技术,信号、高精度测量以及单星的定轨、时间同步等系统级体制,为工程转入组网阶段提供决策依据	确认状态,提供转阶段和技术更改依据
评估	监测评估	监测评估系统服务性能、关键指标、运行状态,为工程转阶段等提供决策依据;发现问题,指导各大系统工作	确认状态、能力、指标,提供技术更改依据
集成		统一组织各大系统的研制、建设、试验、测试、联调、评估,建成北斗二号系统	组织、集成,提供技术更改依据

1. 工程总体设计任务

包含专题技术研究、系统间接口设计、试验方案设计、专家组工作。组织开展了工程备份策略、星座组网计划与技术流程、星座组网风险控制预案、星座参数精化与控制策略、星座运行可靠性建模与评估等专题技术研究,持续深化系统总体技术方案,形成相关技术文件,论证、编制下发北斗二号卫星工程各大系统技术要求、各大系统间接口控制文件等工程指导性技术文件,有力地推动了工程研制建设。

2. 工程总体协调任务

包含以工程领导小组会、工作会、工程大总体协调会、工程总师办公会和专题

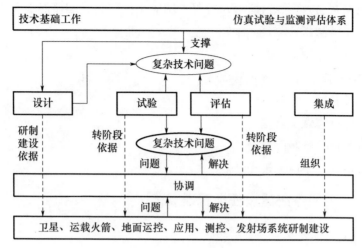

图 6.2　工程大总体工作总体思路

协调会为主要手段的多层次、近实时的日常协调机制,工程研制过程中暴露的多个技术问题都得到了及时、有效的协调和解决。

3. 总体试验测试任务

组织国内多家单位,完成了北斗二号试验卫星在轨技术试验工作,协调并解决了多个技术问题,考核并验证了多项关键产品和关键技术。为工程总体和各大系统确定技术状态、精化设计方案提供了基本依据,达到了降低工程研制建设风险的既定目标。

4. 工程总体过程评估任务

包括对工程过程的跟踪、检查、评审、测试结果评定。完成北斗二号卫星工程大总体仿真验证与测试评估系统研制建设工作,并在试验卫星在轨技术试验和重大专项实施方案论证编制中得到广泛应用,并下发各大系统总体、各有关研制单位试用,形成良好反馈机制。

在此基础上,充分调动国内各方优势资源,建成了多个试验卫星跟踪站,以及配套的数据中心、监测分析中心、通信网络组成的大总体试验评估系统。连续提供在轨卫星精密轨道和运行状况监测信息,为卫星在轨故障监测、卫星钟性能评估和空间信号精度监测评估提供了重要依据。

5. 建用统筹的全系统、全过程、全要素立体集成

全系统集成,包括工程大总体、卫星系统、运载火箭系统、地面运控系统、应用系统、测控系统、发射场系统的集成。

全过程集成,包括设计/研制/生产/对接/测试、发射/在轨测试、星地联调/试验验证/性能评估、使用评价/大系统测试。

全要素集成,包括系统建设、运行服务和应用推广与终端研制 3 个方面,系统建设过程中具体包括:

(1)星地设施逐步完善;

(2)体制、技术、接口逐步验证;

(3)精度指标渐进提高;

(4)技术状态逐步确定;

(5)建设风险逐步降低;

(6)监测评估手段渐进完善。

6.3.2 卫星系统建设任务管理实践

1. 总体建设任务及工作分解结构

北斗二号卫星系统有 GEO、IGSO、MEO 三类轨道共 14 颗卫星在轨运行,包括 5 颗 GEO 卫星、5 颗 IGSO 卫星和 4 颗 MEO 卫星。卫星系统研制建设为螺旋式渐进式,整个卫星系统研制分为 3 个阶段,包括工程论证阶段、初样研制阶段和正样研制阶段。

卫星系统建设任务分解结构如图 6.3 所示。

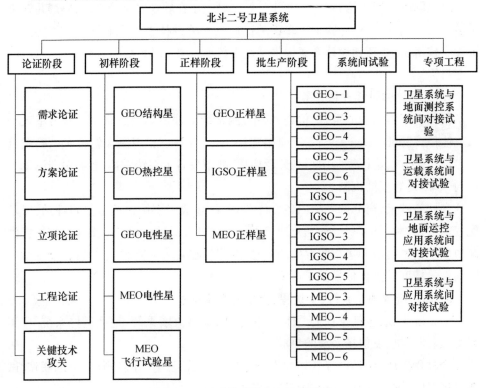

图 6.3 卫星系统建设任务分解结构

1）论证阶段

需求论证主要是对北斗二号卫星工程的发展原则、系统组成、建设步骤和技术途径等进行探讨和分析。

方案论证对多个专题项目开展论证研究，提出北斗二号卫星工程的发展目标、步骤、主要性能指标、初步技术经济可行性分析，并重点进行了卫星的多方案设计和比较。

立项论证完成北斗二号卫星系统方案、三类卫星初步总体方案、各分系统初步方案等立项准备工作，上报申请立项。

工程论证包括北斗二号卫星系统、三类卫星总体，以及分系统论证工作。

关键技术攻关主要包括国产星载铷钟、导航信息处理单元等多项关键技术的攻关工作。

2）初样阶段

在初样阶段研制了 GEO 结构星、热控星、GEO 电性星、MEO 电性星共计 4 颗初样星。另外，还研制了 MEO 飞行试验星。

3）正样阶段

在正样阶段研制了 GEO－1～GEO－6、IGSO－1～IGSO－5、MEO－3～MEO－6 正样星。

4）系统间试验

系统间试验主要包括卫星系统与地面测控系统间、运载火箭系统间、地面运控系统间、应用系统间的对接试验。

5）专项工程

针对研制过程中的关键技术问题，开展专项工程。

2. 卫星项目总体纲要 WBS

卫星项目总体纲要 WBS 如表 6.3 所列。

表 6.3　卫星项目总体纲要 WBS

序号	编码	第一级 WBS	第二级 WBS	第三级 WBS
1	×××－×ZT	系统设计		
2	×××－×ZT01		与用户及其他系统的接口和协调	
3	×××－×ZT01001			用户需求分析和技术要求协调
4	×××－×ZT01002			运载接口要求的协调和确定
5	×××－×ZT01003			地面测控接口要求的协调和确定
6	×××－×ZT01004			发射场接口要求的协调和确定
7	×××－×ZT01005			应用系统接口要求的协调和确定

（续）

序号	编码	第一级 WBS	第二级 WBS	第三级 WBS
8	×××–×ZT02		任务分析和设计	
9	×××–×ZT02001			轨道分析和设计
10	×××–×ZT02002			关键技术和风险分析
11	×××–×ZT02003			飞行程序分析和设计（含发射窗口分析、测控弧段分析等）
12	×××–×ZT02004			环境分析和措施
13	×××–×ZT02005			可靠性分析和设计
14	×××–×ZT02006			安全性分析和设计
15	×××–×ZT02007			研制策略和试验设计（含技术流程设计）
16	×××–×ZT02008			总体设计
17	×××–×ZT03		构型布局和总装设计	
18	×××–×ZT03001			与运载几何相容性分析
19	×××–×ZT03002			总装设计
20	×××–×ZT03003			运输方案分析和设计
21	…			

3. 任务变更管理实践

北斗二号卫星工程建设期间存在着一些重大的任务变化。例如卫星系统星座构成由 5 颗 GEO 卫星 +3 颗 IGSO 卫星 +4 颗 MEO 卫星变为 5 颗 GEO 卫星 +5 颗 IGSO 卫星 +4 颗 MEO 卫星，增加了 2 颗 IGSO 备份卫星。由于航天发射和多星组网的风险高，为降低北斗二号卫星系统组网风险，工程大总体提出增加 2 颗 IGSO 备份卫星的建议，并得到了工程领导小组批准。

6.3.3 运载火箭系统建设任务管理实践

运载火箭系统的研制总要求是：将 16 颗卫星（包含首颗 MEO 试验卫星）送入 3 种不同的预定轨道（GEO、IGSO、MEO），建成 14 颗卫星（5 颗 GEO +5 颗 IGSO +4 颗 MEO）组成的具有中国特色的区域卫星导航系统。

工程主要建设任务是：完成 CZ–3B 运载火箭发射 MEO 双星的 3700ZS 卫星整流罩及支撑分离机构研制、CZ–3A 系列运载火箭起飞滚转定向及高空风补偿技术研制，完成 CZ–3A 火箭、CZ–3B 火箭、CZ–3C 火箭的研制、生产、总装、测试、发射，完成 CZ–3A 系列火箭远距离测发控设备研制。

运载火箭系统建设任务分解结构如图 6.4 所示。

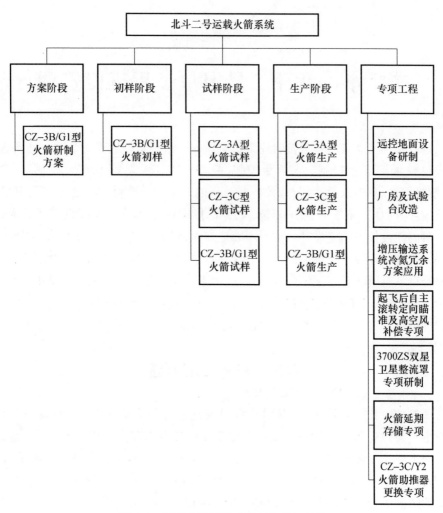

图 6.4　运载火箭系统建设任务分解结构

第7章　北斗二号卫星工程进度管理

进度管理是为确保项目按时完工所必需的一系列管理过程与活动。进度管理通常也被称为"进度控制"，与质量控制、费用控制并称为"项目三大控制"。进度管理在项目控制体系中发挥着协调、带动其他工作的重要作用。北斗二号卫星工程建设涉及面广、任务重、技术复杂、进度要求紧迫，面临的不确定性和风险大，工程项目的建设任务和建设环境也在不断地变化，对工程进度造成了极大的影响，同时也为进度管理带来了很大的挑战。这就要求北斗二号卫星工程在进度管理上必须要有科学有效的进度制定方法和进度控制手段。北斗二号卫星工程从 2004 年立项论证到 2012 年系统组网成功，投入运行，仅仅用了 8 年时间。科学有效的进度管理是北斗二号卫星工程顺利建设的重要保证。

7.1　进度管理概述

项目进度管理在国际上也称为"项目时间管理"（Project Time Management），国内也有人称其为"项目工期管理"。进度管理作为项目管理的一项重要内容，逐渐受到工程建设者和管理者的重视。特别是在大型工程项目，如神舟飞船工程项目中，进度管理在项目的研制生产和建设中发挥着关键作用。越来越多的先进理论和方法被应用到进度管理中，取得了丰硕的理论和应用成果。

7.1.1　项目进度管理概述

1. 进度管理的基本概念

从广义上说，项目进度管理可以看作是计划管理的重要内容，即针对项目的特点，组织制定一定时期内的发展方向、重点、目标、主要技术途径、各项技术保障条件和技术组织措施、经济措施、工作实施步骤等，为完成战略规划、满足战略需求、实现预期目标，组织和动员各方面力量，通过计划的编制、组织实施、指挥调度和检查考核，协调运用各种资源和要素，以最小的经济、技术和风险代价，最短的研制周期，优良的工程质量和产品性能，实现系统总优化目标而进行的管理工作。

从狭义上说，项目进度管理就是为了确保项目按时完工所必需的一系列管理过程与活动。主要内容包括：

（1）界定和确认项目活动的具体内容，即分析确定为达到特定项目目标所必须进行的各种作业活动；

（2）项目活动排序，即分析确定工作之间的相互关联关系，并形成项目活动排序的文件；

（3）估算工期，即对项目各项活动所需的时间做出估算，并由此估算出整个项目所需工期；

（4）制定项目进度计划，即对工作顺序、活动工期和所需资源进行分析并制定项目进度计划；

（5）项目进度的管理与控制，即对项目的变更进行控制和修订计划等。

在航天系统工程领域，项目进度管理多采用了狭义上的概念，如神舟飞船进度管理、神舟七号飞船项目进度管理等。鉴于北斗二号卫星导航系统的特点，北斗二号卫星工程进度管理既包括了广义的概念，也涵盖了狭义的内容。

2. 进度管理的常用方法

进度管理的方法主要有传统的网络计划方法，以及在此基础上考虑不同的约束和因素而逐渐发展起来的其他方法，如关键链方法等。

1）网络计划方法

网络计划方法是一种组织科研生产和进行管理的科学方法。网络计划的基本原理是利用网络图来表达计划任务的进度安排及其各项工作之间的相互关系；在此基础上进行网络分析、计算网络时间、找出关键工序或关键路线；并利用时差不断地改善网络计划，求得工期、资源和成本的优化方案；在计划执行过程中，通过信息反馈进行监督和控制，以保证达到预定的计划目标。

2）关键链方法

关键链技术（Critical Chain Technology, CCT）是约束理论（Theory of Constraints, TOC）应用于项目管理的产物。

约束理论的核心思想可以归纳为以下两点。

（1）所有现实系统都存在约束。如果一个系统不存在约束，就可以无限地提高产出或降低成本，而这显然是不实际的。因此，任何妨碍系统进一步提高生产率的因素，就构成一个约束。约束理论将一项工程建设看作一个系统，在工程建设内部的所有流程中，必然存在阻碍进一步降低成本和提高产出的因素，这些因素也就是企业的约束。

（2）约束的存在表明系统存在进一步改进的机会。虽然约束妨碍了系统效率，但约束也恰恰指出了系统最需要改进的地方。

关键链方法遵循约束理论的思路，认为在项目进度管理过程中，资源的利用率是不可能保持平衡的。但是项目进度只是受到一部分资源而不是所有资源的影响。前者称为瓶颈资源(或关键资源),后者称为非瓶颈资源(或非关键资源)。瓶颈资源上的任务称为瓶颈任务(关键任务),非瓶颈资源上的任务称为非瓶颈任务(非关键任务)。瓶颈资源的利用率越高,项目进度就越快,如果瓶颈任务延误一天,将导致整个项目延误一天。要加快项目进度,就必须提高瓶颈资源的利用率,防止由于非瓶颈任务延误导致瓶颈资源处于等待状态,造成整个项目延误。

7.1.2 北斗二号卫星工程进度管理的特点

北斗二号卫星工程进度管理具有以下一些典型的特点。

1. 前瞻性

北斗二号卫星工程的进度管理重点是对整个工程的任务和活动进行安排,对资源进行协调和配置。由于北斗二号卫星工程的复杂性与长期性,涉及各大系统,任务之间关系复杂,牵一发而动全身,进度计划的内容涉及众多的专业学科,其执行需要大量的人力、物力资源,需要管理部门、科研院所以及工业部门等的通力协作。因此,进度计划的制定必须具有很好的前瞻性与科学性,使之能够符合系统建设的客观规律,减少或避免对计划进行大的调整和更改。

2. 层次性

北斗二号卫星导航系统作为国家重要的空间信息基础设施,其规划和建设首先要满足国家的战略需要。因此,需要对整个工程建设的进度从战略层次进行规划和管理。在工程建设过程中,需要从不同层次对进度进行管理,主要包括工程大总体层次、各大系统层次、分(子)系统层次、设备和单机层次等。

3. 关联性

北斗二号卫星工程的建设由六大系统组成,各大系统根据工程大总体的进度计划,制定和管理各自的研制建设进度。各个系统的进度计划作为整个工程进度计划的一部分,影响整个工程的进度。各个系统之间的相互联系决定了各大系统的进度计划是一个有机联系的整体,相互影响相互制约。某个系统或分系统进度计划的变更可能会通过工程任务的网络结构进行传播,进而对总体进度计划造成影响。这就需要工程大总体站在工程全局的高度,统筹安排,科学谋划,确保各个层次各个系统的进度计划有序实施。

4. 综合权衡

科学有效的进度管理是北斗二号卫星工程顺利建成并投入运行的重要保障。但是,进度不是系统建设所追求的唯一目标。作为一个"千家万户"都要使用的实际应用系统,实现北斗二号卫星导航系统的连续性、完好性和可用性至关重要。因此,在系统建设过程中,除了进度还需要考虑系统建设的费用、性能、质量、风险等因素和目标。这些目标在一定程度上与系统的建设进度是有矛盾的,在进度计划的制定过程中需要综合权衡各个方面的因素,提供科学合理的计划方案供决策者参考和决策。

5. 不确定性与动态性

北斗二号卫星工程进度计划的执行面临多种不确定因素。一方面,系统建设的长期性决定了计划执行的环境是不确定的;另一方面,北斗二号卫星导航系统不是一个简单的工程建设项目,其中涉及大量的新技术、新体制,攻关难度大,存在很大的不确定性。同时,作为一个长期的建设项目,由于受到技术水平、知识结构、管理水平等方面的制约,在计划制定初期不可能预测未来相当长一段时期内可能出现的情况。在这种情况下,需要根据计划执行的情况和环境的发展变化对计划进行实时的调整。这就要求进度计划的制定过程中需要考虑计划的稳健性,使之能够最大程度上应对将来可能出现的一些不确定因素的影响。

北斗二号卫星工程在进度管理上的特点决定了利用单一的进度管理方法不能很好地适应于北斗二号卫星工程的进度管理,必须综合运用新的管理理论和方法,与工程建设的实践相结合,探索出适合北斗二号卫星工程自身规律和特点的进度管理方法。

7.2　进度计划体系

在北斗二号卫星工程的研制建设中,进度计划是进度管理的基本依据和出发点。北斗二号卫星工程的进度计划是一个多层次多类型的进度计划体系。不同层次的进度计划管理既有共同的特性,也有各自的特点。由于各大系统的承研单位和主管部门不同,各大系统具有相对独立和完善的进度计划管理组织和计划体系。北斗二号卫星工程的复杂性决定了单一的进度计划不能够很好地反映系统各个层次各个方面的工作,很难将整个工程建设的内容表达清楚。而各个系统或分系统的进度计划不能解决工程总体的总体平衡和控制问题。因此,需要建立不同层次不同类型的多级进度计划,构成一个相互协调、相互联系、相互制约的完整的进度计划体系。从不同的角度出发,可以将北斗二号卫星工程的进度计划分为不同的类型。

7.2.1　进度计划的分类

1. 按进度计划的层次划分

北斗二号卫星工程大致可以分为 3 个层次:战略决策层、工程大总体层和各大系统层,其对应的进度计划可以称为总体战略进度计划、工程大总体进度计划和各大系统进度计划。层次越高,目标越抽象,其计划具有很强的指导性;层次越低,目标越具体,其计划具有很强的实施性。

北斗二号卫星工程的总体战略计划是整个工程建设的最高层次计划,北斗二号卫星工程最高层次的管理者和决策者在科学分析和预测的基础上,对北斗二号卫星导航系统建设和发展的方向、规模和进度做出了战略决策,在综合考虑各方面因素的前提下对系统的发展做出综合权衡和规划。总体战略计划反映了北斗二号卫星工程在整个建设过程中的重要控制点或重大标志性进度节点,或称里程碑节点,主要包括:试验卫星发射、最简系统建成、基本系统建成并试运行、区域系统建成并正式投入运营。

工程大总体进度计划是指工程大总体从整个北斗二号卫星工程建设的角度出发制定的进度计划。工程大总体进度计划主要涉及与系统总体技术,如集成、试验、评估等相关的进度安排,以及工程大总体对各大系统的进度要求和约束。

各大系统进度计划是指六大系统根据北斗二号卫星工程总体战略进度计划和工程大总体进度计划要求所制定的本系统的研制、生产、建设和技改等方面的进度计划。各大系统进度计划还可以进一步细化,具体到某个子(分)系统或者单个产品研制的进度计划。

2. 按进度计划的持续时间划分

由于北斗二号卫星工程的长期性,从持续时间方面看,其进度计划从时间上可以划分为中长期发展规划、三年滚动计划、年度计划和月计划。

中长期发展规划是对整个北斗二号卫星工程的建设以及未来 10～15 年内北斗二号卫星导航系统运行和发展的总体设计,包括工程研制建设指导思想、总体思路、战略目标、系统功能要求、主要性能指标、阶段计划安排、经费预算和政策措施等内容。中长期规划是一种具有战略性的远景规划,对未来各个阶段的重点任务进行了计划和安排,它是长时期内整体活动的指导性文件,具有较强的计划性和可操作性。中长期发展规划还包括更为具体的五年计划。五年计划是根据系统战略目标和要求,结合五年计划期内实际情况而制定的,主要包括指导思想和原则、计划目标、计划内容、成果形式、经费概算、配套措施、项目计划表等。

在中长期发展规划的指导下,可以制定更为具体的进度计划,如三年滚动计划和年度计划。三年滚动计划是对未来三年工程建设任务的安排,每执行一年,对未来三年的计划内容调整一次。年度计划是中长期发展规划和三年滚动计划的具体落实,是一个执行计划,具有很强的严肃性和规定性。年度计划下面还可以细分到月计划,甚至是周计划等。

3. 按进度计划涉及的内容划分

按照进度计划涉及的内容,北斗二号卫星工程的进度计划主要包括总体方案设计进度计划、生产研制进度计划、试验进度计划(联试进度计划)、发射进度计划等。

　　总体方案设计进度计划主要涉及工程建设前期的设计和论证工作,主要包括星座方案的设计与论证、卫星能力的确定、运载火箭的选型、发射场选择与改造的论证等。

　　生产研制进度计划主要包括运载火箭的生产计划、卫星的生产计划、关键单机和元器件的研制计划、用户终端的研制计划、发射场的改造计划、测控设备及配套设施的扩建和改造计划等。

　　试验进度计划既包括大系统间的集成联合试验,如卫星和运载火箭对接试验、卫星与测控对接试验、卫星与应用的匹配试验、发射场合练、单星星地联调和卫星入网测试等内容,又涵盖了各大系统在各自研制生产过程中的试验内容,如各类单机或元器件的研制试验、鉴定试验和验收试验等。

　　发射进度计划的主要内容包括北斗二号卫星发射任务的安排。

7.2.2　不同进度计划的关系

　　按照霍尔"三维结构"模型建立不同层次、不同时间、不同内容的进度计划,构成了北斗二号卫星工程的进度计划体系,如图 7.1 所示。工程建设中任何一个进度计划可以对应于三维结构中的一个点。不同进度计划的侧重点不同,但在不同维度上都相互关联,表 7.1 ~ 表 7.3 显示了进度计划在两个维度上的相互关联关系。

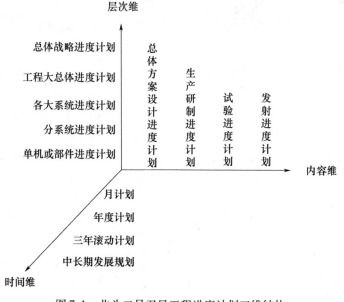

图 7.1　北斗二号卫星工程进度计划三维结构

不同层次不同类型的进度计划相互联系,处于不同层次的进度计划可以分解为多个独立的进度计划。不同层次的进度计划由不同层次的相关部门和人员编制。下一层次进度计划的编制需要以上一层次的进度计划为基础和指导,同时,下一层次的进度计划是上一层次进度计划执行的保障,上一层次进度计划的制定需要综合集成各领域专家的经验和意见。例如,工程大总体进度计划和各大系统进度计划的制定需要以总体战略进度计划为指导;而工程大总体进度计划和各大系统进度计划的实施情况为总体战略进度计划的实施提供了基本保障,为总体战略进度计划的调整提供依据。工程大总体进度计划对各大系统进度计划的指导性主要体现在各大系统进度计划必须满足工程大总体进度计划的各项要求,确保各大系统进度计划有序推进。

表 7.1 进度计划层次维和时间维的关系

时间维 / 层次维	中长期发展规划	三年滚动计划	年度计划	月计划
总体战略层	▲	▲	▲	
工程大总体层	▲	▲	▲	▲
各大系统层		▲	▲	▲
分系统层			▲	▲
单机或部件层			▲	▲
注:▲表示存在关联关系,表7.2和表7.3同				

表 7.2 进度计划层次维和内容维的关系

内容维 / 层次维	总体方案设计进度计划	生产研制进度计划	试验进度计划	发射进度计划
总体战略层	▲	▲	▲	▲
工程大总体层	▲	▲	▲	▲
各大系统层		▲	▲	▲
分系统层		▲	▲	
单机或部件层		▲	▲	

表 7.3 进度计划时间维和内容维的关系

内容维 / 时间维	总体方案设计进度计划	生产研制进度计划	试验进度计划	发射进度计划
中长期发展规划		▲	▲	▲
三年滚动计划		▲	▲	▲
年度计划		▲	▲	▲
月计划	▲	▲	▲	

7.3　进度计划制定

北斗二号卫星工程的总体战略进度计划的制定是工程领导小组综合考虑国家战略需求、我国国民经济发展水平、我国航天工业技术基础以及北斗二号卫星工程面临的战略环境等多方面因素,从而确定北斗二号卫星工程的总体建设和发展进度。该部分内容在第 3 章和第 16 章分别作了阐述。本章进度管理内容主要集中在工程大总体层次和各大系统层次,其中各大系统层次的进度管理以卫星系统和运载火箭系统为例进行说明。工程大总体和各大系统在总体战略进度计划的指导下,从不同的侧重点出发,依据不同的原则,编制各自的进度计划。

7.3.1　工程大总体进度计划制定

1. 制定原则

北斗二号卫星工程大总体进度计划的制定过程中,不仅考虑了各项活动的安排,还对可用资源进行了估算,确定活动的工期,进而制定工程建设的总体计划。首先,需要明确工程大总体进度计划编制的基本原则:

(1) 突出重点、总体先行。优先启动影响系统研制建设全局的总体类、体制类和长周期关键单机研究项目,牵引关键技术攻关与试验整体工作。

(2) 积极稳妥、分步安排。严格执行总体技术和计划流程要求,准确把握项目成熟度和衔接关系,分阶段安排启动项目。

(3) 创新机制、竞争择优。立足长远、引入竞争,通过项目安排落实工程实施方案中明确引入竞争机制、提升科研能力的要求,从方案和设计阶段引入竞争,为确保技术、质量可控打下基础。

(4) 保障质量、综合权衡。工程质量和高精度、高稳定、高可靠等指标的实现,是北斗二号卫星工程的直接目标。北斗二号卫星工程作为一项复杂的大型科技工程,在进度方面不可避免地存在不确定因素。在进度计划编制时,注重确保工程的高质量和实现系统的高精度。因此,北斗二号卫星工程大总体在进度计划编制过程中,始终保持科学的态度,坚持以质量第一,综合权衡进度与质量、可靠性和风险等关系。

2. 总体进度计划制定

在总体原则的指导下,按照进度计划制定的一般步骤,开展北斗二号卫星工程大总体进度计划的制定,主要包括以下几个方面的工作:确定任务活动、确定任务之间的关系、活动资源估算、确定活动工期、制定进度计划、进度计划评估和确认等。

1）确定任务活动

根据工程大总体和各个分系统的主要工作内容,可以将整个建设工程分为一些大的工作模块,称之为任务或活动。北斗二号卫星工程的主要任务涉及各大系统,主要包括:卫星初样星地对接、正样详细设计、结构生产及部装、正样星地对接、总装及测试、卫星出厂、火箭生产及出厂、星地对接相关设备单机正样、试验星星地正样对接试验、试验星在轨试验、试验星星地试验、星地系统联调、系统全面构建与评估、测控中心建设、配套通信系统改造、新建测控设备、建设其余配套设施、发射场改造建设等。

2）确定任务之间的关系

在确定工程建设的主要任务后,需要确定任务之间的前后关系。任务之间的关系表示了任务执行的先后顺序。例如,卫星研制生产中,必须在正样详细设计结束后,才能开始生产。各大系统根据各自的研制、生产和建设流程顺序开展各项任务,各大系统之间的任务在资源允许的条件下又可以并行开展。

3）活动资源估算

北斗二号卫星导航系统是一个多星组网的系统,工程大总体从总体层次进行有效协调是确保工程进度的关键。同时,卫星和运载火箭的生产能力是影响工程建设的重要因素。因此,卫星系统和运载火箭系统的可用资源和现有能力对整个工程建设有着至关重要的影响。此外,北斗二号卫星工程的顺利建设离不开发射场等其他系统资源的有力保障和合理利用。

4）确定活动工期

工程大总体在确定活动工期时采用了类比法、实验仿真、专家意见等方法和手段,以及关键链的方法对卫星进行研制,特别是大系统之间的试验项目进行工期估计。

（1）类比法。参考历史上类似卫星和火箭研制以及试验、发射、测试等任务的实际工期,充分考虑北斗二号卫星工程中各个活动的特点和工程建设的实际情况,对活动的工期做出估计。

（2）实验仿真。建立各个活动的更为详细的计划流程,如发射场合练的流程,在流程中考虑可能存在的不确定因素,采用仿真的方法,得到活动的工期分布。

（3）专家意见。对于缺乏历史统计对比数据和仿真数据的活动,采用专家意见的方式估计活动工期,由领域专家或专家群体给出活动工期的估计值。此时专家一般可以给出三个工期值:乐观时间、悲观时间和最可能时间。其中,乐观时间是指在顺利情况下完成任务所需的时间,即最短时间;悲观时间是指在极不利的情况下完成任务所需的时间,即最长时间;最可能时间是指完成作业通常需要的时间,即一般情况下完成作业的时间。在搜集了专家给出的三个工期值后,可以根据三个值的加权平均得到预测的工期值,这种工期估计方法称为"三时"估计法。

（4）关键链方法。根据统计规律,项目中任务的完成时间通常表现为对数正态分布统计规律。为了保证任务能如期完成,在工期估计时包含了大部分的安全时间。但事实上,安全时间只能保证单个任务自身能如期完成,却无法保证整个项目的如期完成。因为任务工期中的安全时间通常由于学生综合症和帕金森定律等各种因素而浪费掉。因此,任务工期估计中,采用了关键链的方法,去除大部分安全时间,以 50% ~70% 可能完成的执行时间作为任务的工期估计。

5）制定进度计划

北斗二号卫星导航系统总体进度计划的制定需要综合考虑活动之间的紧前紧后关系,以及各个分系统的可用资源和生产研制能力。在此基础上,考虑工程交付使用的日期,制定可行的工程总体计划。工程大总体在制定总体进度计划时,综合运用了并行工程、鲁棒性方法和关键链方法,主要体现在以下几个方面。

（1）采用并行工程缩短研制周期。在满足资源约束的情况下,采用任务并行开展的方式,可以缩短工程建设中某些阶段性任务的工期。如卫星的总装和测试,由于卫星系统具有充足的总装测试工位,GEO 卫星和 IGSO 卫星的总装和测试可以并行开展。

（2）采用鲁棒性方法提高进度计划的稳定性。为了提高进度计划的方案鲁棒性（即稳健性）,在制定总体进度计划时,充分考虑了瓶颈资源的约束,在缩短任务活动工期的同时,适当增加瓶颈资源工作的间隔,以避免瓶颈资源发生故障时,对整个进度计划造成大范围的波动。北斗二号卫星工程中,总体进度计划执行的主要瓶颈资源为发射工位,仅西昌卫星发射中心用于北斗二号卫星的发射。因此,在总体进度计划制定时,适当增加单次发射任务的时间间隔,以保证某次发射任务出现工期延迟时,对后续发射计划的影响能够降至最低。

（3）采用关键链方法增加工程的缓冲期。在工期估计中,采用关键链的方法去除了安全时间。由于北斗二号卫星工程是一项不确定性极高的工程,对系统精度、质量和可靠性要求高,在进度计划的制定过程中,必须考虑任务执行受到不确定因素或突发事件的影响。根据关键链方法,采取了项目缓冲的方式处理工程研制建设的不确定性。经过领域专家和决策机构的反复讨论和研究,综合我国其他航天工程的历史数据,借鉴国外同类型卫星导航系统建设的经验,得出整个工程的缓冲期设置在两年左右较为合适。北斗二号卫星工程进度的基线方案中,以 2010 年为工程交付节点,进一步考虑工程建设的不确定性,加上两年的项目缓冲期,整个北斗二号卫星工程的建设在 2012 年完成较为科学合理。

6）进度计划评估和确认

总体进度计划制定后,需要对其进行评估和确认。进度计划的评估和确认主要考虑系统间对接联试存在的诸多不确定因素和可能存在的大量协调工作时间,确保各级进度计划能够满足总体计划的要求。通过进度计划的评估和确认,明确各个计划的关键路径,对关键路径上的任务和活动给予重点关注。

3. 单颗卫星工程进度计划制定

在总体进度计划的基础上,工程大总体还需要制定更为详细的单颗卫星的进度计划。针对每颗卫星的研制、试验和发射,工程大总体需要站在工程全局的高度,协调各大系统并行开展进度计划的制定工作,细化工作项目并制定完成时间节点;梳理并明确各自所需其他主线提供的输入条件清单与时间节点;明确各大系统之间平行约束关系以及时间节点;给出各大系统的输出成果及完成时间节点,以作为其他专题的输入条件与研制参考。单颗卫星工程进度计划制定过程要做到合理细化,做到输入/输出和相互制约关系明确,节点合理,结果可执行。本章以北斗二号卫星工程试验卫星为例,说明单颗卫星工程进度计划制定的主要过程和内容。

工程大总体以工程实施方案、大总体对体制类项目及各大系统要求、试验卫星工程对各大系统的技术要求、星箭对发射场的技术要求等为依据,对试验卫星工程的任务进行分解,并确定任务之间的先后顺序关系,得到试验卫星工程的任务网络图。试验卫星工程的任务主要涉及卫星系统、运载火箭系统、地面运控系统、测控系统和发射场系统,涵盖了卫星和运载火箭的方案设计、初样、正样等多个阶段。

在任务分解的基础上,工程大总体对各大系统任务之间的匹配性进行了分析,主要包括不同主线之间的匹配性分析及主线内部技术和计划流程的匹配性分析。不同主线之间的匹配性分析包括总体技术与试验卫星系统建设之间的匹配性、卫星导航技术方向与试验卫星系统建设之间的匹配性、卫星平台与测发控技术方向与试验卫星系统建设之间的匹配性以及测试评估与试验验证方向与试验卫星系统建设之间的匹配性。主线内部各大系统间的技术与计划流程匹配主要体现在各类接口协调和大型系统间试验,如卫星与运载火箭、卫星与测控接口协调和对接试验,运载火箭与测控接口协调和对接试验。在此基础上,工程大总体确定了试验卫星工程的主要里程碑节点,编制了试验卫星工程的进度计划。

7.3.2　卫星系统进度计划制定

1. 进度计划制定的主体

卫星系统的进度计划也可以分为不同层次,不同层次的计划具有不同的主体。为了加强对北斗二号卫星研制的管理,中国空间技术研究院借鉴神舟飞船等其他航天工程项目进度管理的成功经验,成立了完善的进度管理组织机构,明确了各个部门及人员在进度管理中的职责。卫星系统进度管理组织由系统级进度管理组织、子系统级进度管理组织、单机或元器件级进度管理组织三个层次构成。系统级进度管理组织在系统总指挥和总师的领导下,负责整个系统进度计划的编制、实施和控制;子系统级进度管理中,各子系统设立项目负责人,并由相关部门具体负责各子系统的进度管理工作;单机或元器件级进度管理中,根据单机或元器件的研制情况,由承制或配套单位组成调度组,负责单机或元器件的进度管理。

卫星系统的进度管理组织机构和责任划分如表7.4所列。

表7.4 卫星系统进度管理组织机构及责任划分

计划	总指挥	总师	副总指挥	副总师	调度
卫星系统整体进度计划	▲	▲			
整星研制计划	▲	▲			
单机或元器件级计划			▲	▲	▲
年度计划	▲	▲	▲	▲	
季度计划	▲	▲	▲	▲	
月计划	▲	▲	▲	▲	
周计划	▲	▲	▲	▲	▲

2. 进度计划制定的指导思想

卫星承研单位在卫星生产研制过程中非常重视进度管理,坚持用以下思想和原则指导进度计划的制定。

(1)全面管理。系统级的进度管理工作牵涉到各种管理要素,必须具有全面综合的管理思想,要系统了解质量、技术、物资、经费、风险、人力资源等,将它们融合到进度计划管理中,才能确保工程建设的顺利开展。

(2)系统管理。在进度管理中要系统地看问题,出现的任何进度偏差,必然都有其系统的原因,要系统解决,不能片面解决。

(3)全局管理。卫星系统的进度管理同时要站在整个北斗二号卫星导航系统工程的角度编制计划,与其他分系统进行资源协调、信息共享,使得整个工程的进度计划达到最优。

(4)精细化管理。在具体计划执行中,需要细化到各个环节和步骤,才能确保计划的全面实现。

(5)坚持计划的严肃性。对于计划流程要坚持计划的严肃性,按计划流程检查和安排各项工作,任务改变计划的决策和安排都要按规定程序审批和执行。

(6)相互协调配合。做好日常组织协调和服务工作,确保条件保障的落实和接口协调。

3. 进度计划制定的流程

卫星系统进度计划的编制以工程大总体的进度计划为参考和指导,以研制技

149

术流程为主要依据,以卫星研制的重要阶段目标为节点,结合各项工作的工期、前后关系以及重要程度,从而制定可行的卫星研制和生产计划。卫星系统进度计划通常是卫星的全过程研制流程,包括初样星地对接、正样详细设计、结构生产及部装、正样星地对接、总装及测试等。卫星系统进度计划的编制是一个迭代的过程,需要与工程大总体进行沟通和协调。

图7.2表示了卫星系统在制定进度计划时的工作流程,主要包含以下几个步骤。

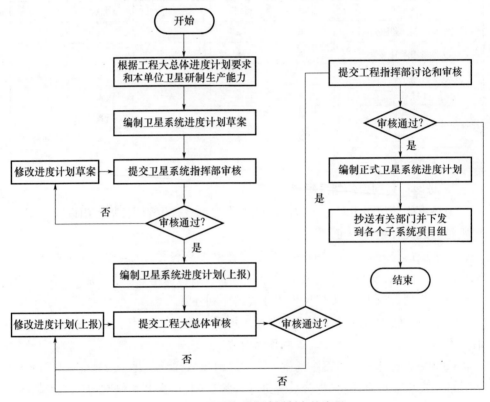

图7.2　卫星系统进度计划制定的流程

（1）步骤1:卫星系统根据工程大总体进度计划要求和本单位卫星研制生产能力编制进度计划草案;

（2）步骤2:进度计划草案提交卫星系统指挥部审核,审核通过转至步骤3,否则转至步骤1;

（3）步骤3:编制卫星系统进度计划;

（4）步骤4:工程大总体审核卫星系统进度计划,审核通过转至步骤5,否则转至步骤3;

（5）步骤5：工程指挥部讨论和审核卫星系统进度计划，审核通过转至步骤6，否则修改进度计划并转至步骤4；

（6）步骤6：编制正式的卫星系统进度计划并下发和抄送至相关单位。

在进度计划的制定过程中，进度计划（包括草案和上报方案）的编制是核心内容，主要包含以下8个方面的工作：

（1）编制项目任务说明书；

（2）绘制项目工作分解结构图表；

（3）编制项目任务描述书；

（4）编制项目责任分配表；

（5）编制项目时间估计表；

（6）编制项目网络计划工作表；

（7）绘制项目网络计划图；

（8）编制进度计划图表。

通过以上步骤，对卫星研制进行工作结构分解，确认主要计划过程，分析对进度影响的关键节点，确定各里程碑，最后得到卫星研制的整体进度计划，即系统级的进度计划。系统级的进度计划在总体上为卫星的研制和生产提供了指导和依据。整体计划的实现需要将其分解为更为详细的年度计划，从而便于实施和管理。年度计划的编制需要参考整个工程的年度研制计划纲要、工程研制总要求、卫星研制整体进度计划的安排，以及上一年度进度管理存在的问题。年度计划的编制主要包括以下几个方面的工作：

（1）确定卫星系统本年度的研制项目和主要工作；

（2）将研制项目按照研制阶段形成阶段目标；

（3）确定研制项目间的相关节点和对其他分系统的接口要求节点；

（4）确定年度中的重要里程碑和关键考核节点；

（5）形成年度综合计划流程。

7.3.3　运载火箭系统进度计划制定

在北斗二号卫星工程中，采用了CZ－3A系列运载火箭。对CZ－3A系列运载火箭研制的进度计划进行科学管理是顺利完成工程任务的重要保障，在北斗二号卫星工程的运载火箭研制管理中具有重要的地位，发挥了重大作用。

1. 进度计划制定的任务和要点

北斗二号卫星工程运载火箭系统进度计划的主要任务是将运载火箭研制单位的全部科研生产经营活动科学地组织起来，使之能彼此协调，有节奏地进行，并能有效地利用各种资源，以保证既定计划目标的实现。运载火箭系统进度计划制定中需要做好以下两方面的工作。

1）科学制定研制目标

运载火箭系统进度计划的制定，要根据北斗二号卫星工程总体研制进度和研制要求，在科学预测的基础上，制定长期发展规划和近期研制计划，即及时、正确、广泛地收集与本单位有关的技术经济信息资料，认真进行技术预测和需求预测，为确定本单位的发展方向、发展规模和发展速度等战略决策提供有预见性的科学依据，以便本单位的主要领导能选择最好的长期发展方向和近期研制目标，组织制定本单位的长期发展规划和近期研制计划。

2）正确处理平衡与不平衡的矛盾

科研生产经营工作，客观上存在着一定的比例关系，要求相对平衡。但科研生产经营工作的各个阶段、环节和方面，都处在矛盾统一体中和不断发展变化之中。所以，进度计划的制定，要根据长期发展规划和近期研制计划的要求，经常地、自觉地研究生产不平衡的原因，采取有效措施正确处理出现的不平衡问题，建立起新的平衡，以便科研生产经营工作在新的平衡基础上正常进行。

运载火箭的研制涉及众多的专业学科，需要投入大量的人力、物力、财力资源，需要数以百计的大专院校、科研院所和工业企业的大力协作，并经过研究、设计、试验等阶段工作才能完成。要将庞大的科研设计、试制、试验队伍和广泛的协作单位统筹安排、有序地组织起来为一个共同目标协调地开展工作，就要做大量的计划管理工作。进度计划制定时的要点包括：

（1）认真做好预测工作；

（2）长远规划与短期安排相结合；

（3）坚持预研先行；

（4）综合平衡，突出重点；

（5）认真做好基础工作。

2. 进度计划制定的程序和方法

北斗二号卫星工程立项后，运载火箭系统的承研单位首先依据工程目标和任务要求，由技术抓总部门组织任务分析、论证，并提出计划建议，拟制工程全过程计划（总体规划）。然后根据研制进程需要编制研制阶段计划、年度计划以及季度计划和月计划。计划的编制通常采用"两上两下"的程序完成，这种自上而下、自下而上的计划编制程序和计划层次分解程序，既保障了研制工作的协调性，也使研制任务和进度要求能够层层落实。

在运载火箭系统研制的进度计划制定过程中，采用各种科学的方法和手段。项目建设之前，恰当并合理的预测是制定科学进度计划的依据。但是，由于预测是对未来的发展趋势进行的预计和推测，又由于在项目建设中影响其进度的因素很多,尤其是运载火箭系统研制这项巨大的系统工程中,影响因素更多。另外,还由于很难将这些影响各项工作产生进度偏差的因素定量化。因此,对其进行预测是一项非常困难的工作。

运载火箭系统在进度计划制定的工期预测中采用了定性预测和定量预测相结合的方法,确保了进度计划的科学性和合理性。

1)定性预测法

定性预测法是利用相关领域专业人员的经验进行预测。在这种方法中,主要采用专家会议法、专家调查法和德尔菲法等。这几种方法主要是以专家为对象索取信息资料,依靠专家的知识和经验,考虑预测对象的社会环境和客观背景,通过对过去和现在发生的问题进行直观的分析和综合,从中找出规律,对发展远景做出直接预测。

2)定量预测法

定量预测法是根据调查来的数据利用数学模型进行预测,是一种科学的管理方法。在北斗二号卫星工程的运载火箭研制中,其研制工期采用了 S 型增长曲线法对项目完成情况进行了预测。

在计划编制时采用了甘特图、时间—成本平衡法、网络图法等。

3. 进度计划的配套

由于北斗二号卫星工程的复杂性和航天产品研制的固有特性,项目任务的目标存在不同程度的波动,对 CZ-3A 系列型号而言,面临多项目、多任务并行的情况,每个项目和任务的研制发射目标和计划均处在阶段性的动态调整中。因此,很难用一个计划刻画出所有项目和任务在几年内的准确活动并指导具体的科研生产的实施。为此,根据"远粗近细,远近结合"的原则,制定了三套型号研制计划涵盖和指导 CZ-3A 系列型号远期、中期和近期的科研生产。

1)三年滚动计划

在这一计划中,根据对未来三年里 CZ-3A 系列型号将要承担的发射任务的预测,给出每发火箭的型号、发号、发射的卫星、预测发射时间,以及各大系统预计完成生产交付的时间。这一计划侧重描述的是 CZ-3A 系列型号的任务量、发射排序,可以指导承制单位在火箭投产时做出长远规划,提前启动生产准备和物资订货工作。另外,在未来发射任务中要用到的新技术也在此计划中提出,并明确到相关的责任单位,以便及时开展新项目的研制,如已完成研制的远距离测发控地面设备、起飞滚转技术等,以及双星发射用整流罩和卫星支架。

根据项目任务目标的变化,此计划一年做一次调整,不进行偏差分析。

2)年度实施计划

这一计划是指导 CZ-3A 系列型号研制最重要的一套计划,是各承制单位制定全年科研任务计划最重要和直接的依据,它明确了每发火箭的出厂时间并依此明确了各分系统的生产交付等重要研制节点。这一计划涵盖了 CZ－3A 系列型号全年所有的产品研制活动,重点突出如下几方面的信息和要素:

(1) 全年的发射任务,围绕"保发射,保成功"这个中心,对年内有发射任务的火箭明确全箭总装、出厂测试、出厂前质量复查、确认、评审、火箭出厂等一系列工作的计划进度要求,并设置为重要的考核节点;

(2) 下一年的发射任务,按照预测的发射时间,明确各系统和单位需在当年完成的产品生产交付、系统试验、交付总装等工作的进度要求;

(3) 专项研制任务,一些重要的研制项目及可靠性课题的研究,带有新技术、新产品、试验多、周期长的特点,虽与当年的火箭生产计划无关,但在未来的 2～3 年即要应用,紧迫性不次于发射任务,对此以专项研制计划的形式,重点明确需在当年完成的研制流程以及系统和单位间的接口,并将其中重要的里程碑节点列为院级考核节点,以保证该项目的顺利进行。

3) 近期计划

对于短期的、临时的、新增项目的工作安排,由于受场地、人员、时间等多种因素影响,不确定性较大,由型号办组织各相关单位协调制定近期计划,责任落实到单位甚至个人,节点落实到天,此类计划包括出厂测试计划、发动机试车计划、结构件静力试验计划、火箭出厂前工作计划等,特点是周期短,可操作、可检查性强,需要及时提出,密切跟踪检查落实。

7.4　进度控制

工程进度的计划与控制相辅相成。如果没有严格的项目进度控制程序,那么项目计划必定会落空。进度控制是工程进度管理的重要环节,是实现工程作业计划的手段。虽然项目进度计划对日常的研制活动做了比较周密和具体的安排,但是计划在执行过程中,还会出现一些预料不到的情况和冲突,必须时刻进行监督和检查,及时发现偏差,适时补救和校正。这种在计划执行过程中的监督、检查、补救和校正等工作,就是控制工作。

7.4.1　工程大总体进度控制

北斗二号卫星工程的总体进度计划制定以后,形成一个基线方案,工程大总体和各大系统按照基线方案确定的工作内容有序推进工程建设。为了确保工程建设的顺利进行,必须采取有效的措施对进度执行情况进行检查和评估,在必要的时候采取有效措施对进度方案进行控制和调整。

1. 进度计划执行的跟踪与评估

一旦进度计划制定后,必须维护计划的严肃性,严格按计划节点进行考核和管理,通过行政渠道实施必要的奖惩制度。持续不断地对进度进行检查与督促,确保计划的顺利实施。依据基线计划,通过定期评估会议、阶段评估会议、定期进展报告、项目总结等形式,及时监控项目进度、发现进度偏差。

北斗二号卫星工程大总体的进度控制与管理跟踪多采用会议形式,主要包括工程领导小组会、大总体工作会、大总体协调会、工程总师办公会和专题协调会等,从不同的层次对进度进行控制。针对不同层次和类型的进度计划,其控制与管理跟踪上侧重点有所不同。

此外,工程大总体建立了定期书面汇报制度,要求各分系统或主要承研单位按计划每月一次书面上报工作进展情况。

2. 进度计划的变更与调整

北斗二号卫星导航系统的建设是一个极具挑战性、充满各种不确定性的工程,其进度计划的执行是一个不断变更、调整和修正的过程。由于工程总体的进度计划涉及面广,其变更与调整必须充分听取各个相关部门的意见,严格按照进度计划变更流程进行。图7.3给出了北斗二号卫星工程总体进度计划变更与调整的流程。

工程大总体进度计划的变更主要体现在以下几个方面:

(1)计划内容的变更。进度计划内容的变更是指在进度计划执行过程中,根据实际执行情况,对工程建设的任务进行增加或删减。

(2)计划执行顺序的变更。计划执行顺序的变更是指改变任务执行的先后顺序。

(3)计划执行时间的变更。计划执行时间的变更主要是指任务开始时间和结束时间的变更。执行时间变更的原因可能是多方面的,比如紧前活动的推迟、资源的冲突、任务内容的增加、技术风险、质量可靠性问题等。

北斗二号卫星工程的长期性和复杂性决定了其进度计划在执行过程中的变更和调整是必然的。2004年工程立项后,对卫星研制和发射制定了进度计划安排,在实际执行过程中,遇到了多种不确定因素,导致进度计划发生一定程度的延迟,如2009年4月5日发射的GEO卫星在轨失效。同时,在原有进度计划的基础上,增加了很多工作内容,如增加MEO试验星、增加两颗IGSO备份星、GEO卫星在轨失效后补发等。在总体进度计划执行的前期,由于发生了进度延迟,工程大总体经过分析,认为按原有进度计划执行,可能会消耗工程全部的项目缓冲期。于是,工程大总体采取了一系列进度控制措施,如将质量控制的重心前移,加强地面仿真试验和验证等,确保后续进度计划的顺利进行。在发射卫星数量增加后,工程大总体对进度计划重新进行了调整。实践证明,进度计划执行过程中的控制措施取得了明显的效果,后续卫星的发射基本按照计划的时间节点完成。

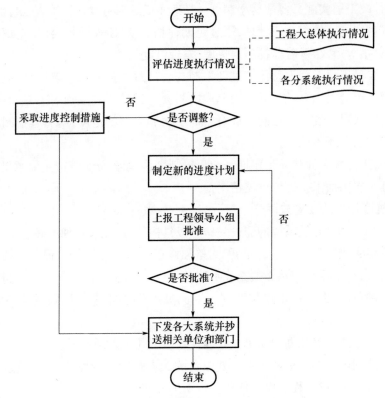

图 7.3　工程大总体进度计划变更与调整流程

7.4.2　卫星系统进度计划控制

在北斗二号卫星工程的研制过程中,卫星系统的承研单位利用自身优势和航天工程中积累的丰富经验,通过对卫星系统进度计划的动态评估,实现了对进度计划的有效控制,确保了卫星系统的研制计划能够顺利完成。在卫星系统的进度计划控制中主要包含了以下几个方面的内容:进度计划跟踪、进度计划评估与反馈、进度计划纠偏、进度计划变更等。

1. 进度计划跟踪

卫星系统进度计划的跟踪方式主要分为现场跟踪和计划文档跟踪。

1）现场跟踪

现场跟踪是指进度计划的负责人(计划经理)在研制或试验现场进行实时跟踪,对能够现场解决的问题进行现场解决,对遗留问题组织专题技术讨论会和专题调度会加以解决。计划经理在卫星研制的关键阶段深入一线现场跟踪,通过对比原定计划,确定是否出现时间延误,对可能影响研制进度的问题,逐项列为专题,由项目办公室牵头组织有关分系统和职能部门研究相应的纠偏措施。

2)计划文档跟踪

计划文档跟踪主要是指跟踪技术系统的总结、小节中有无待办事项和遗留问题,以这些问题的最终落实为完成计划的标志。对各类进度绩效报告和进度进展情况进行检查、评估,发现问题及时组织相关技术人员进行分析,上报两总。进度计划负责人将其作为待办事项,编写近期待办事项汇总。对各类待办事项做到定期清零,不留疑点和隐患。

2. 进度计划评估与反馈

由于卫星系统的研制面临诸多技术、质量等方面的不确定因素,初期制定的计划不可能完全按照预定的方案实施。因此,在进度计划执行阶段,卫星系统将进度计划模式转换为动态评估模式,通过对项目计划进展情况的定期评估,及时调整计划项目内容,通过对计划执行过程的控制、监督与综合协调,有效降低进度偏差量,在最短时间内对研制进度偏差进行纠正,实现了进度的动态精确控制。通过对研制过程实施动态调整,确保研制进度不受影响。

3. 进度计划纠偏

在卫星研制过程中进行实时跟踪,对分析出的问题进行前馈控制,对能够现场解决的问题进行同期控制,定期利用动态评估技术进行进度的动态评估,对影响进度的短线或出现的质量问题进行反馈控制,编制专题计划,成立专题小组协同作业,及时调整研制阶段计划,避免单项任务的推迟影响整体目标的实现。当进度计划的实际执行情况偏离原定计划时,需要采取纠偏措施。所采用的纠偏措施应当满足技术指标要求,满足产品质量、进度损失和成本增加最小的要求。一般来说,纠偏措施主要包括加大人员、设备和资金的投入,延长工作时间等。

4. 进度计划变更

如果采取纠偏措施后,进度仍不能满足原有进度计划的要求,则启动计划调整程序。对计划流程的更改,需要提高审批级别。对影响整个卫星研制进度或影响其他大系统进度的调整,必须就调整原因提出专题申请报告,报主管院领导批准,并报上级单位和北斗二号卫星工程大总体审批通过后才能调整。子系统或下级单位计划流程中不影响主线和其他单位工作的计划调整,本单位可以自行调整,但必须书面上报项目办公室。子系统或下级单位中影响其他子系统但不影响主线的计划调整,可以与相关子系统和单位协商确定,形成纪要后按新确定的计划执行。卫星系统进度计划发生变更的流程如图7.4所示。

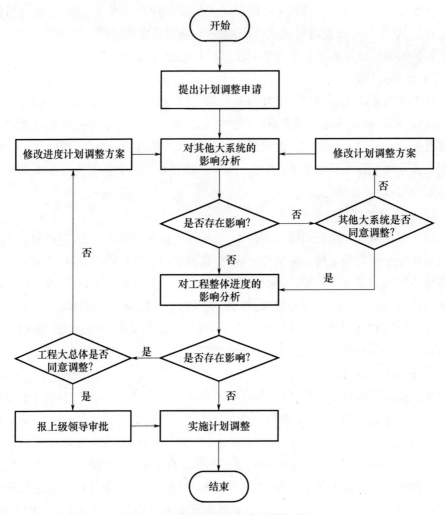

图 7.4 卫星系统进度计划调整流程

5. 进度控制措施

北斗二号卫星工程卫星系统为了满足卫星组批生产和快速组网的要求,根据卫星系统研制特点,在研制进度的控制上采取了一系列有效措施,确保了工程建设的顺利推进。

1) 优化资源配置

北斗二号卫星研制过程涉及各种资源,包括人力、物资、设施设备等,这些资源的数量是有限的,为了优化卫星研制生产进度,必须在资源约束的情况下做好资源的分配、协调,以及任务活动的安排。

由于北斗二号是首个批产项目,任务之初项目办就认识到资源配置是影响任务能否顺利完成的一个重要因素,分别从人力资源配置、物资保障、条件保障建设、地面设备通用等几个方面进行了精心策划和实施。

2)固化和优化流程

(1)建立组批生产的"三个流程"。卫星研制进度管理的重要内容之一是对研制流程的管理。如何统筹安排,合理优化流程是卫星批产管理的关键。批产卫星的流程不同于单星的流程,它不单单考虑卫星的研制项目,而且要考虑卫星批生产过程中,研制各阶段工作项目优化、资源的调配等工作。工作流程、管理流程和技术流程是整个卫星批产项目的核心,流程的合理编排和优化,能充分减少资源的占有,合理分配资源,保证工作进展,提高工作效率。这对于批产卫星研制进度的复杂性和耦合性管理非常重要。

(2)优化卫星出厂流程。根据工程建设要求和系统组批生产、密集发射等特点,在正样阶段将面临单机产品生产量大、过程控制要求高、多星并行 AIT,资源集中占用等现状。项目办对卫星系统产品的研制特点和风险进行分析,并结合成熟型号的研制经验,提出了正样研制进度工作策划,即一次设计、专题审查;分类投产、有序推进;流水作业、组批生产;并行出厂、密集发射。

(3)精心策划卫星在发射场的测试流程。在每一次任务出发前,项目办与设计人员共同分析该型号研制过程中的细节特点,编写发射场工作手册,制定发射场工作重点和难点,"九新"风险分析和复查要求、细化工作计划,完成工作项目分解和责任落实,明确文档管理、安全保卫保密和工作纪律要求等。通过计划管理的精心策划,操作实施层面的严密跟踪、严格执行和不断细化,使发射场工作计划松弛有度。

为保证计划落实到位,试验队严格执行每日计划调度会和例会制度,总结工作完成情况,检查待办事项进展情况,安排后续工作项目,提出工作重点和注意事项,并对有疑问的提前协调解决,确保技术人员、保障条件、文档资料充分到位。会后计划经理助理发布会议确定的全部信息,供全体试验队员了解工作进展和工作要求,以便时时"回想"和"预想",做好技术准备。

发射场工作策划不仅包括技术工作的内容,还对人力资源、物资设备资源等进行统筹。通过多颗卫星发射场任务执行结果的梳理、反馈,再分析、再执行,在按时保质的前提下,发射场人员占用越来越精简。

物资的统筹管理体现在发射场设备占用上,通过对工装及设备的分类,形成清单,最大程度上优化资源。卫星撤场后,还针对不同季节的变化对留场设备的储存环境提出要求,与发射场方面充分协调,确保留场设备的安全和再次使用的工作性能。

（4）固化工作流程。北斗二号卫星工程中卫星批发射的特点使承研单位有条件不断总结经验改进不足，传承经验，固化流程，通过以老带新、技术培训交流、编写总结报告、完善细化文件、图纸及规章制度，将发射场的宝贵经验传承和固化下来，使后续卫星发射场批发射工作有序并顺利开展。

发射场批发射工作在首发星伊始就注重经验积累，持续改进。根据批发射特点，管理上不断总结经验，对技术流程和计划流程同步改进和更新，其主要特点包括固化发射场试验队管理体系及管理流程、发射场技术流程、发射场专项工作流程并形成测试数据包络手册。

7.4.3　运载火箭系统进度计划控制

北斗二号卫星工程的运载火箭系统中，对有关型号研制生产的数量和进度的控制，其主要目的是保证完成研制计划。

1. 影响进度计划的因素分析

在运载火箭的研制中，影响生产进度的因素有很多，包括基本生产能力、生产人员数量、人员技能、原材料供应、生产制造成功率、重难点产品生产、生产流程策划、相关单位协作，生产资源分配等。

上述影响生产进度的因素大体分为以下两类。

1）自身基本生产能力的限制

（1）生产资源产品生产过程中的限制；

（2）产品过程中使用的制造设备分配限制；

（3）使用的产品工具、工装生产时间的影响。

2）产品生产过程中的限制

（1）产品制造过程中成功率的限制；

（2）生产过程中设计部门临时状态更改对生产进度的影响；

（3）产品使用过程中的失效对进度的影响；

（4）生产过程中各单位协作工作的及时性；

（5）生产过程中零组件流转时间。

2. 进度监控机制

为了实施有效的进度控制，运载火箭系统建立一套科学、有效的进度监控机制。进度监控的内容主要包括两个方面：一是跟踪实际进度，二是监控影响进度的因素。为了有效地对这两方面进行控制，运载火箭系统建立了以年度计划、型号月报制度、协调机制、风险预警机制为核心的进度监控体系。

1）年度计划的有效控制

关键工作是年度计划进度控制的重点，关键工作一旦出现拖延，必然导致整个进度的延期。因此,控制了关键工作的进度也就控制了整个型号项目的实施进度。我们将系统级试验、重要单机、结构件的生产和试验等关键工作作为进度监控的重点,加大跟踪检查的力度。提前协调单位间、系统间、工序间的生产关系,确保按时达成该项目必要的输入条件。对分项目工程编制详细的作业级计划,以专题计划的方式下达给相关厂、所,随时检查落实,以此来控制每一层节点的作业时间,保证项目按计划完成。

2)型号月报制度

要求各承制单位每月定期提供一份 CZ-3A 系列型号月度工作报告,在此基础上形成 CZ-3A 系列型号月度计划分析报告,用来对一个月来的实际进度进行检查、对比和分析。月度计划分析报告的内容主要包括四部分,一是本月的实际进度报表,包括本月内完成的工作及完成时间,本月内还未完成工作的完成程度;二是实际进度与计划进度的比较结果,包括进度偏差、导致进度偏差的原因、本月进度偏差对年度计划进度要求及以后的主要时间节点的影响程度;三是进度偏差的解决措施,对影响年度计划进度或主要时间节点的进度偏差必须有相应的对策措施;四是下月计划安排及需要协调的问题,下月计划作为下月实际进度对比的基准。月计划的调整必须满足年度计划和工作目标的总要求,如果产生突破一级计划节点的调整必须报院领导批准。通过月报制度,形成了一个计划、检查、比较、分析、处理的动态控制过程。

3)协调机制

在 CZ-3A 型号研制管理中主要通过三种机制来解决进度协调问题:一是例会制度,型号办每月组织召开一次综合调度例会,主要解决当前存在并将对年度计划产生影响的紧迫问题,会后形成正式会议纪要,以院发文形式发给各承制单位督促检查;二是专题协调会,对分项目、分系统出现的生产协作关系复杂、进度紧、保障条件不到位等急需解决的问题,项目主管可以上报型号办领导和型号两总,通过召开专题协调会的方式来解决,会后形成型号办专题会议纪要,以白头文件形式发给相关系统和单位检查落实;三是型号办每周碰头会,碰头会属于非正式会议,通常不需要形成会议纪要,也没有固定的会议主题,主要起沟通作用。通过这三种协调机制,能够及时地消除影响进度的隐患。

4)风险预警机制

由于型号项目研制的特点,进度计划在实施过程中会出现许多不可预见的因素导致进度拖后,为了提高进度控制的主动性,除了进行进度检查、对比、分析外,还要加强事前控制和过程中以预防为主。在 CZ-3A 型号研制工程中,我们将风险因素分为首次使用技术风险、任务及技术状态协调不确定性风险、关键技术试验研究风险、生产短线风险、产品质量风险、物资备料风险、管理风险、资源冲突风险等八大类,在监控中一旦发现异常情况,型号办及时向相关单位发布警报信息,提醒对方及时采取有效对策。

3. 进度控制措施

1)建立准确的生产指导计划

良好有效、指导性明确的进度计划是进度管理中的第一步,也是最为重要的一步。运载火箭系统在生产计划制定时,首先准确分析本系统可用的生产资源,明确可分配的制造设备,产品生产所用的工具、工装生产时间及产品的生产所需周期,对生产情况长期进行动态跟踪,准确掌握实际生产情况。在此基础上,对生产周期进行规划,即从整发齐套任务准备到总装生产节点进行规划,对整发火箭生产周期进行一个可行有效的划分。将整个生产周期有针对性地划分为若干个小周期,以各主要时间节点为划分依据,如各大部段产品所用零部件交付节点、各大部段产品交付节点、交付总装用零部组件交付节点。同时对其中加工周期长的如三级部段、液氢输送管、助推捆绑接头等产品进行有针对性的专门的周期划分。通过对小周期的有效管理实现真正对整个生产进度的控制。

2)建立良好的信息收集和沟通协调机制

运载火箭系统在研制生产过程中,注重生产进度进展情况的信息收集、及时掌握进度的执行情况。型号队伍人员通过巡视生产现场的各个角落,发现问题,解决问题,促使产品能够按照生产进度路线不停进行生产,避免产品的等待等消耗工作。每周定期召开生产调度会,协调厂内、厂外问题,确保进度管理部门和产品生产部门各种信息的传递,明确每个部门的生产进度节点,通过良好的沟通协调工作了解生产进度执行时产品生产部门所遇到的各种困难,不断依据生产实际情况调整进度计划,不断提高生产进度计划的合理性和可行性。

3)提前识别生产难点,有针对性进行进度安排

运载火箭箭体结构、增压输送系统、低温发动机生产及全箭总装总测工作,任务量大,生产环节多,产品涉及制造工艺复杂,个别产品和制造环节存在薄弱环节和瓶颈问题,这些环节可能会出现工期延迟,进而影响整个研制进度。针对这一问题,安排专门的部门和人员对生产难点进行提前识别,有针对性地安排生产进度和资源配置。

4)优化研制和测试流程

运载火箭系统在型号两总的带领和推动下,开展了 CZ-3A 系列火箭发动机配套文件流程和发射场测试流程优化,取得了明显的效果。

(1)发动机配套文件流程优化。原运载系列发动机装配文件的流程如图 7.5 所示。具体流程是:发动机配套以院调度会的要求为依据和起点启动,型号主任设计师召集相关设计师系统人员召开发动机配套会,配套会后,由发动机系统组下发

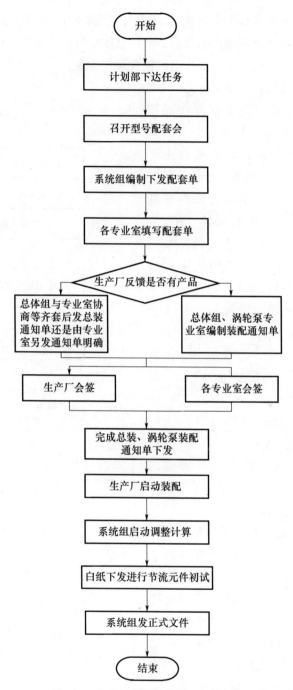

图 7.5   发动机原装配配套文件的流程

发动机配套单到各专业室,专业室与生产厂进行沟通了解各组合件生产配套情况,配套后将组合件产品序号返回到涡轮泵专业室和发动机总体组后下发发动机总装和涡轮泵配套通知单。如果未配套,总体组与各专业室沟通协调后,由未配套组合件专业室单独发通知单明确产品状态、序号,总体组发发动机总装配套通知单时明确未配套组合件另发通知单。系统组根据发动机总装配套通知单进行调整计算,然后下发节流元件配套通知单。

鉴于装配配套文件流程存在的瓶颈问题,根据上述策划中各自分工的原则,即设计仅负责技术状态,而由生产厂负责实际配套产品状态,我们进行了如下流程改进:第一,在原有流程的基础上,取消了组合件配套文件。第二,如没有技术状态变化,在发动机总装配套文件上对各组合件状态均注明为合格新品任选或合格证指定;如存在技术状态变化,在发动机总装配套文件上予以注明。总装配套文件的技术状态由各专业室和生产厂会签认可,总体室不再与各专业室和生产厂反复协调实际产品状态。

生产厂根据此配套文件启动生产,同时及时提供给设计实际产品状态并保证提供的正确性,系统组根据生产厂反馈的实际产品状态进行调整计算并下发正式文件。具体流程见图7.6。

改进后的装配文件流程,由于明确了设计与生产各自的分工,首先节省了总体室与专业室以及专业室与生产厂之间反复协调的时间,给生产厂启动生产带来了时间上的便利;其次,系统组的调整计算不再需要等配套通知单明确产品状态,而是由生产厂提供实际产品序号来进行调整计算,减少了中间环节,缩短了等待时间。改进前后优缺点对比如表7.5所列。

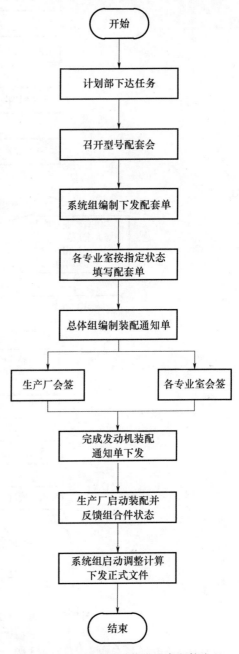

图7.6　发动机改进后装配配套文件流程

表7.5　装配文件流程、内容改进前后优、缺点

项目	改进前		改进后	
	管理上的优缺点	所需时间	管理上的优缺点	所需时间
装配文件流程	适用于交付发动机不多的时候。一旦进入高密度发射期,就会暴露出厂、所间及所里各室间的协调管理问题	根据产品齐套情况和厂、所协调情况才能最终确定通知单何时下发	适用于高密度发射,可连续多发同时配套。但需要生产厂主动担负起产品的前期状态审查工作	3～4天
装配文件内容	如果总体不更改发动机用途,此内容有助于后续的管理;但总体一旦更改,就会造成混乱	如果根据总体要求彻底更改,时间大约会在1～2月/发	适用于高密度发射期,火箭总体随时可能更改发动机用途,而此时发动机文件不需要进行更改。但是需要火箭总体及时明确交付发动机的去向,以便于发动机的后续质量复查	1天

通过装配文件流程和内容的改进,细化了职能部门、设计部门和生产部门的分工,明确了各自的管理职责,提高了运作效率。同时,模块化的应用节省了不必要的更改周期,大大降低了管理成本。

（2）发射场测试流程优化。2001年以前,从历史数据统计来看,CZ－3A系列火箭发射测试周期平均为50多天。自2003年4月开始,CZ－3A系列火箭增加了出厂测试,经过在总装厂的分系统测试、匹配检查和总检查测试,使产品质量问题在出厂前得到了较为充分的暴露和解决,火箭在发射场发生的质量问题逐次减少。以此为基础,火箭技术中心技术流程中,取消了分系统单元测试、系统匹配测试和总检查测试,将CZ－3A系列火箭发射场测试周期减少至平均30多天。

根据连续高密度发射形势,结合运载火箭自身技术发展进步的需求,2008年,CZ－3A系列火箭对现有的发射场测试流程再次进行优化,除平台、惯组、速率陀螺保留简化的单元测试外取消所有技术中心测试,取消发射中心的部分匹配测试,将常规推进剂加注前准备与星箭联合操作并行,将火箭的测试周期缩减至20多天。

5）优化资源配置,并行交叉作业

由于运载火箭在发射场测试过程中受到资源,如人力资源和测试工位的限制,为了缩短发射准备周期,对发射场资源进行优化配置,采取并行交叉作业的方式开展运载火箭的测试工作。前后交叉在发射场工作的队员树立全型号一盘棋的大局意识,两发任务同时有序开展工作,加快了工作节奏。

通过双工位测试发射,交叉并行作业,利用网络资源,规范发射场管理程序,型号队伍首次组织实施了一支队伍在同一个发射场交叉执行两发大型发射任务、单发21天的最短测试发射和两发任务最短间隔15天的发射纪录,使发射准备周期

缩短 50%,发射队人数比以往减少 1/3。一是缓解了设计生产线上人力资源紧张的矛盾;二是减少了发射队的发射场经费开支;三是提高了整个型号队伍的工作效率。

4. 进度控制工具和手段

在进度管理方法和手段上,运载火箭系统大力推进信息化建设,2006 年开始引入 AVIDM 计划管理信息化系统对型号项目进度计划实施网上协同编制、动态管理,摆脱了使用了几十年的纸质计划,真正实现了进度计划无纸化管理,为推进进度计划的精细化管理奠定了良好的基础。

自 2006 年启用 AVIDM 计划管理信息系统以来,几年的实践证明,该系统是一个非常好的细化责任和量化考核的手段,它提高了工作效率,规范了计划编制,减少了人为误差,实现了资源共享,为确保型号研制工作圆满完成,打下了良好的管理基础。主要表现在以下几个方面。

(1) 实现了型号计划编制模板化,借助计划编制模版,大大提高了计划编制的标准化、规范化。

(2) 实现了型号计划管理跨域化。多层多级编制技术实现了计划管理的异地办公和跨域协同。CZ−3A 系列型号研制计划(一、二、三级)和各种临时计划均在 AVIDM 平台上编制、调整,对承制单位而言实现了一个任务源,真正实现了"一本计划"。

(3) 实现了型号计划责任唯一化。通过计划 WBS 的分层化过程,将每一项工作分解到唯一单位、唯一责任人,计划任务推至每一承担者的个人桌面,任务完成的压力有效地传递到了各个组织层面和个人。一旦出现进度推迟,可以迅速准确地判断环节所在、步骤所在、短线所在。

(4) 实现了型号计划监控过程化。AVIDM 通过对计划交付物的管理,实现了对最小计划节点的提醒、预警、调整、统计、分析功能,实现了过程透明,实现了技术过程和管理过程的统一。

(5) 实现了型号计划考核科学化。由于只有"一本计划",而且责任主体唯一,加之 AVIDM 系统强大的统计功能、过程的透明、信息的自动记录,对型号计划考核的争议大大减少,权威性大大提高。

(6) 推动型号研制工作制度化,减少了工作中的责任推诿现象。把过去由多个单位共同完成的同一项任务以 AVIDM 的计划形式下发到有关单位,使每个责任人清楚地知道自己必须在某个时间段完成任务而不影响整体任务的进度。

(7) 推动了型号项目管理扁平化。AVIDM 计划信息管理系统推广以后,CZ−3A 系列型号实现了两总及以下管理层依次直接了解到每个人任务情况、每个项目的进展情况,大大减少了信息传递层次,提高了快速反应时间。

5. 进度计划的调整

北斗二号卫星工程运载火箭系统的研制工作,是一种创造性的复杂劳动,面临着诸多不确定因素,进度计划的调整是在所难免的。运载火箭系统的研制过程中,计划执行单位如遇下列特殊情况,可申请计划调整。

（1）发生不可抗拒因素;

（2）国家和上级重大政策变化调整;

（3）关键原材料、元器件、外协件以及协作条件出现问题,经多方努力,仍无法按原定要求解决;

（4）设计方案发生重大更改或关键技术虽经努力但未能突破;

（5）受到其他大系统的影响而必须调整原有计划。

对不影响北斗二号卫星工程总体建设进度或其他大系统的计划调整,可以在运载火箭系统研制单位内部进行审批和调整;否则,需要报工程大总体进行协商讨论,并报上级主管部门批准。

运载火箭系统研制中承研单位内部实施计划调整有如下具体规定。

（1）计划是按月进度要求完成者,计划执行单位应于当月 20 日前提出计划调整报告,报院审批。

（2）计划是按季进度要求完成者,计划执行单位应于当季第三个月 20 日前提出计划调整报告,报院审批。

（3）计划是按年进度要求完成者,计划执行单位应于当年 9 月 20 日前提出计划调整报告,报院审批。

（4）各单位申请计划调整,必须严肃认真,按时提出书面调整报告,超过规定时间者,一律不予处理。

（5）各单位申请计划调整的报告,报送院综合计划部,并抄送有关业务部门,由综合计划部统一组织实施计划调整。调整计划一律以原计划下达机关批准的调整文件为准。

（6）调整计划时,必须注意保持计划的配套、协调与平衡。在申请调整计划时,应将受到影响的计划任务做相应的调整。

（7）部、院需撤销或变更原定计划时,由部、院分别通知有关单位撤销或变更。

（8）院或院主管部门领导,在调度会、现场会和其他会议上,凡涉及原定计划的调整时,一律由计划执行单位按前述计划调整的原则和规定,办理计划调整手续。否则,仍按原定计划考核其计划执行情况。

7.5　进度管理经验总结

北斗二号卫星工程进度管理中具有以下一些经验。

1. 综合运用进度管理方法,确保进度计划的科学性和有效性

北斗二号卫星工程的进度管理综合运用了网络计划技术、关键链方法、并行工程等技术和方法,实现了进度计划的科学制定和有效控制。

在进度计划制定中,应用网络计划技术,将整个工程建设以卫星组网为主线分解为若干个活动,确定各项活动所需的时间和各类资源,明确活动之间的先后逻辑关系,考虑工程建设的可用资源,编制科学合理的进度计划。

考虑工程建设的不确定因素,在北斗二号卫星工程总体进度的制定过程中运用了关键链的思想。首先,在任务工期的估计上,去除了大部分安全时间,使得进度计划中任务工期缩短。其次,在进度计划的制定中采取项目缓冲的方法,确保工程建设具有较长的缓冲期。工程建设的实践证明,采用缩短任务计划工期和项目缓冲的关键链方法,为工程建设在任务重、进度紧的情况下基本按计划顺利完成提供了有力的保障。

北斗二号卫星工程进度管理中广泛地采用了并行工程的思想,集成地、并行地开展工程建设的各项活动。高密度发射使得卫星和火箭研制、发射任务骤然增加,异常繁重。因此,在总体进度计划和各大系统进度计划制定时,协调各类资源,使发射与研制交叉、生产与试验并行。在准确分析技术流程的基础上,采用快速跟进的进度管理方式,在一个任务完成的后期,后续工作先行启动。在上游任务技术状态比较明确时,后续任务的启动时间可适当提前。北斗二号卫星工程建设的实践表明,并行工程的成功运用,缩短了工程建设的周期,确保工程能够按期完成。

2. 优化流程,适应卫星高密度发射要求

北斗二号卫星工程的高密度发射要求,对卫星研制和 CZ – 3A 系列运载火箭研制的进度管理提出了新的要求,也带来了一系列管理问题。工程建设的实践表明,面对连续、密集、繁重的发射任务,在满足质量管理要求下,借鉴成熟经验,简化和优化相关流程,不仅可以简化测试项目,缩短发射周期,还能减少测试设备更新的经费投入,同时可以缩减相关流程所需人员的规模,让研制队伍将更多的精力投入到后续的型号研制工作中。因此,北斗二号卫星工程在建设过程中积极探索,通过技术流程的简化,促成计划流程的优化,以适应高密度发射的形势要求。在卫星系统方面,对卫星出厂流程和卫星在发射场的测试流程进行了简化和优化,并对卫星在发射场的流程进行了固化。运载火箭的研制中,对发动机配套文件流程和发射场测试流程进行优化。通过流程的优化和固化,大大缩短了研制和发射周期,为工程建设的顺利推进奠定了良好的基础。

3. 优化资源分配,确保研制生产和发射进度

北斗二号卫星工程涉及大量不同类型的资源,如资金、原材料等不可更新资源和设备、人力等可更新的资源。由于资源数量的限制,在进度计划的安排中可能出现资源冲突的情况。在进度计划的制定过程中,充分考虑了资源约束的情况,运用项目调度技术,确定可行的进度计划安排,不仅消除可能存在的资源冲突,而且尽量缩短工程建设的周期。例如,在卫星的研制生产中,卫星系统通过资源优化配置和协调,很好地解决了卫星总装平台和测试工位等受限资源的约束,实现了卫星的并行生产和测试,满足了批量生产的要求。运载火箭系统在发射场测试中优化配置人力资源,合理使用测试工位,达到了缩短准备周期、节约人力资源的目的。

4. 注重接口管理,确保任务转换

北斗二号卫星工程有众多不同类型的任务组织,工程现场(如发射场)工序多、关系复杂、资源类型多、数量大。为了防止因任务转换不顺利导致进度延迟,北斗二号卫星工程在进度控制中注重接口管理,各大系统的计划部门负责项目接口管理,与用户、上级机关、工程大总体密切沟通,随时掌握工程项目的进展情况,对涉及型号年度工作目标和重大研制项目及其计划节点变更的信息及时反馈型号两总和型号办,并对型号工程一级计划做出及时、合理的调整。在大总体试验项目和发射计划中,工程大总体提前组织协调,落实各项试验条件和资源,加强预案,提前考虑不同系统、不同任务之间的衔接和转换,重点关注关键线路上的各类瓶颈资源,确保各项试验任务和进度计划顺利执行。

5. 提高信息化水平,大力推进精细化进度管理

为了实现进度管理的精细化,北斗二号卫星工程大总体和各大系统积极采用信息化手段,提高信息化管理水平。工程大总体在开发和应用了一套完善的项目管理信息系统,实现对工程大总体项目的精细化管理,支持对项目进度的动态监控。运载火箭系统为加强型号信息管理,提高型号信息传递与反馈的时效性、准确性、完整性,促进科研生产任务的顺利完成,采用了型号生产自动化信息管理系统,制定了《型号科研生产信息管理办法》等一系列配套的规章制度,各有关单位、部门、型号办公室,结合科研生产实际,及时掌握、传递、处理型号动态信息,实行闭环管理,为分析决策、解决问题提供依据,充分利用信息化手段,根据信息化建设整体要求,逐步实现信息化管理。

第8章 北斗二号卫星工程费用管理

项目的费用是指在项目形成过程中所耗用的各种资金的总和。费用管理的主要目的是在预算费用条件下,保证项目保质按期完成。北斗二号卫星工程项目费用管理主要包括费用管理体系设计和费用管理实施方案。费用管理体系设计具体包括组织体系、文件体系、综合功能和控制流程与方法等。费用管理实施方案包括项目方案阶段、工程研制阶段的费用管理、费用风险管理以及决算与审计。北斗二号卫星工程通过对费用管理体系的设计和方案实施对项目费用进行适时而有效地控制,以保证在规定的费用约束条件下实现其目标。

8.1 费用管理概述

8.1.1 项目费用管理的基本概念

项目费用一般包括项目的设计费用、材料费用、外协费用、专用费用、试验费用、固定资产使用费用、工资费用、管理费用等。项目费用管理是指在项目的具体实施过程中,为了保证项目完成所花费的实际费用不超过其预算费用而展开的项目的费用估算、费用预算编制和费用控制等方面的管理活动。项目费用管理主要包括项目资源计划、费用估算、费用预算和费用控制等四个阶段的工作。其中项目资源计划、费用估算和费用预算是项目实施前所要做的工作,是项目实施过程中的主要依据;费用控制则是在项目实施过程中,依据计划,应用挣得值等方法,对项目费用超支及结余进行适时而有效地控制,以保证项目在规定的费用约束条件下实现其目标。

8.1.2 项目费用管理的方法

1. 费用计划管理

费用计划管理是指根据任务目标的需要,通过编制计划对产、供、人、财、物等各种要素进行综合平衡,充分挖掘和利用工程现有资源和潜力,使工程研制协调发展。

2. 全寿命费用管理

美国在 20 世纪 60 年代提出全寿命费用(Life Cycle Cost,LCC)的思想,全寿命费用是系统全寿命管理的核心,贯穿于系统采办的全过程。全寿命费用是大型系统在预定有效期内发生的直接、间接、一次性的、重复性的及其他有关的费用,它是预研、设计、研制、生产、使用、维修、保障等过程中发生的费用和预算中所列入的必然发生的费用的总和。

全寿命费用的概念不仅要考虑节省研究、设计与制造、建设费用,而且要考虑系统建成之后的使用与保障费用。全寿命费用已成为衡量大型复杂系统投资水平和经济性的主要参数,也成为大型复杂系统研究、设计、试验、研制及建设、使用与维护等过程中各种决策的主要依据之一。

北斗二号卫星工程考虑了所有阶段支出费用总和,即全寿命费用,该费用既包括了可以直接追溯到卫星工程型号的直接成本,也包括了无法追溯但以某种固定方法分摊进来的费用。费用支出高峰集中在初样、正样两个阶段,如图 8.1 所示。在卫星工程型号寿命期中,要经历设计、物资采购、研制生产、试验、发射、运行服务等一系列复杂的作业活动,构成了卫星工程型号的作业链。

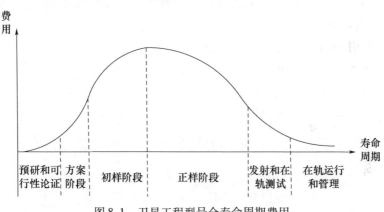

图 8.1　卫星工程型号全寿命周期费用

3. 费用分解结构

费用分解结构是根据项目范围管理计划及进度管理计划,以范围管理计划中的工作分解结构为基础,按相应价格基准编制的,为实现项目目标将完成各项工作需要的费用分解之后得到的一种层次结构。项目费用分解结构是项目费用估算、预算和费用执行与控制的基础和依据。

4. 挣得值法

挣得值法是项目费用与进度综合度量和监控的有效方法。它采用货币形式替代工作量来测量项目的进度,不以投入资金的多少来反映项目的进度,而是以资金已经转化为项目成果的量来进行衡量。挣得值法是一种有效监控指标和费用的控制方法,是一种能全面衡量项目进度、费用状况的系统方法。这种方法科学地引入了一个能够反映项目进展情况的经费尺度——已完成工作的预算费用,被称为挣得值来监控项目的经费情况。因此,挣得值法可以简单地概括为:在项目运行过程中,以完成工作量的预算值为基础,用计划工作量的预算值、已完成工作量的预算值和已完成工作量的实际值三个基本值度量项目运行阶段的进度、成本和质量,全面衡量和反映项目的实际进展状况。

8.1.3　北斗二号卫星工程费用的特点

费用不是一个单一的概念,而是一个广义的、多角度的概念体系。北斗二号卫星工程费用特指项目全寿命周期费用。研究其费用,既要遵循费用管理的一般原则,又要研究和具体处理这一领域的特殊性,卫星工程费用大致有以下几个特点。

(1) 卫星工程在现代化发展中占有非常重要的地位,对国民经济的发展有巨大的战略作用,这一切使得卫星工程的发展和决策常常会涉及国家的最高层次,需要国家制定战略规划并组织实施。卫星工程的费用同样也受制于国家的费用战略计划。

(2) 设计、协调、测试、试验验证的研制性工作占主要比重,脑力劳动价值为主,费用具有可伸缩性。

(3) 费用预测困难。

(4) 研制周期长,造成费用的弥散和延续。

(5) 集中多种高科技,费用结构复杂,风险大。

(6) 费用形态不易界定,固定成本和可变成本界限模糊。

8.1.4　北斗二号卫星工程费用管理面临的问题

北斗二号卫星工程研制的政治、经济和社会意义是巨大的、深远的,研制任务是神圣的、艰巨的。在研制过程中费用管理也面临一些问题。

(1) 费用管理粗放一直是困扰工程研制费用管理的重要问题,例如非系统化的管理、不健全的责任管理体系及激励机制、人工化的支持手段、不准确的费用估计、费用预算和制定费用控制方法上没有标准和整套规则等。

(2) 北斗二号卫星工程研制具有起点高、试验次数少、费用少的特点,因此大大增加了费用风险的危险程度,给工程费用管理增加了难度。

(3) 北斗二号卫星工程时间跨度大,并且在技术攻关的同时还要进行基本建设和技术改造,费用管理难度大。

(4) 北斗二号卫星工程面临着队伍新、任务重、时间紧等困难,如果按传统的管理模式进行管理,存在巨大的风险,可能贻误时机,不能完成历史使命。

8.2　费用管理体系设计

北斗二号卫星工程费用管理体系的重点是资源配置的优化,是基于费用在运作过程中展开的管理,是一种动态化和精细化的费用管理系统。建立的费用管理体系是北斗二号卫星工程费用进行管理的依据和框架,通过一系列科学、完整的管理方法和技术反映项目各要素的现状及发展趋势,对管理结果的有效性影响极大。

8.2.1 北斗二号卫星工程费用管理的特点及基本思路

1. 北斗二号卫星工程费用管理的特点

北斗二号卫星工程费用基本都属于财政性资金,具有强制性、专用性和补偿性。现行的科研费用管理办法比较完善,基本涵盖了费用管理体系中预算立项、使用及拨款、费用管理、监督检查、项目审核等几个主要阶段。北斗二号卫星工程因其具有探索性、创造性等特点,使得相应的费用管理比其他工程费用管理更复杂,主要具有以下特点。

(1)集中计划性。北斗二号卫星工程费用是国家投入的专项费用,它在管理上高度集中,严格按照国防科研系统统筹安排。

(2)特殊性。北斗二号卫星工程费用的集中计划性决定了其费用管理的特殊性,它必须严格遵守国家的财经方针、政策、法律法规和各项科研费用管理制度。此外,工程费用分类多种多样,对各种类别费用的管理和要求各不相同,给北斗二号卫星工程费用的管理带来了较大的难度。

(3)专款专用。北斗二号卫星工程费用是国家直接用于我国卫星导航系统发展的专项资金,有其特定的用途和范围,开支范围必须严格按照国家规定执行。

(4)阶段性。北斗二号卫星工程费用的管理体系是分阶段进行的,每一步骤都有相应的管理办法和流程,以便更好地完成整个工作。

2. 北斗二号卫星工程费用管理基本思路

针对北斗二号卫星工程研制费用管理的特点和具体问题,在北斗二号卫星工程研制的方案阶段、初样阶段、正样阶段采取了不同的管理措施和方法。

(1)确立了费用管理的新观念和基本原则,从顶层做好远景战略规划,把费用管理转向费用与效益最优组合的精细化费用管理。

(2)在北斗二号卫星工程研制实践和探索过程中,逐步改变传统的费用管理模式,由被动式费用核算管理转变为主动的效益型费用管理,把费用管理贯穿于工程研制的全过程。

(3)将费用论证与技术论证紧密结合,统一考虑,使技术实现途径和费用投入最合理、最优化。

(4)把缩短费用管理链条作为流程策划的主导思想。

(5)实施集成化管理,打破现行职能部门封闭式的管理方法,将计划、进度、质量、费用、人员、物资、沟通、风险等管理要素统一策划,整体协调,综合管理。

（6）利用信息技术构建费用管理信息系统平台，加快费用管理信息的传递速度和加强信息的准确性。

（7）应用现代项目管理和控制理论，采用科学的、有效的费用管理控制技术、方法和工具，对北斗二号卫星工程研制费用进行控制。

（8）深入基层了解和掌握技术状态、计划进度、质量问题和物资保障等费用使用情况和需求，确保费用信息的正确性，及时解决研制费用的实际需要，营造一个良好的科研费用管理为型号研制服务的环境氛围。

（9）实施宏观调控、微观受控、突出重点、专项专款方法等。在实践中，建立了北斗二号卫星工程研制费用管理创新机制和长效机制。

8.2.2　北斗二号卫星工程费用管理体系构建

北斗二号卫星工程费用管理体系的构建综合考虑了管理过程中各个层次的管理需求、各个要素间的协调与配合，为有效的费用管理创造了一种良好的组织、制度、技术和能力的集成环境。既要基于北斗二号卫星工程费用的特点，又要结合组织管理实际，还要考虑到相关规章制度。因此，北斗二号卫星工程费用管理体系由组织体系、文件体系、技术体系构成。

1. 北斗二号卫星工程费用管理组织体系

组织体系指建立专门的费用管理队伍，形成组织机构，相关型号承研、承制单位的财务系统设置型号研制费用管理专职人员。

北斗二号卫星工程研制费用管理组织体系从大方面划分为内部体系与外部体系。内部体系指的是内部的单位或者是与军工相关的工业部门；外部单位指的是参与型号研制或提供零部件或器件的具有质量体系认证的民营或其他工业部门。内部费用管理组织分部件级、分系统级和系统级三级费用管理组织，外部费用管理组织分外部协作单位费用管理组织和上级主管机关费用管理组织两级管理组织。

2. 北斗二号卫星工程费用管理的主要文件依据

北斗二号卫星工程实行了全面预算管理，所有收支活动均纳入综合计划和预算管理。对工程费用按照项目进度实行预算控制，各项费用支出严格按照《北斗二号卫星工程费用支出审批管理办法》要求履行审批手续，项目拨款按照年度预算和月度拨款计划进行款项拨付，项目引进、外协及其他各项付款按照审批流程，经相关业务审批人和财务审批人审批后方能执行。

所属事业单位按《军工科研事业单位财务制度》《军工科研事业单位会计制度》及相关要求进行成本归集和核算。工资及福利费和管理费等间接费用按规定比例分摊计入科研成本的工资和管理费用中。燃料动力费、固定资产使用费按规定比例分摊计入材料费和设备费。

所属企业单位执行财政部《企业会计准则》和相关的企业会计制度,期间费用直接计入损益,在上报本项目财务数据时,按照规定比例分摊计入项目成本。

北斗二号卫星工程研制费用管理的主要文件依据见表8.1。

表8.1 北斗二号卫星工程研制费用管理的主要文件依据

文件类别	文件名
各级行政文件	《中华人民共和国会计法》
	《中华人民共和国预算法》
	《中华人民共和国预算法实施条例》
	《中华人民共和国审计法》
	《工业企业财务制度》
	《企业会计制度》
	《企业会计准则》
	《军工科研事业单位财务制度》
	《军工科研事业单位会计制度》
	《国防科研项目计价管理办法》
	《军品价格管理办法》
	《国防科研试制费管理规定》
	《国防科学技术奖励办法》
专项文件	《北斗二号卫星工程费用支出审批管理办法》
	《北斗二号卫星工程项目管理规定》
	各种技术文件
	各种北斗二号卫星工程专项行政文件

3. 北斗二号卫星工程研制费用管理的技术体系

技术体系是北斗二号卫星工程费用管理体系的核心,也是进行费用管理的执行标准与基本依据。

1）系统费用综合管理功能

明确了北斗二号卫星工程费用综合管理功能,综合运用项目管理应用研究的成果,对费用、进度、技术和质量进行综合策划和控制,强调资源的综合配置。从纵向上实行了费用系统策划、规划、预算、控制、核算和考核六个环节的集成管理,如图8.2所示。从横向上全面应用成本管理,做到成本管理的五个结合:同招标投标相结合,以最低的消耗、最低的成本水平提出招标价格;同生产经营和科学技术相结合,全面挖掘降低成本的潜力;同抓好工程质量、保证项目功能相结合,在保证工程质量和功能的前提下,实现项目成本目标,做到既提高质量,又降低成本;同保证工程项目的工期相结合,做到既提高效率、缩短工期,又减少费用开支;同全员管理成本相结合,把项目成本目标落实到项目班子的每个成员中,用系统论的思想正确处理项目成本目标,保证体系同各方面的关系。

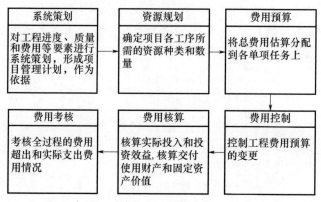

图8.2 北斗二号卫星工程费用综合管理功能图

2）费用管理基本过程

确定了北斗二号卫星工程费用管理的基本过程,如图8.3所示。确定资源规

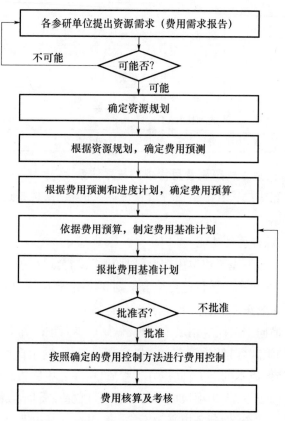

图8.3 北斗二号卫星工程费用管理流程图

划后,制定北斗二号卫星工程研制费用分解结构,确定费用预算;依据费用预算,制定费用基准计划;按照确定的费用控制方法进行费用控制。卫星费用分解结构是依据工作分解结构进行分解的,对每一个工作包成本一次扩展为满足信息需求和管理需求,并能准确定义和一目了然的级次,作为进度工期估算、成本分解、质量、风险等管理的依据。

　　3）系统费用管理体系构架

　　北斗二号卫星工程费用管理体系的中心内容"费用管理体系架构"如图 8.4 所示。北斗二号卫星工程费用管理的体系构建从项目管理的角度,围绕四个板块构建,第一板块是费用的预算管理,主要包括资源计划编制、费用估算和费用预算

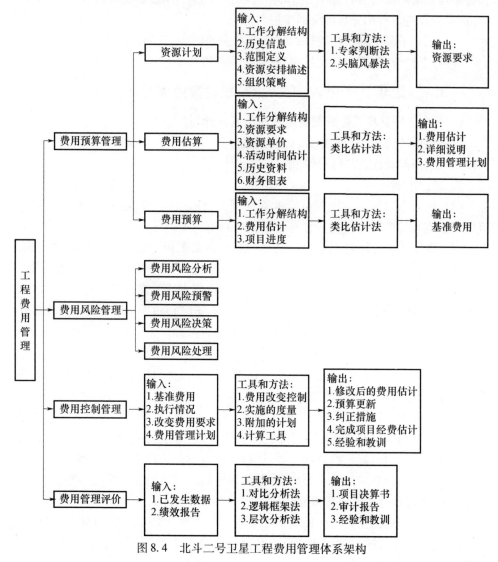

图 8.4　北斗二号卫星工程费用管理体系架构

三个部分;第二板块是费用的风险管理,主要包括费用风险分析、费用风险预警、费用风险决策和费用风险处理四个部分;第三板块是费用控制管理,这部分旨在将主要的技术和方法引入北斗二号卫星工程费用管理过程当中;第四板块是各个阶段结束后的费用管理评价。

8.3　费用管理实施方案

根据北斗二号卫星工程研制进度的推进,费用管理实施方案也随之不断变化。方案阶段主要进行费用管理计划,确定费用管理的目标和原则,确定工程关键技术和基础建设费用项目及控制方法;初样阶段主要进行信息规范采集、进展动态评估;正样阶段进行费用管理的全面推进与深化。

北斗二号卫星工程费用管理的实施方案主要内容包括技术经济一体化论证、费用分解、合同管理、费用使用控制、费用拨款管理和费用审计等工作。

8.3.1　北斗二号卫星工程方案阶段的费用管理

1. 北斗二号卫星工程研制费用管理的系统计划

工程初始阶段就明确费用管理理念,做好顶层设计,充分调动研制人员工作的积极性和主观能动性,以达到预期的目标。

1)目标策划

(1)确定总目标。采用项目成本管理理论,建立成本基准,严格控制费用支出,实现"在预算的费用内完成任务"的总体目标。

(2)确定三个阶段目标。为确保北斗二号卫星工程研制任务按时按质完成,将任务量进行分析和分解,在北斗二号卫星工程研制的三个阶段,费用管理的目标各有侧重。①方案设计阶段:以保障完成制约工程研制的关键技术攻关和基础建设为目标。②初样设计阶段:以保障完成初样产品的研制和初样试验为目标。③正样阶段:以保障正样产品的配套齐全和试验的成功为目标。

2)费用管理的基本原则策划

根据北斗二号卫星工程总体对费用管理的要求,明确投资估算遵循"尽量接近实际,避免过去一些工程前期工作投资估算偏低、实际的费用大幅度上升,对国家计划造成很大冲击"的教训和"紧密合作,大力协同;从全局出发,局部服从全局;厉行节约,精打细算"的原则。北斗二号卫星工程论证小组围绕三个目标开展经济论证工作。对目标进行详细分解,进行技术方案一体化论证,力争做到技术可行、费用可行,推行各阶段重点突出、尽量涵盖全局的灵活而且健全的策略。

3)费用管理链条的流程策划

缩短费用管理链条是流程策划的主导思想。根据工作量,费用直接拨付给研制单位,对影响主线研制的短线项目专款使用。确保费用管理链条不超过两个环节,使费用使用落到实处。

4)与其他管理要素统一计划

北斗二号卫星工程研制任务确定后,指挥系统对工程总体要求、现实的技术状态和管理水平以及技术、费用和计划的风险进行系统分析,对北斗二号卫星工程研制管理的进度、质量、费用、物资等要素进行统一策划,形成全面的项目管理计划,作为指导北斗二号卫星工程研制的各系统级费用管理过程控制和编制费用管理计划的依据。在研制过程中如果进度、技术或费用发生重大变化,由中国卫星导航系统管理办公室组织重新进行系统策划,重点分析各种变化对总目标完成的影响,清理出实现目标的关键路径和可能出现问题的环节,提出有效措施对项目管理计划和费用管理计划进行修改完善。

2. 北斗二号卫星工程费用管理的具体原则

1)立足现实,兼顾长远,全面提升整体研制能力和综合管理水平

(1)加强基础建设的技术改造,提升研制生产和综合测试能力。

(2)从全局出发,考虑技术水平的可发展和可延伸性,充分利用现代科技发展技术,统筹安排费用,突出重点项目;充分考虑全行业乃至全国的设施、设备情况,避免重复建设、重复设置,使整体技术保持国内先进水平。

(3)充分考虑北斗二号卫星工程的特点,在建设中要考虑后续工程的使用,合理利用有效资源。

(4)注意兼顾后续任务。在确定技术方案和技术基础建设、技术改造与更新项目时,要为今后发展留有余地。在研制阶段考虑采取各种措施降低北斗二号卫星工程的运行费用。

2)加强人才培养,提高技能

(1)培养各个层次的费用管理人才。如中国卫星导航系统管理办公室费用管理人员负责项目费用的宏观调控;各研制单位费用管理人员负责对项目费用的具体执行、落实、使用、监督和考核。使各级费用管理人员在工程研制的全过程中明确任务,落实责任,形成一个完整的费用管理体系。

(2)加强专业技术培训,提高专业技术技能和业务素质。

(3)加强职业道德教育,培养费用管理人员自觉遵守职业道德规范。

3. 北斗二号卫星工程费用管理队伍的建立

建立健全费用管理队伍,在承担工程研制任务的各单位的财务系统设置北斗二号卫星导航费用管理专职人员,在相应部门设总经济师和经济师,并逐步完善北斗二号卫星导航费用管理组织体系和责任制。

4. 北斗二号卫星工程资源规划

北斗二号卫星工程资源规划坚持紧密结合实际需要和现实可能的原则,同时

还站在持续发展的高度进行战略思考。依据工作分解结构、历史资料、项目范围说明书和组织方针,通过专家的判断、资料统计和数学模型进行选择确认,制定出资源的需求计划,编制出资源计划说明书。

在北斗二号卫星工程项目资源规划过程中坚持以下三点。

(1)坚持资源需要和现实可能相结合,以充分利用现有资源为主,充分利用现有的仪器设备和基础设施,努力避免重复投资和重复建设的现象,把有限的资金用在刀刃上。初样试验用品多次重复利用,减少投产数量,节约费用。在整个研制中,项目管理队伍参与总体和分系统技术方案的制定,使方案做到切实可行。不片面追求高新技术和多功能,需要考虑技术基础。

(2)坚持实用技术和先进技术相结合,以实用技术为主。从北斗二号卫星工程研制工作一开始,就采用先进研制手段,以达到节省人力、物力和时间的目的,同时注意吸取和借鉴国外的经验教训,力求少走或不走弯路。在型号研制中,不是技术越先进越好,而要受到费用、进度情况等多方面的制约。最适合型号任务完成的技术为最好、最经济。方案阶段,技术实现途径论证与费用论证相结合,选择技术方案时充分考虑成本支出。费用管理人员及时将费用需求信息反馈技术人员和两总,由技术人员和两总系统进行权衡后修正技术方案。在研制中,上述过程经常循环迭代,每次迭代都需要进行充分的多层面协调,最终实现可实施的技术方案。

(3)坚持费用控制的原则性和灵活性相结合。北斗二号卫星工程的研制费用较为昂贵,但研制队伍并不为了节约资金而忽视质量和可靠性要求,保证工作质量、保证安全性和可靠性从而保证每次任务的成功是节约费用最为重要的途径。

5. 北斗二号卫星工程费用分解结构的制定

制定北斗二号卫星工程费用分解结构,费用分解结构对工程执行过程中发生的费用按其所属的不同阶段划分为不同类型,呈树状结构组织,如图8.5所示。有

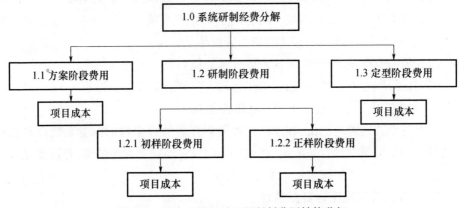

图8.5 北斗二号卫星工程研制费用结构分解

一些费用在各个阶段下都会出现,如设计费、材料费。因此,把这些部分共同的费用抽象出来,称为项目成本项,挂在不同的项目支出类型下,如表8.2所列。对每一项任务进行全过程、全成本核算及控制,以提高投资经济效益。费用分解的基本原则:

表8.2　北斗二号卫星工程研制费用表

一级科目	二级科目
设计费	论证费
	调研费
	评审费
	资料费
	设计用品费
	设计计算费
	监造验收费
	跟产费
材料费	元器件
	原材料
	辅助材料
	外购部组件
	燃料动力费用
外协费	
专用费	专用检测设备及软件
	专用工装
	零星技术
	样品样机
	技术基础
试验费	试验外协费
	试验消耗品
	试验人员差旅
	运输费
设备费	增加固定资产专用设备
	固定资产使用费、修理费
工资及福利	
管理费	

（1）按任务和分工协作定点单位进行费用分配。

（2）按研制阶段和年投资强度进行费用概算和决算。

（3）动态控制,按季度对资金投入进行分门别类的核算。

（4）实行专款专用的独立核算方式,创造良好的费用保障条件。

根据任务和技术方案,首先划定北斗二号卫星工程项目研制阶段和大型工作项目,依据任务和阶段进行工作分解,形成费用分解结构和技术流程。

6. 北斗二号卫星工程关键技术和基础建设费用项目及控制

根据方案设计阶段的费用管理目标,为保障完成制约工程研制的关键技术攻关和基础建设,确定了北斗二号卫星工程研制费用管理的措施和内容(见表8.3)及北斗二号卫星工程研制费用管理的控制项目和方法(见表8.4)。

表8.3　北斗二号卫星工程研制费用管理的措施和内容

措施	内容
1. 关键技术费用重点安排	（1）对关键技术首先安排启动费用,确保关键技术提前进行论证,充分进行论证; （2）对关键技术项目,提前留出专项费用,确保关键技术有序进行; （3）对关键技术项目,跟踪研制进程,及时分阶段拨款
2. 瓶颈工艺经费重点安排	（1）对瓶颈工艺首先安排启动费用,确保瓶颈工艺提前进行论证,如涉及引进的项目可以提前安排谈判事项; （2）对瓶颈工艺项目,提前留出专项费用,确保瓶颈工艺有序进行; （3）对瓶颈工艺项目,跟踪研制进程,及时分阶段拨款
3. 总体技术经费重点安排	（1）首先安排启动费用; （2）提前留出专项费用,确保试验有序进行; （3）跟踪试验进程,根据试验状况和试验阶段进行拨款
4. 元器件、原材料超前安排	（1）对元器件、原材料首先安排启动费用,用于元器件、原材料的配套设计和关键元器件和引进元器件的引进谈判或定点协调; （2）对元器件、原材料,提前留出专项费用,用于元器件、原材料的订货,特别是引进元器件; （3）对元器件、原材料,跟踪合同进程,及时按合同规定和交付进度付款
5. 薄弱工业基础项目重点安排	（1）对薄弱工业基础项目,首先安排启动费用,用于方案的论证; （2）对薄弱工业基础项目,提前安排专项费用,用于前期设备的投产; （3）对薄弱工业基础项目,跟踪合同和研制进程,及时按合同规定和研制进度付款和拨款

8.3.2　北斗二号卫星工程研制阶段的费用管理

1. 北斗二号卫星工程初样阶段的费用管理

初样设计阶段的费用管理工作,主要是以保障完成初样产品的研制和初样试验为目标,主要开展以下几项费用管理工作。

（1）初样并行安排元器件、原材料订货，进行结构、设备的小批量生产；

（2）初样试验用品多次重复利用，减少投产数量，节约费用；

（3）初样结构进行静力试验、振动试验等；

（4）采集北斗二号卫星工程研制费用使用情况的信息，对费用项目、费用变更项目进行动态评估以及实际累计费用的分析；

（5）将总费用估算分配到各单项任务上；

（6）控制工程费用预算的变更，明确工程费用目标；

（7）加强监管和考核。

表8.4　北斗二号卫星工程研制费用管理的控制项目和方法

控制项目	项目控制方法
1. 费用计划管理	（1）总计划的编制与控制； （2）年度计划的编制与控制； （3）分系统年度计划的编制与控制； （4）单机研制计划的编制与控制； （5）专项项目计划的编制与控制； （6）短线项目计划的编制与控制； （7）新增项目计划的编制与控制
2. 费用财务管理控制	（1）严格执行《北斗二号卫星工程项目费用管理办法》和财务会计制度等相关法规和制度； （2）技改与型号研制费用财务管理分立，各自进行核算； （3）按分系统进行费用收支核算； （4）产品价格体系的建立； （5）费用收支采用预算制度； （6）采用财务成本管理控制
3. 专项费用管理控制 （制约进度的项目）	（1）专项费用申请报告编制； （2）专项费用计划编制； （3）专项费用请款制度； （4）专项项目验收制度

根据总目标、年度目标和阶段目标要求，由中国卫星导航系统管理办公室组织技术和管理两条线进行研制前的系统策划，确定技术状态管理、文件管理、质量管理、物资保障管理、费用管理、人力资源管理等管理计划纲要及信息管理要求；将技术流程和管理计划纲要及信息管理要求相结合，形成项目管理计划纲要。

在选定定点单位后，要协调和明确技术指标和费用、进度、质量、数量等研制目标，并定期组织跟产，及时沟通和反馈研制过程中的信息，对研制全过程进行监督与管理,确保产品满足设计要求。

2. 北斗二号卫星工程正样阶段的费用管理

正样阶段的费用管理工作,主要是以保障正样产品配套齐全和试验成功为目标。从最开始的费用管理策划,到构建成本基准和费用管理文件标准、实施数据处理和精细化管理、开展有效的费用控制和持续改进,最后全面实施费用管理计划的全面推进,形成了一个不断深化的过程。

正样阶段费用管理工作的基本过程如下。

(1)重视操作费用,杜绝误操作。

(2)实施时间精细管理,预防拖期的浪费;进行审价,建立价格基准,建立成本基准和费用管理文件标准。

(3)追求费用管理零缺陷,重视数据处理和持续改进;进行审计工作;实施精细管理,重视数据处理。

(4)采用项目策划技术,对研制的进度、质量、费用、物资等各大领域进行了统一策划,提出了各项任务的保障条件需求,形成计划报告;采取安全性专项管理,量化故障概率,开展有效的费用控制和持续改进。

(5)进行残余危险分析,全面实施费用管理计划;将费用下拨与节点计划相结合进行考核。

3. 北斗二号卫星工程研制阶段费用控制

严格费用控制,特别是对工程研制费用预算变更的控制。建立变更控制机制,对技术状态、质量指标、进度指标、成本指标的变更进行控制,使费用预算有效地控制在费用指标范围内。综合协调研制过程中的进度、质量、成本、范围等指标的冲突,控制研制的里程碑。

(1)以计划流程体系作为基准计划,通过定期评估会议、阶段评估会议、定期进展报告、项目总结等形式,及时监控项目进展,发现进度、成本等偏差。首次建立了系统动态评估、修正制度,定期通过进展报告和调度例会对进展情况进行评估,使研制费用得到有效控制。

(2)项目费用控制与进度、质量控制协调进行,监控费用执行情况,编制费用进展报告,查明与预算的偏差,确保所有适宜的更改在费用基线中准确地记录下来,进行费用控制,确保工程研制顺利进行。比如,由于释放机构、动力系统等可靠性安全性等专题需要补充验证,造成了费用不足,通过过程控制和费用的补充申请,解决了费用问题。

(3)编制标准,规范费用管理。北斗二号卫星工程费用管理系统复杂、庞大,又具有与其他型号不同的管理办法,通过与计划、财务、审计、基建、物资、仪器设备、各分系统、各厂(所)等的充分协调配合,摸索出了一套成本控制、价格制定、费用拨款、费用使用的管理方法和管理程序。将各项费用管理标准运用于实践工作中,形成操作指南,使得日常的管理工作更加规范、更加合理。

(4) 整个工程的费用管理是根据国家财政计划按年度拨款,实行年度预算和决算制度。

(5) 费用拨款控制主要有预先拨款和节点控制拨款。根据计划安排,确定费用拨款节点。也就是根据任务完成的节点进行拨款,节点提前,费用提前拨付;节点推迟,费用相应推后。节点不是影响拨款的唯一因素,质量出现问题必然要影响到工程或某一型号的研制进度。若完成质量不好,费用也不能拨付。只有按时保质完成任务,才能准时、准额地拨付费用。

(6) 精细化费用管理项目管理的控制措施和内容,如表 8.5 所列。

(7) 传统费用管理流程的优化和规范管理,如表 8.6 所列。

表 8.5　北斗二号卫星导航精细化费用项目管理的控制措施和内容

精细化项目	控制措施和内容
1. 建立价格体系,增强成本分析	通过建立价格体系,对大总体、分系统、单机的产品成本进行掌握。特别是已研制的产品,形成可靠、真实的参考依据。对新增的设备,可以通过系统的数据采集,分析成本,更准确地给出新增设备的价格
2. 研究薄弱环节,优化解决方案	通过对价格系统中引起价格起伏原因的研究,对异常情况进行分析,寻找管理上的薄弱环节,提出解决方案,供领导和两总研究决定
3. 突出成本重点,加强成本控制	对影响成本的各个项目区别对待,对不变的成本项目可以按已确定成本进行管理;对影响成本变化可控制的项目,通过各个环节把关,严格控制,确实保证成本的降低和可控
4. 协调职能部门,提升内控水平	建立高质量的内控制度,充分协调,消除由于职能部门的工作质量带来的成本增加,采取的一个重要措施是保证各职能部门信息充分共享,确保部门有效沟通

表 8.6　传统费用管理流程的优化和规范管理

措施	项目内容
1. 传统流程的诊断	通过对传统流程的分析,找出流程的结果和流程之间的联系。考查现有费用管理流程,发现各环节存在的问题,提出明确的改进要求和改进范围
2. 传统流程的再造	采用系统化改造法进行流程重新设计,充分考虑原有流程存在的问题,以及影响流程的因素(如法律、法规、财务、物资、技术、进度、质量等)。通过对重新设计的流程进行评审和检验,确定新的费用管理流程
3. 管理程序的规范	通过流程的再造和管理程序的规范执行,确保链条简短,效率更高

8.3.3　北斗二号卫星工程费用的决算与审计

1. 北斗二号卫星工程费用决算

决算是以实物量和货币为单位,综合反映工程实际投入和投资效益、核定交付使用财产和固定资产价值的文件。北斗二号卫星工程费用决算是指工程从筹建开始到交付使用为止的全部费用的确定。

北斗二号卫星工程费用决算依据主要是合同和合同的变更为输入,采用通用的项目费用决算工具和方法形成决算书,经项目各参与方共同签字后作为验收的核心文件。北斗二号卫星工程决算书由两部分组成——文字说明和决算报表。

(1) 文字说明:主要包括工程概况、设计概算、实施计划和执行情况,各项技术经济指标的完成情况,项目的成本和投资效益分析,项目实施过程中的主要经验、存在的问题、解决意见等。

(2) 决算报表:分大中型项目和小型项目两种。大中型项目的决算表包括竣工项目概况表、财务决算表、交付使用财产总表、交付使用财产明细表;小型项目决算表按上述内容并简化为小型项目决算总表和交付使用财产明细表。

2. 北斗二号卫星工程费用审计

费用审计贯穿于北斗二号卫星工程的全过程中,主要依据北斗二号卫星工程费用报告、进度报告、质量报告。它包括项目前期的审计、实施过程中的审计和项目结束审计。

1) 项目计划时期的费用审计

主要进行费用估算和费用计划的审计,主要内容包括:审查费用估算采用了哪种方法;费用计划采用了什么方法,是粗线条还是细线条,能否满足控制费用的要求;不可预见费用的数量是否合理等。

(1) 审计的输入:费用估算、费用预算。

(2) 审计的工具和方法:采用通用的项目费用审计工具和方法。

(3) 审计的输出:审计报告。

2) 项目实施过程中的费用审计

包括审核费用报告的内容是否全面,报告格式是否规范;核查报告与实际发生费用的吻合情况;结合进度报告和质量报告判断费用报告的真实性。

第9章 北斗二号卫星工程
质量与可靠性管理

北斗二号卫星工程质量可靠性要求很高,而系统复杂、研制任务重且精度要求高,给质量与可靠性工作带来很大挑战。为此,工程型号总体和各承研单位坚持把质量与可靠性放在第一位,结合工程实际特点,开展了大量的质量与可靠性管理工作。按照全系统全寿命的观点,从项目论证时就开展质量可靠性论证工作,制定质量管理方针和要求,建立健全质量管理体系,制定可靠性管理大纲,明确工作流程,明确各单位工作职责,并开展了大量的质量与可靠性方面的科学研究,制定了质量可靠性关键技术攻关计划,对重点难点的科学技术问题开展研究,通过深入细致的质量与可靠性工作,有效地提高并保证了北斗二号卫星工程的质量与可靠性。

9.1 质量与可靠性管理的基本理论

9.1.1 质量管理基本理论

1. 质量管理基本概念

项目质量包括产品质量和工作质量。产品质量是指产品的固有特性满足要求的程度。工作质量则是产品质量的保证,它反映了与产品质量直接有关的工作对产品质量的保证程度。项目质量由 WBS 反映出的项目范围内所有的阶段、子项目、项目工作单元的质量所构成。

项目质量管理工作由质量方针、质量目标、质量计划、组织结构、项目过程中的质量控制活动组成。在项目寿命周期内,需要持续使用质量计划、质量控制、质量保证和质量改进,最大限度地提高项目的质量。

全面质量管理是指质量管理的范围不仅包括产品质量本身,而是包括质量管理的各个方面,即由原来主要对生产线的管理,扩大到对设计、研制、采购、生产制造、销售和服务等各个环节;向前将质量管理延伸到设计阶段,向后将质量管理延伸到销售和使用阶段。全面质量管理强化预防为主的思想,注重过程、技术与管理并重的思想,是一种涵盖全员、全面、全过程的质量管理体系。

装备型号项目始终坚持质量第一的方针,全面贯彻全寿命和全面质量管理的思想,依靠各参研单位各级组织及全体成员,运用现代质量方法,建立从论证、设计、生产到使用全过程的质量保证体系,控制论证、研制、生产和使用全过程中影响质量的各种因素,确保产品质量满足使用要求。

2. 质量管理过程

一般来讲,项目质量管理包括质量策划、质量控制、质量保证和质量改进四个过程。

1)质量策划

质量策划就是对项目质量目标、运行过程、相关资源调研等活动开展设计谋划工作。质量策划需要制定项目质量目标,提出为达到质量目标应采取的措施,明确应提供的必要条件,包括人员、设备等资源条件,规定项目参与各方、部门或岗位的质量管理职责。项目质量策划的结果可用质量计划、质量文件等形式表达出来。

2)质量控制

质量控制是指为实现规定的质量目标而采用的方法、措施。质量控制是要控制影响项目质量的"人、机、料、法、环"等因素,并对质量管理活动的成果进行分阶段检查验证,一旦发现问题,立即查明原因,采取相应纠正措施,防止质量问题的再次发生,并使质量问题在早期得以解决,以减少经济和时间方面的损失。因此,质量控制应贯彻预防为主与检验把关相结合的原则。

在项目实施过程中,为保证相关活动符合质量标准,及时判断实施过程质量合格状况,防止不合格品进入下一道工序或将不合格品交付给用户,需要借助某些检测方法和工具,检测工序或项目的质量特性,并将测得的结果与规定的质量标准相比较,从而对项目或工序做出合格、不合格或优良的判断,这一过程称为合格控制。合格控制贯穿于项目进行的全过程。质量控制的步骤为:

(1)选择控制对象;

(2)为控制对象确定标准或目标;

(3)制定实施计划,确定保证措施;

(4)按计划执行;

(5)跟踪观测、检查;

(6)发现、分析偏差;

(7)根据偏差采取对策。

3)质量保证

质量保证是以保证质量为基础,向承研单位组织机构内部和用户提供研制的产品能够达到质量要求的"信任"。

要使用户能"信任",项目实施者应加强质量管理,完善质量体系,对项目有一套完善的质量控制方案和办法,并认真贯彻执行,对实施过程及成果进行分阶段验证,以确保其有效性。

质量保证的基本内容如下。

（1）制定质量标准。要制定各种定性、定量的质量标准、要求、规范，力求在质量管理过程中达到或超过质量标准。

（2）制定质量控制流程。针对项目特点根据承研单位实际情况，要抓住一些新的问题和主要矛盾，建立质量控制流程、程序、规章制度、职责要求等。项目有关各方应各负其责，各有侧重地开展质量保证工作。

（3）建立质量保证体系并使之有效运行。大型产品研制生产企业质量保证系统可由质保管理、质保工程、质保材料、质量检验和质量审计五个部门组成。质保管理负责质保部内系统的运行管理，是质保部的日常办事机构；质保工程负责技术管理，进行监督控制等质量预防性工作，有质保计划、工艺控制、纠正措施和软件质量控制；质保材料负责对供应商实行监控，对购入材料进行接收检验和储存监督；质量检验负责现场检验和验收，确保被检验物符合质量要求；质量审计负责审计整个质量保证系统。

（4）建立质量管理体系。质量管理体系包括质量管理的组织体系和质量标准规范体系。项目相关方在进行质量管理时，首先应根据质量目标的需要，配备必要的条件，如人员、试验、检测设备等资源，然后通过设置组织机构，分析确定需要开发的各项质量活动，分配、协调各项活动的职责，制定相关标准、规范、程序，确定从事各项质量活动的流程、方法，使之能经济、有效、协调地进行。按照上述思路所组成的有机整体就是组织的质量管理体系。

4）质量改进

质量改进工作主要包括质量改进的组织、质量改进的策划、质量改进的度量、质量改进的评审。质量改进应遵循积极预防的原则，项目承制方应积极主动地寻找改进的机会，而不是等问题出现后再去改进。质量改进的主要措施有预防和纠正。采取这两种措施应能实现消除或减少产生质量问题的因素，并且避免今后再次发生类似问题。

质量改进的常用方法是 PDCA 循环。这里的 P 表示计划（Plan），D 表示实施（Do），C 表示检查（Check），A 表示处理（Action）。PDCA 循环是根据目标制定工作计划。计划制定后，组织实施。在实施的过程中，需要不断检查当前技术状态与事先制定的标准之间的偏差，根据比较的结果对项目质量状况做出判断，针对质量状况分析原因，若需要纠偏则要采取纠偏措施。

9.1.2　可靠性管理概述

1. 基本概念

1）可靠性

可靠性是指产品在规定的条件下和规定的时间内完成规定功能的能力。可靠

189

性的概率度量称为可靠度。

维修性是指可修产品在规定的条件下和规定的时间内,按照规定的程序和方法进行维修时,完成维修的能力。维修性的概率度量称为维修度。

可用性指产品在规定的条件下,在任意随机时刻需要和开始执行任务时,处于可工作或可使用状态的程度,其概率度量亦称为可用度。可用性综合反映了产品的可靠性和维修性所达到的成绩,也称广义可靠性。

可靠性工程的研究一般包括可靠性、维修性、可用性、保障性、安全性等内容。

可靠性代表了产品正常工作的能力,是衡量产品质量好坏的一个指标。产品的可靠性是评价产品的重要质量指标,关系到整个系统研制的成败。如果在产品设计生产过程中没有很好地开展可靠性工作导致产品可靠性不高,其技术性能就不能很好地发挥,可能导致产品不能被实际应用,或由于产品故障导致任务失败,造成社会、经济或政治上的损失。

可靠性是设计出来的、生产出来的、管理出来的,在设计阶段要将可靠性设计到产品中去,在生产阶段要努力达到设计要求,不引进不可靠因素,保证生产质量,在产品全寿命周期的各个阶段都要做好可靠性工作。

2) 可靠性管理

可靠性管理是为了达到系统可靠性要求对有关设计、试验和生产等一系列工作开展的管理工作的总和,它与系统整个寿命周期内的全部可靠性活动有关。可靠性管理就是从系统的观点出发,通过制定和实施一项科学的计划,去组织、控制和监督可靠性活动的开展,以保证用最少的资源实现用户所要求的产品可靠性。

计划:开展可靠性管理首先要分析确定目标,选择达到可靠性要求必须进行的一组可靠性工作,制定每项工作实施要求,估计完成这些工作所需的资源。

组织:建立管理机构,指定负责人。确定专职与兼职可靠性工作人员,及其任务分工、职责。对各类人员进行培训。

监督:利用报告、检查、评审、鉴定和认证等活动,及时取得信息,以监督各项工作的进展情况。

控制:通过制定和建立各种标准、规范和程序,指导和控制各项可靠性工作的开展。

2. 可靠性管理体系

可靠性管理体系包括可靠性组织体系和可靠性标准体系,各研制单位要成立可靠性领导机构,这个领导机构可以总工程师为首,吸取研究设计部门、工艺技术部门、产品生产车间、质量保证部门、物资供应部门的负责人组成强有力的组织,负责可靠性工作的归口管理。这一机构可以独立设置,也可明确归口于质量管理部门。可靠性管理部门对可靠性工作,起到一个组织、审查、监督、协调、指导和服务的作用。可靠性管理部门要编制单位可靠性规划及年度可靠性计划;进行可靠性设计、工艺及可靠性管理教育;抓好典型产品的可靠性指标的提高,取得效益;对全部产品实施可靠性管理。研制单位的可靠性管理体系可以和质量管理体系融合,包括组织管理体系和标准规范体系。

3. 可靠性管理大纲

要开展可靠性管理,首先要制定可靠性管理大纲。可靠性管理大纲是产品在设计、研制、生产、试验、使用整个寿命周期内可靠性技术和组织管理要目,是产品研制过程总要求的一个组成部分。大纲要目包括可靠性工作计划、可靠性指标论证、可靠性分配、可靠性预计、可靠性设计、设计评审、可靠性试验、故障分析、可靠性信息管理等工作。可靠性大纲是研制过程中全部可靠性工作的总规划,是一个纲领性文件,可靠性工作计划是为落实可靠性的目标和任务而制定的具体实施计划。对于复杂的、研制周期长的,应将两者分开;对于不太复杂的对象,可靠性大纲和可靠性工作计划可合并。可靠性工作计划可分阶段制定。

9.2　工程质量管理

北斗二号卫星工程具有组批生产、密集发射与组网运行的特点,对产品质量可靠性提出了更高的要求。为确保产品工艺一致性、稳定性、可靠性和长寿命,必须开展全面质量管理。

9.2.1　质量策划

1. 质量管理目标

北斗二号卫星工程始终坚持"质量第一"的原则,结合北斗二号卫星工程的特点形成一套项目质量管理的方法体系。

工程质量管理的目标是设计无差错,评审到位,验证充分,生产工艺过程全受控,测试全面,加强外协产品质量控制,产品验收严格把关,在轨运行满足要求。并针对研制各阶段各产品提出相应的质量管理目标。

2. 质量管理要求

针对北斗二号卫星工程质量与可靠性工作具有涉及面广、专业要求高、时间跨度大的特点,中国卫星导航系统管理办公室提出了"覆盖全面、预防为主、控制源头、常抓不懈"的质量与可靠性管理原则。

北斗二号卫星工程研究提出了质量管理体系、产品控制、过程控制、质量问题归零、质量监督、可靠性要求、可靠性组织管理、可靠性设计与分析、可靠性试验与验证等质量与可靠性控制要求,依托国标、军标和行业标准等,制定了质量管理系列文件,对质量管理工作从全系统全过程的角度提出了具体而明确的要求。

9.2.2 质量控制

1. 进行全系统全过程的质量控制

北斗二号卫星工程是一个复杂大系统,要对系统的所有六大系统、子系统、单机、单元以及元器件的设计生产使用全过程的质量状态进行监督控制,一旦发现质量问题立即采取措施进行纠偏,为此建立了一整套信息采集、存储、传输、分析、使用系统和方法,编制了北斗二号卫星工程质量管理计划、各分系统质量管理计划等。

例如,对北斗二号卫星的质量控制工作包括产品质量保证、整星 AIT 管理、可靠性安全性工作、元器件/原材料质量管理、工艺管理、软件管理、技术状态管理等。重点开展了如下工作:

(1)充分发挥型号产品保证体系作用,保证研制工作顺利进行。

(2)围绕型号产品保证总目标,加强工艺管理,严格执行产品过程控制。

(3)将单机与系统设计及试验工作充分做到位,确保设计无差错;加强产品验收把关,确保 16 颗卫星的单机不带问题出所、分系统不带问题装星。

(4)按标准严格控制技术状态更改,做到技术状态更改论证充分、有明细清单,跟踪落实到位。

(5)软件的"算法、模型"清单和状态清楚,对星上软件配置项实施软件工程化管理,确保软件经过第三方评测,沿用手续符合要求。

(6)确保整星测试覆盖率 100%,试验数据判读率 100%,加强数据比对,确保电测问题不带入靶场,质量问题按阶段 100% 清零。

(7)持续深入开展产品可靠性工作,加强长寿命试验验证与可靠性数据包的建立。

整星电测及各项大型试验前,试验工作做到"准备充分,状态明确",保证型号试验期间质量受控、安全受控,不出人为责任事故。

2. 加强评审和检查

在设计阶段,大力加强设计评审,规范设计流程,保证产品设计得合理、不带缺陷,具有高可靠性,提高设计质量。在生产环节,加大检查力度,设计好检测点和检测方案,对生产过程进行监控,努力完成设计要求,不引进不可靠性因素,保持生产工艺的稳定性,按操作规程加工产品。

例如,卫星在研制过程中,明确了型号阶段工作目标及检查要求,如表 9.1 所列。型号按照检查要求明确了相关责任人,进行检查确认,确保各项质量控制工作满足要求。

表 9.1 型号阶段工作目标及检查要求

序号	阶段	工作目标	检查内容	检查时机
1	转正样阶段	按转阶段评审要求,对北斗二号卫星整星转正样评审工作进行策划,制定转阶段评审计划,完成整星转阶段工作	(1) 单机/分系统转阶段时待办事项的完成情况; (2) 按转正样要求完成各类专项报告	转阶段前
2	正样设计阶段	技术状态严格受控,技术状态明确,设计状态和指标满足输入条件;关键项目及控制措施明确	(1) 正样产品技术指标满足研制要求; (2) 冻结产品生产基线; (3) 技术状态更改满足"五条"原则	单机投产前
3	生产阶段	产品生产工艺受控,制造过程受控,记录完整、可追溯	(1) 落实工艺转正样的要求; (2) 落实院长"4 号令"的要求; (3) 出现的质量问题要及时归零; (4) 技术状态控制到位; (5) 单机调试细则落实到位; (6) 开展实物检查工作	生产全过程
4	产品验收	验收测试项目 100%,偏离超差受控,确保单机不带问题出所(厂),分系统不带问题交付	(1) 验收文件是否到位; (2) 验收测试项目是否符合测试细则,测试结果是否符合设计要求; (3) 超差偏离办理是否符合手续,可靠性数据包是否齐全完整,按验收要求和验收大纲检查文件齐套性和性能指标符合性; (4) 验收过程记录可追溯,对质量证据可收集,测试数据应比对; (5) 技术状态更改闭环,"4 号令"落实措施与记录有效	验收时
5	电测阶段	整星测试状态严格受控,数据判读准确,测试覆盖率 100%,质量问题全部按阶段归零	(1) 表格化文件是否到位; (2) 测试设备是否已标定,状态是否完好; (3) 检查测试状态是否发生变化,数据判读是否及时准确; (4) 是否按测试程序完成全部测试项目; (5) 测试过程中发生的质量问题或异常现象应及时上报,做好现场保护,所发生问题是否已解决或归零,并在本型号内举一反三	电测全过程

（续）

序号	阶段	工作目标	检查内容	检查时机
6	总装阶段	(1) 确保北斗二号卫星总装工作零缺陷,不出现人为质量事故和安全事故; (2) 确保卫星总装、专业测试全过程质量受控,产品质量符合设计要求	(1) 总装、专业测试文件是否到位; (2) 总装工作是否按工艺执行,工作中记录是否详细、完整,总装工作环境是否满足要求; (3) 检查总装和专业测试时是否按质量保证要求进行,发生的问题是否解决和闭环	总装、专业测试阶段
7	大型试验阶段	(1) 试验前准备充分,试验工况明确,技术状态严格受控; (2) 试验数据完整有效、有比对,不出人为质量、安全事故	(1) 试验前检查试验准备情况:人员、测试设备、产品状态、安全措施进行检查; (2) 试验数据有效性,试验结果是否满足要求	大型试验阶段
8	发射场阶段	(1) 总装操作有依据,无误操作; (2) 整星测试无误判、漏判,测试覆盖性按测试细则100%覆盖,符合综合测试现场质量管理规定; (3) 加注过程安全,受控; (4) 不带问题和疑点转场、发射,确保发射成功	(1) 整星转运至靶场后状态检查到位; (2) 转工序期间状态检查到位; (3) 总装、专业测试等表格化文件到位; (4) 阶段性测试总结到位,数据比对无遗漏; (5) 加注文件、加注过程、技安管理受控	发射场工作阶段
9	飞控阶段	(1) 参加飞控组活动,在飞控试验前与相关单位共同完成飞控准备工作; (2) 地面飞控数据显示页面安装正确,测试覆盖性全面; (3) 飞控文档齐套; (4) 飞控故障预案完整有效; (5) 飞控过程指令发送手续签署完整	(1) 签署的飞控试验准备工作纪要; (2) 地面飞控数据显示页面测试结果是否满足要求; (3) 飞控文档内容是否满足要求; (4) 飞控故障预案是否完整、有效; (5) 飞控过程中对发送指令的准确性需有飞控组相关领导审批	飞控准备及实施阶段全过程
10	在轨管理	加强卫星在轨运行的监视工作,并定期对系统的健康情况进行检查核评估,对在轨问题完成分析或归零	(1) 在轨管理人员、文件是否落实; (2) 是否完成问题的分析或归零的闭环,并完成在轨问题对在研卫星的举一反三; (3) 定期评估是否全面	在轨管理阶段

9.2.3　质量保证

1. 质量管理体系

北斗二号卫星工程开展全面质量管理工作,建立了质量管理体系,从组织机构、程序流程、标准规范等方面保证产品质量,详见 9.3 节。

2. 产品质量等级评定

在前阶段定型工作策划、初始成熟度识别、产品后续应用需求和定型可行性分析、借用可靠性专项成果情况梳理等工作的基础上,对典型产品进行了初始成熟度识别、数据包换版、复核复查等工作。

3. 产品质量信息管理

研究修改完善了标准《型号产品质量与可靠性信息管理要求》,有效地规范了北斗二号卫星工程的信息管理,支持了质量可靠性工作。

1)提出了产品质量信息管理要求

(1)质量信息管理坚持逐级上报、分级审查、逐级负责的原则。

(2)质量问题信息上报坚持"谁发现(谁责任)、谁上报"的原则。

(3)承研各大系统的有关单位主管质量信息的厂(所)领导、型号办公室主任对质量问题信息的上报、闭环负管理和监督责任。

(4)承研各大系统的各相关单位应快速、准确地判定质量问题并上报。

(5)各型号、厂(所)应建立并完善质量与可靠性信息工作系统,明确一名主管领导、信息主管,负责本单位、本型号的质量与可靠性信息管理工作,在人、财、物各方面保障质量与可靠性信息工作系统的正常运行。

(6)各研制单位按要求完成质量问题等信息的采集、处理、存储和传递等工作,实现信息交流和数据共享。

(7)设计单位应根据研制型号的技术指标和性能要求,在方案阶段开始对可靠性数据的采集和处理提出明确要求,纳入型号可靠性大纲。

(8)生产单位应建立产品零件加工,部(组)件、整机装配、测试、试验、交付及技术服务过程中的质量信息管理机制,加强生产过程的质量信息管理。

2)规范了质量与可靠性信息的范畴

质量与可靠性信息包括各单位在型号研制、生产、试验和使用全寿命周期过程中开展质量管理活动及型号产品开展质量与可靠性保证活动的相关数据、报告与资料。

3)明确了各部门的职责

规定了各部门在质量信息管理方面的职责,如质量保证部负责质量与可靠性信息的归口管理,型号办公室负责本型号质量与可靠性信息工作,物流中心负责物资质量信息的管理,承研各大系统的各厂(所)负责本单位质量与可靠性信息工作,电子元器件失效分析中心负责电子元器件失效信息、DPA 不合格信息等管理工作,电子元器件检测中心负责电子元器件筛选与超期复验失效信息等管理工作。

4)制定了质量与可靠性信息报送程序

各有关部门和上下级单位制定了质量与可靠性信息报送程序,包括快报、月报、季报、年报程序和内容,如重大质量事故和重大质量问题发生后,责任单位(或主管单位)的主管领导应立即口头向院型号两总、型号办公室、质量保证部、科研计划部报告该事故的简要情况。质量保证部接到报告后,立即向院领导及集团公司质量技术部报告该事故的简要情况。在航天发射场发生的由试验队队长负责直接报告。

5) 建立质量管理信息系统

根据批产型号项目质量管理的业务流程、主要阶段控制节点和工作程序,建立起批产型号产品生产质量管理信息系统,将型号各个环节的质量信息及时、逐级填入专用数据库,依靠计算机网络技术设施,实现质量信息的快速传递,解决质量信息的及时性、准确性和追溯性难题,提高批产型号项目质量管理的效率和质量。

9.2.4 质量改进

北斗二号卫星工程高度重视质量问题,项目办设立质量问题和举一反三专项管理组织,并由型号项目经理担任质量问题和举一反三专项小组负责人,负责各大系统质量问题的上报、归零和相关质量问题的举一反三批准和指导,分阶段和批次进行质量问题管理,分步骤进行举一反三管理,确保质量问题归零符合要求,举一反三落实到位,不断提高工程质量。下面以卫星、运载火箭、地面运控系统为例进行说明。

1. 卫星系统根据批量生产中质量问题发生的不同阶段,实施不同的处理方式

第一阶段的质量问题:产品出厂交付总装前的质量问题;由责任单位负责上报、归零,并由责任单位负责归零评审的组织,经型号项目主管部门同意后,产品才能出厂交付总装,并由型号总体单位实施归零全过程监控。

第二阶段的质量问题:总装测试过程中的质量问题;由型号项目主管单位负责上报,问题责任单位负责归零,由型号主管部门组织归零评审,经型号主管部门或院级上级单位同意后,进入下一阶段研制工作。

第三阶段的质量问题:卫星在轨后的质量问题由在轨管理部门负责上报,责任单位负责归零,并由型号主管部门组织归零或归零分析评审,必要时提交院级归零评审。

对于质量问题批次性管理,按照批产型号中质量问题产生的原因,可分为个例和批次性质量问题两种,批产型号质量管理需将个例和批次性质量问题分开管理,确保涉及批次性质量问题的其他卫星能够做好举一反三。对个例质量问题,不需要在同类产品中进行举一反三。

对批次性质量问题,包括元器件批次性问题、设计批次性问题和操作过程批次性问题。元器件批次性问题需要将型号内部所有使用该批次元器件的产品进行复查,必要时进行更换;设计批次性问题则必须将相同设计的产品进行更改或重新投产;操作过程批次性问题则看同类问题产品是否由造成该批次问题操作者或操作工具所生产,如果是则必须进行举一反三。

卫星在研制过程中发生的质量问题均按照要求完成了质量问题归零,并对其他型号发生的质量问题开展了举一反三工作。

2. 运载火箭系统针对重大质量问题不断改进,质量可靠性显著提高

运载火箭系统技术人员和生产单位为每一项改进付出了巨大努力,使得火箭研制生产水平逐年不断提高,产品性能和可靠性取得了显著提高。对于所有质量问题都进行了举一反三并采取了改进措施。例如:

CZ-3A 系列火箭原冷氦增压系统采用减压器和压调器的组合方式控制氦气增压流量。在某发 CZ-3A 火箭出现压调器卡滞故障后,型号队伍开展了故障的归零工作,进行系统级冗余技术改进并进行了大量地面验证试验,以解决系统中存在的单点故障薄弱环节,提高了运载火箭的可靠性。具体可归纳为以下三个方面。

(1) 从系统角度解决单点问题。设计师队伍提出了三路增压的设计方案,使系统具有冗余性能,消除了原系统中的单点失效问题,提高了系统的强壮性和可靠性。

(2) 兼顾型号应用与新技术研制周期。为确保型号任务的成功和新技术的应用,设计师队伍提出了两步走的方案:近期改进和长期改进方案,近期改进方案研制周期短,能确保 CZ-3A 系列火箭完成正常飞行任务;长期改进方案研制周期长,但改进效果明显,彻底消除了系统中动作类单机的单点问题。两步走方案确保了型号圆满完成飞行任务,也兼顾了长期冗余设计方案顺利实施。

(3) 发挥专家把关作用开展复核复算。在项目实施过程中,型号专家严格把关,在项目研制初期开展了方案的专项评审,对各项大型试验如搭载发动机试车试验、低温验证试验进行详细的审查,并对其中不足的部分提出了宝贵的意见。

在完成各项研制试验和仿真分析后,组织专家对研制工作进行总结和评估,开展了专项的复核复算工作,并指出研制工作中的遗漏部分,对冷氦增压系统的冗余改进起到了很好的把关作用。

经过改进后,首次采用冷氦增压冗余技术的 CZ-3C 火箭发射北斗二号 GEO-6 卫星获得圆满成功,三级飞行过程中,冷氦增压冗余系统工作正常。

3. 地面运控系统加强试验,实现质量可靠性增长

地面运控系统作为整个导航系统的核心,主要任务是建立与维持系统时间及空间坐标基准,完成卫星钟差、卫星轨道、电离层改正、广域差分完好性等广播信息的确定,并上行注入给卫星,同时完成对全系统的运行管理与控制任务。为提高地面运控系统性能和质量开展了大量的试验工作,顺序开展了试验系统集成联试。前一个联试发现问题后采取措施改进质量,为后一个联试作铺垫,后一个联试进一步验证前面改进措施的效果并继续发现问题,改进问题。经过集成联试,使得地面运控系统的质量可靠性不断增长,最终达到设计目标。集成联试中开展了大量的专项试验。

对于各项试验中发现的问题,逐一采取措施加以解决,促进了卫星和地面运控系统质量的不断改进完善。

9.3　工程质量管理体系

北斗二号卫星工程质量管理工作坚持产品质量第一方针,按照"加大管理力度、落实质量责任、强化素质教育、深化体系建设、严格过程控制、健全监督机制"的指导思想,持续改进全面质量管理工作,不断提高型号科研质量管理水平。

9.3.1　质量管理组织体系

为加强型号任务质量与可靠性工作,成立中国卫星导航系统管理办公室质量可靠性研究中心。研究中心主要承担总体质量可靠性有关工作,负责起草工程质量可靠性工作规划计划;起草质量可靠性标准、规范和工作指导意见;组织开展工程质量可靠性技术研究工作;负责工程相关质量可靠性信息收集、分析、管理工作;负责组织工程质量可靠性状态评估检查工作。

型号总体要求各承研单位按照国军标 GJB 9001B—2009《质量管理体系要求》的要求进一步完善和建立标准化的质量管理体系。

(1) 通过确定质量领导机构、管理部门和质量师队伍,建立健全了质量管理组织机构;制定了科研管理实施细则,完善了质量手册、程序文件和作业文件,规范了文件管理、任务策划、顾客沟通、正样测试、设备建档、联试登记、状态审批、风险预案、问题归零等制度和流程,严格做到任务有输入,过程有监督,完成有检查,故障有归零。

(2) 通过规范、编制项目研究(制)技术状态日志,严格控制项目技术状态更改,实施过程中出现的问题要及时处理并报告,重大问题要写出书面报告。

(3) 各单位科研主管部门和质量管理部门通过日常管理和节点考核对研究(制)过程实施质量控制。项目组要根据项目实施方案要求,在项目验收测试前,完成验收测试大纲、细则或方案拟制,组织进行自测试和内部审查,通过专家评审予以最终确认。

（4）通过考核建立了合格供方名录,选择具备合格质量保证体系的供应商,外协产品经初样、正样复验合格后,才能纳入各大系统参与联调测试。

（5）各系统建设不同阶段出现的质量问题,通过技术问题报告和归零报告等形式,一律采取纠正措施。

各大系统都成立了产品保证领导小组,如卫星系统根据自身工程的特点,为保证正样产品保证工作的顺利进行,成立了产品保证领导小组,并根据不同的管理重点,分别成立了技术状态控制组、可靠性工作组、软件工程化管理组、工艺管理组等,上述工作组在初样研制阶段已经成立,正样研制阶段进行了完善。项目办另组建技术专家组,协助项目办对北斗二号整星方案、产品技术状态、生产工艺进行把关,参与型号技术状态评审和质量问题的归零分析工作。

各管理组职能如下。

（1）产品保证领导小组:负责对型号研制全过程的产品保证工作进行指导、监督、检查。

（2）技术状态控制组职责:策划技术状态管理工作,制定技术状态管理专题计划;审批、审查技术状态更改控制;专项审查或检查对技术状态更改的落实情况;对技术状态更改形成闭环管理。

（3）可靠性工作组职责:制定并组织实施型号可靠性工作计划;提出型号可靠性保证工作所需资源;确定型号可靠性设计、分析和试验方法及可靠性数据源;组织对型号设计人员的可靠性技术培训;为型号开展可靠性保证工作提供技术指导和咨询;监督和检查型号可靠性设计、分析、生产和试验等工作;参加型号可靠性保证的评审活动;向有关部门报告型号可靠性保证工作的进展情况;定期开展型号可靠性专题活动和进行技术交流。

（4）软件工程化管理组职责:策划本型号软件保证的相关活动,制定型号软件产品保证要求和软件产品保证专题计划;负责软件工程化在型号研制过程中的贯彻落实,即策划并规定软件研制、测试、评估所需的方法、工具、环境等要求,并为相关单位提供指导;组织开展软件产品研制过程中的专题活动;对软件研制过程中的技术状态实施控制;对软件的安全关键性等级分类及控制措施进行确认;参加项目办组织的有关软件评审;参加并指导软件研制单位的内部评审或讨论;参加型号软件质量问题归零审查工作;参加型号软件研制全过程的质量控制工作,对不足之处提出改进措施;为型号软件可靠性工作提供技术指导。

（5）工艺管理组职责:策划型号工艺管理工作,制定专题管理计划;策划、组织型号关键项目工艺转阶段评审工作;审查研制单位工艺实施、更改控制情况;开展现场实物检查。

（6）技术专家组职责:协助设计师系统对各专业包括产品设计状态、可靠性安全性、软件工程化、元器件与线路、材料与工艺,从管理和技术方面把关,参与相关的评审工作并为最终的决策提供技术支持;参与审查相关专业的管理规范、实施工作项目和计划;协助两总对相关工作规范的执行情况进行监督和检查;总结、推广成熟经验。

项目办通过技术状态控制组、可靠性工作组、软件工程化管理组、工艺管理组、不合格品审理组进行专项管理和监督,同时通过定期的质量分析讨论和总结形成了具有导航特色的质量监督机制。

9.3.2　质量管理标准体系

为加强和规范北斗二号卫星工程质量与可靠性工作,确保各项技术成果满足工程需求,确定卫星导航系统技术状态,降低工程研制建设的技术风险,建立了质量可靠性工作应参照的标准体系,有效地规范指导了质量可靠性工作。如研究提出了《卫星导航质量与可靠性路线图》《大系统对各系统的可靠性要求》,制定了《试验卫星质量与可靠性要求》,研究提出了质量管理体系、产品控制、过程控制、质量问题归零、质量监督、可靠性要求、可靠性组织管理、可靠性设计与分析、可靠性试验与验证等质量与可靠性控制要求,纳入试验卫星总体要求。制定了《产品成熟度评价试点工作实施方案》《产品成熟度评价试点工作实施指南》《质量与可靠性信息管理办法》。以下为采用的部分标准。

部分国军标:

GJB 1406—92	产品质量保证大纲要求
GJB 9001B—2009	质量管理体系要求
GJB 906—90	成套技术资料质量管理要求
GJB 1443—92	产品包装、装卸、运输、储存的质量管理要求
GJB 1405A—2006	装备质量管理术语
GJB 127A—2006	装备质量管理统计方法应用指南
GJB 939—90	外购器材的质量管理
GJB 909—90	关键件和重要件的质量控制
GJB 450A—2004	装备可靠性工作通用要求
GJB 451A—2005	可靠性维修性保障性术语
GJB 813—1990	可靠性模型的建立和可靠性预计
GJB 899—1990	可靠性鉴定和验收试验
GJB/Z 27—1992	电子产品可靠性热设计手册
GJB/Z 35—1993	元器件降额准则
GJB/Z 72—1995	可靠性维修性评审指南

GJB/Z 102—1997　　　软件可靠性安全性设计准则

GJB/Z 223—2005　　　最坏情况电路分析指南

部分其他标准：

QJ 1408A—1998　　　航天产品可靠性保证要求

QJ 2668—1994　　　　航天产品可靠性设计准则 电子产品可靠性设计准则

QJ 3050—1998　　　　航天产品故障模式影响及危害性分析指南

QJ 3065.1—1998　　　元器件选用管理要求

QJ 3125—2000　　　　航天产品材料、机械零件和工艺保证要求

QJ 3127—2000　　　　航天产品可靠性增长试验指南

QJ 3183—2003　　　　航天产品质量问题归零实施指南

Q/QJA 10—2002　　　航天产品质量问题归零实施要求

Q/QJA 14.5—2003　　航天型号出厂评审 第5部分 可靠性、安全性专项评审要求

Q/Y 143—2005　　　　型号产品质量与可靠性信息管理要求

Q/Y 146—2005　　　　型号产品特性分类管理要求

Q/Y 149—2004　　　　软件可靠性和安全性设计指南

9.4　系统可靠性管理

北斗二号卫星工程有高精度稳定运行的要求,系统要在星地多环节配合的情况下,长期连续稳定地实现纳秒级的时间同步精度;系统要面对中高轨道恶劣的空间辐射环境和卫星复杂带电、充放电状况,以及非恶意干扰问题;在考虑 2 颗备份卫星情况下,实现 16 颗卫星星座组网,成功概率要求很高。北斗二号卫星工程具有的特点和面临的问题,对运载火箭可靠性和卫星定点成功率提出了更高的要求,对卫星高可靠、长寿命提出了更高的要求,对全系统的可靠性提出了更高的要求。传统的可靠性技术成果主要适用于单星、单箭的可靠性保证模式,难以适应复杂的北斗二号卫星工程研制要求,例如在复杂系统(多种轨道的多星星座组网测控、地面运控系统和分布式站点等)总体可靠性指标要求、建模、分析和定量评价技术等方面,与工程研制需求存在较大差距。北斗二号卫星工程对可靠性工作提出了具体要求,为工程质量可靠性工作方案与内容确定起着定位的作用。

9.4.1　可靠性工程管理

1. 可靠性管理体系

北斗二号卫星工程研制过程中,建立了一套完整的可靠性管理体系。该体系

是质量管理体系的一部分,包括可靠性管理组织体系、可靠性管理标准规范体系、过程管理程序系统、可靠性信息管理系统、文件管理系统。

2. 可靠性工程管理的主要工作

运用系统工程思想方法,加强全系统全寿命管理,在研制、生产、使用各阶段的可靠性工程管理的主要工作有:

(1)立项论证阶段。对可靠性指标进行论证,提出可靠性要求。可靠性要求可包括对系统的定性要求和定量要求。对可靠性定量要求,要确定可靠性指标和指标值。

(2)方案阶段。进一步确认可靠性指标,明确典型任务剖面;编制可靠性大纲,提出可靠性工作的具体工作项目要求;确定项目可靠性指标的考核、验证要求。提出总体可靠性和各系统可靠性定量和定性要求,并对设计方案进行可靠性分析,支撑工程总体开展可靠性设计与方案优化权衡。

(3)工程研制阶段。根据可靠性大纲全面开展各项可靠性工作。建立健全可靠性工程管理系统,完善规章制度和有关的规范、程序。细化可靠性大纲,制定可靠性工作计划、设计准则、试验计划、可靠性增长计划、制定元器件和原材料保证大纲等。在项目初样设计、正样设计等阶段,根据项目型号可靠性工作计划及研制合同的要求,开展可靠性工作评审,评审获通过可开展下一步的研制工作。

(4)批生产和使用阶段。本阶段严格按照有关的生产规范和使用维护文件的规定开展工作。根据可靠性成熟期目标值的要求,制定可靠性增长计划,继续纠正在使用中暴露的设计和制造方面的可靠性缺陷,以使产品达到规定的可靠性目标值。使用部门做好可靠性监控和维修工作,保持产品固有可靠性水平。

3. 系统可靠性管理大纲

可靠性管理大纲是产品在设计、研制、生产、试验、使用整个寿命周期内可靠性技术和组织管理要目,是产品研制过程总要求的一个组成部分。根据北斗二号卫星批量研制的特点,卫星在完成以上常规可靠性工作的基础上,结合型号任务特点进行了多次可靠性专项策划,提出并落实了有针对性的、深入的可靠性分析、设计、试验工作。依据可靠性安全性工作进展情况,项目办通过发布通知、召开调度会和工作会、实地检查等形式保证工作计划的正确、顺利落实。

可靠性管理大纲主要包括:可靠性管理与控制计划;可靠性分配;可靠性预计;故障模式、影响分析;故障树分析;抗辐照设计、抗力学环境设计、降额设计、热设计、防静电设计、电磁兼容设计(PI、SI)等可靠性设计;容差和最坏情况分析、潜在分析、可维修性计划;元器件、外购件控制;设计评审;可靠性试验;数据分析与反馈;可靠性标准等内容。

各大系统分别制定了各系统的可靠性大纲。如运载火箭系统 CZ – 3A 系列火箭可靠性大纲包括如下内容。

1) 可靠性工作目标和指导思想

（1）可靠性工作目标:使 CZ - 3A 系列火箭系统具有高可用性和任务成功性,为国内外用户提供优质可靠发射服务。

（2）可靠性工作指导思想:①预防为主,通过设计降低潜在故障模式的发生概率或故障影响;②逐步增长,对研制、应用等过程中暴露的薄弱环节进行改进,实现可靠性逐步增长。

2) 可靠性要求

可靠性要求包括定性要求和定量要求。

3) 可靠性管理

可靠性管理包括:可靠性工作系统,可靠性工作计划,可靠性培训,可靠性评审,故障报告、分析与纠正措施系统,可靠性验收。

4) 可靠性设计与分析

可靠性设计与分析包括:可靠性指标分配,可靠性设计,元器件、原材料和工艺选用,可靠性关键项目,设计复核复算,最坏情况分析,生产过程控制。

5) 可靠性试验与验证

可靠性试验与验证包括:环境应力筛选和老炼试验,可靠性研制/增长试验,可靠性验收试验,可靠性信息收集,可靠性评估。

4. 系统可靠性管理大纲实施

根据可靠性管理大纲,型号工程重点开展了以下工作。

1) 北斗二号卫星工程质量与可靠性路线图

中国卫星导航系统管理办公室组织开展了北斗二号卫星工程质量与可靠性路线图研究和策划工作。质量与可靠性路线图是工程质量与可靠性规划的重要内容。质量与可靠性路线图贯彻系统工程的思想,综合考虑了产品层次(大系统、工程各系统及单机产品)、任务阶段(关键技术攻关与试验、试验卫星工程、工程建设、发射组网和运行服务)、活动分类(大系统负责实施类、组织开展类、提出要求及监督闭环类)、工作侧重(单机产品层面引入产品成熟度评价、系统层面完善风险评估)等多维影响要素,梳理明确了可靠性专题项目研究成果与质量可靠性工作的支撑关系,作为指导质量与可靠性工作实施的总体技术文件。

2) 研究提出《大系统对各系统的可靠性要求》

《大系统对各系统的可靠性要求》是北斗二号卫星工程可靠性工作的重要内容之一,也是将面向用户的大系统可用性、连续性、完好性指标转化为对工程各系统的可靠性、维修性要求的一项重要的工作,将作为工程各系统开展质量与可靠性工作的顶层输入。该文件在指标概念内涵、按任务剖面建模、提高工程可操作性和合理性、分阶段逐步实现目标等方面取得了阶段成果。

3）编制质量与可靠性管理文件

（1）为加强和规范质量与可靠性工作，制定了质量与可靠性要求。确保各项技术成果满足卫星导航工程需求，确定正样组网卫星技术状态，降低系统研制建设的技术风险，为型号研究提出了质量管理体系、产品控制、过程控制、质量问题归零、质量监督、可靠性要求、可靠性组织管理、可靠性设计与分析、可靠性试验与验证等质量可靠性控制要求，纳入工程总体要求。

（2）为推进产品成熟度评价试点工作，编制了产品成熟度评价试点工作实施指南，作为开展评价试点工作的指导性文件。

（3）为做好北斗二号卫星工程试验评估和试运行服务工作，开展了质量可靠性信息分级管理和运行评价等有关研究工作，制定了工程质量与可靠性信息管理办法。

4）制定可靠性工作计划

将可靠性大纲规定的工作细化，成为具体的工作计划，以卫星为例，重点开展了如下可靠性工作，如表 9.2 所列。

表 9.2　卫星系统可靠性工作计划

序号	分类	可靠性工作内容
1	可靠性管理	批产技术状态控制
		批产产品验收工作
		批产产品测试
		单机可靠性数据包
		储存可靠性
		正样关键项目控制
2	可靠性设计分析	星座可靠性分析
		FMEA 专项工作
		单机潜通路分析
3	接口梳理与可靠性复核复审	整星转正样前可靠性"1+6+2"专题的复核复审
		静电敏感仪器设备梳理及整星静电控制要求
		整星电磁环境复查
		信息流及接口检查
		整星接地关系复查
		供配电、测控 FMEA 第三方复核

（续）

序号	分类	可靠性工作内容
4	可靠性专项 试验验证	准鉴定试验件补充验证
		偏航控制物理仿真试验
		陀螺寿命试验
		高低温冲击试验
		蓄电池组寿命试验
		原子钟可靠性试验
		DC/DC 的长寿命可靠性增长验证
5	工艺可靠性	单机产品工艺专项评审
6	软件可靠性	软件走查与跑合试验、FPGA 测评等
7	元器件可靠性	元器件辐照补充验证试验、DPA 试验等

注：FMEA：故障模式影响分析，DC/DC：直流斩波器，FPGA：现场可编程门阵列，DPA：破坏性物理分析，
1 + 6 + 2：型号质量工作的规定动作

9.4.2　PFMEA 在导航批产卫星中的应用

1. PFMEA 方法

PFMEA（过程 FMEA）是一种综合分析方法，主要用来分析和评估工艺生产或产品制造过程中出现的失效模式，以及这些失效模式发生后对产品质量可靠性以及性能的影响，从而针对性地制定出预防措施，以降低工艺生产和产品制造过程中缺陷发生的频次，达到控制和提升产品质量可靠性的目的。PFMEA 事实上就是一套严密的识别、控制、改善失效模式的管理过程。PFMEA 的关键步骤：

（1）确定与工艺生产或产品制造过程相关的潜在失效模式与起因；

（2）评价失效对产品质量和客户的潜在影响；

（3）找出减少失效发生或失效条件的过程控制变量，并制定纠正和预防措施；

（4）编制潜在失效模式分级表，确保严重的失效模式得到优先控制；

（5）跟踪控制措施的实施情况，更新失效模式分级表。

2. PFMEA 的应用

导航卫星系统是我国第一个真正意义上具有小批量生产规模的卫星系统。其规范的管理、严格的过程控制对批产卫星的技术状态稳定至关重要。

1）PFMEA 分析表设计

根据导航卫星的特点，对标准分析表格进行改进，形成导航卫星 PFMEA 分析表（见表 9.3）。

表 9.3 导航卫星 PFMEA 分析表(部分)

序号	过程名称	潜在的失效模式	潜在的失效后果	严重度(S)	潜在的失效起因/机理	频度(O)	过程控制预防与探测	探测度(D)	RPN	备注
1	安装载荷舱保持架	舱板损伤	结构强度或热控性能下降	2	(1)工装与星体磕碰;(2)保持架与结构板直接接触	2	(1)操作过程实时监控;(2)保持架与舱板接触处垫毛毡;(3)部装试装配,装调合格	2	8	
		舱板连接孔破坏	结构连接可靠度下降或失效,影响结构特性	2	保持架直撑杆长度与孔位间距不匹配	2	调节横撑杆长度,使孔位对中后锁紧调节螺母	1	4	
2	...									

2) PFMEA 重要参数约定

(1) 严重度(S)。是某失效模式发生后造成的不良后果的级别。严重度(S)分为 5 级,用 1~5 分进行评估(见表 9.4)。

表 9.4 卫星 PFMEA 严重度等级约定

后果	评定准则:后果的严重度	严重度
严重危害	非常严重的失效形式,影响卫星或人员安全	5
高	卫星丧失基本功能或主要性能下降	4
中等	卫星可用,但非主要功能丧失或下降	3
轻微	非主要项目受影响。造成返工,影响进度	2
无	轻于以上后果	1

(2) 频度(O)。指该问题发生的频次。频度(O)也分为 5 级,用 1~5 分进行评估(见表 9.5)。

表 9.5 卫星 PFMEA 频度等级约定

故障发生可能性	频度	可能的失效率(参考)
很高:持续性故障	5	>0.05
高:经常性故障	4	10^{-2}
中等:偶然性故障	3	10^{-3}
低:相对很少发生故障	2	$10^{-4}, 10^{-5}$
极低:故障不太可能发生	1	$\leqslant 10^{-6}$

（3）探测度（D）。指当某项潜在失效发生时,根据现有的控制手段及检测方法,能将其准确检出的可能程度。探测度（D）分为5级,用1~5分进行评估（见表9.6）。

表9.6　卫星 PFMEA 探测度等级约定

| 探测性 | 准则 | 检查类别 | | | 探测度 |
		A	B	C	
几乎不可能	绝对肯定不可能探测（不能探测或没有检查）			×	5
微小	控制方法可能探测不出来（只能通过间接或随机检查或通过目测检查来实现控制）			×	4
小	控制可能能探测出（通过双重目测检查来实现控制,或有测量手段）		×	×	3
中等	控制有较多机会可探测出（当时工位可探测,或有多个检验环节;后续工位可探测,或作业准备时进行测量和首件检查）	×	×		2
高	肯定能探测出（有关项目已通过过程/产品设计采用了防错措施,不可能出差错）	×			1

注:A—防错;B—量具;C—人工检验

（4）风险顺序数（RPN）。是严重度（S）、频度（O）和探测度（D）的乘积。可用于对所担心的过程中的问题进行排序。

3）PFMEA 成果应用

根据 PFMEA 的分析结果,对 RPN 值较大的项目进行分析,对重点环节加以控制,设置强制检验点,并落实到部门和相关的文件中,并且得到了有效的执行。PFMEA 工作对识别产品研制过程中的薄弱环节,尽早发现问题,制定有效的措施预防失效发生,起到了很好的预防效果,降低了卫星运行过程中故障失效的风险。

9.5　质量与可靠性管理经验总结

北斗二号卫星工程开展了大量的质量与可靠性工作,建立了质量管理体系,突破了一批关键技术,达到了质量与可靠性方面的要求,取得了一些好的经验做法。基于北斗二号卫星工程质量与可靠性管理实践,可总结得出如下主要经验。

1. 建立建全质量与可靠性管理体系

针对北斗二号卫星工程的批生产、连续性、高可靠性等特点建立健全了质量与可靠性管理体系,包括质量与可靠性组织管理体系、质量与可靠性标准体系、质量与可靠性管理大纲、质量与可靠性工作计划、质量与可靠性信息管理要求和质量与可靠性信息管理系统。形成了全过程管理的质量管理体系,覆盖型号研制、批产以及创新产品全过程,为确保产品质量与可靠性提供了有力支持。建立了较为完整的质量监督体系。多方位、多层次监督主要表现在设计复核复算、设计评审、专业机构检测确认，质量管理体系内审，上游对下游、下道工序对上道工序、外部对内部的监督。同时发挥质量监督代表作用。

例如，航科集团一院开展了组批生产和高密度发射质量全面策划，制定了 CZ - 3A 系列运载火箭批生产质量管理要求，确保火箭高密度发射圆满成功的质量工作要求等规章制度，对型号队伍、研制单位、综合管理等三方面提出了要求，同时结合各次任务特点，进一步对相关要求逐条分解、细化落实。型号和各单位认真落实各项质量工作，严格监督把关，将质量控制重心前移，重点加强检验、测试、试验和验收把关等各个环节质量控制，不留产品隐患。院和型号组织完成设计方案审查、复核复算、转阶段评审、技术状态基线设置及控制、单点故障模式及三类关键特性分析与控制、设计裕度分析、量化力矩等生产过程质量控制、风险分析与控制、出厂评审、发射场质量控制、质量问题归零和举一反三、加注评审和飞行结果分析评审等全过程质量控制工作，确保了北斗二号卫星工程任务的圆满成功。

2. 坚持质量问题归零和举一反三

北斗二号卫星工程总体高度重视质量问题，航科集团一院、五院等单位严格按照工程大总体的技术要求、规范及各项管理规定和程序进行产品研制、生产、检验和交付，严格产品技术状态管理，严格外购器材的质量控制，严格各级质量评审制度，严格技术状态变更报批手续，坚持"质量问题双五归零"等原则处理型号研制质量问题，认真落实质量问题归零和举一反三要求，保证了工程质量。

例如，卫星系统高度重视质量问题，项目办设立质量问题和举一反三专项管理组织，并由型号项目经理担任质量问题和举一反三专项小组负责人，负责各类整星级质量问题的上报、归零和相关质量问题的举一反三批准和指导，分阶段和批次进行质量问题管理，分步骤进行举一反三管理，确保质量问题归零符合要求，举一反三落实到位。根据批量生产中质量问题发生的不同阶段，实施不同的处理方式。对元器件批次性问题、设计批次性问题和操作过程批次性问题，分别采取措施加以解决，并进行举一反三。

通过建立的质量管理信息系统，根据批产型号项目质量管理的业务流程、主要阶段控制节点和工作程序，建立起批产型号产品生产质量管理信息系统，将型号各个环节的质量信息，及时、逐级填入专用数据库，依靠当前已初具水平和规模的计算机网络技术设施，实现质量信息的快速传递，解决质量信息的及时性、准确性和追溯性难题，提高批产型号项目质量管理的效率和质量。

3. 采用先进的质量可靠性管理方法

PFMEA 是卫星研制可靠性管理的一种科学的方法。导航卫星在卫星系统级进行 PFMEA 工作，对总装过程等四个方面完成了 PFMEA 分析，识别了过程中的薄弱环节，PFMEA 工作涉及多个部门，包括设计、装配、制造、材料、质量等，机关和相关部门相互配合,相互支持,采取有效的措施,降低了卫星过程中故障失效的风险,取得了良好的效果。

4. 开展可靠性关键技术攻关

针对北斗二号卫星工程的特点和可靠性工程技术现状,为突破有关可靠性关键技术,开展了一系列的可靠性工程关键技术研究项目,研究成果应用于北斗二号卫星工程,为保证北斗二号卫星工程的高可靠性起到了重要作用。

5. 发挥军代表制度的质量监督作用

北斗二号卫星工程是由军队牵头负责的重大工程,按照军品进行管理。参与该工程建设的工业部门都派驻了军代表。在北斗二号卫星工程建设过程中,军代表责任性强,非常履职尽职,严把质量关,同时也很注意调动承研单位的积极性和创新性,“当严则严,该放则放”,起到了很好的质量监督作用。

第10章　北斗二号卫星工程风险管理

风险管理是大型项目管理的一个重要内容,是对可能造成有害后果的事件进行辨识和控制的有组织的活动过程,目的是应对和规避可能造成重大损失的事件,使项目按照预定计划顺利进行。由于北斗二号卫星工程的任务复杂度高,研制周期长,涉及的部门和单位众多,技术和管理方面都面临诸多不确定因素,即在项目的整个过程中都会出现风险。这些风险可能妨碍工程进度、费用和性能指标的实现,甚至可能造成重大经济损失和严重的政治影响。为了实现北斗二号卫星工程预定的目标,在北斗二号卫星工程实施过程中,把风险管理作为项目管理的一个重要内容,运用项目风险管理的基本理论,借鉴国外航天工程管理的先进经验,将风险管理贯穿于工程实施全过程,系统地梳理了工程研制实施过程中存在的风险,通过风险分析掌握风险成因,落实风险管理责任,采取有效措施主动防范和化解风险,把风险降低到了最低限度。

10.1　风险管理概述

10.1.1　风险的概念

所谓风险,是在一定的时空条件下,因为未来客观条件及行为的不确定性,使得事物发展与预定目标可能发生偏离,因而可能造成不利影响和损失。不利事件的影响程度越大、发生可能性越大,风险就越大。因此,风险可以定义为不利事件的发生概率及其严重性的函数,用数学公式表示:

$$R = f(P, C)$$

式中　R——风险大小;

　　　P——不利事件发生的概率;

　　　C——不利事件发生的严重性或者损失。

由公式可以看出,风险大小的确定取决于事件的发生概率、事件后果的严重程度。

北斗二号卫星工程是现代高技术大型工程项目,在项目的实施过程中存在着各种不确定因素,其风险主要有如下特点:

（1）风险涉及面广、持续时间长。由于北斗二号卫星工程结构庞大，涉及到的分系统、子系统数量多，实施过程中合作单位多，协调工作多而频繁，因此每个子系统、每一协作单位都存在一定风险，并且，由于工程研制过程中关系复杂，每一环节都存在一定风险，风险持续时间长。

（2）风险的偶然性和必然性。我国航天工程已经经历了很长时间的探索，在运载火箭、卫星研制等方面具有较高的技术成熟度和管理经验，为北斗二号卫星工程的实施提供了良好的条件，因此，在北斗二号卫星工程中，风险事件的发生具有一定的偶然性。同时，北斗二号卫星导航系统是高科技系统，尤其是卫星批生产、高密度发射以及多星组网等方面还处于探索阶段，工程实施过程中涉及到技术上的不确定性和技术协调过程中的不确定性，个别风险事件的发生仍然存在可能性。

（3）风险的可变性。一方面，在北斗二号卫星工程的整个过程中各种风险有质和量的变化，随着项目的进行，有些风险会得到控制，有些风险会发生并得到处理。另一方面，由于北斗二号卫星工程的风险因素众多，在项目的每一阶段都可能产生新的风险，风险的可变性更加明显。

（4）风险的多样性和多层次性。北斗二号卫星工程周期长、规模大、涉及范围广，致使北斗二号卫星工程在全系统全寿命周期内面临的风险多种多样，并且大量风险因素之间的内在关系错综复杂、各种风险因素之间及其与外界因素的交叉影响又使风险显示出多层次性。

10.1.2　风险管理过程模型

风险管理是研究风险发生的规律和风险控制技术的管理活动。从本质上讲，风险管理是以合理的成本尽可能防范风险事件的发生，并减少其对组织的损害和不利影响。

风险管理在航天工程管理中已经得到广泛的应用。NASA 把项目风险管理技术应用于航天项目中，提出了风险过滤、排序和管理的框架（RFRM），用以隔离每项任务所面临的风险。该方法首先识别项目进程中的各种风险，然后过滤出对任务成功有着至关重要影响的风险，这些风险往往具有发生概率高的特性，并且一旦发生风险事件，将造成非常严重的后果。针对发生概率高、后果严重的风险，提供多种可供选择的风险管理方法，最后形成风险管理规划。RFRM 框架包括风险识别、风险初选、风险双准则过滤、风险排序、风险再过滤、风险降低准则、风险管理评估、风险管理反馈 8 个步骤，其基本流程如图 10.1 所示。

NASA 还提出了一种定性和定量相结合的动态风险管理理论——持续风险管理（CRM），基本流程如图 10.2 所示。CRM 共包含 6 个模块，其中风险识别、风险分析、风险规划、风险跟踪和风险控制 5 个模块在风险管理过程中首尾相连，风险

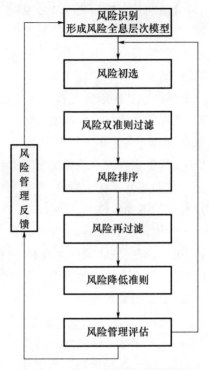

图 10.1　RFRM 风险管理步骤框架

文档记录模块贯穿以上 5 大模块,共同构成了风险管理的基本内容,这一动态管理思想也是对风险进行全寿命分析与管理的思想。

图 10.2　CRM 持续风险管理过程

　　欧洲航天局(ESA)吸收美国的概率风险分析技术,并根据实际情况对这些技术进行了改进。ESA 建立的风险管理过程包括了 4 个步骤和 9 项基本工作项目,4 个步骤分为:确定风险管理实施目标;识别和评估风险;决策和采取风险措施;监控、传递和接受风险,如图 10.3 所示。

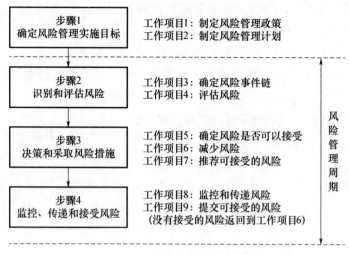

图 10.3　ESA 的风险管理过程

通过借鉴 NASA 和 ESA 风险管理理论和实践经验,北斗二号卫星工程实施过程中,制定了风险管理流程,包括风险管理规划、风险识别、风险评估、风险应对、风险监控等阶段。北斗二号卫星工程风险管理过程的具体流程如图 10.4 所示。风险管理是一项持续性反复作业的过程和工作,贯穿项目的整个生命期,不是一次就能完成的,而是在项目实施过程中自始至终反复进行。

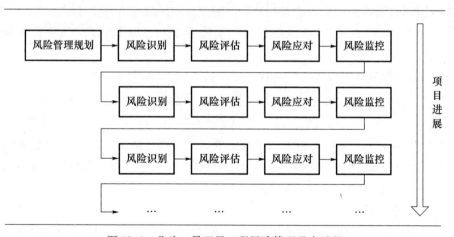

图 10.4　北斗二号卫星工程风险管理基本过程

1. 风险管理规划

北斗二号卫星工程有计划地实施风险管理,风险管理规划是对工程实施过程中全部风险管理工作的总计划。在北斗二号卫星工程风险管理具体实施前,工程的各级组织针对项目实施过程中的风险问题制定相应的管理策略,规定具体的实施措施和手段,规定工程实施中风险管理的过程。

北斗二号卫星工程这种重大的、长周期的、复杂的项目,风险管理规划的成功与否在很大程度上决定了项目风险管理的水平。风险管理规划是风险管理工作的开始,规划工作的质量集中体现了项目风险管理水平的高低。针对北斗二号卫星工程的具体情况,风险管理规划包括三个方面的工作:

(1) 按照项目总目标确定风险管理的总目标;

(2) 确定风险管理的工作内容;

(3) 制定风险管理策略及实施该策略的措施和手段。

2. 风险识别

风险识别是对未来发生的潜在的以及客观存在的各种项目风险进行系统的连续性识别,并对风险事件原因进行分析。通过对风险的识别,准确地了解风险的来源、风险事件,以及可能造成的后果。

北斗二号卫星工程风险具有不确定性、可变性,任何条件和环境的变化都可能改变原有风险的性质并产生新的风险,只有全面识别项目面临的潜在风险,才能准确评估和科学应对风险,使工程进程中的研制、发射、组网、应用各个阶段取得预期的良好效益。

3. 风险评估

风险评估是在风险识别的基础上对每种风险进行系统的定性定量分析,给出相应的评估结论,并根据风险对目标的影响程度对风险由大到小排序,从而找到项目的关键风险因素,为重点处置相应的风险提供科学依据,以保障项目的顺利进行。

北斗二号卫星工程风险既具有很强的技术特性,又具有管理特性。在技术方面,各个协作部门研制生产的产品不同,涉及的技术不同,风险也具有各自的特点。同时,在管理方面,项目进程中各个部门在技术性能、时间进度、资源使用等关键因素方面的协调也存在较大风险,这些都需要进行准确评估。因此,需要从技术和管理两个方面,根据风险识别提出的风险因素,评估风险事件发生的可能性以及风险对项目的影响,并确定风险的优先级。

4. 风险应对

风险应对是在风险评估完成后,根据风险性质和项目对风险的承受能力制定相应的应对计划,提出对策和相应的措施,以便调配资源对风险进行防范。

风险应对的措施一般有风险预防、风险回避、风险转移、风险接受、风险减轻、风险自留及风险储备等。每一种方法都有侧重点和使用前提,应从可行性、预期效果、费用和进度要求以及对北斗二号卫星工程技术性能的影响几个方面对各种处理技术进行评价,从中选出最适用的方法。

5. 风险监控

风险监控是动态掌握项目风险及其变化情况,跟踪并控制项目风险管理计划。由于在北斗二号卫星工程中实施风险管理过程中的各种变量是不断变化的,风险管理措施的实施效果也需要不断进行评价以确定项目风险是否得到了有效的控制。

对风险采取识别、评估、应对并不断监控之后,随着项目的推进,风险依然还存在,下一阶段,风险甚至还可能会增大,仍然需要进行风险识别、评估、应对和监控。因此,在项目进展过程中,需要时刻监督风险的发展和变化,并时刻关注随着某些风险的消失而产生的新风险。

10.1.3　风险管理组织

北斗二号卫星工程实施过程中,按照风险管理的基本规律和要求,结合项目自身的特点,依托北斗二号卫星工程项目管理组织机构,赋予各个层次实施部门以风险管理职责,形成了风险管理机构体系。在风险管理组织体系中,北斗二号卫星工程的各个层次项目管理责任人对相应范围内的风险承担相应责任,包括风险管理规划、风险识别、风险评估、风险应对和风险监控等方面,风险管理的相关信息通过北斗二号卫星工程项目管理的组织机构信息渠道,汇总到上一级风险管理职责部门,这种风险管理体系对项目的顺利实施起到了重要的作用。

北斗二号卫星工程的项目管理机构在风险管理上的职责分工与协调,与工程的总设计师、总指挥系统保持一致,按照技术管理和行政管理职责分工负责承担风险管理工作,两条线全面铺开,实施自上而下的风险管理。

10.2　风险管理规划

风险管理规划是将风险管理的全部活动形成计划文件的过程,其目的在于为项目管理组织如何从当前所处的状态到达所期望的未来状态,规划出风险管理的目标、目的和过程,其输出结果就是风险管理计划书,是风险管理的导航图。

风险管理规划过程中规定风险管理的总目标,确定一套全面完整、有机配合、协调一致的策略和方法,这套策略和方法用于识别和跟踪风险区,拟定风险应对方案,进行持续的风险评估,从而确定风险变化情况并为风险应对配置充足的资源。

制定风险管理规划是实施风险管理的第一步,北斗二号卫星工程的各大分系统均制定了详细的风险管理规划,通过分析各个阶段可能出现的风险,识别风险源,制定风险处置预案,以便有效规避风险和合理处置风险事件,使项目顺利进行并获得预期的效益。

10.2.1　风险管理的目标

风险管理的首要工作是确定风险管理目标,北斗二号卫星工程风险管理目标与工程的总目标一致,即以尽量小的成本保证工程顺利实施。具体可分为以下四个目标。

1. 风险管理的技术目标

系统功能、技术领先水平、工程研制过程和系统运行中的安全性系数、可靠性系数达到要求。北斗二号卫星工程服务于国家战略,工程成败影响到经济、政治、社会等各个方面大局,因此,将技术目标列为首要目标。系统功能设计方面充分利用我国航天工程多年实践经验,借鉴国外先进的导航系统设计研制的经验和教训,防范卫星、火箭的设计、研制以及导航系统本身的技术风险,同时,重点关注工程实施过程中的可靠性和安全性,以此为依据制定风险管理规划,指导风险管理工作。

2. 风险管理的费用目标

以尽量小的经济代价实现北斗二号卫星工程预定的功能需求。北斗二号卫星工程作为一个大型的航天项目,费用问题也是风险管理应考虑的关键因素之一。在研制和运行过程中,要尽量选择费用低、代价小同时能保证风险处理效果的方案和措施。因此,有必要防范费用风险,避免由于经济、技术、社会环境上的不确定性造成重大经济损失,通过比较同等条件下的费用大小的关系,进行基于经济合理目标的风险决策。

3. 风险管理的进度目标

在保证北斗二号卫星工程质量的前提下缩短项目研制周期,在规定的时间提交满足预定功能和服务的导航系统。北斗二号卫星工程的研制组网周期比较长、时间跨度大,这就要求在风险管理过程中考虑进度目标,在保证北斗二号卫星工程质量的前提下,精确控制研制组网周期,保证项目按时完成。尤其是在卫星批生产、高密度发射、多星组网等方面存在很多影响进度的风险因素,需要防范风险以保证工程的研制进度,使其能在规定的时间完成整个项目的研制组网运行工作。

4. 风险管理的社会目标

北斗二号卫星工程对于整个国家经济和国家战略而言意义重大,不仅能带动一系列新兴产业的发展,还能促进导航系统在我国国民经济和国家安全领域的应用,摆脱受制于人的局面。

北斗二号卫星工程的风险管理目标如图 10.5 所示。

北斗二号卫星工程的风险管理规划过程中,始终围绕技术目标、费用目标、进度目标、社会目标等四个方面开展,以使得能够全面分析每个方面的分目标风险,对各种风险进行全面综合防范,确保科学应对各种风险,实现风险管理目标。

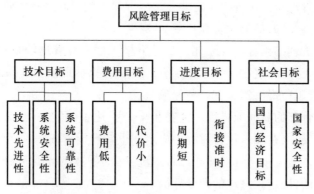

图 10.5　北斗二号卫星工程风险管理目标

10.2.2　风险管理规划的依据

北斗二号卫星工程风险管理规划的依据如下：

（1）项目章程。即北斗二号卫星工程中所包含或涉及的战略性文件，还包括项目设施文件所指明的工程关键要素，如目标、规模、复杂度、所需资源、时间段约束条件及假设前提等。

（2）风险管理方针。事先规定的风险分析与应对方法，在应用时结合具体情况进行适当的修改。

（3）角色与职责。事先明确相关的角色与职责，以及决策的权限与层次。

（4）风险的临界值。北斗二号卫星工程对风险所能承受的最大值。

（5）风险管理规划样板。风险管理规划样板在项目中的应用，根据应用样板的效果对其不断改进，从而使风险管理标准化、程序化。

（6）工作分解结构。北斗二号卫星工程的工作划分及工作的层次结构关系。

（7）数据及管理系统。丰富的数据和严密的系统基础将有助于风险识别、风险评估、应对及监控。

依据以上详尽的项目相关文件、资料和数据，制定有效的风险管理规划，通过严密的组织设计和清晰、准确的过程规定，将各项任务都落实到具体实施人员，以有效地实施风险管理，保证风险识别、风险评估、风险应对及风险监控有序实施。

10.2.3　风险管理规划的工作内容

风险管理规划的核心内容包括以下方面。

（1）风险管理方法的确定。确定北斗二号卫星工程实施风险管理所使用的方法、工具及数据来源。

（2）风险管理责任矩阵。确定北斗二号卫星工程风险规划中每项活动的负责人及组成成员，明确成员的职责和任务。

（3）风险管理的预算。建立北斗二号卫星工程风险管理的预算，根据项目风险管理的主要工作，制定主要的工作预算，上报汇总，从而形成风险管理预算总计划，为风险管理工作提供资金支持和保障。

（4）风险管理的时间安排。确定在北斗二号卫星工程整个生命周期内风险管理活动的时间安排，在项目执行过程中应定期重新进行审查。

（5）风险评估准则。针对北斗二号卫星工程不同类型的风险和拟采用的定性与定量分析方法，确定相适应的评分标准。

（6）风险临界值的确定。在北斗二号卫星工程风险管理过程中，预先设定对风险采取行动的可接受临界值，临界值构成了项目风险应对计划执行效果的指标，并规定由何人、以何种方式处置风险事件。

（7）风险管理报告流程。规定风险管理过程的结果如何记录与分析，并规定风险相关信息的传递渠道和对象。

（8）风险跟踪计划。制定北斗二号卫星工程风险管理活动的记录及跟踪计划，以便当前和未来考查使用。

10.3　风险分析与应对

风险分析主要包括风险识别和风险评估两项风险管理活动。风险管理组织在风险分析的基础上，针对具体风险结果确定相应的风险应对方法，制定风险应对计划，作为进一步风险监控的重要依据。

10.3.1　风险识别方法

风险识别是指对未发生的、潜在的以及客观存在的各种项目风险进行系统的连续性的识别，并对风险事件的原因进行分析。识别北斗二号卫星工程可能存在的风险，是风险管理中最重要的一步。由于北斗二号卫星工程风险具有可变性、不确定性，任何条件和环境的变化都可能改变原有的风险并产生新的风险。风险识别是制定风险应对计划的依据，并为风险评估提供必要的信息，是风险评估的基础性工作。

在北斗二号卫星工程的风险识别过程中，运用的主要方法如下。

1. 核对表法

核对表法是管理中用来记录和整理数据的常用工具。用核对表进行风险识别时，将项目可能发生的许多潜在风险列于表上，供风险识别人员进行检查核对，用来判别北斗二号卫星工程是否存在表中所列或类似的风险。

2. 流程图法

流程图是项目风险识别时常用的工具,可以帮助北斗二号卫星工程风险识别人员了解项目分析时所处的具体项目环节、分析项目各个环节之间存在的风险以及风险的起因和影响。通过对项目流程的分析,可以发现和识别项目风险可能发生的环节或位置,以便判断项目流程中各个环节对风险影响的大小。

3. 专家询问法

专家询问法包括面谈法、头脑风暴法和德尔菲法,通过营造一种自由、无批评的交流环境,将所要研究的问题明确化,然后征询相关领域专家或者有经验的与会者的意见,再进行整理、归纳、统计,集思广益地得到大量关于问题的创造性意见。这种方法主要是利用了专家的隐性知识,比较适用于北斗二号卫星工程没有类似实践经验、创造性比较强的项目风险识别。

4. 情景分析法

情景分析法是通过有关数字、图表和曲线等,对北斗二号卫星工程未来的某个状态或某种情况进行详细的描述和分析,从而识别引起项目风险的关键因素及其影响程度的一种风险识别方法,它不仅注重说明某些事件出现风险的条件和因素,并且还要说明当某些因素发生变化时,又会出现什么样的风险,产生什么样的后果等。

5. 故障树分析法

故障树分析法是分析问题形成原因时广泛使用的一种方法,其原理是将复杂的系统分解成相对简单的子系统,将大的故障分解成各种小的故障。故障树分析法的步骤是:找出顶事件,建立故障树,定性或定量分析故障树。顶事件是系统故障事件,确定顶事件后,再逐级找出与上级事件直接相关的事件,按照与/或等逻辑关系,直到找出仅仅导致其他事件的底事件,画出故障树,最后通过定性与定量计算来评定故障树。故障树分析法先把北斗二号卫星工程面临的主要风险分解成许多小的风险,然后一层一层的分析产生风险的原因,排除无关因素,找到真正对项目产生影响的最底层风险及原因。

6. 现场调查法

现场调查法是一种非常重要的风险识别方法,通过直接考察北斗二号卫星工程现场可以发现许多客观存在的静态因素,收集更多的信息,有助于预测、判断某些动态因素,对现场考察所获得的信息要进行认真研究,去伪存真。

7. 基于层次全息建模的风险识别方法

层次全息建模(Hierarchical Holographic Modeling,HHM)是一种全局的思想和方法论,它的目的在于捕捉和展现一个系统在其多个方面、视角、观点、维度和层次中的内在特征和本质。在宏观层次,HHM 方法为北斗二号卫星工程风险建模和风险识别提供了良好的框架,具有多个视图和多个层次的特点能够大大增强对大规模复杂系统的风险识别能力。在北斗二号卫星工程风险管理识别过程中,以 HHM 为框架,采用以头脑风暴法为核心的专家咨询法全面分析各个方面、各个过程的风险,避免由于风险因素的疏漏造成重大失误。

利用 HHM 方法对大规模复杂系统进行建模时,可能会出现多个数学模型或概念模型,每个模型采用一个具体的视角,但是所有的模型都可以被认为是对系统的适当描述。通过 HHM 开发出多个模型,共同捕捉系统的多视图、多维度和多侧面的信息。与其他风险识别方法相比较,HHM 方法具有以下的优势。

(1)提供被建模系统的一个全息视图,可以更好地辨识系统绝大多数的风险源和不确定性。

(2)提高了获得系统不同侧面和其他因素的能力,增强了建模的稳定性和可靠性。

(3)针对建模开发中的可用数据,提高了不同全息建模过程中的敏捷性。

(4)避免仅使用单个模型为复杂系统建模的局限性,通过为系统的多个特定方面建模来解决这一问题,增加了建模过程的现实性。

(5)能更好地处理与大规模复杂系统相关的多目标、多层次和多属性等问题。

10.3.2 风险评估方法

北斗二号卫星工程风险评估就是在风险识别的基础上对每种风险进行系统的定性和定量分析,并给出相应的评价结论,根据风险对项目目标的影响程度对项目风险由大到小分级排序。

风险评估的方法可以分为定性和定量两类。在北斗二号卫星工程风险评价的具体实施过程中,往往要综合运用定性和定量相结合的评估方法,对北斗二号卫星工程各阶段单个风险及其综合效果进行评估,得到北斗二号卫星工程主体对风险的承受能力。

北斗二号卫星工程定性与定量风险评估的方法如下。

1. 专家调查法

专家调查法的具体过程就是将北斗二号卫星工程的所有风险罗列出来,利用专家的经验,对各个风险的严重性进行打分,从而确定风险的大小。专家调查法可以集中不同专业人员的看法,使对风险结果的预测更全面、客观、可靠。在缺乏有关资料,或者由于对北斗二号卫星工程的风险预测能力不足,而用其他方法进行预测时又有困难,专家调查法是有效可行方法。专家调查法大致有三种形式:第一种是集体讨论;第二种是个人预测综合法;第三种是德尔菲法。

2. 等风险图

等风险图包括两个因素：失败的概率和失败的后果。将识别的北斗二号卫星工程风险分为低（<0.3）、中（0.3~0.7）、高（0.7 以上）三类。用风险度评价风险水平，画等风险图时，风险度取值为 0~1 之间的一个数，故障概率和故障影响取不同的组合，以故障影响为横轴，故障概率为纵轴画在平面图中，用光滑曲线连起来，再取风险度为其他值，重复上述过程，就可以画出等风险图。有了等风险图，就可以把具体项目的风险度与之对照。

3. 蒙特卡洛仿真

蒙特卡洛仿真是一种有效的统计实验计算方法。这种方法的基本思想是人为的建立一种概率模型，使它的某些参数恰好重合于所需计算的量；又可以通过试验，用统计的方法求出这些参数的估值；把这些估值作为要求的近似量。通过仿真工具和技术及智能系统，实现对北斗二号卫星工程风险事件的评估，能有效减少风险评估时间和费用。

4. 模糊综合评价

模糊综合评价是指多属性体系结构描述对象做出全局性的、整体性的评价，其基本思想是在确定北斗二号卫星工程的风险评价因素、风险评价等级标准和权值的基础上，运用模糊集合变换原理，以隶属度描述各风险因素及风险评价等级的模糊界限，构造模糊评价矩阵，通过多层的复合运算，最终确定评价风险对象所属的等级。

5. 风险评审技术

风险评审技术（VERT）是在计划评审技术（PERT）和图示评审技术（GERT）的基础上发展起来的，由于 PERT 和 GERT 均主要是针对进度风险展开分析，找出其中的薄弱环节，而对费用重视不够，其结果往往是进度上得到了保障，经费却大大超出预算。风险评审技术是在网络模型中引入完成活动风险的概念，把完成活动的时间、费用及效果联系起来，建立三者之间的数学关系，以及活动之间的数学关系，从而大大提高了描述与分析现实情况的能力。其模型使用两种基本符号：节点和弧。节点代表一个决策点，或者一个阶段与另一个阶段的分界点，即事件。弧代表一个活动，它可以同时用三种指标来描述：该活动结束后能达到的性能，完成该活动所需的时间，完成该活动所耗费的费用。

6. 故障树分析法

故障树分析法可以对北斗二号卫星工程的保障性风险和技术风险进行定量评估。通过对可能影响北斗二号卫星工程的各风险因素进行分析，画出故障树，并确定风险事件组合及其发生概率，进而得出对保障性风险和技术风险的评估结论，为采取相应的措施提供依据。

10.3.3 风险等级确定方法

风险等级的划分是风险评估的基准,也是进一步评价风险等级、并对不同风险等级风险事件采取相应的风险应对措施的先决条件。

在对北斗二号卫星工程风险估计时,需要估计损失的大小,也需要估计风险发生的概率。通过对北斗二号卫星工程的全系统、全过程的综合分析,根据项目相关方和专家的综合意见,对北斗二号卫星工程的风险严重性等级与风险可能性等级进行定义,如表 10.1 和表 10.2 所列。

表 10.1　北斗二号卫星工程风险严重性等级定义表

等级	程度	风险严重性程度描述
A	灾难的	总体技术方案出现颠覆 阶段任务无法完成或达不到任务目标 工程实施过程中人员死亡 星座组网失败 系统严重毁坏或全部功能丧失且无法恢复
B	严重的	分系统或重大技术方案出现颠覆或重大反复 阶段任务部分完成或仅达到部分任务目标 工程实施过程中人员严重伤害 卫星导航系统试验未到达主要实验目的、部分功能丧失 系统毁坏或主要功能丧失且无法修复
C	轻度的	阶段主要任务完成或达到的目标仅为任务的主要考核目标 影响试验任务进度 3 天以上或影响研制、生产 10 天以上 系统轻度损坏或主要功能丧失且可以修复 工程实施过程中人员轻度伤害
D	轻微的	系统极轻微损坏或仅次要功能丧失且可以立即修复 工程实施过程中无人员伤害

表 10.2　北斗二号卫星工程风险可能性等级定义表

等级	概率	发生的可能性	发生概率
a	频繁	频繁发生	>20%
b	很可能	寿命期内发生若干次	10%~20%
c	有时	寿命期内有时发生	1%~10%
d	极少	寿命期内不易发生,但有可能	0.1%~1%
e	不可能	可假定不会发生	<0.1%

由于风险是由其产生的后果与风险发生可能性的函数,因此,综合表 10.1 和表 10.2,得出北斗二号卫星工程风险综合评价等级,如表 10.3 所列。

确定了北斗二号卫星工程各种风险的综合评价等级之后,再确定风险的评价基准,进而确定北斗二号卫星工程的整体风险水平并与之相比较,得出风险评估结论。

表 10.3　北斗二号卫星工程风险综合等级表

风险大小	风险等级	风险综合评价指数
高度风险	I	Aa、Ab、Ba、Bb
较高风险	II	Ac、Bc、Ca、Cb
中度风险	III	Ad、Bd、Cc、Da、Db
低度风险	IV	Cd、Dc、Dd

10.3.4　风险应对方法

北斗二号卫星工程进行风险管理的最终目的是为了对风险进行应对并使其带来的危害最小。当风险评估完成之后,对北斗二号卫星工程的风险水平有了基本的评价,从而决定采取什么样的风险应对措施,以最小的成本和最有效的方法达到减少风险事故发生的频率和损失范围的目的。

一般项目的风险应对措施见表 10.4。在北斗二号卫星工程实施过程中,可以根据风险的性质和资源情况采取不同的风险应对措施。

表 10.4　项目风险应对方法

措施类型	风险处理方法
风险预防	改变风险发生的可能性
风险回避	改变计划排除风险或条件,或保护目标使其不受影响
风险控制	减少风险发生,降低风险影响
风险承担	把风险自愿承担下来,不做专门控制

1. 风险预防

北斗二号卫星工程风险预防的方法分为有形和无形两种。有形的方法以工程技术为手段,通过对人员、仪器设备、主要原材料、工艺装备、生产环境等各个风险要素所处的状态进行了解、调整,消除一些物质性的风险威胁。无形的方法主要有教育法和程序法,教育法通过对有关人员进行风险和风险管理教育,预防因不当行为造成的风险;程序法是通过制度化的方式规范北斗二号卫星工程的各项活动,使各种行为和行为结果可预测,防范风险事件的发生。

2. 风险回避

北斗二号卫星工程风险回避是一项降低风险的技术,通过更改方案、要求、规范等方法,尽可能规避风险事件,将风险降低到可接受的水平。北斗二号卫星工程风险回避适用于当项目风险的潜在威胁发生可能性太大,不利后果非常严重,在坚持既定方案下没有其他风险应对措施可能选择的情况,通过主动放弃或改变目标、更改行动方案达到规避风险的目的。

3. 风险控制

风险控制是对项目进行连续监控和纠正的过程。风险控制不是试图消除风险源,而是努力降低风险发生的概率或尽量减轻风险对项目的影响。北斗二号卫星工程采用稳妥有效的风险控制措施防范工程实施中的风险,这些措施包括:

(1)早期研制。在技术采用决策以及设计、制造、使用前,开展技术探索。

(2)渐进式研制。研制、实验、应用过程中不断改进,每次研制中按照功能、性能要求,合理采用成熟技术和新技术,使产品始终安全可靠并具有技术的先进性。

(3)检查。在适当的时机对质量、进度、费用相关数据进行考核检查。

(4)验证事件。对关键产品性能、关键过程进行验证。

(5)建模与仿真。对于验证费用大、周期长或者不可验证的产品,采用计算机辅助下的仿真技术进行分析研究。

(6)过程验证。通过产品实际应用情况判断存在的风险。

(7)制造筛选。通过制造过程中的性能检测、集成检测等方法进行产品筛选,把风险事件消灭在前期。

4. 风险承担

风险承担是指对存在特定风险状况的认知从而主动做出决策接受相应的风险,无须专门进行风险控制。要成功做到风险承担必须有:

(1)风险准备金,用于补偿因差错、疏漏及其他不确定对项目经费的影响。

(2)技术后备措施,是预先准备好的时间或资金,当风险发生时,并需要补救时才启用这段时间或资金。

对于一些风险损失较小、风险发生概率较低的风险事件,北斗二号卫星工程采用风险承担的形式,留出一定的机动资源防范风险事件,保证工程顺利进行。

10.4 风险监控

北斗二号卫星工程的任何一个风险都有一个发生、发展的过程,在对风险采取措施之后,随着北斗二号卫星工程过程的推进,风险还可能增大或者衰退。因此,在北斗二号卫星工程执行过程中,需要时刻监控风险的发展和变化,并时刻关注随着某些风险的消失而产生的新风险,动态掌握风险及其变化情况,跟踪并控制风险。

10.4.1　风险监控依据

北斗二号卫星工程风险监控依据主要包括如下内容。

1. 风险管理计划

风险管理计划提供了为北斗二号卫星工程风险管理分配的人员、资金、时间等资源计划信息。

2. 风险登记册

风险登记册提供了已识别的风险、风险负责人、风险处理策略、具体的实施方法、风险征兆和警示信号、残余风险和二次风险以及时间和费用的应急储备。

3. 附加的风险识别和分析报告

随着北斗二号卫星工程的进展,在对项目进行评估和报告时,可能会发现以前未曾识别的风险事件。应对这些风险继续执行风险识别、评估、量化和制定应对计划。

4. 其他项目风险相关文件

北斗二号卫星工程的工作成果和多种项目报告包含了项目风险方面的信息。一般用于监督和控制项目风险的文档有:事件记录、行动规程、风险预报等。

10.4.2　风险监控技术

北斗二号卫星工程采用的主要风险监控技术如下。

1. 风险再评估

风险再评估是指对北斗二号卫星工程中新的风险进行识别并对风险进行重新评估。

2. 技术性能度量

技术性能度量是将北斗二号卫星导航系统的基本性能参数的估计值与实际值进行比较,并判断其差值对系统性能产生什么影响的一项技术。定期运用这项技术可以及早并持续地预测风险处理活动的效果。也可以发现新风险,以及时避免给费用或进度带来无法挽回的影响。

3. 审核检查法

该方法是航天项目传统的风险监控方法,可用于北斗二号卫星工程的全过程,从项目建议书开始,直至项目结束。北斗二号卫星工程的技术规格要求、各个分系统的设计文件、实施计划、必要的试验等都需要审核。审核时要查出错误、疏漏、不准确、前后矛盾、不一致之处。审核还会发现以前或他人未注意或未想到的地方和问题。检查是为了把各方面的反馈意见立即通知有关人员,一般以已完成的工作成果为对象,包括项目设计文件、实施计划、试验计划、试验结果、材料设备等。

4. 费用偏差分析法

这是一种测量项目预算实施情况的方法。该方法将实际上已完成的项目工作同计划的项目工作进行比较,确定项目在费用支出和时间进度方面是否符合原计划的要求。该方法收集的数据有:计划工作的预算费用(BCWS)、已完成工作的实际费用(ACWP)和已完成工作的预算费用(BCWP)。

费用偏差(CV)指 BCWP 与 ACWP 之间的差异,计算公式为:

$$CV = BCWP - ACWP$$

进度偏差(SV)是指 BCWP 与 BCWS 之间的差异,计算公式为

$$SV = BCWP - BCWS$$

将此函数画在以时间为横坐标、以费用为纵坐标的图上,则函数曲线一般呈 S 状,俗称 S 曲线。当 $CV < 0, SV < 0$ 时,表示项目的执行效果不佳,即费用超支,进度延误,应采取相应的补救措施。

5. 风险监视单

风险监视单是北斗二号卫星工程执行过程中需要管理工作给予特别关注的关键区域的清单,根据风险评估结果编制监视单,使监视单中风险数目尽量少,并重点列出那些对北斗二号卫星工程影响最大的风险。

10.4.3 风险监控过程

北斗二号卫星工程风险监控过程如下。

1. 建立风险监控体系

包括北斗二号卫星工程风险责任制度、风险信息报告制度、风险控制决策制度、风险控制的沟通程序等。

2. 确定要监控的具体项目风险

按照北斗二号卫星工程具体风险后果严重性的大小和风险发生的概率,以及项目组织的风险监控资源情况,确定要进行监控的风险和可以容忍的风险。

3. 确定项目风险的监控责任

所有需要监控的项目风险都必须落实负责监控的具体人员,同时要规定其所负的责任。

4. 确定项目风险的行动时间

对北斗二号卫星工程风险的监控,要制定相应的时间计划和安排,规定监控项

目风险问题的时间表和时间限制。

5. 制定各具体项目风险的控制方案

负责北斗二号卫星工程风险监控的人员,根据风险的特性和时间计划,制定各具体项目风险的控制方案以及在不同阶段使用的风险事件控制方案。

6. 实施具体项目风险控制方案

按照确定出的北斗二号卫星工程具体的项目监控方案,开展项目风险控制的活动,并根据项目风险的发展和变化,不断地修订项目风险控制方案与办法。

7. 跟踪具体项目风险的控制结果

跟踪具体项目风险控制结果的目的是收集风险事件控制工作的信息并给出反馈,即利用跟踪去确认所采取的项目风险控制活动是否有效,项目风险的发展是否有新的变化。这一步是与实施具体项目风险方案同步进行的。

8. 判断项目风险是否已经消除

如果认定某个项目风险已经解除,则该具体项目风险的控制作业就已经完成。若判断认为该风险仍未解除,就需要重新进行项目风险识别,这需要重新使用项目风险识别的方法,对项目的活动方案进行重新的识别,然后重新按照本方法的全过程开展下一步的具体风险控制作业。

10.5　风险管理实践

北斗二号卫星工程研制和运行过程中,风险管理一直是系统总体和各分系统十分重视的关键问题,积累了十分重要的经验。下面以运载火箭以及发射场系统的风险管理为例,说明北斗二号卫星工程风险管理的过程。

10.5.1　基于风险事件工作包的风险管理规划

北斗二号卫星工程实施过程中,首要的工作就是风险管理规划,风险管理规划指导项目实施全过程的风险管理活动。北斗二号卫星工程将风险管理规划的内容以"风险事件工作包"的形式纳入项目管理。

"风险事件工作包"既是风险管理规划的结果,也是北斗二号卫星工程项目实施过程中的风险管理指南。从项目立项阶段开始,风险管理的各级负责人和机构在项目实施的关键环节之前必须编写"风险事件工作包",其内容包括风险名称、风险种类、风险等级、风险应对的负责部门,还包括风险事件描述和风险影响分析、风险应对措施以及保障条件。

"风险事件工作包"的形式如表10.5所列。

表 10.5　卫星系统风险事件工作包

风险编号：		风险名称：		
所属型号:北斗二号	风险种类：		风险应对单位：	风险等级：
风险事件描述： (1) 事件本身描述及影响分析： (2) 事件要求完成时间和投产矩阵： (3) 事件当前进展状态： (4) 风险对策及下一步工作安排：				
应对措施： (1) 措施 A： 　　负责人： (2) 措施 B： 　　责任人： (3) 措施……： 　　责任人：				
保障条件：				

　　"风险事件工作包"明确了风险事件的可能的发生时间、发生的位置、发生的可能原因,也明确了风险事件可能造成的重大影响。为了对风险事件进行有效防范和规避风险事件造成的不利影响,"风险事件工作包"还明确了风险事件的责任单位和责任人,明确了风险事件的应对方式以及需要的保障条件。

　　"风险事件工作包"广泛应用到北斗二号卫星工程中的各个阶段、各个子系统,使得北斗二号卫星工程中风险防范的对象明确、责任清晰、监控到位、应对措施有效,为北斗二号卫星导航系统的成功研制奠定了良好的基础。

10.5.2　基于层次全息建模(HHM)的风险识别

　　对于北斗二号卫星工程的风险管理而言,HHM 具有为其不同阶段、不同子系统间的复杂关系建模的能力,可以更加全面系统地评估各个子系统的风险以及它们对整个系统风险的影响。这样,通过层次全息建模就可以获得可追踪的建模过程和更具代表性、更完整的风险分析过程。

　　由于北斗二号卫星工程隶属于大型航天工程,是大规模复杂系统,受到许多风险因素的影响,因此,需要一个整体全面的分析框架来确定这些众多的风险因素来源。根据北斗二号卫星工程的实际和 HHM 方法,从风险层次、研制过程、风险范围、风险对象、项目特征和项目管理六个方面的视角来辨识北斗二号卫星工程的风险源,形成北斗二号卫星工程风险识别的 HHM 框架,如图 10.6 所示。

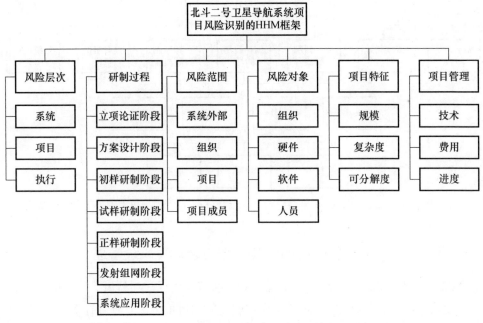

图 10.6　北斗二号卫星工程风险识别的 HHM 框架

通过风险识别的 HHM 框架可以更好地刻画影响北斗二号卫星工程成功的基本系统特征和性质,围绕研制项目的阶段,经过反复迭代的过程确定北斗二号卫星工程的所有风险源。

以北斗二号卫星工程试样研制阶段风险分析为例,考察风险对象和项目管理两个方面分析可能出现的风险,说明如何利用图 10.6 所示的框架来识别北斗二号卫星工程的风险。如图 10.7 所示,首先分析试样研制阶段中第一层(即项目管理层)中的第一个因素(即技术)将受到风险对象的四个因素的哪些影响,找出可能存在的风险,如:组织过程不严密、软件、硬件设施不达标、人员的流动性大等都可能会带来质量风险;然后再找出第一层中的第二个因素(即费用)受风险对象的四个因素的影响,找出可能存在的风险;第一层中的其他因素都依次类推。当试样研制阶段中的风险都分析完毕之后,再用同样的方法分析其他阶段中存在的风险。

通过对北斗二号卫星工程进行广泛深入的调查研究,以及组织相关领域的专家和研制项目管理人员进行头脑风暴法,提出了北斗二号卫星工程风险识别的 HHM 框架,全面系统的识别北斗二号卫星工程的风险因素。运用专家调查法,分析北斗二号卫星工程中的主要风险因素。

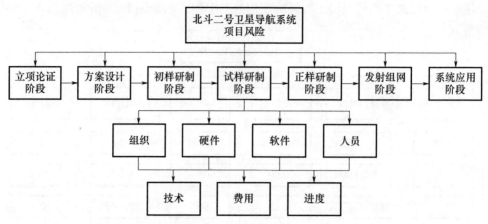

图 10.7　北斗二号卫星工程研制阶段、风险对象和项目管理视角下的风险分析框架

10.5.3　运载火箭系统的风险预控与全过程风险管理

北斗二号卫星工程运载火箭系统的管理部门运用现代项目风险管理的先进思想,结合运载火箭系统承担导航卫星高密度发射和组批生产管理的任务特点,提出了"管理重心前移,强化风险预控"的风险管理思想。

承担卫星发射任务的 CZ – 3A 系列运载火箭,从 20 世纪 90 年代成功发射中国新一代通信卫星东方红三号以来,一直作为发射国内、国际卫星的主要运载火箭之一,历时 20 多年,完成了近 60 次的发射任务。

北斗二号卫星工程卫星发射数量多、时间紧,持续高密度发射对运载火箭系统质量、稳定性和可靠性都提出了很高的要求,使得配套单位的制造压力异常严峻。为进一步提升制造过程的一致性和技术稳定性,降低质量风险,研制部门充分考虑 CZ – 3A 系列型号组批生产、单机交付、综合试验、总装总测的组织管理特点,积极融合质量管理相关要求和提前预控风险的管理思路,从人、机、料、法、环(即人员、仪器设备、主要原材料、工艺装备、生产环境,4M1E)和"九新"(新人员、新岗位、新设备、新工装、新材料、新状态、新工艺、新技术、新环境)等方面提出了投产前进行全要素确认机制。

1. 基于生产要素的风险识别与评估

CZ – 3A 系列型号采取组批生产交付模式,且一个批次涵盖的火箭数量较多,横跨的年限较长,采取通常的每批生产前进行生产准备检查及非连续批次生产首件鉴定的管理模式,所以可能隐含一定的质量风险,如人员岗位的变动、技术状态的变化、设备工装的更换、原材料批次波动等等,都是风险因素。

为了对风险隐患进行有效控制,运载火箭系统研制部门提出,在产品投产前,承制单位对产品的生产准备情况予以确认,履行生产许可确认审批流程,由各职能部门和单位对人员、仪器设备、主要原材料、工艺装备、生产环境以及相应的输入文件、过程操作文件和质量控制文件等基本要素的状态或质量进行逐项确认,对可能存在的风险进行识别和采取必要措施。

确认要素主要为:人、机、料、法、环和"九新"项目,结合各项管理规定及要求,形成系统的型号产品生产质量风险预控体系,确保整个科研生产活动顺利开展,将可能存在的风险降至最低。表 10.6 是基于生产要素的运载火箭系统风险预控体系。

表 10.6　型号产品生产质量风险预控体系

4M1E 项目	检查确认要求	"九新"项目	风险等级	采取的措施	管理办法/要求
人	定岗定员 掌握相应技能 具备相应资质	新人员	中	技能培训	人力资源管理规定 新员工培养期满考核办法 人员培训及资格鉴定管理规定 特种工艺操作人员培训及资格鉴定管理办法 检验人员培训及资格鉴定管理办法 首次(新人员)操作培训
		新岗位	中	岗位培训	各部门及各类人员的质量责任制实施细则 职工上岗管理办法
机	技术状态符合 检定有效 质量状态良好	新设备	中	首件鉴定	监视和测量装置管理办法 计量标准器具管理办法 首件鉴定管理办法
		新工装	中	工艺试验 试 模	工艺装备管理办法
料	性能合格 性能波动可控	新材料	高	工艺试验 考核试验 首件鉴定	物资管理办法 材料复验管理办法 新产品研究试制管理规定 首件鉴定管理办法
法	技术状态明确 设计文件齐全有效 工艺文件齐全有效 质量控制文件齐备	新状态	中	工艺试验 考核试验 首件鉴定	技术状态管理程序 设计文件管理规定 工艺管理基本规定 生产准备检查办法 新产品研究试制管理规定 首件鉴定管理办法
		新工艺	高		
		新技术	高		
环	温、湿度符合要求 现场区域划分明确	新环境	低	工艺试验	文明生产管理办法 生产环境管理办法

风险要素确认之后,根据以往生产过程中出现的风险事例以及经验教训,采用专家调查法,确定风险等级,制定用于风险应对的管理办法。

2. 基于产品重要度的风险分级管理

按重要程度将产品予以分类,针对部件、组件、关键件、重要件产品办理所级生产许可证,零件级产品办理车间/事业部级生产许可证,如型号管理或型号质量保证大纲有特殊要求的,按要求进行产品许可证的办理。许可证的形式如表10.7和表10.8所列。

3. 基于全要素确认的研制风险监控

以风险预测和管控思路,从可能影响最终产品质量的人、机、料、法、环(4M1E)及"九新"六个环节做好细致分析,对涉及的要素进行逐项检查、确认,对存在问题的环节明确落实有效措施,尽可能降低质量风险。

(1)"人"因素的风险确认与风险监控。按定员定岗原则,严格落实责任主体,首先,确定产品负责人(主管工艺人员),由其挑选经过相关技能培训且资质考核合格,并持有相应工种有效上岗证明文件的人员作为本产品生产的操作人员。其次,确定主管检验人员,并按要求对生产许可证文实相符性、许可证的适用性进行检查确认。表10.9为产品生产涉及相关人员的检查确认示例。

表 10.7　所管产品生产许可证示例

所管产品生产许可证							
编号:							
名称		图号			所属型号		
产品编号		产品批次			阶段		
任务号		计划生产数量			计划起止时间	年　　月　　日	
						年　　月　　日	
内容	图号(编号)		名称		状态确认		
技术条件							
技术通知单					受控版□ 是否与任务状态对应□		
更改单							
技术图纸							
工艺文件					受控版□ 是否与图纸对应□		

（续）

(临时)更改单			受控版□
质量跟踪卡			是否与工艺规程对应□
是否有"九新"项目	新状态□新岗位□新技术□新工艺□新材料□ 新环境□新单位□新人员□新设备□		
主要原材料质量			
填表:(签字)　　　　　　检验员:(签章)　　　　主管领导:(签字)			

表 10.8　车间、事业部自管产品生产许可证示例

车间、事业部自管产品生产许可证						
编号:						
名称		图号		所属型号		
产品编号		产品批次		阶段		
任务号		计划生 产数量		计划起 止时间	年　月　日 年　月　日	
内容	图号(编号)	名称		状态确认		
技术条件						
技术通知单				受控版□ 是否与任务状态对应□		
更改单						
技术图纸						
工艺文件				受控版□ 是否与图纸对应□		
(临时)更改单				受控版□		
质量跟踪卡				是否与工艺规程对应□		
是否有"九新"项目	新状态□新岗位□新技术□新工艺□新材料□ 新环境□新单位□新人员□新设备□					
主要原材料质量						
计量仪器仪表质量						
设备、工装质量						

表 10.9　产品生产涉及相关人员的检查确认示例

产品生产涉及相关人员				
上岗人员情况	以下操作人员资格已通过培训及鉴定,可以上岗			
	姓名	操作证编号	姓名	操作证编号
工艺员(产品负责人)	(签名)		年　　月　　日	
主管检验员	(签章)		年　　月　　日	

　　如确定的人员属于首次上岗操作(检验),或操作人员(检验人员)发生变化时,应按要求由产品负责人(主管工艺人员)对所有参与生产的操作人员、检验人员开展首次操作前的专题培训,对该产品生产过程控制的操作要点、检验要点、问题案例及注意事项进行针对性学习。主管检验人员应共同参与培训,并对培训进行监督,对未履行培训的情况,检验人员有权制止操作实施。参与生产的操作人员、检验人员首次操作培训记录如表 10.10 所列。

表 10.10　首次(新人员)操作培训记录表

首次操作培训记录表						
型号		产品图号		产品名称		
工序名称		工艺规程编号				
培训内容	操作要点					
	检验要点					
	案例及注意事项	工艺员:			年　　月　　日	
参加培训人员签名		操作者:				
		检验员:			年　　月　　日	
受训人员意见		签　名:			年　　月　　日	
处理意见		工艺员:			年　　月　　日	

　　(2)"机"因素的风险确认与风险监控。产品负责人(主管工艺人员)对产品生产过程中使用的计量仪器、仪表、设备、工装等情况进行统计,重点对生产/检测设备、计量仪表的检定,A 类工装的鉴定,B 类工装的试模等符合规定情况进行说明,并由设备仪器管理部门和工艺装备管理部门分别予以检查确认,确保处于良好状态,如表 10.11 和表 10.12 所列。

如属新设备、新工装首次使用,应履行相关首件鉴定手续,生产的首件产品合格后才能够允许继续使用。

表 10.11　计量仪器、仪表质量检查确认示例

计量仪器、仪表质量				
序号	计量仪器、仪表名称	检定周期	编号	检定日期

表 10.12　设备、工装质量检查确认示例

设备、工装质量					
序号	设备、工装名称	工装类别	A 类工装鉴定时间	工装或设备编号	状态
填表:(签字)　　　　　检验员:(签章)　　　　　主管领导:(签字)					

(3)"料"因素的风险确认与风险监控。生产中使用原材料的质量情况将直接影响最终产品质量,对于原材料的状态控制就显得尤为重要,所以产品负责人(主管工艺人员)在办理生产许可证时,应统计主要原材料本批次符合复验指标要求的明细情况,此外,考虑原材料性能波动风险影响,还应将本批次与以往历次复验范围进行比对,分析是否需要采取针对性工艺措施降低性能波动风险,如表 10.13 所列。如原材料属于超期使用或性能超差,按制度规定办理器材代用手续。

表 10.13　主要原材料质量检查确认示例

主要原材料质量情况								
序号	原材料名称	复验项目	要求指标	计量单位	批次	复验结果	根据历次复验范围是否采取工艺措施	备注
填表:(签字)　　　　　检验员:(签章)　　　　　主管领导:(签字)								

(4)"法"因素的风险确认与风险监控。产品负责人(主管工艺人员)对该产品启动生产所需的设计文件、技术条件、工艺文件和质量保证文件等符合设计和合同要求情况进行整理和统计,并由工艺管理部门对设计文件、工艺文件是否齐全有效进行检查确认,确认示例如表 10.14 所列。

表 10.14　设计、工艺和质量保证文件确认示例

设计、工艺和质量保证文件			
内容	图号（编号）	名称	状态确认
技术条件			
技术通知单			受控版☑
更改单			是否与任务状态对应☑
图纸			
工艺文件			受控版☑ 是否与图纸对应☑
（临时）更改单			受控版□
质量跟踪卡			是否与工艺规程对应☑
填表：（签字）　　　检验员：（签章）　　　　主管领导：（签字）			

（5）"环"因素的风险确认与风险监控。产品负责人（主管工艺人员）检查现场工作环境是否符合工艺要求,并由主管检验人员进行确认。

（6）"九新"因素的风险确认与风险监控。"九新"是指新状态、新技术、新材料、新工艺、新环境、新单位、新岗位、新人员、新设备。运载火箭系统研制过程中,产品负责人（主管工艺人员）对是否涉及"九新"及其级别进行识别,辨识可能存在的风险,梳理针对性措施,并由单位主管技术领导予以把关审核。"九新"情况确认表如表 10.15 所列。

表 10.15　"九新"情况检查确认表

"九新"确认表		
"九新"及级别	风险	措施
新状态□级别□		
新岗位□级别□		
新技术□级别□		
新工艺□级别□		
新材料□级别□		
新环境□级别□		
新单位□级别□		
新人员□级别□		
新设备□级别□		
填表：（签字）　　审核：（签章）　　　主管领导：（签字）		

4. 风险管理实施效果

通过采用严格的风险管理程序与制度,在产品投产前的生产准备阶段,通过全

要素多环节梳理,逐项予以分析和充分识别,并采取针对性措施予以控制,运载火箭系统的研制生产过程风险得以有效控制,产品质量稳定性和一致性有显著提高。

10.5.4　卫星发射"零窗口"风险管理

发射窗口是指允许发射航天器的时间范围,这个范围的大小也叫作发射窗口的宽度。发射窗口宽度有宽有窄,宽的以数小时计量,窄的只有几十秒。"零窗口"一般是指发射窗口时间宽度很短的情况。

北斗二号卫星导航系统的星座优选方案由 14 颗卫星构成,采用密集发射的方式完成组网工作,IGSO 卫星和 MEO 卫星的单次发射窗口很窄。计算表明,在窗口前沿发射对卫星顺利入轨最有利,发射时刻延误将导致实际的发射轨道偏离标准轨道,从而影响系统性能甚至造成不能按期组网或者组网失败的严重后果。

单次卫星发射窗口受卫星预定轨道的影响,也受运载火箭系统性能、地面跟踪与测控条件、气象条件的限制。为确保卫星在指定的"零窗口"时间内发射,北斗二号卫星工程的发射阶段进行了"零窗口"发射风险管理以应对风险,通过风险分析、风险监控和风险应对措施,取得了良好的效果。

1. "零窗口"发射的风险识别与评估

通过资料分析并运用专家调查法,确定"零窗口"发射风险源,并对风险事件发生的后果、发射的可能性进行评估。北斗二号卫星工程"零窗口"发射风险主要存在于以下几个方面。

1)发射场区设备保障风险

发射准备过程和发射过程中,需要利用发射场设备对火箭、卫星进行安装、测试、运输、发射、控制,设备的可靠性、可用性、协调性对发射场完成任务的质量具有很大影响,因此,发射场区设备保障风险是"零窗口"发射的重要风险。

2)发射场区意外事件风险

由于运载火箭采用挥发性很强、易燃、易爆、有毒危险品作为燃料,防范不严容易造成突发事故甚至灾害。除此之外,发射过程中任何自然灾害、人为突发事件甚至恐怖袭击和群体性事件都可能造成重大的政治、经济和技术影响。这些意外事件发生,都可能造成"零窗口"发射失败。因此,发射场区意外事件风险是北斗二号卫星工程"零窗口"发射的重要风险,应当防范于未然。

3)发射场区气象条件风险

表征大气状态的基本物理量和基本天气现象,统称为气象要素。主要气象要素有:气温、气压、风向、风速、湿度、降水、雷电、雾、辐射、云、能见度等。在这些气象要素中,降水、风、雷电等气象要素对火箭卫星的测试、转场、加注和发射影响较大。运载火箭和卫星的测试发射对气象条件有严格的要求,恶劣的气象会对卫星和火箭造成影响,轻则造成测试发射推迟、影响任务进程,重则造成设备损坏,甚至导致飞行失败。因此,发射场区气象条件风险是北斗二号卫星工程"零窗口"发射的重要风险。

4)发射过程指挥调度风险

正确的指挥是确保成功的关键,运载火箭的测试发射过程一般由阵地及分系统两级指挥系统组成,涉及指挥员多人,其中任一个指挥员出现误指挥、误口令都有可能对测试发射产生严重影响,甚至可能造成测控设备或者火箭、卫星的损坏,导致任务推迟。

根据经验和专家分析,影响"零窗口"发射的风险因素除了以上四个方面主要原因之外,还有测控通信系统、卫星系统等方面,航区测控通信系统是否满足最低发射条件,卫星测试是否正常都会对测试发射产生影响。

针对风险源,以项目组织为基础的北斗二号卫星工程风险管理部门分析了风险事件发生的可能性并评估了可能产生的损失,以风险评估为基础,制定了风险应对计划。

2. "零窗口"发射的风险应对计划

为了防范"零窗口"发射风险,北斗二号卫星工程采用了以下防范措施。

(1)技术改造和设备维护保养相结合,提高发射场区设备设施可靠性。根据"零窗口"发射任务的特点和要求,对发射场地面设施设备进行了多项改造工作以提高设备可靠性,从系统上有效实现了设备设施的可靠性增长,为北斗二号卫星工程的"零窗口"发射任务保障提供了良好的保障基础。此外还加强了设备设施维护保养工作,主要采取预防为主、防治结合、计划检修等方法,加强设备的维护保养,确保设备处于完好状态,提高设备的可靠性。针对雨季降水强度大,雷电活动频繁的特点,组织开展防雷防雨工作,重点对设备设施防雷接地指标进行检测,对室外设备的天线、探头、电缆等部分进行防蚀、防锈、防漏处理,确保防雨防雷措施有效。

(2)强化应急处置能力建设,防范发射区意外事件风险。北斗二号卫星工程的发射场系统肩负着意外事件防范和处置的重任,一直高度重视应急处突能力建设,大力开展应急指挥体系建设,多年来逐步建立起具有基地特色、符合任务要求的卫星发射任务、公共卫生、恐怖袭击及群体性事件、事故灾难和自然灾害5类突发事件应急预案体系,制定完成多项中心级应急预案、制度规范和知识手册,并制定了专项应急预案和实施细则,分别组建了危化品事故抢险、特种抢险救援、消防、救护、通信保障等应急分队,建成应急指挥中心。

(3)完善气象资料观探测手段,防范气象条件风险。北斗二号卫星工程发射场气象系统拥有闪电定位、空中电场、地面电场、多普勒天气雷达等一批配套齐全的气象观探测设备,气象观探测手段进一步完善。在气象观探测手段建设的同时,采取预防为主、防治结合、计划检修等方法,加强设备的维护保养,确保设备处于完好状态,提高设备的可靠性。通过建立技术先进、配套完善的气象情报资料收集系统,具备了较强的气象资料获取及危险天气监测预警能力,为北斗二号系列卫星发射任务气象保障提供了有力的支撑。

(4) 建立多任务并行的组织指挥模式,防范发射过程指挥调度风险。针对北斗二号卫星工程高密度发射任务要求,为确保多任务并行顺利实施,卫星发射场贯彻多项目管理的理念,着眼任务全局,形成了集中统一、规范有序、分工协作的指挥管理机制,在场区指挥部统一领导下,按照机构简洁、模式扁平、人员集成的原则,统一协调测试计划、统一组织人员定岗、统一调配资源保障,加强了试验任务的全过程管理,建立防控和监督机制,防范指挥失误、口令失误。针对各项任务交叉并行,合理安排发射场区测试及测控通信工作。对于测试发射过程中出现的意外情况,科学高效地排查故障,通过统一的责权体系,合理安排和调配资源,协调时间进度,保证"零窗口"发射任务的顺利完成。

(5) 制定科学合理的发射预案并演练,强化协调联动能力,应对整体风险。制定科学合理的预案是应对突发故障的最有效手段,特别是卫星发射进入倒计时程序后,由于时间紧,没有足够的时间思考和准备,因此更需要事先制定各类故障预案。在制定预案过程中,首先进行充分的沟通和讨论。在设置故障时,对可能发生故障的设备、可能发生的故障模式进行故障想定,并根据想定的内容制定针对性措施。要求制定的预案简洁明了,意思明确,不能有第二种解释,具有很强的操作性,并有明确的责任人。发射前的预案采用表格化,主要条目按照时段、现象、处置措施、处置时间、保障条件、责任人等来设置。预案制定完成后,组织预案演练以确保预案的正确实施。应急演练针对各种可能的风险事件,模拟"零窗口"发射的实际情况进行,根据风险事件发生和演练过程中出现的不利情况,反复修订和完善预案,把风险限制在可接受的范围之内。

在北斗二号卫星工程"零窗口"发射实践中,根据发射预案和演练的结果,精确制定风险应对计划,使得"零窗口"发射取得极大效益,按照预定的计划,北斗二号卫星导航系统顺利组网成功。

第11章 北斗二号卫星工程采购与合同管理

北斗二号卫星导航系统规模庞大、技术复杂、系统性强、建设任务繁重,给各类设备的采购与管理带来了巨大的挑战。北斗二号卫星工程需要从成百上千家单位采购设备、产品。工程建设期间,针对科研、生产、使用、运行等各个阶段的采购任务,从采购管理措施、承制单位(供应商)的管理、合同类型选择、合同监管等方面,面向北斗二号卫星工程建立起了一整套科学的采购与合同管理体系,并在实践中形成了三方合同、跟研模式等创新合同管理模式,保证了北斗二号卫星工程的顺利实施。

11.1 采购与合同管理概述

北斗二号卫星工程采购与合同管理包括采购部门为保证北斗二号卫星工程采购合同签订,合同履行直至合同结束而进行的全部管理活动。采购工作与合同管理是密不可分的,合同管理是采购部门对采购工作实施管理的重要载体。通过合同管理来实现对北斗二号卫星工程及其相关产品的采购管理。健全和科学的采购合同管理工作大大提升了北斗二号卫星工程采购活动和招标行为的规范性,使招标真正成为一种行之有效的采购方式。北斗二号卫星工程采购合同管理贯穿于整个工程采购活动中,在合同的订立阶段对承制单位的承研承制能力进行审查,在合同的履行阶段对承制单位的生产过程进行监督,在最后合同的验收阶段依照合同的约定对承制单位是否按约履行合同进行审核。所有上述事宜的具体处理都是通过合同条款的确立来实现的。

11.1.1 北斗二号卫星工程采购管理的特点

北斗二号卫星工程采购是指系统的主管部门选择购买北斗二号卫星导航系统及其相关产品的有关活动。采购管理包括编制北斗二号卫星工程采购(研制和成品)计划、选定生产单位、审价定价、签订合同、监督生产过程、检验验收等一系列有组织的工作,其基本任务是使用工程购置费,根据北斗二号卫星工程建设目标、方向、重点,结合相关研制和生产部门的能力与经费预算,以合理的价格在规定的时间内购买符合技术指标要求的各类系统及服务。

　　由于采购目的不同,各类部件性质差异,产品来源不同,在北斗二号卫星工程采购过程中,综合采用了公开招标、邀请招标、竞争性谈判、询价、单一来源、应急订货等方式。

　　北斗二号卫星导航系统的建设和使用具有显著的采购的特点,其项目论证、关键技术攻关、产品研制、卫星/火箭等主要产品的生产制造、发射、运行管控等都是由用户作为主体进行管理。北斗二号卫星工程具有军民两用、民用市场广阔、系统运行使用周期长等特点,例如开放部分领域允许地方民用单位参与项目的管理,支持基础芯片研究、关键技术攻关由民营资本投入等,在这些方面的项目采购与合同管理,在成功的引入动态激励合同模式、合同竞争模式、三方合同等创新管理方法的基础上,为北斗二号卫星导航系统实现军民统筹,坚持走军民融合式发展道路创造了良好的先决条件。

11.1.2　北斗二号卫星工程采购合同的特点

　　北斗二号卫星工程采购合同符合采购合同的基本特征,其执行与操作严格遵循了国家颁布的相关合同管理规定。它是以法律形式规范和调整各大系统管理部门与供应商之间经济权益的一种经济调节形式和手段。不同于一般形式的经济合同,具有以下特点。

1. 合同体现国家行为

　　在北斗二号卫星工程的采购合同中,交易主体在关注自身利益最大化的同时,还必须把国家利益放在首要位置加以考虑。北斗二号卫星工程采购合同效用目标中存在的极强政治性,要求合同双方不能片面强调合同自由平等原则,应在政治约束条件下追求双方效用的最大化。由于这一特性,客观上要求北斗二号卫星工程采购合同双方的协作意识和程度远高于一般的商业合同。

2. 合同内容的高度保密性

　　北斗二号卫星工程的采购不论在品种、性能、数量方面,还是在研制、生产技术方面,都存在保密问题。对于涉及核心部件的密级程度要求更高,因而北斗二号卫星工程采购合同的签订和合同的管理大大高于民用产品的保密安全要求。同时北斗二号卫星工程的研制生产也是分类分层次的,对于其中非保密性的产品,如军民通用的终端机、应用导航软件、分系统、零部件、原材料等,采用一般的公开招标采购方式和合同方式,以提高产品采购的透明度和增大竞争择优的选择余地。对于涉密及核心知识产权的部件,对承包厂商的保密安全条件进行了严格的资格审查,并在招标书和合同中列出"保密安全要求"条款,在有关法规中应当对合同订立和合同管理提出相应的程序和要求。

　　同时北斗二号卫星工程科研生产的保密性,客观上加重了合同双方(一般是承担相关系统研发的工业部门或者民营企业)信息不对称性、技术不对称等问题,并对解决这一问题带来了较大的困难。

3. 工程庞大,系统相互耦合度高,合同间关联紧密

北斗二号卫星导航工程按照"工程、大系统、分系统、子系统、单机设备、元器件"六个层次,围绕空间卫星组网长期运行,地面组网运控管理,军民结合应用广泛等建设内容,形成了纵向上合同逐层分解,各个合同间时间进度衔接有序,里程碑节点梯次分布;横向上合同指标要求紧密相关,高度耦合的特点。由于北斗二号卫星导航工程长期运行,应用要求高,卫星星座组网协作性强,为了工程的保质保量的顺利推进,在选择合同管理模式、选择承制单位和制定合同条款等过程中,充分考虑了上述合同内容的复杂性和耦合性,从最初的需求工程中的需求分析和需求管理阶段开始,制定了严格的合同执行网络,根据实际合同执行情况评判对于各层次系统建设任务的影响程度,并通过分析监控和规避措施,动态调整合同的承制方和相关合同条款内容,提高整个工程应对风险的能力。

4. 涉及高新技术,时间紧,技术风险大

北斗二号卫星导航系统的开发具有极大的风险性,特别是其中的许多核心技术往往由于进度原因,压缩了研究周期,在应用过程中,特别是在采购合同履行的风险要远远大于一般的商业合同。

北斗二号卫星工程采购通常不可能从现成产品中挑选出最适用的支持系统或者零部件,而必须根据经过充分的方案论证,运用先进的适用技术,专门开发出那些具有很高科技含量的专用产品,许多领域是我国从未涉足的领域,都需要经过专门研制开发出来的产品,虽然目前在采购领域有尽可能使用现成产品和军民两用技术产品的趋势,但现成产品的直接采购利用主要还是在分系统和零部件层次。同时,国际采购中还会有很多不确定因素会影响进度。

11.1.3 北斗二号卫星工程合同管理的特点

采购合同的管理,包括采购合同的起草、谈判、拟定、签订、履行、归档、解除、中止、终止、追索求偿、异议、诉讼等各个环节。

(1) 北斗二号卫星工程合同管理实行集中统一领导,实行全系统、全寿命过程的管理。对北斗二号卫星工程合同管理系统进行逐层分解,形成局部合同管理系统,各级管理系统相互协调,保持相对稳定平衡,各级系统逐层综合,最后形成工程项目的总体合同管理。

(2) 北斗二号卫星工程合同管理时间跨度大。从北斗二号卫星工程项目总体系统的角度,把北斗二号卫星工程项目的合同管理阶段明确地划分开来,按严格的时间序列进行合同管理,根据不同阶段的建设和使用的特点,分别采用不同的合同管理模型。

（3）北斗二号卫星工程项目流程繁杂、对各部门协调性要求高。北斗二号卫星工程项目的工序繁多，关键工程交错，导致管理程序、流程复杂，需考虑因素繁多。因此，北斗二号卫星工程合同管理各个环节相关性紧密，高度协同。

（4）北斗二号卫星工程合同管理是个动态的过程。北斗二号卫星工程项目管理过程中，各个阶段的风险特性、资金消耗、时间跨度不同，需要根据在合同管理的过程中出现的具体问题，不断改进合同管理的方法，这样才能使得北斗二号卫星工程在各个阶段达到相应的技术指标和管理要求。

11.2　采购管理

11.2.1　采购管理措施

根据北斗二号卫星工程的上述采购特点，吸收并总结航天装备采购管理规定和经验，北斗二号卫星工程的采购管理在严格遵照《中华人民共和国招标投标法》和有关国防采购法规、条例的基础上，针对项目采购中可能出现的系统供应不及时、系统采购价格高、系统质量有时难以满足要求、对承制单位管理力度偏弱等问题，吸收和借鉴现代采购理论的研究成果的基础上，根据北斗实践的经验，建立了一套有效的应对上述问题的措施，形成了具有北斗二号卫星工程特色的系统采购管理措施，如表 11.1 所列。

表 11.1　北斗二号卫星工程采购措施

具体措施	解决的问题	理论依据
实施统一采购、制定严格的采购规范、加强采购建设、统一采购信息化建设	系统供应不及时	供应链协同采购理论；优化供应链的内部结构，减弱"牛鞭"效应；实现信息共享，减少准备周期；供应链采购管理提高甲方核心竞争力
建立承制单位评价选择体系，统一制定物资选用规范	系统采购价格高	
建立统一的物资选用规范	系统质量有时难以满足要求	
建立承制单位评价选择体系，编制合格供应商名录	对承制单位管理力度偏弱	

例如：航科集团五院面向北斗二号卫星工程，在应用 2006 年编制物资选用规范的基础上，以五院物资部为主，集中数十人，统计分析了以往的采购数据，在各生产厂商大力配合下，面向北斗二号卫星工程编制了专用的物资优选目录。专门开发了选用规范网络版软件，便于各设计师方便查阅选用规范，制定元器件、原材料设计清单。每一型号规格元器件、原材料在系统中均统一按照航科集团编码规则，

形成一个唯一的编码。通过编码,该软件可与 AVIDM、MRPII 软件集成,为设计、采购、生产提供相关数据。

航科集团五院通过编制元器件选用规范,在满足北斗二号相关卫星系统的研制生产前提下,通过元器件选择规范和优化模型的使用,使其元器件品种规格压缩为先前的1/3,通过强制运行选用规范一年多的时间,大大方便了设计选用,减少了设计差错率,保证了元器件产品质量,提高了元器件供应速度,降低了元器件采购成本,减少了元器件试验验证费用,加强了供应厂商的战略合作关系等,保证了北斗二号相关卫星按质按量地交付使用。

又例如,发射场系统实施了严格的供应商采购名录制度。发射场系统面临着高密度发射、需求信息频繁更改、发射周期缩短、测试项目工作量增大等问题,对于相关物资的采购提出了新的挑战。航天发射场地面设施设备包括塔架勤务设备、加注供气设备、供电、空调、消防设备、计算机系统等,是保证航天发射的物质基础。我国航天发射场地面设施设备主要来自于各大中型企业或单位,拥有自成体系的供应链,发射场建设所需设备的采购进度、质量等受到供应商的影响较大。为满足北斗二号卫星工程的顺利实施,进一步提高我国航天发射场工程建设质量、设施设备技术水平和保障能力,科学规范设计选型,编制完成了航天发射场地面设备供应商名录,选择并建立合格、可靠的设备与材料合格供方,用以指导工程设计和建设的设备选型工作。

北斗二号发射场系统的采购管理中,制定了一套行之有效的供应商选择标准。

(1)方便使用、满足任务需求。

(2)严格执行遴选标准、保证供方品质。建立严格的遴选标准,使得进入发射场设施设备供应商名录的单位实力较强、产品质量优异、资质可信、服务良好、安全保密。

(3)规模适度、重点突出。根据发射场研制建设的需求,市场容量,确定合格供方的规模。突出关键重点设备,使得关键设备的采购、定制有质量保证的基础。

(4)持续发展。所编制的供应商名录将根据发射场不断更新和变化的建设需求,根据供应商的自身能力及发展,适时做出调整与补充的要求,制定了严格的供应商选择办法(详见11.3节)。

11.2.2 采购程序

在研制过程中,打破了部门、行业局限,集中全国技术力量,共同攻关,共同把关,同时在落实分项研制任务时全面实行合同制,遵照规定的招标程序择优选定研制单位,达到了有效控制研制经费、发挥研制单位技术优势、调动积极性的目的。如参与地面运控系统研制建设的数十家单位,在总体单位的统一协调下,严格按照合同管理模式,把握了各方的技术攻关进度,解决了一批影响总体功能和性能指标实现的系统级问题,保证了研制建设工作的质量。采购的基本流程如下。

1. 北斗二号卫星工程采购基本流程

下面以卫星系统的采购流程为例,说明北斗二号卫星工程的采购基本流程。

1)项目的审批

(1)项目总体综合工作组提出拟实施的卫星项目(包括工程概括、技术方案与指标要求,安全方案、施工工期等)以及拟邀请谈判的承制单位名单。

(2)主管领导审批。

(3)合同审计部门对合同项目申请真实性、拟邀请承制单位名单进行监督。

2)资质审查

(1)具体负责卫星项目的工作人员负责调查、了解承制单位主体资格、资信和履约能力等情况。

(2)具体负责卫星项目的工作人员在邀请承制单位参加合同谈判时,应同时通知对方带齐各种符合规定要求的资质审查材料。

(3)合同管理部门对当事人符合规定要求的资质审查材料,进行合同资格审查并出具意见。

(4)合同审计部门对承制单位主体资格、资信和履约能力等情况的真实性、合法性进行监督。

3)准备会议

(1)合同谈判前应召开准备会议,确定谈判方案及主谈人员,统一谈判意见。

(2)准备会议由项目总体综合工作组召集、主持,其他参与谈判的人员参加。

(3)具体负责卫星项目的工作人员负责整理会议纪要,并经全体参会人确认。

(4)具体负责卫星项目的工作人员负责起草合同草案,合同管理部门可以予以协助。

(5)合同审计部门应当宣布谈判纪律,对保守国家秘密、军事秘密和商业秘密情况进行监督和检查。

4)合同谈判与审查会签

(1)项目总体综合工作组负责组织各合同管理、监督部门及其他相关技术部门的人员参与谈判。

(2)具体负责卫星项目的工作人员对谈判中临时遇到的重大问题应及时进行协调,并向项目总负责人汇报,必要时向有关领导请示。

(3)具体负责卫星项目的工作人员负责合同文本审查会签的流转。

(4)合同审计部门对谈判过程及谈判程序的规范性进行监督。

5)合同签订、盖章与归档

(1)具体负责卫星项目的工作人员将审查会签后的合同送法定代表人或授权

代理人签署。

（2）合同专用章管理人员对签署合同用印的程序核对无误后，加盖合同专用章，至此合同正式订立。

（3）合同签订后，具体负责卫星项目的工作人员应当及时将完整的合同档案移交合同管理部门归档。

（4）合同审计部门对合同及签订合同过程的合法性进行监督。

6）项目实施及结算

（1）项目完成后，由北斗二号卫星导航系统主管组织有关部门验收并出具验收单。

（2）对方当事人据此可领取《合同结算表》，进行结算。

（3）合同支付部门依据结算表，办理付款事宜。

（4）合同履行完毕或权利义务终止后，具体负责卫星项目的工作人员应及时通知合同管理部门，合同管理部门应及时向档案管理部门移交合同档案。

（5）合同审计部门对合同的执行情况进行监督和检查。

2. 北斗二号卫星工程竞争性采购管理流程

合同竞争是指两个或者两个以上的具有设备研制生产资质、能够独立承担民事责任的单位，基于一定的规则，以达到预期的经济和社会效益为目标，为取得北斗二号卫星工程合同并努力获得与用户签订后续的合同机会，与其他竞争主体在技术、经济实力等方面进行综合较量的过程。

北斗二号卫星工程竞争性采购主要包括公开招标、邀请招标、竞争性谈判、询价采购这四种采购方式，是指在北斗二号卫星工程各类系统采购的生产制造和维修保障阶段，在承制者和保障者之间展开竞争。包括两层含义：一是市场上不止一个承制者和保障者，卖方之间的竞争可以提高产品的性能质量、降低采购中的风险，使承制商自动显示其生产成本，减弱独家生产时信息不对称程度，降低产品的价格，这对于北斗二号卫星工程这样技术复杂、工艺要求严格的系统来说十分重要；二是买卖双方存在适合竞争的条件，比如北斗项目办处于采购主导地位，建立了合理的采购机制、完善的法律法规，并且催生和培育了众多合格单位的参与等。

通过采用合同竞争模式，北斗二号卫星工程实现了：

（1）有效地配置市场资源、降低多项系统部件的采购费用。

（2）解决了甲方与乙方的信息不对称的问题。

（3）解决了乙方道德风险的问题。

（4）激励了承研单位努力钻研，锐意创新，大幅提升了多项技术指标。

（5）促进了技术创新、提高了产品质量。

3. 北斗二号卫星工程竞争性谈判基本程序

按照我国《招标投标法》和《政府采购法》，结合竞争性谈判的方法，北斗二号卫星工程建立了相关系统竞争性谈判基本程序。

1）成立谈判小组

北斗二号卫星工程相关大系统招标管理机构组建成立谈判小组,确定谈判小组成员、主谈判人以及对各成员进行分工。需要时,由采购机构委托的采购代理单位组建,但根据中国卫星导航系统管理办公室现行相关文件规定一般不采用委托形式,而由有关采购部门自行组建。

2）制定谈判文件

谈判文件明确谈判人员、谈判程序、谈判内容、合同草案的条款、合同技术附件以及评定成交的方法和标准等事项。谈判方案依据标的情况可分别采取综合评审法或最低报价评审法。谈判文件由有关主管部门审定。

3）发出邀请函

谈判小组向有关潜在承制(研)单位发出邀请函。根据《北斗二号承制(研)单位名录》,向至少 2 家潜在投标单位发出邀请函,邀请函应明确此次招标采购的标的、报名时间、地点和基本要求以及承制(研)单位须提交的有关资格证明文件。

4）报名

有投标意向的承制(研)单位开始报名,并提交资格证明文件。资格证明文件应包括如企业简介、营业执照、税务登记证、行业资质、资信证明、生产厂商授权书、经验、开发与实施能力、售后服务与综合保障水平等。

5）确定参与谈判单位

谈判小组根据报名材料,经过审核,从符合相应资格条件的投标单位名单中确定承制(研)单位参加谈判。

6）发售谈判文件

谈判小组向上述参加谈判的承制(研)单位发售谈判文件,并通知报价、谈判时间和地点等有关事项。发售的谈判文件不得包括谈判人员名单等涉密内容。

7）谈判

谈判小组所有成员集中与单一承制(研)单位进行一对一的谈判。在谈判中,谈判的任何一方不得透露与谈判有关的其他承制(研)单位的技术资料、价格和其他信息。谈判过程中要做笔录,通过谈判达成的共识,形成的文件,双方授权代表须签字认可。谈判文件有实质性变动的,谈判小组应当以书面形式通知所有参加谈判的承制(研)单位。

8）提交最后方案

谈判结束后,谈判小组应当要求所有参加谈判的承制(研)单位,在规定时间内提交最后方案,并进行最后报价及做出有关承诺。

9）评审

谈判小组依据事先确定的评定成交的方法和标准评审最后方案,推荐成交候选承制(研)单位。

10) 上级审定中标单位

有关产品招标管理机构经过审定,从成交候选人中确定成交承制(研)单位,并将结果通知谈判小组。

11) 发布成交通知书

谈判小组根据上级部门审定结果,向成交承制(研)单位发出成交通知书,并将结果通知所有参加谈判的未成交的承制(研)单位。

12) 合同签约

在成交通知书发出之日起规定的时间内,谈判小组与成交承制(研)单位签订合同。

13) 上报材料并备案

谈判小组向有关上级部门提交产品谈判情况的书面报告并备案。

11.3 建设承制单位管理

11.3.1 建设承制单位筛选

北斗二号卫星工程建设有极其严格的技术和质量要求,而且需要对其研究、设计、开发和生产等环节进行安全、保密等方面的严格审核,一般都要受到主管机构的严格管制。为了确保北斗二号卫星工程的技术、质量以及保密性,建立了严格的承制单位准入制度。一般而言,北斗二号卫星工程的承制单位市场准入制度的建立包括三方面内容,即条件进入、渠道进入以及市场退出。

1. 建立采购承制资格审查制度

目前世界主要国家采购所实施的承制资格审查、注册制度,确保了只有具备资格的承制单位才能进入某些重要的领域承担相应的承制任务。结合我国实际,北斗二号卫星工程采用了以下措施来保证系统的承制单位的质量。

(1) 成立产品承制资格审查监管机构。在全国范围内、在目前国家普遍实行对企业质量体系论证(GJB/Z9000)的基础上,对申请从事北斗二号相关研制生产的单位进行资格审查,通过科学的评价方法,确定承制单位资格。

(2) 建立承制单位信息系统进行动态管理。创建所有承制单位的注册管理系统,该系统主要采集和管理承制单位的采购及财务信息数据。承制单位必须在此系统名录中注册,并填写相应的资质信息和企业基本情况,才能进入候选承制单位行列,并根据其参与北斗二号卫星工程的研制情况及其变化情况不断更新其基本信息及信用信息;对承制单位(承制单位)履行合同的历史业绩,或履行相关方面合同的情况进行跟踪评估,将评估结果实时更新,以供下次选择承制单位时参考。同时作为一种有效的监管手段,对履行中的合同重要时间节点的完成情况和重大项目合同执行情况进行记录,建立起北斗二号承制单位信息全面动态管理制度。

2. 完善采购过程的竞争择优制度

为提高采购工作的综合效益,根据北斗二号不同采购合同项目的特点,凡是可以通过竞争研制生产的产品,要在全国范围内,甚至是世界范围内对符合承制资格的承制单位中进行公平、公正和适度公开的竞争。不具备竞争条件的核心部件和关键系统要对其分系统和配套产品实行定向招投标。

通过竞争并根据"自由和公开竞争"的原则选择承制单位的优势在于:能够有效改善北斗二号甲方在采办中所处的信息劣势地位,同时大幅降低产品建设发展中的技术风险,提高采办效益,促进核心部件攻关及整个北斗二号卫星工程建设的快速健康发展。

3. 建立北斗二号卫星工程的需求牵引制度

从经济学上来说,承制单位的研制生产能力是面对市场的不确定性,通过判断性决策和实施决策来获得盈利的能力。在北斗二号采购过程中,一方面,要根据整个北斗导航系统的中长期发展规划,制定各分系统、各部件的中长期发展规划和计划,以持续稳定的需求信息,引导各承制单位市场的健康发展,扶持并引导各类承制单位的迅速成长与发展,使各大系统、核心部件、关键技术的研发过程,始终能够保持积极竞争的态势。另一方面,对采购合同履约情况好的承制单位,可以动态的调整其在承制单位信息管理系统中的信用等级和能力评价指标,并在合同招标过程中予以优先考虑;相反地,对于履约情况差的承制单位,可以解除与其的合同,重新选择承制单位。并根据执行具体情况,情节轻的可以扣除最后阶段预付款、罚款、取消后续合同以制约和督促其整改;严重的甚至取消承制资格,永久性地取消其参与北斗二号卫星工程,甚至参与整个航天装备研制、生产资格。同时完全退出后的承制单位不能再回到国防生产领域。

11.3.2　建设承制单位信息管理

通过上述三项准入措施的实施,有效地把控了承制单位的质量水平,同时,面向合同执行和完成后评估机制的设立,有效杜绝了"一次性工程"所带来的无法维持一个稳定长期高效的常态化机制问题,为北斗二号卫星工程的建设、维护、运营一体化、战略化和长期化管理提供了有效的支持。

1. 基于供应商信息的北斗二号卫星工程合同动态管理

一般的审查合同是对乙方的资信和履约能力进行评价,但一般只是从对方当事人历史履约记录及目前的注册资本、生产规模等方面进行审查。市场形势千变万化,各承制单位的经营能力也在时刻变化。合同的履行是一个动态过程,包括签约、交货、验收、结算等诸多环节,对方当事人的资信到底如何,需要在履约过程中才能将其反馈出来,当事人过去的资信和履约能力并不能完全证明其现在的履约能力。因此,只注重签约前对合同文本的审查,而忽略对合同相对方的资信调查及合同从签约、交货、验收到结算等环节的管理,疏于跟踪合同的履行情况,很难确保合同管理的各个环节都不出问题,也无法做好合同法律风险防控工作,难以保障企业合法权益。

2. 建立和完善北斗二号卫星工程的合同信用管理体系

建立北斗二号卫星工程承研单位的信用评级制度和履约记录信息库:参与北斗二号卫星工程的企业的信用不单指兑现承诺、履行合同、银行的借贷信用等情况,还包括它的质量管理水平、成本控制技术和时间进度观念等与产品价格紧密相关的因素。同时,还要考虑到企业的服务保障态度,财务公开程度、信息披露范围的广度等各方面的综合,根据各方面的要求,在供货商名录的基础上,建立了一套科学、全面、客观、准确的评价指标体系(参考 11.3.3 节),对名录中的单位信用进行等级划分,并予以分级标注。

不定期地进行评估,以避免"终身制",避免有些企业一旦获得了较高的信用,就高枕无忧,不思进取。另外,还加强对军工企业以往的履约记录进行详细的记载,并建立相应的信息库,为进行其他相类似产品采办项目的合同定价提供参考依据和决策支持。

北斗二号卫星工程在非单一来源的采购管理中,全面推行和实现了采购名录制度。各大系统的 1300 多家承制单位中,1/3 为民营或非传统航天领域企业,该项制度的落实在给北斗二号卫星工程研制、建设节约大量经费、缩短建设周期的同时,也培育了一批具有高科技、高质量、高素质的航天级物资、设备供应商,这为后续的北斗乃至航天事业的发展奠定了基础。

3. 发射场系统的供应商审查制度

在北斗二号卫星工程的发射场系统建设过程中,采用了供应商审查制度,充分发挥信息化时代资讯公开,信息共享程度高的优势,利用邀请招投标等方式,建立了一套行之有效的支撑北斗二号卫星工程任务的发射场系统供应商审查制度:

1) 合格供方评价的基本原则

(1) 具有法人资格的经济实体并具有相应产品的法定生产许可证;

(2) 具有健全的运行良好的质量、环境和职业健康安全管理体系;

(3) 具有良好的产品和技术能力,并能为其生产合格产品提供保证;

(4) 产品应有已被使用或运行良好的业绩;

(5) 有能力承担合同风险,并能为用户提供良好的售后服务。

2）合格供方评价的分类

主要依据供应商的企业资质、质量保证、技术产品和生产能力、财务状况、运营状况等,初步分为 B 级和 A 级两类。

B 级供应商:企业资质、技术产品和生产能力、财务状况、运营状况良好,取得相应管理体系认证或健全的质量、环境和职业健康安全管理体系,取得国家标准或同时取得国家标准生产产品的资质。

A 级供应商除具备 B 级供应商所有条件外,还应具备以下条件:

（1）具备《军工产品质量认证》、《保密资格审查认证》等许可证书;

（2）供应商产品是同类产品知名品牌、优势品牌;

（3）长期与航天发射场合作或在国防建设中有良好业绩表现,提供的产品质量可靠、价格合理、技术先进、信誉良好、服务优质。

11.3.3　建设承制单位选择评价

根据北斗二号卫星工程采购中承制单位评价的特点,构建了如图 11.1 所示的北斗二号卫星工程建设承制单位选择评价流程。

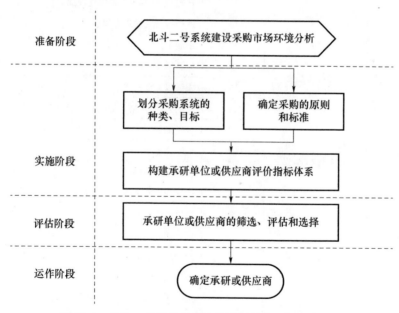

图 11.1　北斗二号卫星工程建设承制单位选择评价流程

在图 11.1 的流程中,根据北斗二号建设采购系统的特点和承制单位的类型,设计了一套科学、严谨的指标体系,有效地保障承制单位筛选和评价。借鉴国内外承制单位选择评价的指标体系和选择方法,北斗二号卫星工程建设中,从承制单位资质、质量水平、价格成本、生产技术能力、服务保障水平、管理运营状况、协商沟通水平等七个层面构造了承制单位选择的指标体系,如表11.2所列。

表11.2　某承制单位(承研单位)评价指标体系

目标层	一级指标	序号	二级指标
北斗二号卫星导航系统建设供应商选择指标体系	承制单位资质	1	承制单位设施完善性
		2	承制单位资产总额
		3	承制单位信誉等级
		4	承制单位无形资产
		5	承制单位财务状况
	质量水平	6	ISO质量认证情况
		7	一次检验抽样合格率
		8	产品故障返修率
		9	产品使用与产品说明详尽性
	价格成本	10	产品价格
		11	产品成本效率
		12	运输、培训和配套设施建设成本
		13	产品价格的优惠折扣空间
	生产技术能力	14	承制单位的生产能力
		15	应急供应产品的响应能力
		16	中级以上资格技术工人比例
		17	产品质量、规格变更的响应能力
	服务保障水平	18	订货提前期
		19	准时交货率
		20	售后技术指导和服务满意率
		21	产品处理意见满意率
	管理运营状况	22	管理团队素质
		23	近三年的平均营业业绩
		24	规章制度的完善性和实施情况
		25	新技术、新设备的投入情况
		26	承研单位的发展潜力和经营稳定性
	协商沟通水平	27	发展目标的一致性
		28	保密制度及实施措施的有效性
		29	质量监督和协调管理的兼容程度
		30	双方长期合作的可能性

（1）承制单位资质主要是从承制企业自身因素入手分析,反映承制商的自身实力,包括资产总额、业务范围、信誉等级等要素。

（2）质量水平反映了北斗二号各类系统的技术性能达标情况,是承制单位必须具备的基本条件,是影响承制单位选择的重要因素。

（3）价格成本是承制商选择必须要考虑的经济因素,是北斗二号采购效益提高的关键环节。

（4）生产技术能力主要包括生产能力、技术人员的水平、设备的先进性等因素。

（5）服务保障水平指标包括订货提前期、准时交货率等,是衡量产品制造企业的保障水平和售后服务质量的主要因素。

（6）管理运营状况主要是考虑承制商的运营管理状况,反映企业的市场经营和运作水平。

（7）协商沟通水平对于北斗二号卫星工程这样的重大项目具有重要的意义,是双方合作质量的重要影响因素,包括双方的发展目标一致性,以及因产品特殊性而制定的保密规定和成立的保密组织等,属于定性指标。

上述指标体系基本涵盖了北斗二号卫星工程承制单位的测评考虑范围,能够较为全面和客观地反映制造企业的总体实力,兼顾了定性和定量指标相结合,既反映企业的硬实力也反映企业的软实力。

11.4　合同管理

现代合同理论把了解合同信息多的一方称为代理人或卖方,把了解合同信息少的一方称为委托人或买方,重点是围绕不对称信息进行研究和分析。在买卖双方形成合同的关系中,信息显示理论把不对称信息作为分析的焦点,通过买方(甲方)设计一种合同模式授权给卖方从事某种活动,并要求卖方为实现买方的目标和利益而提供产品或者服务。信息显示合同理论希望在信息不对称的情况下,促使卖方采取适当的行为最大程度地实现买方效用。减少双方信息的不对称所带来的不对等,进而降低合同执行过程中的风险和冲突,使双方感到所签合同信息更明确,使双方的欺骗性降到最小。而要做到这一点的关键就是合同需要明确什么信息,才能保证买方与卖方双方利益得到满足。

北斗二号卫星工程从建设伊始即充分认识到科学合理的合同管理对于消减双方信息不对称具有重要的意义,为了保证北斗二号工程按时、按质的完成,通过科学设置面向大系统的合同管理体系,各系统、分系统合同签订模式与类型,及合同执行过程中的有效监督与优化等工作,尝试进行了多方面的改进与创新。

11.4.1　建设合同管理体制

科学有效的北斗二号卫星工程的合同管理模式,兼顾了产品研制生产管理部门和承包企业两方面的要求,取得型号研制性能、质量和费用的平衡,确保了项目如期完成。世界主要航天大国,其国家航天局和国防部都是通过订货的途径、合同管理的办法来对航天产品研制生产企业进行管理,并依照合同给予经费。

六大系统在工程大总体组织、协调和指导下开展研制建设工作。北斗二号卫星工程实行集中统一领导,实行全系统、全寿命过程的管理:北斗二号卫星工程合同管理系统进行逐层分解,形成局部合同管理系统,各级管理系统进行协调,保持相对稳定平衡,各级系统逐层综合,最后形成工程项目的总体合同管理。

卫星、运载火箭、地面运控、应用系统跨系统和系统级研究项目合同由主管部门或授权单位与择优选定的主承包单位,按照工程研制建设合同基准文本的格式,以书面形式订立研究合同。

分系统级和设备级两大类研究项目合同,由系统主承包单位采用招标或者竞争性谈判等方式择优选定承研承制单位,并以书面形式订立合同;无系统主承包单位的,可由设备使用单位采用招标或者竞争性谈判等方式择优选定承研承制单位,并以书面形式订立合同。工程管理办公室应当对分系统级和设备级研究合同订立过程进行监督,分系统级研究项目合同报中国卫星导航系统管理办公室备案。

中国卫星导航系统管理办公室负责工程建设管理和大总体协调等工作,组织拟制工程总体计划、阶段计划、年度研制计划,负责提出有关重大科研、采购合同的审查意见。

中国卫星导航系统管理办公室依据实施计划订立合同,负责合同管理。计划下达后,根据计划要求由承研承制单位具体组织实施。

11.4.2　合同类型及其选择

在严格遵守总装及北斗二号合同管理规定的前提下,借鉴国外有关合同类型选择的先进理论方法,按照采购方式和北斗二号卫星工程建设方式的特殊要求,面向不同类型的采购和建设任务,采用了不同类型合同模式来保证各大系统及分系统建设任务的顺利实施。

1) 按采办合同的内容划分

按北斗二号卫星工程采办活动的内容,可以分为科研合同、订购合同和维修与改装合同;其中科研合同可细分为预研合同、科研研制合同等。

2) 按承包方式划分

按承包方式划分,可分为总承包合同、主承包合同、分承包合同、单项承包合同等。

（1）总承包合同。产品采办部门把整个项目的采办任务，委托给某一承制单位总承包所订立的合同。

（2）主承包合同。采办部门把某项目主体部分，委托给某一承制单位承包而订立的合同。

（3）分承包合同或外协合同。总（主）承制单位将其承包项目配套的分系统和设备，委托给其他承制单位承包而订立的合同。如航科集团一院院级直接外协单位共 5 个，分工完成了运载火箭系统的建设任务。

（4）单项承包合同。采办主管部门把北斗二号卫星工程主体项目的某项分系统、配套设备，直接委托给某一承制单位承包而订立的合同。

3）按照建设寿命周期不同

为了降低技术高度复杂所带来的高风险性，将北斗二号卫星工程研制与建设的全寿命周期划分为若干个阶段，按照不同阶段和里程碑，分阶段签订合同，前一个阶段合同完成后，达到了预定的采购目标和要求，才能招标或谈判签订下一阶段合同。各阶段合同可具体划分为论证阶段合同、方案探索阶段合同、工程研制阶段合同、生产部署阶段合同和使用保障阶段合同。由于各个阶段的技术风险程度不一样，相应的就要采用不同的合同定价方式，针对论证阶段和方案探索阶段的合同大多为科研合同，往往承研方担负了较大的风险，为了降低其风险，提高其完成任务的关注度和努力程度，往往选择固定价格合同；对于工程研制阶段和生产部署阶段的大多数合同，成本核算较为清晰，产品内容和交付时间等比较有保障，所以往往采用"成本 + 奖励金"合同模式，以激励生产方降低成本，提高生产和建设效率。

4）按照合同定价模式

根据北斗二号卫星工程合同所涉及的费用要素（成本、利润、价格等），主要分为两大类：着眼于价格因素的一类合同，称为固定价格合同；着眼于成本因素的一类合同，称为成本补偿合同。其中固定价格类又分为固定不变的固定价格合同、随经济情况调整的固定价格合同、固定价格加奖励合同共 3 种定价模式。成本补偿类又分为保本合同、成本分担合同、成本加定酬合同、成本加奖励金、成本加定酬再加奖励金共 5 种定价模式。

采用定价合同，承研方必须按预定价格提供规定的产品或劳务，不管实际成本多少，全部风险皆由承制单位负担。这类合同多用于费用与技术因素比较确定的生产项目。采用成本补偿合同，承研方按商定的条款履行合同，买方支付卖方一切合理的成本费用，合同执行完毕后，按既定的奖励办法和实施效果，付给卖方应有的报酬和奖金，酬金的多少取决于完成任务的好坏。这类合同由买卖双方分担风险，多用于费用和技术因素不确定的研制项目。

根据北斗二号卫星工程采购设备的类型及其市场竞争基础不同,将合同类型和采购管理办法分为下述三类:

(1) 单一来源模式。这类产品基本上是战略级或高精尖元器件,对于这类设备应尽可能在其分系统或设备层次上开展有限的竞争,即分层次竞争,如负责北斗系列卫星的运载火箭系统,目前我国只有航天科技集团一院具有这样的实力,所有的发射任务中的运载火箭系统均从一院采购。面向这类设备,北斗二号卫星工程管理单位对企业进行全成本审计和监督,要求企业将与采办项目有关的经费开支、人员保障、设备状态等向军队透明。这类产品的研制合同选择成本补偿合同,并研究有关政策和措施,保证科研人员的平均工资和福利高于国内同级民品科研人员。这类产品的订购合同也可采用固定价格合同,根据历史订购价格,在考虑物价变动和性能变化等因素进行修正的基础上,经过双方价格谈判和国家物价管理部门协调,确定订购价格。

(2) 竞争性招标模式。复杂设备主要采取分阶段竞争,体现为总体方案竞争、先期关键技术攻关预研竞争、样机研制竞争、生产竞争等。对于科研样机、产品竞争,需要向两个企业进行大量投入,对于造价高昂的产品,需要考虑到国家财力有限,综合考虑竞争所付出的成本和所获得的收益。因而,对于这种情况,竞争主要集中在前期的方案阶段。

考虑到要保护竞争态势,对于竞争失败的一方,可给一定经济补偿,或将其方案中的优点以知识产权有价转让形式提供给竞争获胜一方,或者以获胜方为主由几家企业共同组成承制单位团队分享产品采办合同。此种情况下示意选择暂定指标定价加奖励合同,可以根据各家的完成情况,加大、减小设置终止投资。

(3) 公开招标模式。这类设备多数为零部件、电子元器件、普通的原材料等,对于这类设备充分运用市场竞争机制,在全国或行业范围内实行招标,采用整机或全系统竞争的方式,选择固定不变价格合同,由于此类产品往往较为成熟,且存在着重复的市场竞争,往往在签订合同时价格已经明确。

11.4.3 合同设计原则

(1) 北斗二号卫星工程的合同条款设计充分考虑甲乙双方风险共担,同时为风险较大的方案拟制备用方案。

在北斗二号卫星工程的采办合同中,特别在执行过程中存在许多不定因素,或者可能要作多次修改,很难准确预计合同履行的成本。为了采办项目交易过程中的风险与减少不确定性,在北斗二号卫星工程的合同条款设计时充分考虑并体现风险共担机制。在合同拟订阶段的风险共担条款设计实质是事前的不确定风险转换机制,它是以不同的保险条款来实现的。

在北斗二号卫星工程合同的设计时,考虑合同执行中所包含的不定因素,评定其对成本可能产生的影响,然后与承包单位一同商定一种使承包单位承担合理成本责任的合同形式。并且,明确规定事件发生后的支付损失的补偿条款,补偿金额应是合同中规定产品采办价格的函数. 这样合同的不确定性在事前转换为确定履行概率。如果产品的需求特别紧迫,中国卫星导航系统管理办公室主动承担较大部分的风险,或者采取激励措施,保证及时完成合同任务。

为风险较大的方案拟制备用方案,包括:为风险较大的转包商拟订备用方案;为风险较大的引进设备拟订备用方案,如铷钟的采购,在国际形势发生变化,瑞士铷钟提供商无法按时供货时,国产铷钟起到了关键的备份和支撑作用,在经济因素不确定时期,对期限延续较长的合同,合同条款中包括了随经济情况调整价格的条款。

(2) 合同条款明确、具体并可检验,便于评价和监督承包企业的工作绩效。

根据完全性合同的基本要求,合同的条款应尽可能全面和详细,以减少合同条款的不确定性和理解上的歧义,降低合同执行成本。

北斗二号卫星工程采办合同的基本条款是合同的重要部分,合同的基本条款明确了当事人的基本权利和义务,是合同得以成立的必不可少的内容和核心,同时也是双方履行合同的基本依据。为了便于履行合同和避免引起争议,北斗二号卫星工程合同中的基本条款必须明确具体、可证实。参加合同拟制的人员,不但包括合同的监管、代理方等,还包括用户总体、试验基地等相关单位,一方面加强了合同指标的可检证性、可考核性;另一方面可促进试验基地、试验设施或设备与合同履行进度的同步。

(3) 充分体现激励原则。

北斗二号卫星工程相关合同的技术要求确定之后,最重要的是如何促使承制单位研制及生产出满足或者超过所要求水平的系统。为了保证研制的产品满足进度及费用要求,避免承包企业降低或者忽视质量目标,北斗二号卫星工程的全寿命周期合同管理充分利用激励手段和竞争手段,从而避免了传统的采用成本合同的定价方式,承包企业往往不注意节约经费、控制成本。通过明确奖励条件和前提,合理设置激励目标,激励条款适用于北斗二号卫星工程研制活动特点,同时考虑了减少行政费并降低管理工作的复杂性。

11.4.4　合同监管

北斗二号卫星工程采购市场的竞争有限性决定了它在市场竞争中既受价值规律支配,也受国家利益制约,由于北斗二号卫星工程的许多采购系统不能完全市场化自由流通,对垄断企业进行价格控制不能完全依靠市场机制,而需要中国卫星导航系统管理办公室通过相应的制度或政策来解决。因此如何实施有效的合同监管,对于缺少采购竞争的北斗二号卫星工程许多关键系统显得尤为重要,北斗二号卫星工程合同监管方式主要根据不同类型的项目,设计了相应的监管流程和制度,对于关键技术攻关与试验、工程研制、典型示范应用项目分别采用了不同的合同执行与监督方式:

1)关键技术攻关与试验合同

(1)合同订立。关键技术攻关项目实行合同制管理。对批准立项的关键技术攻关项目,中国卫星导航系统管理办公室或其授权单位与选定的承研单位,按照关键技术攻关合同基准文本的格式,以书面形式订立关键技术攻关合同。

(2)合同监管。中国卫星导航系统管理办公室或其授权单位,应当依据国家和军队的有关规定,对承研单位的关键技术攻关合同履行情况实施监督检查,督促承研单位履行合同规定的义务。

(3)合同重大节点评审。关键技术攻关项目实行节点评审制度。中国卫星导航系统管理办公室或其授权单位,组织有关专家对关键技术攻关项目合同约定的重大节点进行评审。通过节点评审后,方可转入下一阶段研究工作。

(4)合同变更、中止或者解除。关键技术攻关合同订立后,不得擅自变更、中止或者解除。但遇有下列情形之一的,中国卫星导航系统管理办公室或其授权单位可以按照规定的程序和要求办理合同的变更、中止或者解除事宜。

① 合同所依据的基础研究计划被修改或者被取消的;

② 合同中确定的关键技术可以通过其他途径突破,没有必要继续履行合同的;

③ 合同履行条件发生重大变化,无法履行合同主要条款的。

(5)合同终止和项目验收。关键技术攻关合同规定的全部义务履行完毕,合同终止。关键技术攻关合同终止前,中国卫星导航系统管理办公室或其授权单位组织有关专家,按照合同规定对项目进行验收。

(6)项目验收内容。验收内容要根据合同约定确定,主要包括关键技术攻关目标实现情况、研究内容完成情况、技术指标实现情况、关键技术突破情况、取得成果的完整性、技术创新情况、成果转化应用情况和合同经费使用情况等。

(7)项目验收结果处理。关键技术攻关项目验收结果分为通过验收和未通过验收两类。未通过验收的项目,承研单位应当向中国卫星导航系统管理办公室或其授权单位提出最终完成合同的期限。在此期限内完成合同的,中国卫星导航系统管理办公室或其授权单位应当对该项目重新组织验收。最终未通过验收的,承研单位应当承担相应的违约责任。

2)工程研制建设合同

(1)合同订立。卫星、运载火箭、地面运控、应用系统跨系统和系统级研究项目合同由中国卫星导航系统管理办公室或其授权单位与择优选定的主承包单位,按照工程研制建设合同基准文本的格式,以书面形式订立研究合同。

① 分系统级和设备级研究项目合同,由系统主承包单位采用招标或者竞争性谈判等方式择优选定承研承制单位,并以书面形式订立合同。

② 无系统主承包单位的,由设备使用单位采用招标或者竞争性谈判等方式择优选定承研承制单位,并以书面形式订立合同。中国卫星导航系统管理办公室应当对分系统级和设备级研究合同订立过程进行监督,分系统级研究项目合同报中国卫星导航系统管理办公室备案。

(2) 合同履行监管。中国卫星导航系统管理办公室可根据需要委派或委托专职人员,对承研承制单位的研究项目进度、经费使用、技术状态、产品质量等进行监督,督促承研承制单位以保证合同的履行。

(3) 合同变更、中止或者解除。工程研制建设合同订立后,不得擅自变更、中止或者解除。但遇有下列情形之一的,中国卫星导航系统管理办公室或其授权单位可以按照规定的程序和要求办理合同的变更、中止或者解除事宜:

① 相关计划被修改或者被取消的;

② 工程研制建设过程中出现技术指标调整或者经费超预算等情况的;

③ 合同履行条件发生重大变化,致使合同主要条款无法履行的。

(4) 项目验收结果。研究合同规定的全部义务履行完毕,通过验收,合同终止。未通过验收的项目,承研承制单位应当向中国卫星导航系统管理办公室或项目主承包单位提出最终完成合同的期限。在此期限内完成合同的,中国卫星导航系统管理办公室或项目主承包单位应当对该项目重新组织验收。最终未通过验收的,承研承制单位应当承担相应的违约责任。

3) 典型示范应用项目合同

典型示范应用项目根据各有关部委提出的应用需求,由主管部门统一协调明确具有重大带动作用的项目,由各主管部门具体组织实施,典型示范应用项目经费投入根据一定比例,由主管部门和地方政府和企业共同出资。

通过上述严格科学的合同监管,保证了整个北斗二号卫星工程建设任务的顺利实施,如运载火箭系统的建设,经费拨付严格依据合同规定的里程碑计划节点、变更协议调整的计划节点及工程大总体制定的年度计划节点任务完成情况,节点任务完成后,航科集团一院向主管部门提交付款申请和质量考核证明,经确认后办理拨款。

11.4.5　合同管理创新

有限的交易主体和基本稳定的供求关系,决定了北斗二号卫星工程采购市场竞争的不完全性,同时也是一个政治性很强的不完全竞争市场,在北斗二号卫星工程的采办市场中政府发挥着重要作用。由于生产的技术复杂、高投入和高度保密性,运载和卫星等大系统基本上对各自领域产品形成了垄断。为了能够既调动各承制单位的积极性,又充分引入竞争机制,使得买卖双方在竞争较充分、信息完全和对称性较好的基础上,既发挥指令性计划模式高效的完成工程任务,又有效利用市场可以配置资源、平衡供求关系的特长,北斗二号卫星工程分别采用了三方合同模式、承制单位跟研等创新管理模式。

1. 三方合同模式

中国卫星导航系统管理办公室依据实施计划订立合同,负责合同管理,计划下达后,根据计划要求由承研承制单位具体组织实施。

三方合同是指"存在三个合同主体,且合同标的必须在三方循环中才能达到平衡的合同",它是一种符合现行合同法和民法通则的"新型合同"类型,几类常见的三方合同模型包括三方代建合同、三方联营合同、三方担保合同等。

北斗二号卫星工程实施的三方合同根据其性质和所起到的作用属于三方代建合同。该类合同为发挥三方当事人的积极性,实现三方当事人的相互监督,实现对北斗二号工程建设施工和项目投资资金的专业化管理,保证工程质量和投资计划的执行,实现政府、军队作为投资主体,避免合同履行风险问题的一种合同管理体制改革。

例如在运载火箭系统的建设过程中,北斗二号卫星工程的投资管理部门与代建单位、使用单位签订"三方代建合同"。合同中除规定代建单位的权利、义务和责任外,还明确规定主管部门的权限和义务:对代建单位航科集团一院(受托人)的监督权、知情权;提供建设资金的义务。"使用单位"的权利和义务:对代建单位的监督权、知情权,对所建设完成的工程和采购设备的所有权,协助义务、自筹资金供给义务等。

三方合同的特征和作用:"三方代建合同"模式,与传统的"委托代理合同"模式以及"指定代理合同"模式的差别,集中体现在代建单位的"权限"上。传统模式中,代建单位的"权限":"一代、一管",根据投资人(或使用单位)的委托和授权,享有对外签订合同的"代理权"和对项目工程建设施工的"管理权"。在三方代建合同模式中,代建单位的"权限"为"两代、两管"。"两代"是指代建单位根据三方代建合同的约定,享有对投资人的"代表权"(代行投资主体的职权),享有对使用单位的"代理权"(据以委托招标投标并签订设计、施工、安装和采购等合同);"两管",指代建单位基于其"代表权"和"代理权",拥有对项目投资资金的"管理权"和对项目工程建设施工的"管理权"。

2. 北斗二号卫星工程跟研模式

在北斗的一些核心部件及关键技术攻关的项目承制单位选择中,采用了一种全新的"跟研模式",即在所有投标单位的筛选和评价后,根据综合评分的排序,选择一家作为主承制单位,全面负责该项目的研究和建设任务,但是根据在招标(或者项目开题)中对于该项目各主要承制内容的详细分析基础上,可以选择一家或几家在某些关键技术或者工艺上具有优势,但是对于承担整个项目并不具备充足的能力的单位,确定为参研单位,配合主承制单位完成整个项目的建设。

同时,在某些技术攻关或者通用部件承研单位选择时,如北斗民用芯片、北斗手持终端等方面,为了充分培育市场和鼓励更多单位的参与,借鉴了"装备双源采购"思想,结合我国的产品承制单位的特点,创造性地建立起来一套"跟研单位"模式。主要是在项目招标(或项目开题)确定了主承研单位的同时,考虑到一些具有广泛应用前景,市场需求庞大,或者落选单位已经前期具备了良好的基础,具有了较强的实力情况下,确定这些落选单位作为跟研单位,跟研单位往往没有资金的支持(或者获得少量的资金支持),其可以与正式承研单位一样获得所有的研制、生产所需的用户需求,各类数据、模型等,根据整个项目在进展过程中正式承研单位和跟研单位的关键技术突破和产品研制具体情况,动态调整合同条款中对于两类单位的任务和指标要求。

"跟研模式"在目前北斗二号卫星工程采购执行过程中,一方面充分利用了计划采购管理模式下"集中优势力量,高效攻关"的特长,又适时引入市场采购管理模式下的"充分竞争,优化资源配置"的优势,具有明显的优势:

(1)利用竞争规律,提高采购效益。北斗二号的"跟研模式"既能使甲方在北斗二号的各项采购活动中获得主动权,又可增强军工企业的责任感和紧迫感,保证质量,降低成本,并促进生产结构的优化调整,从而提高产品采购的效益。

(2)充分培育市场,降低采购风险。北斗二号的许多关键部件和技术的攻关,由于国内科研单位的数量和实力所限,往往仅一家单位具备承制能力,为了避免采购价格严重背离产品价值,以及由于经费分配不均造成某些方向承研方后续供血不足,导致关键技术攻关的延误和关键部件生产能力的欠缺,通过跟研模式,可以适时培育一批具有发展潜质,又致力于服务北斗二号工程的科研院所和企业,大幅降低由于单一来源采购造成的各类风险。

第12章　北斗二号卫星工程
信息沟通管理

科学的决策需要以准确的信息为基础。项目参与单位或人员之间良好的信息沟通是项目成功实施的重要保证。为了确保北斗二号卫星工程各级管理机构之间信息传递及时、通畅,工程管理机构对参与各方信息需求进行分析,创新信息沟通形式,设计建立了较为完善的信息沟通体系,实现了信息的高效传递和文件的有序归档。

12.1　信息沟通管理概述

12.1.1　信息沟通含义和过程

管理离不开信息沟通,信息沟通渗透于管理的各个方面。信息沟通是一个过程,通过这个过程,将人与人之间的思想和信息进行交换,并将信息由一个人传达给另一个人,逐渐广泛传播。著名组织管理学家巴纳德认为:"信息沟通是把一个组织中的成员联系在一起,以实现共同目标的手段。"

信息沟通过程如图12.1所示。

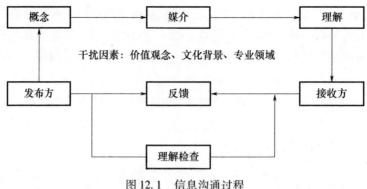

图12.1　信息沟通过程

其中,"发布方"为信息的产生者,是沟通过程的发起人。"概念"为发布方需要表达的意图和思想,即意思。"接收方"为完成和截断信息传输过程的人,他对

262

发布方传递的信息进行接收、解码并加以理解和解读。"媒介"是传递信息的工具和方法，媒介的选择直接关系到信息传递和反馈的效果。

在信息沟通的过程中，还包含两个附加因素：

（1）阻碍信息传输的干扰因素。沟通总是在一定的背景条件下进行的，信息的传递必然受到如噪声、空间地理环境等干扰因素的影响和制约。

（2）检查接收方理解程度的反馈机制。反馈对信息的传送是否成功以及传送的信息是否符合原本意图进行核实，它可以确定信息是否被理解，这是保证传输质量的抗干扰因素。

12.1.2　信息沟通形式

常见的信息沟通形式主要有两种，如图 12.2 所示。语言沟通是指借助于语言进行的沟通。它的特点是信息传递和反馈快，沟通效率高，弹性大，但事后难以查证，并且信息传递过程中经过的人越多，信息失真的可能性就越大。非语言沟通主要借助文字、通过辅助工具、体态语言和语调进行沟通。它的特点是正式、持久、有形，可以备查，相对于语言沟通更为周密、逻辑性强、条理清楚，但这类沟通往往耗时较多，并且缺乏反馈。任何语言沟通都包含非语言信息，这些非语言信息会对沟通产生很大的影响。

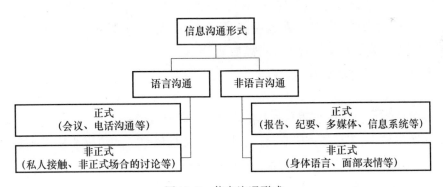

图 12.2　信息沟通形式

12.1.3　北斗二号卫星工程信息沟通管理的流程

美国项目管理协会颁布的《项目管理知识体系指南》中，对沟通管理给出了规范和定义，认为沟通管理包括为确保项目信息及时且恰当地生成、收集、发布、存储、调用并最终处置所需的各个过程。北斗二号卫星工程确定了具体明确的信息沟通管理流程包括：信息沟通需求分析，即明确谁需要何种信息，何时需要以及如何向他们传递；确定恰当的信息沟通方式；编制一套适用的信息沟通计划；信息沟通计划实施,即把需要的信息及时提供给各参与方;工程项目文档归档。管理流程图如图12.3所示。

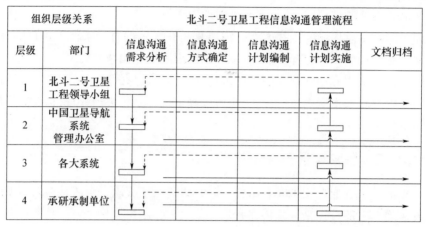

图12.3　北斗二号卫星工程信息沟通管理流程

⊔ 需求信息分解;　⊔ 反馈信息;　—— 信息流动方向;　----▸ 内部变更信息。

12.1.4　北斗二号卫星工程信息沟通管理的特点

北斗二号卫星工程研制、建设、运行、应用过程中信息生成量大、信息沟通频繁、信息沟通主体多样且关系错综复杂,信息沟通管理的重要性显得更为突出。北斗二号卫星工程信息沟通管理的特点如下。

1. 信息沟通管理涉及范围广

北斗二号卫星工程协作单位多,由于人际关系、组织关系、协作配合关系和约束关系等因素使得各层级的参研单位管理沟通需要占用较多的人力资源。沟通管理涉及范围较广,工程项目研制建设及推广应用过程中产生的技术和管理信息数据量巨大,这给信息沟通带来了很大的复杂性和不确定性。

2. 信息沟通管理涉及层次多

各参研单位在组织结构中所处的层次不一,信息沟通管理水平不一,使得北斗二号卫星工程信息沟通管理没有固定的模式套用,只有适用于不同情境、不同管理水平、不同对象的多层次沟通管理模式才是最有效的。一般来说,北斗二号卫星工程领导小组、中国卫星导航系统管理办公室、各大系统内部沟通借助不同层次的会议、公文、报告、邮件、通知等形式,对外沟通常则以学术交流会议、见面会、新闻发布会等形式出现。

3. 信息沟通管理实现流程化

信息沟通的安全性、保密性、及时性、准确性、完整性、有效性等要求给信息沟通管理提出了挑战。为了应对这种挑战,北斗二号卫星工程管理人员不断地进行信息沟通理念的革新,并融入现代沟通管理的科学方法,确定了信息沟通的流程规范,实现了信息沟通的流程管理,即合理地进行信息沟通需求分析,明确信息沟通方式,编制沟通管理计划,按照沟通管理计划进行信息的加工传递、信息评估和收尾总结,并将信息沟通中产生的文档整理归档,同时借助先进的信息沟通管理平台(例如 AVIDM 系统)提升沟通的效率,利用北斗网完成北斗二号卫星工程对外的宣传推广等。

12.2　信息沟通需求分析

北斗二号卫星工程立项后,工程大总体负责组织完成北斗二号卫星工程的信息沟通管理,建立北斗二号卫星工程沟通信息网。中国卫星导航系统管理办公室牵头对信息沟通的需求进行了分析,明确了领导小组、工程大总体、各大系统的信息沟通内容、类型、格式、时间要求等内容。同时,各大系统也都十分重视与内外部单位的沟通需求,积极收集参与单位的各种信息需求,包括信息需求的类别、格式、作用与要求等。最终北斗二号卫星工程信息种类归纳总结为以下几种:技术状态控制信息、进度和调度信息、质量管理信息、成本经费信息、物资管理信息、专题信息和综合信息等。北斗二号卫星工程按照如图 12.3 所示的组织层级关系,形成了信息沟通需求分析表,如表 12.1 所列。

表 12.1　北斗二号卫星工程信息沟通需求分析表

序号	信息沟通主体	信息需求内容	信息需求类别	信息沟通形式	信息沟通格式	信息沟通时间
1	北斗二号卫星工程领导小组	工程用户需求信息和战略信息	专题信息、综合信息	书面沟通、语言沟通	报告	论证阶段
		工程大总体和大系统关键技术方案	技术状态控制信息	书面沟通、语言沟通	报告	论证阶段
		方案各节点的重要进展情况和存在问题	进度和调度信息	书面沟通、语言沟通	报告	根据需要
		工程方案经费信息	成本经费信息	书面沟通、语言沟通	报告	论证阶段
		工程总结	专题信息、综合信息	书面沟通、语言沟通	报告	阶段结束

（续）

序号	信息沟通主体	信息需求内容	信息需求类别	信息沟通形式	信息沟通格式	信息沟通时间
2	中国卫星导航系统管理办公室	需要上级领导批复的申请	综合信息	书面沟通	文件	根据需要
		大系统关键技术方案	技术状态控制信息	书面沟通、语言沟通	报告	根据需要
		大系统方案研制情况、论证方案、接口文件等	技术状态控制信息、进度和调度信息、质量管理信息、物资管理信息	书面沟通、语言沟通	文件	论证阶段
		研制经费信息	成本经费信息	书面沟通、语言沟通	报告	论证阶段
		重大突发性事件、临时性安排	综合信息	书面沟通、语言沟通、多媒体沟通	传真件等	根据需要
		国内外导航卫星研制进展情况	综合信息	书面沟通、语言沟通、多媒体沟通	文件、简报、报告	定期
3	大系统内部各单位	建设方案、研制要求等	进度和调度信息、质量管理信息、物资管理信息、专题信息和综合信息	书面沟通、语言沟通	文件	建设阶段
		任务方案、总结	进度和调度信息、质量管理信息、专题信息和综合信息	书面沟通、语言沟通	文件	各阶段
		卫星状态数据等	技术状态控制信息、专题信息和综合信息	书面沟通、语言沟通、多媒体沟通	数据	运行阶段
		临时性要求、安排	综合信息	书面沟通、语言沟通、多媒体沟通	传真件等	根据需要
4	其他承研承制单位	方案计划、要求	专题信息、综合信息	书面沟通	文件	各阶段
		考核节点	进度和调度信息	书面沟通	文件	各阶段
		拨款情况	成本经费信息	书面沟通、语言沟通	文件	研制阶段

在信息沟通的过程中,北斗二号卫星工程管理者对各参与单位部门的信息需求进行仔细、全面、客观的分析和确定,以掌握信息需求和动机,这是系统建设成败的关键。确定了需求之后,管理者针对每种需求,选择了不同的信息沟通形式,这对于信息沟通中思想传递的准确性、可靠性、及时性和完整性非常重要。在信息沟通形式的选择过程中,管理者考虑了需求时间敏感程度、信息沟通方式和方法的有效性、系统相关人员的能力和习惯以及系统本身的规模与内容。

12.3　信息沟通形式确定

在需求分析的基础之上,北斗二号卫星工程的信息沟通管理采用总师办公会、专题协调会制度,结合领导小组会、工程大总体协调会,利用专项简报、卫星导航快讯、系统月报、工程简报等报告形式与上下级之间沟通,同时通过技术状态文件等文件形式由上级向下级下发,并与各系统进行技术信息交换。其采用的主要沟通形式如下。

1. 会议沟通

会议沟通是一种成本较高的沟通方式,沟通的时间一般比较长,常用于解决较重大、较复杂的问题。如下几种情景宜采用会议沟通的方式进行:

(1) 需要统一思想或行动时(如项目建设思路的讨论、项目计划的讨论等)。

(2) 需要当事人清楚、认可和接受时(如项目考核制度发布前的讨论、项目考勤制度发布前的讨论等)。

(3) 传达重要信息时(如项目里程碑节点检查、项目评审、项目总结等)。

(4) 讨论复杂问题的解决方案时(如针对复杂的技术问题,讨论已收集到的解决方案等)。

会议沟通是卫星工程领导小组和中国卫星导航系统管理办公室在日常工作中最常用的信息沟通方式。数年来,工程领导小组和中国卫星导航系统管理办公室组织召开了工程领导小组会、大总体协调会、星箭出厂与交付等大型会议,涉及各级机关、参研参试单位千余家,及时决策部署了工程建设计划、星箭备份、卫星轨位、试运行服务、星箭出厂与交付等重大工程事项,为工程顺利实施提供了管理保障。根据工程建设实际进展情况及遇到的问题,中国卫星导航系统管理办公室组织工程各大系统及参研参试单位召开工程总师办公会、专题协调会千余次,及时协调明确了工程论证、设计、实施不同阶段面临的各类型技术问题。此外,国际合作与谈判、北斗卫星导航学术年会、日常的学术技术交流等均是会议沟通的典型应用。

会议沟通方法在各大系统的信息沟通管理中得到了充分的运用。例如运载火箭系统在 CZ – 3A 型号研制管理中主要通过三种会议机制来解决进度协调问题：

（1）例会制度，型号办每月组织召开一次综合调度例会，主要解决当前存在并对将年度计划产生影响的紧迫问题，会后形成正式会议纪要，以院发文形式发给各承制单位督促检查。

（2）专题协调会，对分项目、分系统出现的生产协作关系复杂、进度紧、保障条件不到位等急需解决的问题，项目主管可以上报型号办领导和型号两总，通过召开专题协调会的方式来解决，会后形成型号办专题会议纪要，以文件形式发给相关系统和单位检查落实。

（3）型号办每周碰头会，碰头会属于非正式会议，通常不需要形成会议纪要，也没有固定的会议主题，主要起沟通作用。通过这三种协调机制，能够及时地消除影响进度的隐患。

北斗二号卫星工程建立了不同层次的会议沟通方法，如表12.2所列。

表12.2　北斗二号卫星工程主要的会议沟通方法

序号	会议沟通方法	频次	应用情况	应用层次
1	领导小组会	1 次/年	解决年度重大战略问题	工程领导小组、中国卫星导航系统管理办公室、各分系统
2	工程大总体协调会	1 次/年	解决年度重要协调问题	工程领导小组、中国卫星导航系统管理办公室、各分系统、承研承制单位
3	总师办公会	根据需要	审查卫星、地面运控、应用等系统主要技术状态变化，协调、明确有关问题	中国卫星导航系统管理办公室、各大系统、承研承制单位
4	专项协调会	根据需要	解决专项协调问题	中国卫星导航系统管理办公室、各大系统、承研承制单位
5	专项评审会	根据需要	包括元器件评审会、专项方案实施评审会等	中国卫星导航系统管理办公室、各大系统、承研承制单位
6	验收会	根据需要	项目评估验收时需要进行验收评审会	中国卫星导航系统管理办公室、各大系统、承研承制单位
7	专题研讨会	根据需要	开展专题研究，包括开题、技术方案评审、中期检查、验收等步骤	中国卫星导航系统管理办公室、各大系统、承研承制单位

（续）

序号	会议沟通方法	频次	应用情况	应用层次
8	工程计划调度会	根据需要	解决计划调度问题	中国卫星导航系统管理办公室、各大系统
9	任务进场协调会	根据需要	每次任务前各系统准备情况汇报	中国卫星导航系统管理办公室、各大系统、承研承制单位
10	任务指挥部会议	根据需要	任务实施指挥与决策	相关单位
11	学术交流会	根据需要	内部和外部技术管理经验学术交流	相关单位
12	北斗卫星导航年会	1 次/年	交流导航领域的重要项目进展、经验和存在问题	相关单位
13	新闻发布会	根据需要	重要进展节点需要对外宣布时	工程领导小组、中国卫星导航系统管理办公室、外部单位

2. 电话沟通

电话沟通是一种比较经济的语言沟通方式。如下的几种情景宜采用电话沟通的方式进行：彼此之间的办公距离较远、但问题比较明确时；彼此之间的距离很远，很难或无法当面及时沟通时；彼此之间已经采用了 E‑Mail 的沟通方式但问题尚未解决时；突发事件发生时。

北斗二号卫星工程不同层次的会议通知、工作检查一般通过电话沟通。电话通知有固定专用纸张，相关人员做电话记录，由各级领导签字并下发。

3. 书面沟通

文件传递和共享是书面沟通方式的最重要一种，也是非语言沟通的表现形式。北斗二号卫星工程信息沟通过程中需要传递和共享的文件主要分为技术类文件和管理类文件两类。技术类文件包括的内容如技术方案、问题反馈与问题澄清、技术方案确认、状态审定和状态变更等。管理类文件包括的内容如会议通知、规章制度、特定程序、责任人确认等。在具体的实践操作中，管理类和技术类文件又可以具体分为计划类、接口类、测试类、试验类、评审类、规范标准类以及情报资料等，如表 12.3 所列。

表 12.3　北斗二号卫星工程沟通文件

序号	类别	文件	内容
1	计划类	项目管理方案	对北斗二号卫星工程项目进行管理规划
		经费预算方案	对北斗二号经费预算进行规定
		...	

（续）

序号	类别	文件	内容
2	接口类	接口控制文件	对六大系统接口关系、技术指标参数进行分析
		星地对接文件	对星地对接的试验项目、内容、参试设备、技术状态载荷与地面运控系统对接方案形成细则
		…	
3	测试类	仿真评估文件	对仿真成果进行集成，形成可一体化管理的卫星导航仿真应用系统、硬环境建设、仿真环境研制
		系统联调与指标测试文件	对系统测试方案和关键技术进行分析，对在轨试验进行验证
		…	
4	试验类	发射飞行试验大纲	提出发射飞行任务目的、各大系统主要技术状态和要求、发射飞行方案
		在轨技术试验大纲	对试验、参试设备技术状态、试验基本方法和试验组织分工进行规定
		…	
5	评审类	各大系统研制技术方案评审	对各大系统的研制进行检查评审
		验收评审	对项目阶段性成果进行验收评审
		…	
6	规范标准类	标准规范	形成标准化工作方案、标准化工作思路和标准体系表
		北斗工程技术手册	形成各分册报告
		…	
7	情报资料	期刊、简报、报告	工程简报、工程月报、国外卫星导航动态、专题情报、卫星军事应用、卫星导航年度报告、GNSS 内参
		…	

其中，简报和期刊是北斗二号卫星工程文件传递和共享的重要组成部分。2005 年 9 月 20 日，由中国卫星导航系统管理办公室主办的《北斗二号卫星工程简报》第一期正式出版发行，下发工程各有关单位，主要刊登北斗二号卫星工程的研制进展情况，以期对后续的工程建设起到警示以及推进的作用。2005 年 12 月 30 日，由中国卫星导航系统管理办公室主办的《国外卫星导航》第一期正式出版发行，下发工程各有关单位，主要刊登世界卫星导航工程相关信息，包括建设经验、教训与启示，可供北斗二号卫星工程的建设所借鉴。此外，各个系统在运行发展过程中逐步建立了本系统内部的书刊、简报、报告，定期编制、公开和发行，主要用于记录和报道本系统研制建设的进度进展、遇到的问题困难、解决的办法途径，并褒扬

先进。

如运载火箭系统要求各承制单位每月定期提供一份 CZ - 3A 系列型号月度工作报告,在此基础上形成 CZ - 3A 系列型号月度计划分析报告,用来对一个月来的实际进度进行检查、对比和分析。月度计划分析报告的内容主要包括四部分:

(1) 本月的实际进度报表,包括本月内完成的工作及完成时间,本月内还未完成工作的完成程度。

(2) 实际进度与计划进度的比较结果,包括进度偏差,导致进度偏差的原因,本月进度偏差对年度计划进度要求及以后的主要时间节点的影响程度。

(3) 进度偏差的解决措施,对影响年度计划进度或主要时间节点的进度偏差必须有相应的对策措施。

(4) 下月计划安排及需要协调的问题,下月计划作为下月实际进度对比的基准。月计划的调整必须满足年度计划和工作目标的总要求,如果产生突破一级计划节点的调整必须报院领导批准。通过月报制度,形成了一个计划、检查、比较、分析和处理的动态控制过程。

4. 信息沟通管理系统

在北斗二号卫星工程信息沟通管理中,计算机技术扮演了重要的角色。随着工程的推进,如何有效管理北斗二号卫星工程研制、建设、运行、应用过程中生成的越来越多的关于评价、决策、行动和反馈等信息和数据很快成为了管理者们亟待解决的问题。项目规模越大、复杂性越高,信息的传递、加工和使用就需要更加规范和精确,这些信息和数据传递的及时性和准确性是工程顺利推进的关键和基础。很显然传统的手工信息管理方法已经远远不能满足如此大规模计划的需要,而解决这个问题的唯一方法就是采用计算机管理系统。

北斗二号卫星工程一直致力于信息沟通系统和平台的建设,通过收集、存储及分析项目实施过程中的有关数据辅助项目管理人员及决策者规划、决策和检查,同时共享信息资源,提高工作效率。北斗二号卫星工程的信息沟通系统和平台建设是根据不同的需求层次展开的。建设的基本思路如图 12.4 所示。

现将主要的信息沟通系统和平台介绍如下。

(1) 北斗卫星导航系统网站:www. beidou. gov. cn,简称北斗网。作为北斗卫星工程的官方网站,北斗网报道关于北斗卫星工程的最新新闻和专题活动,跟踪国际动态和行业动态,建立了新闻发布会制度,及时发布北斗卫星导航研制和服务进展。北斗网主要包含如下几个板块:系统介绍、新闻中心、应用服务、政策、交流合作、科普园地、导航年会和直播频道等。北斗网以"自主创新、团结协作、攻坚克难、追求卓越"的北斗精神为指引,全面对外宣传我国自主研发的北斗卫星导航系统。

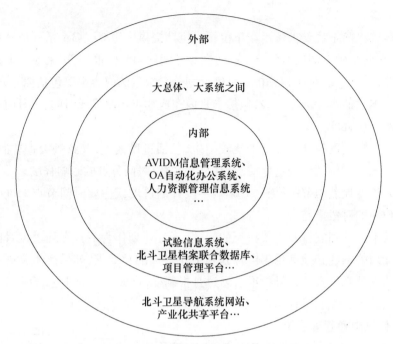

图 12.4　北斗二号卫星工程信息平台建设思路

（2）试验信息系统。测控通信系统需要交互测控数据信息，这类信息数据量大，时效性、数据质量要求高。北斗卫星导航工程依托信息系统进行数据传输，基于网络协议建立传输通道。这种信息沟通方式传输通道构建灵活，数据完整性、正确性可以得到保证，满足北斗二号卫星工程需求。

（3）北斗卫星档案联合书目数据库。按照统一的规范和要求，北斗科研系统各主要参建单位共同建设档案联合书目数据库，全面系统地集成整合北斗档案资源。按照"统一规划、分级建设、集成服务、联合保障"的指导思想，总装科技信息研究中心联合北斗科研系统各行业主管部门，建立合作、协调机制，以各行业系统主管部门为节点，在各单位和各行业系统已建档案信息库的基础上，集成各行业系统的档案书目信息，建立联合书目数据库，实现北斗科研系统内档案资源的共建、共知和共享。

（4）集团办公管理平台。航天科技集团组织开发了 AVIDM 信息管理系统，作为集团办公的主要管理平台，主要用于计划、进度与任务管理。航天科技集团通过 AVIDM 建立了异地跨所厂的协同工程环境，使上级机关、院领导和综合管理部门、项目办公室、总体和分系统设计、条件保障部门互联，实现了过程、技术、计划信息的综合集成，大大提高了信息沟通的时效性，符合航天型号特色的两总组织与角色管理。该办公管理平台包括了研制中各信息的编写、收集、标识、分类、分发、汇总、修订、归档和检索程序,还包括信息产生时刻的现行条件,使其他项目在使用这些信息之前,能核查信息的可用性及适合性。在 AVIDM 信息管理平台中明确责任,落实责任到人制度,将计划与任务实行 3 级管理,逐级分解。平台中计划是否按时完成直接与工资奖金挂钩,这样一方面使得管理者能够清楚项目任务的进展情况及其中的问题,同时,激发了团队成员工作的积极性和主动性。

12.4　信息沟通计划编制

在信息沟通需求分析和信息沟通形式确定之后,北斗二号卫星工程制定了科学合理的信息沟通计划。信息沟通计划涉及项目全过程的沟通工作、沟通方法、沟通时间节点、责任人等各个方面的计划与安排。它是整个北斗二号卫星工程计划工作的一个组成部分,当然信息沟通计划也需要根据实际实施结果进行定期的检查和必要的变更与修订。所以,信息沟通计划是一项贯穿于北斗二号卫星工程项目全过程的管理工作。

以卫星系统和运载火箭系统为例,详细阐述两大系统的信息沟通计划编制情况。卫星系统主要负责北斗二号卫星研制工作,在研制过程中,卫星系统综合分析相关人员信息需求,制定沟通管理计划,坚持型号工作会、工程总师例会、专题协调会、综合调度会、专题调度会、责任人例会、周调度例会制度,并充分利用项目管理信息系统、研制情况记录、综合信息月报、变更申请方式和研制一线人员进行沟通,利用研制情况报告、顾客满意度调查、大总体协调会等方式进行与上级领导的沟通。研制过程中继续沿用文档形式进行与上级领导的沟通以及与外部系统的技术信息交换。

1. 与上级机关的沟通

与上级机关的沟通方式包括:工程大总体协调会(一般情况下,每年一次)、工程总师例会(不定期)、研制信息报告(每月一次)、专题汇报(阶段性)、出厂汇报(每颗卫星出厂)、重大问题请示或报告(根据情况)。

2. 与用户的沟通

与用户的沟通方式包括:研制信息报告(每月一次)、专题汇报(阶段性)、出厂汇报(每颗卫星出厂)、重大问题请示或报告(根据情况)。

3. 与大系统间的沟通

与大系统间的沟通方式包括:专项评审(不定期)、星箭对接总结、卫星与地面运控系统及应用系统对接试验总结、卫星与测控系统对接试验总结、专题协调会等方式。

4. 与科研生产部、质量技术部的沟通

与科研生产部和质量技术部的沟通方式包括:考核节点、计划纲要、五院责任人例会、项目管理交流会、出厂评审及汇报、质量问题报告及归零、研制信息报告

（每月一次）、专题汇报、专题报告、重大问题请示或报告（根据情况）、年度经费预算及运行总结、年中总结与评估、年终总结与评估等。

5. 与研制单位的沟通

与研制单位的沟通方式包括：计划纲要、考核节点、型号工作会、动员会、综合调度会、专题调度会、专题协调会、信息月报（每月一期）、现场协调会、质量问题报告及归零、考核节点完成情况报告（含调整申请等）等。

6. 项目办内部沟通

项目办内部沟通是指项目内部成员的沟通，沟通形式包括项目办每日的晨会、项目办例会（每周一次）、每月的调度会等。

最终形成的信息沟通计划如表12.4所列。

表 12.4　卫星系统信息沟通计划表

序号	信息类别	内容	经办人	审批人	发出时间
1	技术状态信息	技术状态更改申请表			发生技术状态更改时
		技术状态更改落实检查单			更改落实后
2	进度信息	备份星型号周报			每周五
		项目月报			每月 25 日
		月计划完成情况报告单			每月 24 日
3	质量信息	质量问题报告单			质量问题发生 2h 内
		质量信息月报			每月 24 日
		每月质量问题分析报告			每月 24 日
		工艺检查报告			按要求
		技术状态更改分析报告			按要求
		产品过程跟产分析报告			每季度
		验收工作阶段总结报告			按要求
		现场处理单统计分析			按要求
4	成本信息	年度预算报告			每年 2 月前
		二次经费计划调整申请			每年 8 月前
		年度预算执行情况报告			每年 12 月
5	物资信息	物资采购申请表			需要采购物资时

运载火箭系统为了加强型号信息管理，提高型号信息传递与反馈的时效性、准确性、完整性，促进科研生产任务的顺利完成，制定了《型号科研生产信息管理办法》。各有关单位、部门、型号办公室按照该办法，结合科研生产实际，及时掌握、传递、处理型号动态信息，实行闭环管理，为分析决策、解决问题提供依据，充分利用信息化手段，根据信息化建设整体要求，进行合理的信息沟通形式规划，逐步实

现信息化管理,形成了信息沟通计划图,如图 12.5 所示。

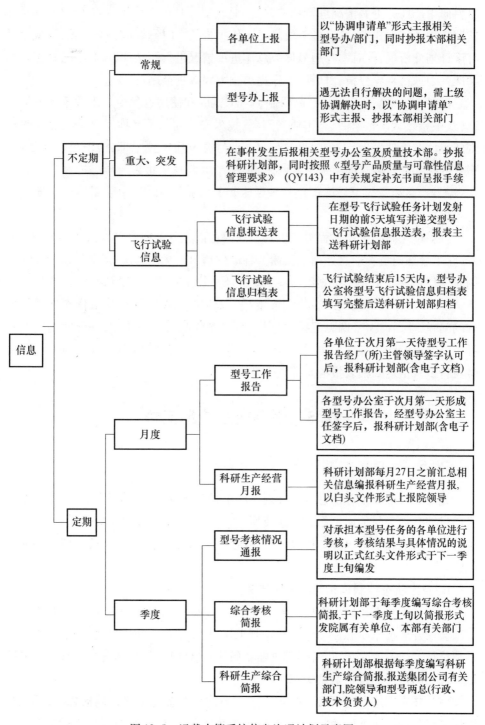

图 12.5　运载火箭系统信息沟通计划示意图

在 CZ-3A 系列型号的研制过程中,各单位每个月对本单位 CZ-3A 系列型号科研生产任务进展情况进行总结分析,形成型号月度工作报告,CZ-3A 型号办按照工程计划的要求,结合各单位月度工作报告及实时掌握的各类信息,形成型号月度计划分析报告,对本月型号任务总体进展情况进行总结和数据统计,对照工程基准计划进行差异分析,对后续工作提出预警和改进措施。

针对 CZ-3A 系列型号产品研制、生产、试验和使用过程中发生的重大突发信息(一般指重大质量事故、严重质量问题、技术安全问题及其他需要快报的问题),责任单位在事件发生后 1h 内报 CZ-3A 型号办及质量技术部,抄报科研计划部,型号办接到报告后立即上报型号两总,再由型号两总上报院领导。产品质量信息按《型号产品质量与可靠性信息管理要求》(QY143),填写"一院型号产品质量信息快报报表"。

各单位在研制生产过程中产生的不同内容信息分别报主管部门和 CZ-3A 型号办,主管部门负责信息处理及反馈。各单位遇自己无法解决、需上级协调解决问题时,以"协调申请单"形式报 CZ-3A 型号办及主管部门,型号办接到单位报告后,在 2 个工作日内完成组织协调或上报。对 CZ-3A 型号后续工作产生重要影响的问题,立即向型号两总汇报,按型号两总要求及时组织协调,并将问题处理意见或结论反馈问题提出单位。型号办公室在执行飞行试验结束后 15 天内,填写型号飞行试验信息归档表报科研计划部及时归档。

12.5 信息沟通计划实施

12.5.1 信息加工与传递

北斗二号卫星工程信息沟通计划实施中最主要的内容是根据信息沟通计划开展项目信息加工与传递工作。这涉及所需信息的加工,信息的传递和对于各种额外信息需求的满足等内容。仍以卫星系统为例,阐述卫星系统沟通管理计划的实施过程。

1. 技术状态控制信息的加工和传递

型号技术状态控制工作成立了专业小组专项管理,由总师负责,通过月例会和专项会议开展技术状态控制信息和控制工作,技术信息收集主要内容包括:北斗二号卫星技术状态变化项目、总体部内需要解决的技术问题、总体部与其他分系统承制单位之间传递的技术信息等。

(1)技术状态变化项目。北斗二号卫星技术状态变化项目包括总体、分系统因研制任务的变化涉及的状态更改、必须更改的薄弱环节、新出现的必须更改的项目等,由更改责任单位及相关人员填写《北斗二号卫星技术状态变化控制单》,完成签署后由总体控制技术状态人员负责收集和汇总,整理后将表格和汇总结果提交项目组,由项目组收集技术状态更改的附件(方案报告、评审意见、验证结果报告、技术状态更改落实情况检查单),经过两总的审查完成后进行技术信息归档。

（2）总体部内需要解决的技术问题。总体部内需要解决的技术问题是指在总体部内部,因产品质量问题、进度问题、技术状态变化等因素出现,需要由责任人快速决策的技术问题,信息传递的方式以《总体部请示(呈送)单》形式上报责任人,经责任人批示后由请示单位及项目组负责收集,并进行技术信息归档。

（3）与其他分系统间的信息传递。与其他系统间的信息传递是指总体部与卫星其他分系统承制单位之间的接口关系的明确、测试数据的传递、出现问题的通报,以及需要协调和说明的问题,均以技术文件方式进行传递,由项目组进行收集汇总,并进行技术信息归档。

（4）生产进度和调度信息。生产进度和调度信息传递是指北斗二号卫星工作进展情况和工作计划调整、突发事件处理的组织安排以及短线工作调度等信息的传递。

（5）工作进展情况(总体部项目月报)。工作进展情况是指根据型号研制计划流程的内容,由计划助理、产品保证助理根据当月的工作完成情况,每月 26 日前编制总体部项目月报(由计划助理执笔),通过 AVIDM 由责任人签署、归档后发科研生产处综合管理人员。在总体部项目管理例会后,根据形成的会议纪要,由项目组落实执行。

（6）工作计划调整(总体部型号月计划调度会)。工作计划调整是指因北斗二号卫星研制工作因技术状态、产品、质量问题等因素导致研制工作未能按照计划流程的要求开展。根据具体情况,每月末由型号责任人组织召开专项调度会,会议由计划助理承办、各研究室负责人参加,组织编制新的调整计划通过 AVIDM 月计划下发给有关单位。

（7）突发事件的应对。突发事件是指北斗二号卫星出现严重影响工程进度和质量的事件,突发事件必须在事件发生的第一时间由当事人向北斗二号卫星总指挥、总设计师直接汇报,卫星总指挥、总设计师于事件上报后直接上报主管院领导,随后立即组织相关部门、人员协商后续应对策略和实施方案,明确后续实施方案和实施计划的责任人。

针对突发事件需成立专题工作组,制定专题工作计划,细化工作内容(按小时计算),明确责任人,协调、落实各项保障资源,各相关单位密切配合、大力协同,调用一切可用资源,确保影响程度降为最小。

2. 质量管理信息的加工和传递

质量管理信息传递包括研制过程中质量工作进展情况、验收中不合格项、新颁布的质量管理要求、质量问题归零通知、出现质量问题的汇总、其他型号质量问题的举一反三的信息传递等。

（1）质量工作进展情况。总体部北斗二号卫星的质量工作进展情况是指根据计划流程安排的质量工作项目的完成情况，由产品保证助理负责编制，纳入调度会材料中，在调度会中下发各有关单位，完成后由责任单位进行技术归档。

（2）新颁布的质量管理要求。新颁布的质量管理要求是指由总装备部、集团公司和院下发新的质量管理要求，由产品保证助理负责以文件形式转发各有关单位，完成后进行技术归档。

（3）质量问题的汇总。北斗二号卫星的质量问题由产品保证助理动态汇总，每月上报。

（4）其他型号质量问题的举一反三。其他型号质量问题的举一反三是指由质量技术部转发的其他型号研制、试验过程中出现的与北斗二号卫星产品有关的质量问题的信息传递，由产品保证助理以文件形式转发给各有关单位，由项目办完成技术归档。

3. 成本管理信息的加工和传递

成本管理信息的传递是指因成本基准计划、计划进度和变更申请等进行请款和拨款的信息传递。每年年初由计划助理整理直接经费需求，经项目责任人审查后，报经营发展处汇总，并由经营发展处统一上报。上级（院计划发展部）批准后，经营发展处负责下发文件给项目办，项目办根据下发的计划执行。完成年度计划后由项目办完成归档。

4. 物资管理信息的加工和传递

物资管理信息的传递是指元器件、原材料需求，目录外元器件报批、元器件质量问题信息传递，由设计师提出元器件、原材料需求，计划助理负责审核，项目责任人审批。产品保证经理转发元器件质量问题信息给各有关单位，完成后由项目办归档。

12.5.2　信息分发

卫星系统在信息沟通管理过程中，以计划流程体系作为基准计划，通过定期评估会议、定期绩效报告等形式进行信息分发，及时与相关单位和人员沟通，监控项目进展，发现进度、成本等偏差。

1. 定期评估会议

卫星研制期间，召开3种会议评估项目进展，包括阶段评审会、定期调度会、大型试验阶段每日班后会，及时评估研制中的技术、进度、成本、质量等各管理要素的执行情况。

　　分系统研制阶段结束、总装阶段结束、电测结束、环境试验结束、出厂、发射场加注前、发射前分别举行一次阶段评审会,邀请上级单位领导和上级质量代表参加,完成对项目技术、进度、成本、质量和范围情况进行评估,形成阶段总结报告和待办事项清单,报上级单位、院领导和综合管理部门,同时将待办事项以项目办公室蓝头文件发往责任单位。

　　大型试验阶段每两周召开一次调度会,进发射场后每周一次调度会,会议邀请上级单位领导参加,全面沟通、检查、评估研制试验进展状态,分析进度、成本、质量、范围各项偏差,制定纠偏措施,会议形成调度会纪要发往各相关单位。

　　大型试验阶段和发射场实施阶段每天召开班后会,评估当天的任务完成情况,形成日计划安排发往各分系统。试验结束后,召开总结大会对整个项目进行全面评估,评估项目技术指标、进度、成本和范围的完成情况,总结取得经验和需要改进的不足,总结报告以红头文件形式报各级领导。

2. 定期绩效报告

　　绩效报告是在整个系统实施过程中按一定报告期出具的关于系统各方面工作实际进展情况的报告。绩效报告进一步分为项目状态描述报告、项目计划进度报告和项目未来情况预测报告。北斗二号卫星工程绩效报告通常有一个特定的报告期,可以是一周(主要是周报)、一月或一季度等。例如,卫星系统定期绩效报告日期为:出厂前每月 1 次、进场后每周 1 次。报上级单位、院领导、综合管理部门,分发各职能部门、实体部、分系统单位,格式如表 12.5 所列。

表 12.5　卫星系统项目绩效报告

项目名称:	编号:
报告日期:自　　　　至	报告起草人:
自上一次报告以来的主要成绩:	
实施的当前状态(进度执行情况、成本执行情况、工作量完成及其质量情况):	
上次报告发现问题的解决情况:	
当前出现或预见可能出现的问题:	
解决这些问题的方案有哪些,计划采取的措施是什么:	
下次报告期预计实现的里程碑:	

12.6　文档管理

　　信息沟通过程中形成的文档是北斗二号卫星工程的重要智力资产。北斗二号卫星工程的文档管理是将信息沟通过程中形成的文件、电子表格、图形和影像扫描等文档进行存储、分类和检索。文档管理的关键问题是解决文档的存储、文档的安全管理、文档的查找、文档的在线查看、文档的协作编写及发布控制等问题。北斗二号卫星导航文档管理工作遵循统一领导、分级管理的原则,建立、健全工作制度,保证了文档的完整、准确、可靠、安全和有效地利用。

为了加强文档管理,根据《中华人民共和国档案法》《科学技术档案工作条例》等,北斗二号卫星工程管理人员特别制定了档案管理相关办法,并将其贯穿于导航方案制定、论证、实施、考核验收的全过程。

12.6.1 文档管理组织

(1)领导层。北斗卫星导航领导小组负责导航文档管理工作的领导、统筹、部署、协调、监督和检查,把文档管理工作纳入组织实施的工作计划之中。

(2)管理层。中国卫星导航系统管理办公室统筹、部署和指导导航文档管理工作,制订有关文档管理规则,监督检查和考核,并指导建立统一的导航文档管理服务平台。

(3)执行层。工程大总体作为实施执行机构,负责导航文档管理工作的管理、监督和检查,把文档管理工作纳入组织实施工作中。

(4)各行业部门。行业(地方)主管部门及其所属单位的文档业务机构负责本单位的文档管理工作。

(5)设立责任人。中国卫星导航系统管理办公室和工程大总体指定一名领导分管文档管理工作,并配备专人负责文档管理工作的落实和开展。

(6)任务承担单位。各任务承担单位负责管理本单位文档工作,指定领导分管文档管理工作,并配备专人负责文档管理工作的落实和开展;实施项目(课题)负责人问责制,确保文档管理工作责任落实到人。

(7)组织变动。凡单位变动、撤销或任务改变需要转移卫星导航文档保管、使用关系时,要妥善保管全部文档,并按有关规定办理交接手续,交接清册应有经手人、批准人签字。

12.6.2 归档及规范要求

(1)总体原则。加强文档形成、收集、整理工作。属于归档范围的文件材料,必须按照规定向文档管理部门移交,实行集中统一管理,任何人都不得拒绝归档或者据为己有。

(2)总体要求。在组织实施过程中形成的各种形式和载体的文档,其整理工作按国家的有关规定和相关标准规范执行。数字文档系统建设采用公共标准,保证软件、硬件和系统可交互性和互操作性。

（3）文档归档。导航组织实施中的科研工作和建档工作实行同步管理。在下达项目计划或签订项目合同、协议时，应同时明确项目文件材料的归档要求；在检查项目进度时，同时检查项目相关材料收集、整理情况；在进行项目验收时，先期或同步进行项目文件材料的整理与归档情况，没有完整、准确、系统的文档材料，不能通过验收。项目验收后的相关文档要及时移交至导航文档管理平台。

（4）文档时限。导航文件材料的归档时限确定为：组织实施过程中形成的文档材料，一般按照年度，在第2年上半年完成归档工作；各专业项目形成的文档材料，应在项目实施完成后3个月内完成归档工作；项目鉴定或验收形成的文件材料，应在鉴定或验收后一个月内完成归档工作。

（5）文档格式规范。实施过程中产生的各类归档文件，其整理应符合《科学技术档案案卷构成的一般要求》（GB/T11822—2008）；整理录音、录像、照片等声像材料时，应注明材料反映的事由、时间、地点、人物、背景及作者等内容；电子文件归档，参照《电子文件归档与管理规范》（GB/T18894—2002）、《CAD电子文件光盘存储、归档与档案管理要求》（GB/T17678.1—1999、GB/T17678.2—1999）执行；重要的电子文件归档时，应形成相应的纸质文件材料一并归档。

（6）保密要求。各级文档管理部门要严格遵守保密条例，对保密文档进行分类管理。

（7）资料要求。凡需要归档的文档资料，都应当做到书写材料优良、字迹清楚、数据准确、图像清晰、信息载体能够长期保存。

12.6.3　文档的借阅、利用和销毁

北斗二号卫星工程在文档管理过程中，规定了一系列的文档借阅、利用和销毁程序。

（1）文档借阅。各级管理部门在严格遵守保密条例下，制定相应的文档借阅制度，建立文档资源共享机制，切实加强文档的开发利用。

（2）借阅手续。查阅、摘抄和复印相关文档，需持有效证件，并登记造册。如需查阅、摘抄、复印涉密文档，必须经有关负责领导同意。

（3）借阅重要文档。对于重要的、珍贵的文档和资料，一般不得提供原件使用。如必须使用原件时，须经有关负责领导批准。

（4）文档利用。开发利用文档，不得违反国家有关知识产权保护的法律规定。

（5）文档保管期限。文档的保管期限分为永久、长期、短期三种：凡具有重要凭证作用和长久需要查考、利用的文档应列为永久保存；凡在相当长的时期内（15～20年）具有查考、利用、凭证作用的文档应列为长期保存；凡在短期内（15年以内）具有查考、利用、凭证作用的文档应列为短期保存。

（6）文档销毁。销毁已满保存期限的卫星导航文档,须经相关领导批准并造具清册,注明文档名称、编号、数量、来源、编制或出版单位、时间、销毁原因等,清册封面应有鉴定人、批准人、经办人、销毁日期,还应报上级主管部门备案。

（7）文档变更。保密文档的使用、密级的变更和解密、文档价值的鉴定和销毁程序等,按照国家有关规定办理。

12.7　信息沟通管理创新与经验总结

经过不断的探索与实践,北斗二号卫星工程在信息沟通管理过程中采用了一系列的创新性做法,在信息沟通管理方面积累了一定经验,正在向相对较为成熟的信息沟通管理模式迈进。

12.7.1　信息沟通管理创新

1. 将信息沟通建立在组织分解结构基础之上

北斗二号卫星工程信息沟通管理是在组织分解结构基础之上展开的。北斗二号卫星工程涉及大量的组织和机构,信息沟通涉及数据量巨大,要求所有的参与主体必须有一个共同的信息沟通基础和可靠的信息沟通工具,而组织分解结构则扮演了信息沟通连接器的角色,成为各参与主体进行信息交流的共同基础。以组织分解结构为主线,进行自上而下传达信息和自下而上反馈信息,并确定适用于不同组织层级的信息沟通形式,使得信息沟通清晰、明确,提高了信息传递的效率。

2. 以需求分析为首要突破口,创建不同层级的健全的信息沟通体系

北斗二号卫星工程采用了现代信息沟通管理方法,制定了科学的信息沟通管理流程,以需求分析为首要突破口,创建了不同层级的健全的信息沟通管理体系。如会议沟通是北斗二号卫星工程最为普通的信息沟通方式,其目的主要是检查项目的进展,了解项目存在的问题,协商解决问题的办法,明确下一阶段的工作任务,保证计划不断朝着既定目标逼近。北斗二号卫星工程针对信息沟通主体的不同需求,采用了不同的会议沟通渠道,如领导小组会、总师办公会、专项评审会等,以解决不同层次的问题。此外,在对外宣传方面,北斗二号卫星工程管理人员利用网络信息技术,向世人提供了北斗卫星导航的展示平台,充分发挥了信息技术在信息沟通领域的独特优势,完善了北斗二号卫星工程的信息沟通体系。

12.7.2　信息沟通管理经验

1. 需求分析是信息沟通管理的首要工作

北斗二号卫星工程涉及人员和组织众多,相互关系非常复杂,信息沟通主体往往为一个群体,随着工程的研制进展,主体通常会发生一系列的变化。北斗二号卫星工程在项目初始建设之始,并没有迫不及待地进行项目启动、编制计划和实施计划,而是首先进行信息沟通主体的信息需求分析。不同层次的信息沟通主体对信息的需求不同,北斗二号卫星工程所采取的沟通方式和方法也有所不同,最终形成了详细的沟通需求分析表,以此为依据编制沟通管理计划,将所有的信息沟通管理活动规定在严格统一的流程和制度框架中,以确保相关信息能被及时、准确地搜集和处理,并在第一时间传递给需要的人和部门,这是实现组织目标的基础。

2. 多层次沟通模式是信息沟通管理的有效途径

多层次的沟通模式构建有助于北斗二号卫星工程的信息沟通管理。北斗二号卫星工程针对不同应用对象、不同需要提供不同的信息沟通媒介,为项目团队建立了一个多层次的信息沟通平台,利于解决紧急程度、重要程度不同的问题,大大提高了工作效率,并且在参研人员之间建立了更密切、更持久、更和谐的工作伙伴关系。

3. 信息管理系统是促成有效沟通的重要平台

北斗二号卫星工程管理者认识到信息管理系统建设在信息沟通中的重要性,认为全方位构筑信息交流与知识共享的智能化系统,可以帮助北斗二号卫星工程实现有效沟通。基于此,北斗二号卫星工程在组织内部和组织成员之间开发了可以用信息收集、传输、加工、储存、更新和维护的集成化人机信息管理系统,如 AVIDM 等,以助组织提升沟通和管理效率。此外,北斗二号卫星工程管理者在信息管理系统的开发中独特地创办了用于对外宣传的北斗卫星导航系统网站,使得所有关注北斗的人们能够更好地了解北斗的发展、北斗的现状和北斗的未来,为促成外部的有效沟通提供了网络平台。

第13章 北斗二号卫星工程技术状态管理

技术状态管理是产品研制工程项目管理的一项重要内容,是确保工程产品系统技术状态符合研制要求的有效手段和工具。我国航天领域的技术状态管理经过近几十年一系列航天产品系统研制工程实践,已经形成了比较成熟的技术状态管理方法。与其他航天型号产品系统相比,北斗二号卫星工程的技术状态更加复杂,有许多新技术、新状态。相应地,技术状态的管理也更加复杂。针对北斗二号卫星工程的技术状态管理问题,工程研制管理单位按照工程总体、系统、分系统、子系统等多个级别,研究建立了不同层次的技术状态管理方法。针对许多新技术状态,研究探索了一系列新的管理方法。工程大总体围绕工程总体技术状态的控制和管理,研究建立了适合于卫星导航系统工程建设的大总体工作模式,形成了大总体工作方法。

13.1 技术状态管理概述

为了规范产品研制工程项目的技术状态管理活动,国际标准化组织 ISO 和中国国家标准化管理委员会都已发布了技术状态管理的国际标准(最新版本为 ISO 1007:2003)和国家标准(最新版本为 GB/T 19017—2008)。中国航天工业总公司制定并发布了技术状态管理的行业标准——QJ 3118—99 航天产品技术状态管理。在北斗二号卫星导航系统研制期间,主要参照了 QJ 3118—99 航天产品技术状态管理行业标准开展技术状态管理活动。

13.1.1 基本概念

1. 技术状态

技术状态是指在技术文件中规定的并在产品上达到的功能特性和物理特性。

2. 技术状态项目

技术状态项目是指能够满足最终使用功能,并被指定进行技术状态管理的硬件、软件或集合体。

284

3. 技术状态文件

技术状态文件是指确定技术状态项目的设计、生产和验证等要求所必需的技术文件。

4. 技术状态基线

技术状态基线是指在技术状态项目研制过程中的某一特定时刻,被正式确认,并被作为今后研制、生产活动基准的技术状态文件。

5. 工程更改

工程更改是指在技术状态项目研制、生产过程中,对已正式确认的现行技术状态文件所做的更改。

6. 偏离

偏离是在技术状态项目制造之前,对该技术状态项目的某些方面在制定的数量或者时间范围内,可以不按其已批准的现行技术状态文件要求进行制造的一种书面认可。允许偏离时,对其已批准的现行技术状态文件不做出相应更改。

7. 超差特许

超差特许是对接受下述技术状态项目的一种书面认可:在制造期间或检验验收过程中,发现某些方面不符合已被批准的现行技术状态文件规定要求,但不需修改或用经批准的方法修理后仍可使用。

13.1.2 技术状态的类型

在航天产品系统研制过程中,系统技术状态是逐步细化的。系统技术状态通过技术状态文件来描述,不同时间阶段的技术状态文件经过评审通过后,形成不同的技术状态基线。

1. 技术状态文件的类型

技术状态文件分为功能技术状态文件、研制技术状态文件、生产技术状态文件三种。分别在不同阶段进行编制、批准和保持,且在内容上逐级细化,如图 13.1 所示。

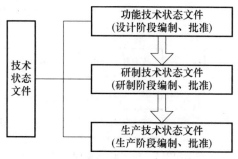

图 13.1 技术状态文件的种类

2. 技术状态基线的类型

技术状态基线一般分为三种:功能基线、研制(分配)基线和生产(产品)基线,如图 13.2 所示。形成三种技术状态基线的三类技术状态文件通常按照从功能技术状态文件到研制技术状态文件再到生产技术状态文件的顺序进行。这三者之间应相互协调,并具有可追溯性,而且后者应对前者进行扩展和细化。

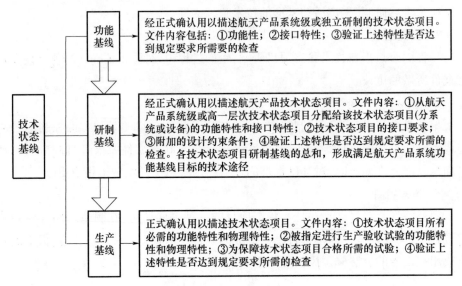

图 13.2 技术状态基线的种类

13.1.3 技术状态管理的主要活动

技术状态管理是指对技术状态项目进行技术状态标识、技术状态控制、技术状态纪实和技术状态审核等的管理活动。这四种管理活动相互之间的关系如图 13.3 所示。

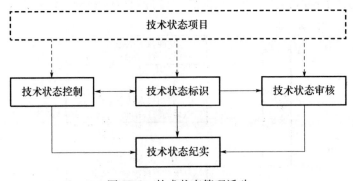

图 13.3 技术状态管理活动

1. 技术状态标识

技术状态标识是为技术状态控制、技术状态纪实和技术状态审核建立并保留一个确定的文件依据。

技术状态标识的基本内容如下。

（1）从国家相关适用标准和项目工作分解结构的单元选择技术状态项目。

（2）确定每一个技术状态项目在不同研制阶段所需要的技术状态文件的清单及其标识。

（3）确定技术状态基线,通过技术状态文件对技术状态项目当前的技术状态进行全面描述。

（4）规定技术状态项目（含硬件和软件产品）的标识。

（5）对工程更改、偏离和超差的情况进行描述并给定标识符。

（6）监督和指导技术状态文件管理活动。

（7）根据合同要求对所有可交付的硬件和软件产品进行技术状态标识。对相关技术状态项目、工程模型和交付产品项目应提供完整、清晰、正确的文件。

（8）产品的功能、研制和生产技术状态标识应自上而下、逐步细化、彼此间协调一致。

2. 技术状态控制

技术状态控制是在技术状态基线建立后,为控制技术状态项目的更改而对更改建议所进行的论证、评定、协调、审批和实施活动。

对技术状态项目实施技术状态控制的基本工作内容如下。

（1）有效控制所有技术状态项目及其技术状态文件的更改。

（2）制定有效的工程更改、偏离和超差的控制程序与方法。

（3）确保已批准的更改得到正确实施。

3. 技术状态纪实

技术状态纪实是对已确定的技术状态文件提出的更改状况和已批准更改的执行情况所作的正式记录和报告。

1）技术状态纪实的作用和要求

（1）技术状态纪实提供了技术状态项目在研制、生产中有关信息的管理方法。通过这种方法对影响技术状态项目的信息给予记录,并向有关的项目负责人和主管人报告。

（2）技术状态纪实始于第一份技术状态文件形成后,并贯穿于产品研制、生产的全过程。

（3）技术状态纪实必须准确、全面地记录每一技术状态项目和已批准的技术状态文件及其更改的状况,确保每一技术状态演变的可追溯性。

2）技术状态纪实的基本内容

（1）记录并报告各技术状态项目已批准的技术状态文件及标识。

（2）记录并报告工程更改建议的提出及审批过程的情况。

（3）记录并报告技术状态审核的结果，对不符合项应记录不符合的状态和最终处理及结果。

（4）记录并报告技术状态项目所有关键和重要的偏离及超差的状况。

（5）记录并报告已批准的工程更改的实施状况。

（6）提供每一技术状态项目的所有更改对初始确定的基线可追溯性。

4. 技术状态审核

技术状态审核是为确定技术状态项目是否符合合同、设计任务书、技术文件的要求而进行的验证和检查。技术状态审核包括功能技术状态审核和物理技术状态审核。技术状态审核可与定型结合进行。

1）功能技术状态审核

功能技术状态审核是为证实技术状态项目是否达到功能技术状态文件和研制技术状态文件中规定的功能特性所进行的正式检查，通常是通过检查技术文件、评审、检验和试验记录来证实技术状态文件的描述已满足任务书、合同及技术条件中规定的产品功能特性。功能技术状态审核应在定型（鉴定）前根据准备正式提交定型（鉴定）的样机试验情况进行，或在产品研制过程中结合设计评审逐步完成。功能技术状态审核完成后，建立功能基线或研制基线。

2）物理技术状态审核

物理技术状态审核是为证实物理技术状态项目的技术状态是否符合其技术状态文件所进行的正式检查，通常通过对产品实物及其配套文件的逐项检查来证实产品与技术文件的符合性。物理技术状态审核应在完成功能技术状态审核之后或与功能技术状态审核同时，根据按正式生产工艺制造的首批（个）生产件的试验与检验情况进行。物理技术状态审核完成后，最终建立生产基线。

除了上述四个方面外，与技术状态管理直接相关的还有资料管理和接口管理。

13.1.4　北斗二号卫星导航系统技术状态的层次体系

北斗二号卫星导航系统的技术状态包括不同层次的技术状态。

1. 工程总体技术状态

工程总体技术状态是指需要通过多个系统协调配合才能实现的总体技术状态。例如：星座组网方案、导航定位授时测速精度、系统间接口标准等。

2. 系统技术状态

系统技术状态是指工程六大系统内部的总体技术状态。例如，GEO卫星的结构组成、技术参数等。

3. 分系统技术状态

分系统技术状态是指工程六大系统中各个分系统的技术状态。例如：运载火箭的发动机的技术参数等。

4. 分系统以下层次的技术状态

工程六大系统中各个分系统包括多个子系统，各个子系统也有相应的技术状态。相应地，子系统以下还有单机、部件、零件，也有相应的技术状态等。

在本书中将主要介绍前面三个层次的技术状态管理。

13.1.5　北斗二号卫星导航系统技术状态管理的特点

1. 工程总体技术状态针对的不再是以前的单星系统，而是由多颗导航卫星组成的卫星星座系统

北斗二号卫星工程与以往的卫星型号工程最大的不同是所建系统不再是单星系统而是由多颗导航卫星组成卫星星座系统。相应地，系统顶层的技术状态不再停留在单颗卫星层次，而要上升到星座级别，为了系统技术状态区别，在本书中将系统顶层技术状态称为工程总体技术状态。工程总体技术状态中的技术指标不是由单颗卫星实现而是由组网星座和地面运控系统协同工作才能实现。工程总体技术状态的管理机构由原来的以卫星系统为主转移到以工程大总体为主。

2. 系统技术状态项目数量多、管理工作量大

北斗二号卫星导航系统中无论是导航卫星还是运载火箭，以及应用系统的用户机类别都有好几种，每种类别都有其论证阶段、研制阶段和生产阶段的技术状态文件及技术状态基线。种类繁多的技术状态项目使其技术状态管理的工作量较大、管理复杂。

3. 分类研制、组批生产管理模式使技术状态管理面临新的挑战

北斗二号卫星导航系统的研制模式和生产模式与以往的航天工程的研制生产模式有很大的不同，卫星与运载火箭的研制和生产模式发生了很大的变化，需要按类别研制、组批生产，发射场也面临着要适应高密度发射的巨大挑战。与单颗卫星研制生产模式不同，多类别卫星研制、组批生产模式具有多星并行研制、系统状态复杂、更改影响全局、验证交叉重叠等特点。相应的技术状态管理活动也存在着交叉并行，相互影响的特点。这些特点既是卫星与运载火箭产品研制生产的关键特性，也是系统技术状态管理工作要面临的挑战。

4. 新任务新技术增加了技术状态管理的复杂性

北斗二号卫星工程需要突破多项关键技术，比如一箭双星、星座组网等，这些新技术新项目的技术状态如何管理是需要深入研究的问题,从而使其技术状态管理的复杂性增加。

13.2 工程总体技术状态管理

13.2.1 工程总体技术状态管理组织机构

北斗二号卫星导航系统工程总体技术状态管理工作是工程大总体的一项主要工作。其组织机构包括:工程领导小组、工程总师、六大系统的"两总"。

13.2.2 工程总体技术状态管理活动

1. 工程总体技术状态标识

北斗二号卫星导航系统工程总体技术状态包括系统总体技术方案(例如:星座组网方案、轨道参数、技术体制等)、总体技术指标(例如:定位精度、授时精度、短报文长度、服务区域、可靠性、稳定性等)、总体技术参数(例如:轨道参数、工作频率等)、接口控制文件。工程总体技术状态标识的结果有:根据通过评审的工程建设方案,编制的工程概述及对各大系统的要求、论证完成的工程大总体方案、试验卫星工程大总体方案等。通过上述文件最终确定了北斗卫星导航系统总体架构组成、关键技术体制、系统指标分配、重大试验安排、工程技术与计划流程等,为工程的论证、设计、实施提供了顶层指导、规范与约束文件。

2. 工程总体技术状态控制

北斗二号卫星导航系统工程总体技术状态控制包括总体技术状态监测、偏差分析和变更审批三个环节。

在方案阶段,主要通过仿真试验和各级方案评审实现总体技术状态控制。

在工程实施阶段,通过制定分阶段目标,提出技术状态要求,利用监测评估系统和各类试验实现总体技术状态的监测,通过对大量连续监测数据结果进行统计分析,准确反映北斗二号卫星导航系统在不同研制阶段的总体技术状态,并对总体技术状态偏差进行影响分析,确定是否超出允许的偏差范围。总体技术状态变更审批主要是通过一系列会议,例如:领导小组会、大总体协调会、总师办公会、专题协调会等形式开会讨论决策。

3. 工程总体技术状态审核

北斗二号卫星导航系统总体技术状态的审核包括工程建设期间阶段转换和验收时的各种评审,例如工程建设方案的评审、卫星和运载火箭出厂验收评审、卫星在轨验收评审等。北斗二号卫星导航系统总体技术状态审核主要在对工程总体技术状态进行准确监测和开展试验获得实验结果的基础之上,通过邀请专家、相关领导召开评审会实现。

4. 工程总体技术状态纪实

北斗二号卫星导航系统总体技术状态纪实包括工程建设期间产生的各种会议纪要、正式发布的接口控制文件、专题报告文档等。

13.3　系统技术状态管理

13.3.1　系统技术状态管理概述

北斗二号卫星工程六大系统技术状态的管理工作主要由系统牵头单位负责。各牵头单位主要依据 ISO9000 中的《技术状态管理规范》、ISO 10007—2003《质量管理体系　技术状态管理指南》、GB/T 19017—2008《质量管理体系　技术状态管理指南》、QJ 3118—99《航天产品技术状态管理》、QJA 32—2006《航天产品技术状态更改控制要求》、Q/Y 9001.36《技术状态管理程序》开展技术状态管理工作,建立相应的技术状态管理体系,成立技术状态管理的组织机构,明确岗位职责,制定具体的技术状态管理工作计划,并将其纳入年度工作计划之中。

在北斗二号卫星工程研制过程中,工程六大系统都建立了技术状态管理体系,成立了技术状态管理组织结构。下面以卫星系统为例进行介绍。

13.3.2　卫星系统技术状态管理体系

1. 卫星系统技术状态管理体系的标准规范与依据

在北斗二号卫星工程研制工作中,卫星系统技术状态管理的依据除了上述的各大系统都必须遵照执行的规范文件外,还有航科集团五院制定的《关于总体部系统级技术状态基线审查工作要求的通知》(产保[2012]93 号)、[2002]640 号《型号技术状态管理实施细则》及[2004]635 号《关于下发型号产品技术状态更改控制的补充要求的通知》等。

2. 卫星系统技术状态管理体系的组织结构

卫星系统技术状态管理体系采用技术和行政方法对卫星的技术状态实施指导、控制和监督。成立了由技术经理任组长,总体主任设计师任副组长,成员由副总师、总体主管分系统设计师、产保经理构成的技术状态管理小组,负责型号所有技术状态管理活动的确认、指导、协调和执行。各级设计师在技术状态管理小组的领导下对技术状态分工负责。

在卫星研制阶段成立了北斗二号卫星技术状态控制组,负责研制全过程的产品技术状态基线的审定,控制产品技术状态。

对技术状态更改以及偏离超差更改设置了专岗,负责定期清理技术基线,确保产品基线的动态管理。

3. 卫星系统技术状态管理体系的活动内容

卫星系统技术状态管理体系的活动内容主要包括四个方面:卫星技术状态标识、卫星技术状态控制、卫星技术状态纪实和卫星技术状态审核。

1)卫星技术状态标识

卫星技术状态标识的具体内容包括在确定卫星相关的分系统总体、单机分解结构的基础上,选择技术状态项目、确定每个技术状态项目所需的技术状态文件、制定技术状态项目及相应文件的标示符、发放技术状态文件、建立了卫星技术状态基线。

2)卫星技术状态控制

卫星技术状态控制包括在卫星技术状态基线建立后,因为工程更改、偏离、超差造成控制技术状态项目更改所进行的论证、评审、协调、审批和实施活动。卫星技术状态控制的具体内容包括产品设计状态、材料物资使用状态、软件状态、接口状态、工艺状态、试验状态、单机及单机部件外协定点生产承制单位。卫星技术状态更改严格遵守"论证充分、各方认可、试验验证、审批完备、落实到位"的五项原则,确保技术状态更改在受控条件下进行并具备可追溯性。技术状态控制按五质[2002]640号《型号技术状态管理实施细则》及[2004]635号《关于下发型号产品技术状态更改控制的补充要求的通知》的规定执行。

3)卫星技术状态纪实

卫星系统在研制过程中,记录并跟踪技术状态,使有关研制人员了解评审、验收和交付的不同产品的更改、让步情况和现行技术状态基线情况及基线变化情况。

4)卫星技术状态审核

在卫星技术状态固化过程中,实施设计评审、技术状态审核,并使之协调一致,并监督所有研制部门和分承制单位的技术状态管理活动,使卫星技术状态在"设计的"和"生产的"技术状态之间进行协调。

4. 卫星系统技术状态管理体系的工作项目

为了将卫星系统技术状态管理的具体工作落实,项目办在技术状态管理小组的指导下,梳理了卫星系统技术状态管理的各项具体工作项目,明确了每项工作的输入、输出、工作时间、责任单位/责任人和相关单位/相关人,表13.1列出了卫星系统技术状态管理的部分工作项目。

表 13.1　卫星系统技术状态管理工作项目列表

工作项目	输入	工作输出	工作时机	责任单位/责任人	相关单位/相关人
单机技术状态更改论证审查	单机技术状态更改论证报告	单机技术状态更改论证报告评审结论	分系统技术状态基线确认之前	相关技术状态更改的单机研制单位及产品设计师	项目办
分系统技术状态更改论证及技术状态基线确认审查	(1) 分系统技术状态更改论证报告；(2) 分系统技术状态基线确认报告	(1) 分系统技术状态更改论证报告评审结论；(2) 分系统技术状态基线确认报告	整星技术状态基线确认之前	相关分系统主任设计	项目办
整星技术状态更改论证及技术状态基线确认审查	(1) 整星技术状态更改论证报告；(2) 整星技术状态基线确认报告	(1) 整星技术状态更改论证报告评审结论；(2) 整星技术状态基线确认报告	按照院考核节点执行(2013 – 3 – 31)	总体部	项目办
技术状态控制	(1) 技术状态更改申请单；(2) 技术状态更改落实检查单	(1) 审批通过的技术状态更改申请单；(2) 审批通过的技术状态更改落实检查单	按实际需要	项目办	总体部

13.4　分系统技术状态管理

13.4.1　分系统技术状态管理概述

北斗二号卫星工程六大系统下属分系统的技术状态管理工作主要由具体承研/生产单位负责。各单位主要按照本单位技术管理规范要求开展技术状态管理工作,建立相应的技术状态管理体系,成立技术状态管理的组织机构,明确岗位职责,制定具体的技术状态管理工作计划,并将其纳入年度工作计划之中。

下面以运载火箭系统的一、二级发动机分系统地面试验项目为例进行介绍。

13.4.2 运载火箭系统一、二级发动机分系统地面试验项目技术状态管理体系

1. 地面试验项目技术状态管理的目的

运载火箭系统一、二级发动机均为批生产产品,对发动机地面抽检热试车技术状态管理有严格的要求。运载火箭系统一、二级发动机地面试验系统实施技术状态管理的目的是为准确、全面地描述试验系统当前的技术状态,反映试验系统满足一、二级发动机地面试验功能和物理特性要求的状况,使这些状况和要求都形成技术状态文件,并确保参与地面试验的所有人员在试验全过程中随时能够使用正确和准确的文件。

2. 地面试验项目技术状态管理的程序和规定

1)技术状态管理的相关规范和规定

运载火箭系统一、二级发动机分系统地面试验项目技术状态管理的相关制度和规定包括试验系统设计规范、工艺规范、试验系统操作规程、试验系统工作程序等相关文件规定,如图 13.4 所示。

2)技术状态管理组织机构

运载火箭系统一、二级发动机地面试验技术状态组织管理机构包括质量部门、技术室和生产车间等。

3)技术状态项目选择准则

选择对试验而言能够决定试验成败、检验试验系统正常与否、保障与维修状态特殊的项目作为技术状态项目。

4)内部试验技术总结报告和数据报告的提供要求

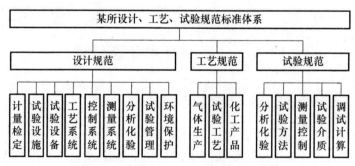

图 13.4 某所设计、工艺、试验规范标准体系

内部试验技术总结报告要求在试验结束后两周内提供给所质量处,数据报告要求在试验结束后三天内提交。

3. 技术状态标识

1）技术状态标识选择

运载火箭一、二级发动机地面试验技术状态标识选择了工艺系统技术状态、控制系统技术状态、测量系统技术状态、调整计算技术状态作为技术状态标识。

2）规范、图样文件的编号规则

技术文件一般以 Q/Tm ×××－×××来进行编号,更改等文件一般以 GL－×××作为编号。

3）技术文件编写与发布规定

技术文件由质量处统一进行组织编写,再上报给上级和发放到基层。更改等文件由基层单位编写,经上级单位审核确认后再进行归档。

4. 技术状态控制

技术状态控制包括工程更改、偏离和超差。

1）建立技术状态基线前的内部控制程序

运载火箭一、二级发动机地面试验技术状态基线为生产基线,即发动机定型阶段建立的基线。

运载火箭一、二级发动机地面试验的工作流程如图13.5 所示。

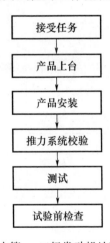

图 13.5　运载火箭一、二级发动机地面试验工程流程

根据发动机地面试验工作流程建立了内部控制程序。

2）建立基础状态基线后从更改到检查的程序

一般由承担试验任务的基层单位提出更改的建议(见表13.2),经质量处、科技处审查后由所领导审批,更改后由科技处、质量处负责检查,领导批准。

表 13.2　试验系统技术状态更改单

编号：						
申请单位		更改负责人			系统名称	
更改名称					适用范围	
更改必要性说明						
更改方案简介及可行性论证						
更改结果验证及结论						
申请单位意见		科技处意见		质量处意见		
年　月　日		年　月　日		年　月　日		
总师意见		所领导意见				
年　月　日		年　月　日				

3）偏离、超差的控制程序

由基层单位提出更改意见,科技处、质量处审查后所领导审批,更改完成后签字确认。填写质量反馈单,向质量处反映。其格式如表 13.3 所列。

表 13.3　质量信息反馈单

编号：							
反馈	单位	姓名	日期	信息	类别		名称
信息内容： 质量工程师： 年　月　日							
单位意见	单位领导： 年　月　日						
注:本表填写一式二份,一份自存,一份报质量处							

5. 技术状态纪实

运载火箭一、二级发动机地面试验技术状态纪实主要由试车指挥员、试验系统质量工程师针对使用要求及应用目的,将采集的数据输入技术状态情况记录和报告系统形成记录文件。技术状态情况记录和报告针对每次试车不断对数据进行更新,以保持记录数据的现行有效,并将原有数据予以保存、备查。

1) 形成报告的程序

运载火箭一、二级发动机地面试验系统技术状态报告编制成册,保存于牛皮纸袋内以备复查。主要数据项有:

(1) 试车型号;

(2) 试车代号;

(3) 试车台号;

(4) 试车日期及时间;

(5) 编制单位;

(6) 密级、页数。

经过相关人员的收集和处理,对试验系统的所有情况进行数据采集,获得关键数据,填写试验技术状态标识状况记录、试验文件发放记录、试验技术状态文件目录、试验规范标识记录、作废文件清单、文件更改状况记录、更改指令记录、用户发放的更改记录、试验规范更改记录、外购件计划目录、试验研制技术状态状况记录、现场更改记录、制品追溯记录、试验技术状态差别记录、试验技术状态审核状况记录等,并归档备查。

2) 所有技术状态管理报告内容和形式的规定

运载火箭一、二级发动机地面试验基本的技术状态管理报告的内容和形式的要求如下。

(1) 试验技术状态标识状况记录。试验技术状态标识记录是设计技术状态情况的主要记录,它为技术状态文件管理提供了较全面的、可追溯的信息。其主要数据项有:

① 试车型号;

② 试车代号;

③ 文件代号;

④ 文件名称;

⑤ 所属任务号;

⑥ 接受和发放日期;

⑦ 文件规格、页数;

⑧ 发放类型;

⑨ 更改信息；

⑩ 有效期和版本号；

⑪ 相关项目和保存状况。

（2）文件发放记录。文件发放记录的主要数据项有：

① 文件代号、名称；

② 试车型号及代号；

③ 发放的文件代号、名称及份数；

④ 发放单位及批准人；

⑤ 接收单位及接收人；

⑥ 更改情况；

⑦ 回收情况。

（3）试验技术状态文件目录。试验技术状态目录记录的主要数据有试验型号、试验代号、文件代号、名称或缩写、编制单位及密级和页数。

（4）规范标识记录。规范标识记录的主要数据项有试验型号、试验代号、技术状态项目号、规范号及名称、编制单位及时间、更改指令标识号、名称或缩写、受影响的文件和项目的编号。

（5）作废文件清单。作废文件清单记录的主要数据项有试验型号、作废文件代号、名称、份数、每份页数、作废依据、原因、保存情况。

（6）文件更改状况记录。文件更改状况记录形成文件时以表格的形式、按更改指令的形成顺序排列。文件更改状况记录的主要数据项有试验型号、试验代号、文件代号、文件名称或缩写、编制单位及编制人、总页数、历次更改编号、更改实施情况、更改指令编制状况、更改质量当前状况。

（7）更改指令记录。试验更改指令记录以表格形式存在。记录的主要数据项有更改指令标识号、更改类别、提出单位及批准人、被更改的文件、受影响的项目及型号。

（8）发放的更改记录。发放的更改记录主要数据有试验型号、试验代号、文件代号、更改指令名称或缩写、发出单位名称及时间、接收时间及接收人、更改指令发放状况。

（9）规范更改记录。试验规范更改记录以表格形式存在、按更改通知的形成顺序排列。记录的主要数据项有规范标识号、名称、编制单位及编写人、技术状态项目号、更改指令编号、更改指令编制时间、更改的页次及标识、受影响的技术状态项目。

（10）外购件计划目录。外购件计划目录是科技处及器材处使用的，为试验研制进行生产准备的一种采购清单。主要数据项有试验代号、外购件编号、名称、数量、采购单位、采购者、提供单位、装配层次、采购单号、车间制造指令号、制造车间。

（11）研制技术状态状况记录。研制技术状态状况记录的主要数据有试验型号、试验代号、分系统代号和名称、各分系统编号、更改标记、研制阶段及状态、采购指令号、车间制造指令号、制造车间。

（12）现场更改记录。记录的主要数据有技术状态项目号、试验代号、设备号、被更改的文件号、更改指令的编号、改入时间、被更改部分所处的位置、负责改造的人及批准人、改造结果。

（13）设备回溯记录。记录的主要数据有设备的标识号、批号、标准号、数量、工艺和工装设备、仪器及仪表的型号、规格、名称、编号、供方单位、装入的技术状态项目号及项目的几何位置、处置结果。

（14）技术状态差别记录。技术状态差别记录的主要数据项有项目号、技术文件的修订号、数量、可追溯标识号、项目检验后的修改。

（15）技术状态审核状况记录。技术状态审核状况记录的主要数据项有试验型号、试验代号、被审核的技术状态项目名称及代号、技术状态审核类别、时间、组织者、参加单位及参加人、主要问题及处理情况、受影响的合同及规范、审核意见及结论。

6. 技术状态审核

试验技术状态审核由科技处组织，相关单位参加进行功能技术状态审核和物理技术状态审核。

1）功能技术状态审核

功能技术状态审核主要审查试验程序和试验结果是否符合功能技术状态文件和物理技术状态文件中规定的功能特性要求，审查研制试验计划和试验规范的执行情况及试验结果的完整性和准确性，对不能完全通过试验验证的要求审查其分析或仿真试验的充分性及完整性，审查所有已被批准的技术状态更改是否已纳入技术状态文件并已经实施，未达到质量要求的严格按照质量问题归零五项原则进行归零。审核完成后公布审核结果，记录完成情况和结果，督促相关责任单位做到质量问题归零。

2）物理技术状态审核

物理技术状态审核对每个技术状态项目均进行审核，审查每个硬件技术状态项目的有代表性数量的工程图样和试验工艺规程，确认其数量及完整性，审查技术状态项目的生产质量控制记录，审查技术状态项目的验收试验程序和有关试验数据是否符合产品规范的要求、质量证明文件和试验资料、遗留问题是否已解决。审核完成后公布审核结果，记录完成情况和结果，督促相关责任单位做到质量问题归零。

13.5　技术状态管理经验总结

根据该工程技术状态管理的具体实践,可总结得出以下经验。

(1) 技术状态的闭环控制是技术状态持续优化的重要基础。通过北斗二号卫星工程的方案设计、研制生产、分阶段发射组网、试验监测、分析评估、优化改进、再监测、再评估、再改进等工作环节实现了对北斗二号卫星工程技术状态的闭环控制。为了实现对北斗二号卫星导航系统技术状态的准确监测,专门建设了独立于系统之外的监测评估系统。为了降低风险和提供优化改进机会,导航星座组网建设不是采取一步到位的做法,而是分成试验卫星、最简系统、基本系统和区域系统四个阶段进行。这些措施是北斗二号卫星工程技术状态持续优化的重要基础。

(2) 技术状态更改策划与控制是技术状态管理的关键环节。在北斗二号卫星工程技术状态管理工作中,通过提出技术状态更改策划概念,加强技术状态更改控制工作,确保了该项工程技术状态管理的成功实施。例如:CZ－3A 系列在组批投产前就明确了近两年内发射和投产火箭的技术状态,由原来单发火箭的技术状态控制转变为组批火箭的技术状态控制;由事后的技术状态变化清理、审查转变为事前技术状态更改的系统策划。对于确实必需的技术状态更改,采用提高一级审批权限的方法加强技术状态更改控制。在实施技术状态更改时做到"五把关":一是抓技术状态的控制点,对关键设计环节和设计结果把关,对各类试验方案和结果把关;二是落实技术责任制,切实落实各级设计师的责任,逐级把关;三是充分依靠专家和其他型号设计人员的技术力量,以他们丰富的经验和其他型号的经验教训把关;四是充分发挥职能机关的组织与监督作用,靠制度把关;五是组织技术状态更改关联性分析,避免由于状态变化引起的差错。

(3) 信息化技术是提高技术状态管理效率的有效手段。借助先进的信息化技术手段改进技术状态管理工作,可大大提高技术状态管理的效率。例如:卫星系统采用信息化技术提出并开发了数据管理系统并在导航卫星领域进行推广应用,高效地实现了对复杂星座的技术状态管理,完成了近 2000 台设备技术状态的管理。该系统目前已经成为该单位型号研制的重要信息管理系统工具。同时,通过开发的 AIT 信息集成系统也实现了管理能力的提升,2011 年度实现了 15 颗卫星 4000 多台设备的信息管理、流转控制,完成了 1200 多项偏离超差单和技术状态更改单的管理,解决了批产卫星技术状态的管控难题。此外,还利用 AVIDM、OPENPLAN 软件高效地实现了对文件生成、版本、更改、外发等的有效控制。

(4) 从目标状态管理向过程状态管理转型是实现精细化技术状态管理的有效途径。为了加强技术状态的精细化管理,在北斗二号卫星工程技术状态管理实践中,提出并实施了从目标状态管理向过程技术状态管理转型的做法,取得了很好的效果。例如:针对批产卫星的发射场阶段的技术状态精细化管理问题,为了确保整个发射场卫星技术状态的固化和顺利实施,卫星总体规定了卫星各阶段的状态、流程和测试项目,并通过设计手段改进、现场管理加强及文件体系优化等模式完成了从目标状态管理向过程状态管理的转型。在总装现场,通过将操作工序模块化,减少了设计调整工作量,提高了响应能力;通过增加总装现场拍照、总装强制检验点、电测注意事项等,完善总装与测试环节,有效地提高了发射场总装工作效率与技术状态控制水平,实现了总装操作技术状态的精细化控制与管理。

第14章　北斗二号卫星工程试验与评价管理

北斗二号卫星工程的试验与评价是验证北斗二号卫星导航系统关键技术指标和使用适用性指标,发现系统设计、生产和使用中的薄弱环节,确保系统安全稳定运行的关键技术手段。北斗二号卫星工程试验类型、试验所涉及的单位与人员多,进行北斗二号卫星工程的试验与评价管理,是确保试验进程与试验质量的关键与基础工作。本章结合北斗二号卫星工程实践,对试验与评价管理的相关基本理论、试验的分类管理、试验与评价的流程管理以及试验与评价管理的经验体会等进行阐述。

14.1　试验与评价管理概述

14.1.1　试验与评价管理的相关概念

1. 试验

试验是为考察某种事物的性能或效果而从事的活动,如核试验、弹射救生试验等。由于北斗二号卫星导航系统组成结构复杂,从系统的构成层次上可分为北斗二号卫星导航系统、系统(如卫星系统、测控系统、地面运控系统等)、分系统(如卫星、测控设备、地面运控设备)、子系统(如电源、姿态控制、推进子系统等)、部件、组件以及零件等。所以北斗二号卫星工程试验可具体定义为:为考核北斗二号卫星导航系统的性能或效果而从事的对北斗二号卫星导航系统及其组成的系统、分系统、子系统等进行考核的活动。

2. 评价

评价是对各种数据进行分析、处理、比较(如与期望值比较),以帮助做出决策的过程。这些数据包括各种试验数据,还有设计审查、软硬件测试、建模与仿真、使用(含维修、储存等)数据,以及历史数据。根据该定义,北斗二号卫星工程的试验评价就是对北斗二号卫星导航系统的试验数据进行分析、处理、比较,技术指标分析和使用适用性分析,并通过分析,对北斗二号卫星导航系统的建设、运行等给出辅助决策方案的过程。

随着研究的发展,目前试验与评价已发展成为一个比较广泛的概念,包括试验和评价两部分内容。在我国有时也称为试验与鉴定。在试验与评价中,试验是评价的基础,评价是对试验结果的分析和判断过程。两者的目的都是为了保证所研制的系统的战术技术指标,并确保系统的质量。因此,试验与评价是两个相互关联的过程。

3. 试验设计

在北斗二号卫星工程试验与评价中,任何一次成功的试验都离不开全面、良好的试验设计。试验设计是根据试验的目的和要求,在试验方法确定的试验模式、类型和工程试验方法基本框架的基础上,考虑到技术性能指标和使用适用性指标评价中的风险、精度或置信水平要求、试验中的各类因子与因子水平要求,运用统计学原理,研究如何合理选取试验样本,控制试验中各种因子及其水平的变化、制定出一个优化的可行试验方案的过程。试验设计的目的是以尽可能少的试验次数来获取足够有效的试验数据或资料。

从上述定义看,试验设计是在试验实施之前对试验的规划,所规划的内容包括:参加试验的因子、因子水平的选择,对于统计性试验而言,还要确定试验的两类风险、参数估计的显著性水平。对北斗二号卫星导航系统而言,北斗二号卫星导航系统的组成复杂,参加试验的设备、系统多,参加试验的人员多,因此进行试验设计时,需要规划的项目也多。在试验实施之前做好试验设计,是确保试验正确实施,降低试验风险的有效手段。

4. 试验与评价管理

按照现代管理学的定义,管理是管理者通过计划、组织、领导、控制等活动来协调组织所拥有的人、财、物、信息、技术等资源,以高效的方式达到组织目标的过程。以此定义为基础,北斗二号卫星工程试验与评价管理是:为达到对北斗二号卫星导航系统技术性能和使用适用性评价的目的,而对整个系统、分系统、子系统的试验与评价的人、财、物、信息、技术等资源和过程进行有效的组织、计划、协调、激励、领导和控制的管理活动。

北斗二号卫星工程试验与评价管理的内容主要包括:试验与评价的政策、法规、标准,试验与评价的组织与领导体制,试验与评价的人员培训与管理,试验与评价资源的协调与管理,试验与评价活动的计划制定与实施,试验结果的分析与处理,试验结果的综合评价与决策技术等。

5. 试验与评价的基本职能

北斗二号卫星工程试验与评价的主要职能包括计划职能、组织职能和控制职能。

计划职能是北斗二号卫星工程试验与评价管理的首要职能。所谓计划职能是指对北斗二号卫星导航系统未来的试验任务进行计划和安排。也就是在试验任务开始之前,预先拟定出试验的具体内容和试验的实施步骤。它包括确定短期和长期目标,以及确定实现目标的手段。计划职能的主要内容如下:一是对上级赋予的试验任务,结合本单位的试验资源以及试验环境的现状和未来的变化情况进行分析和预测;二是根据对试验任务及相关情况的分析和预测,制定完成北斗二号卫星工程试验任务的总目标以及试验系统各分系统的阶段目标,同时要制定为确保完成试验任务所必须的方针、政策;三是拟定实现计划目标的各种方案,如试验系统建设方案、试验保障方案等。并对做出的各种方案,进行可行性研究,采用正确的评估方法进行评估,最后做出决策,选出可靠的满意方案;四是编制各种综合计划,包括长期计划、中期计划和短期计划,各试验执行单位要制定具体的执行计划;五是检查、监督计划的执行情况。制定检查、监督计划执行情况的各种制度,如会议、汇报、检查、信息反馈等制度,保证各项计划的落实。

组织职能是试验管理的一项基本职能。要把计划落实到行动中去,就必须要有组织工作。试验管理的组织职能是为了落实各项试验计划,而构建一种工作关系网络,通过这种网络对参与试验任务的各个单位以及参试单位内部的活动进行合理的分工和协作,合理的配备和使用各种试验资源,正确处理人际关系。组织职能的内容主要有以下六个方面:

(1) 根据不同性质的试验任务,如研制试验、鉴定试验、准鉴定试验等,建立合理的试验组织机构。

(2) 为了提高管理的专业化程度和工作效率的要求,要按照业务性质进行分工,确定各职责范围。但是只有分工而没有协作,分工就失去了意义,协作是和分工紧密联系的一个概念,因此要同时明确部门与部门之间以及部门内部的协调关系与配合方法。

(3) 在委以各级管理人员责任的同时,必须委以自主完成任务所必需的相应的权力。

(4) 明确上下级之间、个人之间的领导和协作关系,建立信息沟通的渠道。

(5) 根据试验任务的需要组建试验队伍,配备、使用和培训各级试验的指挥人员、管理人员和技术人员。

(6) 建立考核和奖惩制度,对参试人员进行激励。

控制职能是对实现导航系统试验计划的各种活动进行检查、监督和调节。导航系统试验活动是由很多要素有机组成的活动,它们有极其复杂的内部联系和外部联系,同时这些要素又互相制约。虽然在制定各种试验计划时,要求尽可能全面、周密地反映客观情况,但是在计划执行过程中,仍然可能出现各种预料不到的情况,而使计划的执行产生不同程度的偏差。这就要求控制职能加以调节,以保证计划目标的实现。具体来说,控制职能的内容体现在三个方面。

(1) 控制是完成计划的重要保证。计划与控制是管理中一对不可分割的,紧密联系在一起的职能。导航系统试验通过试验指挥员和指挥机关对各参试单位执行试验计划的情况进行监督和约束,使计划按预定的要求,按部就班地执行。离开了对计划执行情况的监督和约束,再好的计划也可能失败。

(2)控制是完成试验任务的根本措施。控制是以试验计划为依据、为标准的。尽管计划的制定,考虑十分周密,但总会存在着一些难以克服的局限性,况且试验过程中各种情况的变化也难以完全预测,因此,在实际执行中造成实际工作与计划的偏差是可以理解的。对于出现的偏差就需要依靠控制职能对工作偏差进行纠正,克服试验工作中存在的缺点和错误,进而对计划偏差进行调整,使试验计划进一步地完善和补充,从而在根本上保证试验各项任务的完成。

(3)控制是改进工作的有效手段。控制是对实际活动的反馈所做出的反应。这种反馈会反映出实际工作与预定计划目标的偏差,或预定计划不符合实际的情况,试验组织机构应采取一定的措施,加以纠正。当采取措施加以纠正和调整后,各项工作就会得到改进。因此,控制是促进和推动试验工作不断进步的有效手段。

14.1.2　试验与评价的地位与作用

对导航系统而言,其试验与评价是系统研制、建设、使用的重要组成部分,是实施系统全寿命周期管理、提高系统服务质量的重要措施。北斗二号卫星工程试验与评价在导航系统全寿命周期管理中所处的地位与作用主要体现在如下六个方面。

(1)北斗二号卫星导航系统的性能是否达到了设计目的,是否满足精度、连续性、可用性、完好性等使用适用性要求,需通过试验与评价进行试验检验、验证与分析。从系统研制阶段划分的角度而言,北斗二号卫星导航系统的试验与评价是系统能否由研制建设阶段转入系统交付使用阶段的重要依据,是保障工程建设成功的必要手段。相比 GPS、Galileo、GLONASS 等导航系统,北斗导航系统具有卫星类型多、数量多等特点,在系统的构成上主要包括卫星系统、运载火箭系统、地面运控系统、应用系统、测控系统和发射场系统。在系统的建设与运行上,没完全一致的、成熟的相同系统可供借鉴。在系统运行过程中卫星系统、运载火箭系统、地面运控系统、应用系统、测控系统和发射场系统的运行性能如何,不同系统之间信息交流的协调性、匹配性如何,系统建成之后,为用户提供的导航信号的精度、连续性、可用性、完好性等指标能否满足用户需求等等,这些问题的解决仅靠理论证明与分析是不能得出符合系统运行实际的、精确可信的结果的,是需要经过大量的仿真和系统运行试验与评价进行分析的。

(2)北斗二号卫星导航系统在研制、建设、使用的各个阶段,确定每个阶段的工作是否达到预定目标,可否继续进行下一阶段的工作,必须经过必要的试验与评价,证明相关系统、分系统、子系统等满足设计要求时,方可继续进行下一阶段的工作。相比单一的卫星平台、载人航天等航天系统,北斗二号卫星导航系统的构成复杂,在轨运行的周期长,效益显著,系统设计、建设中任何一个微小的失误,都有可能造成不可估量的损失。为确保系统的安全、可靠、稳定运行,需要在系统研制、建设、组网、联试的各阶段进行试验与评价工作,以确保上一阶段的设计、生产等工作不存在影响后续阶段设计、生产、使用等工作的质量和安全隐患。

(3)及早发现问题和消除风险。试验与评价是发现问题和消除风险的有效手段。据美国统计,在装备研制结束时,其全寿命周期费用(LCC,Life Cycle Cost)已完全被固定,其后各种决策的作用微乎其微。当方案阶段结束时,LCC 已固定了70%,全面工程研制之前,LCC 已固定了 85%。因此,试验越充分,发现装备存在的缺陷越早,问题就越容易解决,代价越小。通过试验与评价,可及时发现和了解导航系统技术或使用方面存在的缺陷,以便在系统生产与部署前这些问题就能得到解决。反之,试验与评价不充分将导致有缺陷的产品或子系统被组装到北斗二号卫星导航系统中,给北斗二号卫星导航系统的布网、组网与应用带来许多问题,直接影响到用户的使用,甚至当北斗二号卫星导航系统出现精度不高、可用性不强时,还有可能会导致飞机、导弹等导航任务的失败,造成机毁人亡的事故,甚至是作战任务的失败。

(4)验证关键技术和优化方案。试验与评价可以验证北斗二号卫星导航系统、分系统、子系统等研制中采用的关键技术和设计方案的正确性及适用性,评估北斗二号卫星导航系统性能和使用适用性指标达到研制和建设要求的程度,为北斗二号卫星导航系统的研制与系统工程管理与决策提供反馈信息。在北斗二号卫星导航系统研制与卫星组网过程中,通过试验与评价,可以不断的发现系统设计、使用中存在的问题,对这些问题进行有针对性的分析,并"举一反三"对存在的类似问题进行改进与处理,则可以从较大的程度上改进系统的设计,完善系统的设计与建设方案,为建成后系统的安全稳定运行提供基础。

(5)支持北斗二号卫星导航系统使用规程与服务规范的制定。与国外的GPS、Galileo、GLONASS 等导航系统不同,我国的北斗二号卫星导航系统在建设与组成上有自身的特色,如卫星的数量与类型多、存在大量的国产化硬件与软件产品等,这些新特点使得北斗二号卫星导航系统的使用规程与服务规范的制定不能完全照搬现有的成熟系统,需要有第一手的试验与评价数据以支持北斗二号卫星导航系统使用规程与服务规范的制定。只有经过试验与评价,才能正确评估出北斗二号卫星导航系统的精度、可用性、连续性、完好性等指标,才能正确验证北斗二号卫星导航系统的卫星系统、运载火箭系统、地面运控系统、应用系统、测控系统和发射场系统之间的交互过程、交互手段与方法,明确北斗二号卫星导航系统中各大系统的工作模式、数据交换过程等,从而正确制定北斗二号卫星导航系统的操作使用规程与服务规范。

（6）保证建成后的北斗二号卫星导航系统的服务质量。经过试验与评价活动，由权威机构对北斗二号卫星导航系统进行严格和全面的考核，可以检验北斗二号卫星导航系统的建设水平，评价北斗二号卫星导航系统的性能和使用适用性指标，并进一步预计北斗二号卫星导航系统在今后一段时间内，甚至寿命周期内的性能和使用适用性变化情况，这对于保证建成后系统的服务质量，降低用户在北斗二号卫星导航系统使用方面可能面临的风险，具有重要的辅助决策作用。例如，对北斗二号卫星导航系统的导航精度进行分析，一方面是通过理论证明、卫星轨道计算等，明确北斗二号卫星导航系统的精度指标；另一方面是通过仿真分析，验证北斗二号卫星导航系统的精度。但无论是理论分析还是仿真分析，北斗二号卫星导航系统的精度在实际的应用中还可能会受到地面建筑物的遮挡、天气的变化等而有所变化，需要经过大量的使用试验收集数据，并进一步对精度指标进行分析。只有经过长久的、大量的、全面性的试验，才能确保所分析得出的精度指标符合使用实际，这样给出的精度指标，才能保证飞行、航海等导航应用中的服务质量，避免事故的发生。因此，试验与评价是保证交付使用的北斗二号卫星导航系统的服务质量的重要前提。

14.1.3　试验与评价的原则

北斗二号卫星导航系统构成复杂，是由多个系统，几十万甚至上百万个元件、器件、零件构成的有机整体，其建设周期长，试验任务重。在试验中任何一个元器件的故障、任何一次操作失误都有可能导致全系统的失败。试验项目中任何一个小的遗漏，都有可能造成将来系统建设与运行中技术指标与使用适用性指标验证的缺憾，甚至造成不可估量的影响。紧贴我国航天科技的发展实际，针对我国导航系统研制、建设、试验的特点，北斗二号卫星导航系统的试验人员和试验管理人员经过长期的实践，认为按照试验的管理流程与推进顺序，在北斗二号卫星工程试验与评价中应重点坚持如下的五项原则。

1. 贴近工程应用原则

建为用、试为用，在北斗二号卫星导航系统论证、建设的初期，北斗二号卫星导航系统的管理机关就要求：北斗二号卫星导航系统的试验应面向北斗二号卫星导航系统应用需求，一切以满足用户要求为最终的试验分析目标；要求北斗二号卫星导航系统总体，以及卫星系统、运载火箭系统、地面运控系统、应用系统、测控系统和发射场系统的试验应尽可能地按北斗二号卫星导航系统的实际使用条件进行。只有这样，才能通过试验尽早暴露系统在实际使用中可能存在的问题和缺陷，使试验与评价的结果能正确反映北斗二号卫星导航系统在实际使用中的真实性能和使用适用性，避免北斗二号卫星导航系统在实际组网、投入使用后出现问题，造成巨大损失或影响北斗二号卫星导航系统的工程应用;另一方面,也能使北斗二号卫星导航系统的管理人员、技术人员了解北斗二号卫星导航系统总体、卫星系统、地面运控系统、应用系统、测控系统、运载火箭系统和发射场系统在不同使用条件下的性能,为更好地管理和运用北斗二号卫星导航系统提供信息。

在这方面,最为集中的体现是,在北斗二号卫星导航系统试验中,对于大型、关键系统、分系统的试验,要求在试验大纲中给出参试系统(分系统、子系统等)的组成和技术状态信息。这一方面是为系统试验的准确落实提供准备,另一方面是为今后北斗二号卫星导航系统的建设提供依据。为了确保北斗二号卫星导航系统的实用性、匹配性等,北斗二号卫星导航系统管理方针对卫星的组网情况,多次组织了在轨验证试验,以验证工程总体及有关各大系统技术方案设计的合理性,检验各大系统间接口的正确性、匹配性,以及工作的协调性;并对系统功能与指标的实现情况进行分析评价。

以测控系统的试验为例,在实际的工程应用中,北斗二号卫星工程卫星测控采用的测控体制属首次应用。为验证星地接口设计的正确性、星地系统工作匹配性,完善与优化星地测控系统的性能指标,确保各阶段星地产品的设计正确和合理,保证北斗二号卫星工程卫星测控任务的顺利实现,由测控系统牵头、卫星系统和测控系统共同组织,先后开展了体制初样、正样、在轨对接试验,对星地接口和测控性能进行了验证,与以往工程相比,有针对性地增加了对接试验次数。此外,为检验卫星测控任务中飞控流程等新状态,卫星系统和测控系统还组织了相应的专项对接试验,保证了卫星测控任务的顺利开展。

2. 全面系统原则

全面系统原则主要包括如下要求。

1)指标考核的全面系统性

在北斗二号卫星导航系统试验,卫星系统、运载火箭系统、地面运控系统、应用系统、测控系统和发射场系统,以及相应的分系统、子系统等的试验中,对于研制任务书或研制合同中提供的要求,必须逐项进行试验考核。对于北斗二号卫星导航系统的各项重要、关键技术指标和性能要求,必须进行系统全面的试验与评价。在北斗二号卫星导航系统的试验与评价中,要求系统的试验必须涵盖研制总要求中提出的所有相关技术性能指标。另外,在北斗二号卫星导航系统试验、系统、分系统、子系统等的试验中不仅要对其技术性能指标进行试验与分析,而且应对其使用适用性(如精度、连续性、完好性、可用性等)进行考核评价。此外,由于北斗二号卫星导航系统构成复杂,参与运行的各系统、分系统人员众多,所以对于北斗二号卫星导航系统的试验,还要关注各系统、分系统在具体运用中的使用协调性,需要通过大量的系统联调测试,验证北斗二号卫星导航系统的使用性能。

2）对象的全面系统性

对象的全面系统性是指在北斗二号卫星导航系统的试验中,应对北斗二号卫星导航系统总体、分系统、子系统等的各构成硬件、软件都要进行试验与评价,从而保障导航系统在今后的实际运行中能够安全稳定运行。另外,对于北斗二号卫星导航系统组成以外的,将来有可能参与到导航系统应用的其他平台,也应安排一定的试验或制定一定的标准,从而确保系统在未来使用中与其他系统的兼容性。

3）手段的全面系统性

在北斗二号卫星导航系统的试验中,为了得到充分可信的试验与评价结论,应当尽可能地采用多种试验与评价方法和利用多种来源的信息对北斗二号卫星导航系统的技术性能指标和使用适用性指标进行试验与评价。与一般的系统不同,北斗二号卫星导航系统是一个具有继承性的复杂大系统,难以对系统进行大量的全面的现场试验,而且由于北斗二号卫星导航系统的卫星工作空间环境的不确定性很大,从而给试验与评价带来了极大的挑战,主要包括两个方面:一是系统的现场试验次数少甚至没有,如对于卫星系统,由于没有发射组网完成,所以就难以对卫星系统进行全面的试验,这就造成了试验数据少,难以运用经典的统计分析方法完成系统相关技术性能指标和使用适用性指标的评价;二是北斗二号卫星导航系统的正常运行是基于各系统的协调运行,保障系统的正常工作,而各系统在工作上又相互独立,从而造成整个北斗二号卫星导航系统的试验难以全面系统地进行,给试验与评价工作带来了极大的困难。

北斗二号卫星导航系统在试验上存在的这些问题不解决就可能造成试验与评价工作的瓶颈,影响导航系统建设的顺利进行。因此,在北斗二号卫星导航系统的试验与评价中,应充分利用各种可以利用的手段,完成试验信息的收集,确保试验工作的顺利进行。具体而言,在北斗二号卫星导航系统的试验中,对于能独立进行试验的卫星、测控设备、地面运控设备等要尽量采用地面试验、环境试验等考核设备的技术性能和使用适用性;而对于地面运控系统、测控系统等,则需要通过一定的联调试验,验证其工作的协调性,并适当通过一定的仿真试验,验证不同系统之间的工作协调性。对于北斗二号卫星导航系统的试验,则需要通过大量的仿真试验与分析,完成对北斗二号卫星导航系统的试验评价。此外,由于北斗二号卫星导航系统在我国的建设时间还比较短,没有完全成熟的试验模式可供借鉴,在国内外没有完全一致的系统试验数据可供借鉴分析,这就要求试验与评价分析人员创造性的提出试验数据的整理分析方法,创造性的提出适合于我国国情的试验与评价方法。

4）安排的全面系统性

北斗二号卫星导航系统组成的复杂性,未来使用的长期性和重要性,决定了对北斗二号卫星导航系统的试验安排应具有全面系统性。只有全面系统地安排好系统、分系统、子系统的各单项试验、综合联调试验等,才能确保试验的顺利进行,减少重复试验项目,提高试验与评价工作的效率和效益。这就要求从北斗二号卫星导航系统研制的早期开始,运用管理科学与系统工程原理,对北斗二号卫星导航系统全寿命周期内各个阶段的试验与评价活动以及涉及到的各种资源进行协调和统一规划,编制导航系统试验与评价总体计划,指导各阶段的试验与评价工作,促进各阶段试验与评价信息的综合利用。北斗二号卫星工程试验与评价安排的全面系统性包括试验项目安排、试验设备安排、试验人员安排和试验进程安排的全面系统性等。试验项目安排的全面系统性是指在北斗二号卫星导航系统、分系统、子系统等的研制论证之初,就需要对北斗二号卫星导航系统全寿命周期可能涉及的各试验项目进行分析,列出可能的试验类型与试验要求,明确可行的试验方案。试验设备安排的全面系统性是指对于北斗二号卫星导航系统全寿命周期试验可能用到的试验设备,应尽早进行设备购买、研制、装备和使用的规划,在不浪费试验设备的前提下,确保试验任务的完成。试验人员安排的全面系统性,是指需要对将要从事北斗二号卫星导航系统相关试验的人员要尽早进行试验分析技术和试验操作技术的培训,确保能在试验进行时有充分的试验人员可用。试验进程安排的系统性是指要综合运用系统工程的理论和方法,合理安排各试验顺序,合理规划各试验实施的时间、先后顺序等,确保试验的顺利实施。

3. 循序渐进原则

北斗二号卫星导航系统、卫星系统、运载火箭系统、地面运控系统、应用系统、测控系统和发射场系统,以及相应的分系统、子系统等的构成十分复杂,研制过程中的各种试验项目多。为了减少试验风险和损失,同时也便于查找问题,为北斗二号卫星导航系统的研制和使用决策提供试验支持,在北斗二号卫星导航系统试验项目的组织与安排方面,北斗二号卫星导航系统管理单位要求导航系统的试验,应坚持按照"由简到繁、由易到难、循序渐进、逐步实施"的原则进行试验的实施。在北斗二号卫星导航系统试验中,急于求成、不切实际地跨越试验阶段,将使北斗二号卫星导航系统研制与试验面临极大的风险,最终极可能"欲速则不达"。在这方面比较典型的做法,是在导航系统论证、建设的初期,对于北斗二号卫星导航系统的试验就开始进行比较全面的规划,制定出"先设备,后系统""先地面,后空间""先仿真,后现场"的北斗二号卫星导航系统试验原则。这些试验上循序渐进原则的制定和落实,在很大程度上确保了试验的成功性、降低了试验的风险。

4. 安全可靠原则

北斗二号卫星导航系统在我国属于探索性的研究项目,卫星的发射、地面运控系统、测控系统的使用等都具有一定的风险,在操作上具有一定的不确定性,使用操作等方面也缺少经验。一旦由于各种复杂因素的影响发生试验事故,不仅直接影响北斗二号卫星导航系统的研制与建设进度,而且会造成巨大损失和人员伤亡,甚至产生很大的社会、政治影响。因此,对于北斗二号卫星导航系统的试验,导航系统管理单位要求参加导航系统试验的各单位,切实落实安全可靠原则,真正做到"稳妥可靠、万无一失",并要求参与导航系统试验的各单位准确分析试验过程中的每一个环节,识别存在的风险因素。研究和制定风险的防范措施,评估风险的影响。在试验过程中要对风险因素予以监控。要求在试验中设置必要的安全设施,建立试验安全控制系统,以避免、消除和减少意外事故发生的机会,限制和减少已发生的损失继续扩大。

5. 问题归零原则

在北斗二号卫星导航系统、各大系统、分系统、子系统等的试验中,可能会出现各种各样的故障和问题。对于试验中出现的问题,要求在北斗二号卫星导航系统试验中始终坚持落实技术归零与管理归零的"双五条"或"双归零"要求,并且形成归零总结报告和相关文件。

技术归零的五条要求是指从技术上按"定位准确、机理清楚、问题复现、措施有效、举一反三"的要求逐项落实,并形成技术归零报告。

管理归零是指对于北斗二号卫星导航系统、各大系统、子系统试验中出现的问题,要按照"过程清楚、责任明确、措施落实、严肃处理、完善规章"的要求逐项落实,并形成管理归零报告。

从北斗二号卫星导航系统实际试验任务的执行情况看,上述技术归零和管理归零要求对于降低试验风险、缩短整个试验进程具有重要的作用。并且上述归零要求已在当前的北斗二号卫星导航系统试验中得到了严格的落实。

14.1.4　导航系统试验与评价管理的基本内容

导航系统试验与评价管理主要包括计划管理、质量管理、经济管理、人员管理、试验设备及物资管理和信息管理等方面。试验管理的不同方面是试验管理不可分割部分,它们之间有着极其紧密的联系。

1. 试验计划管理

计划管理是导航系统试验与评价管理的首要职能。没有计划,任何单位内的一切试验活动都会陷入混乱状态。试验计划管理包括编制计划、执行计划、检查计划完成情况和拟订改进措施四个阶段。具体地说,试验计划管理工作包括:分析预测未来的情况与条件,确定目标,决定试验方案,依据计划配置各种试验资源等。对于北斗二号卫星导航系统而言,导航系统集成、试验、测试与评估技术是贯穿于工程全线的持续性工作,除了各大系统的集成测试工作以外,还主要包括星地对接、在轨测试、系统联调、性能评估,以及大系统的测试试验等工作。为了确保这些工作的顺利完成,在试验计划管理方面,试验管理方结合北斗二号卫星导航系统的工程实际,提出了具有北斗二号卫星导航系统特色的试验模式,并对试验的流程有详细的规定。如,在试验的基本要求方面,提出了"先设备,后系统""先地面,后空间""先仿真,后现场"的试验模式。在试验的实施方面,要求每项试验,都要有规范的试验大纲、精确的试验流程,以确保试验的顺利实施。在试验详细计划的安排方面,综合运用项目管理中的计划管理技术,如第7章中的进度计划制定、进度计划控制等技术,完成每一项试验任务的计划管理。

在北斗二号卫星导航系统的试验与评价管理中,根据试验对象和试验管理机构的不同,导航系统的试验与评价计划管理可分为长期计划、中期计划和短期计划。长期计划主要是从导航系统全系统建设的角度出发,对导航系统建设周期内各大系统之间的大型试验进行计划与控制协调,长期计划的时间相对较长(通常情况下为5年以上),计划相对比较稳定。中期计划通常是从各大系统的角度出发,为完成导航系统的长期试验计划,而制定的针对各大系统内部连通性、功能性的试验计划,这类试验技术的周期相对比较短(通常为1~5年)。短期试验计划,主要是针对具体的试验任务安排的具体试验实施计划。

试验计划管理的形式一般分为计划进度表和计划网络图两种。计划进度表是在试验的全过程中,或某一阶段,对试验活动进行详细分解后编制的试验过程的时间安排,是试验计划的主要表现形式。这种计划通常有两种形式,一种是甘特图(或称线条图),它显示了从任务开始到结束的一个连续期内试验的主要工作内容,便于基层单位试验计划的管理。另一种是项目计划表,它只反映项目的完成时间,这种计划便于高层次的试验计划管理。甘特图方法不仅能清楚地反映出每个项目的逻辑关系,而且能在图上反映出每个项目的起止时间,更重要的是借助甘特图可以看到项目的实际进展情况。

计划网络图又叫统筹图,是计划的一种直观、图式表现形式,这种图由各级计划管理部门通过综合平衡、全面统筹后绘制。通过这种图解形式表示一个试验任务中各个组成要素之间的逻辑关系,并形成试验时间安排的流程图。有了网络图,可以计算出它的各种时间参数,通过这些参数能反映出计划在执行中各方面的资源和时间信息,以便对计划进行控制和调整。借助网络图,每个项目成员都能看到自己对于整个项目的成功所起的关键作用,不切实际的时间安排能够在项目计划阶段被发现并及时调整,所有人员能够将注意力以及资源集中在真正关键的任务上。

计划网络图和甘特图经常是同时使用,相辅相成,取长补短。

导航系统大系统间试验计划安排的甘特图描述形式如图14.1所示。通过该图,各卫星、测控以及地面运控系统,就可以安排各自的研制、试验任务,确保在恰当的时间有符合要求的系统参与试验。

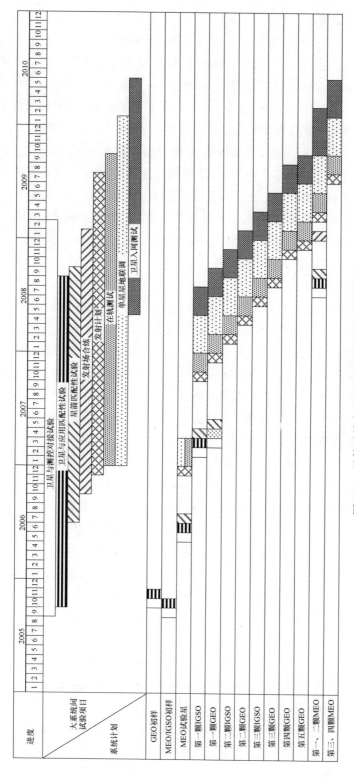

图14.1　导航系统大系统间试验计划安排甘特图

2. 试验质量管理

试验质量是试验人员和北斗二号卫星导航系统建设和使用方关注的重要问题。北斗二号卫星导航系统试验质量高,能提供给系统建设和管理方正确的试验数据,以辅助系统的建设,改进系统设计中的薄弱环节。并且保证在总体费用最优的条件下,获得全面有效的试验数据,进一步保证系统使用适用性指标评价的准确性,从而确保为北斗导航系统的用户提供精确的导航信号。

试验质量管理实际上就是为保证和提高试验质量所进行的调研、计划、组织、协调、控制和信息反馈等一系列工作,是导航系统试验过程中试验管理的重要方面,可以说是试验管理的生命线。试验质量是通过试验系统各个环节实现和保证的,并在试验过程中表现出来,因此必须加强对试验过程的全面质量管理。全面质量管理包括对试验技术工作质量和试验保障工作质量的管理,通过科学的管理方法保证高效、低耗、高质完成试验任务。

3. 试验经济管理

试验经济管理就是对试验过程中涉及的各项经济活动进行组织、指挥、控制、调节和监督,以提高试验的经济效益。试验经济管理的内容主要有资金管理、成本管理和效益管理,它们构成了试验经济管理的一个不可分割的整体。

为了提高试验系统建设的费用效益,制定预算、控制费用和做到设备诸性能参数的最佳匹配,必须树立全寿命周期费用这个费用观点和采用对有形固定资产的新兴决策方法,即全寿命周期费用评价法。

4. 试验人员管理

试验人员管理是试验系统旨在获取、开发、维护有效的人力资源所采取的人力资源需求规划和计划、人才引进和交流、人才培养、人才选拔和任用、人才绩效评估、人才竞争和激励机制等一系列管理活动的总称。人员管理的基本职责是为满足导航系统试验需求,适时提供所需的不同层次结构、知识结构、年龄结构的试验指挥、试验技术、试验保障和试验管理等各种人员,进行岗位培训,合理、有效地组织和使用人力资源。人员管理是试验管理的核心。在导航系统试验与评价管理中,人员管理要确保各种试验人才的引进渠道,建立和完善人才培养、选拔和任用机制,做到人尽其才,才尽其用,特别是要把那些具有良好综合素质和创新潜能的人才,安排在指导试验全局的工作岗位或关键技术岗位上,有利于发挥他们的优势。要充分利用人力资源,调动所有人员的积极性,使每一个人都能在相应的岗位上尽心尽职地工作,各尽其能,各得其所,提高试验的工作效率和质量,圆满完成导航系统的试验任务。

在北斗二号卫星导航系统试验过程中,为便于试验的组织实施,确保试验任务的顺利完成,对于大型系统的试验以及关键技术的验证试验,通常会按照一定的组织模式,完成对试验人员的管理。在北斗二号卫星导航系统试验中通常会成立试验领导小组,下设指挥组和技术组,两方面的人员共同协作,完成预定的试验工作。其中试验领导小组负责北斗二号卫星导航系统试验的领导工作,对技术试验中的重大事项进行决策,对各项工作进行督促检查,设组长1名,根据实际情况设副组长若干名,下辖成员若干名,负责试验中各项管理工作的落实。指挥组负责试验人员的安排、制定试验流程、协调安排试验计划,以及参试人员食宿交通、设备和仪器保障等工作。指挥组设组长1名,根据实际情况设副组长若干名,成员若干名。技术组负责整个试验的技术工作,负责试验过程中的技术协调,开展并完成试验的总结、评估工作。技术组设组长1名,根据实际情况设副组长若干名,成员若干名。为了保证试验技术操作的规范一致,便于现场技术人员的工作安排,技术组同时设若干名现场指挥,现场指挥服从技术组组长的安排,调度本系统人员参加相关技术试验等。

　　根据试验的具体情况,试验指挥组、技术组的副组长一般由各参试的分系统工程师承担,如试验卫星的试验过程中,试验的组织结构如图14.2所示。试验卫星在轨技术试验任务由中国卫星导航系统管理办公室统一组织,为圆满完成在轨技术试验任务,组建了在轨技术试验组织机构。成立了在轨技术试验队(以下简称试验队),试验队由试验领导小组、指挥组、技术组组成。工程有关各大系统按照分工参加在轨技术试验。

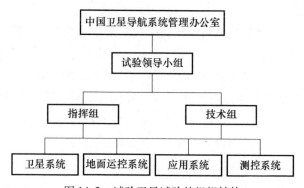

图14.2　试验卫星试验的组织结构

　　试验卫星在轨试验中,中国卫星导航系统管理办公室主要负责组织实施试验卫星在轨技术试验,包括组织编写在轨技术试验大纲和试验实施方案,协调试验过程中重大技术问题,组织进行试验结果评估和试验工作总结。试验领导小组负责在轨技术试验的领导工作,对技术试验中的重大事项进行决策,对各项工作进行督促检查,设组长1名,副组长3名,成员若干名。试验指挥组负责制定试验流程、协调安排试验计划,以及参试人员食宿交通、设备和仪器保障等工作。指挥组设组长

1 名,副组长 3 名,成员若干名。试验技术组负责整个试验的技术工作,试验过程中的技术协调,开展并完成试验的总结、评估工作。技术组设组长 1 名,副组长 5 名,成员若干名。为了保证试验技术操作的规范一致,便于现场技术人员的工作安排,技术组同时设 4 名现场指挥,现场指挥服从技术组组长的安排,调度本系统人员参加在轨技术试验。

5. 试验设备及物资管理

试验设备是指在系统试验中必需的科研、试验所用的仪器、设备和设施。相比一般系统的试验,北斗二号卫星导航系统试验的设备具有相互试验、相互印证的特点。这主要是因为北斗二号卫星导航系统试验时对卫星的试验需要用到测控、运控等系统的支持,而对地面运控系统的试验,则需要卫星等系统的支持,而且试验的设备在很大程度上都会转化为北斗二号卫星导航系统建设的重要组成部分。

试验设备是价格昂贵的固定资产,是导航系统试验最重要的物质技术基础和保障条件。试验设备的技术先进程度,技术状态的好坏,直接影响到导航系统试验的质量和水平。因此,必须加强试验设备的研制开发与购置、维护保养、管理使用和报废处理的全寿命管理工作。

各种原材料、电子器件等物资资源是试验系统建设和试验实施的基本保障。物资资源的管理主要是导航系统试验、试验系统建设以及日常工作所需的各种物资的筹措、合理分配和供应。

6. 信息管理

北斗二号卫星导航系统试验信息是指在北斗二号卫星导航系统试验的全过程中所形成的各种与试验有关的大量数据与信息。试验信息包括:各种试验文件、资料,被试系统、整机、分系统的技术资料,试验系统中各种设备的技术资料,被试系统在研制、生产和试验技术准备工作中的各种试验信息以及试验中光测、遥测、雷测及其他测量手段所获得的数据、试验环境条件参数,以及其他有关的试验信息。试验信息是试验决策系统和导航系统建设管理决策系统进行决策的重要依据,也是能否对试验结果进行正确的分析和评价的重要保证。因此能否获取大量准确的数据和信息,能否迅速正确的处理和传递试验信息,是导航系统试验信息管理的根本目的和任务。试验信息管理就是试验信息的获取、变换、处理、传递、储存、输出和反馈的过程管理。

14.2　试验的分类管理

北斗二号卫星导航系统按照不同的分类原则,具有不同的试验分类方法。如根据北斗二号卫星导航系统试验考核目标的不同可分为研制试验、鉴定试验、验收试验、准鉴定试验等;按照北斗二号卫星导航系统试验考核对象的不同,即按照北斗二号卫星导航系统的硬件结构层次,从低到高,可分为零件试验、部件试验、组件试验、子系统试验、分系统试验(包括火箭、卫星平台、测控设备、地面运控设备等)、系统试验(包括卫星系统、运载火箭系统、地面运控系统、应用系统、测控系统和发射场系统)和北斗二号卫星导航系统试验;从北斗二号卫星导航系统试验考核的性能指标的角度,可分为技术性能试验和使用适用性试验;从导航系统试验实施的阶段,可分为地面验证试验、星地综合验证试验等;根据试验的机理,可分为仿真试验、现场试验等。下面重点对这几种分类方法以及北斗二号卫星导航系统试验的矩阵式管理方法进行阐述。

14.2.1　根据试验考核目标分类

按照卫星、火箭等分系统的研制阶段划分,北斗二号卫星导航系统的分系统级试验(在此主要是指导航系统中的整机,如卫星、测控设备、地面运控设备等)主要集中在初样和正样阶段,其目的是用来检验系统或整机的设计性能和工艺质量。此时,由于分系统研制的成熟程度不同,从而对其试验考核的目的不同。例如,有些分系统属于自研,此时需要对其进行全面系统地试验考核,以验证其研制水平;有些分系统属于外购,此时仅需进行少量的验收试验,证明其技术性能指标满足采购的合同要求即可。根据试验考核目标的不同,分系统级试验可以分为以下几类。

(1)研制试验。该试验是在方案阶段和初样阶段用工程试验模型完成的试验,其目的是在研制阶段初期验证产品的设计方案是否满足设计要求,以便在开始鉴定试验之前采取必要的措施,不断提高产品的固有可靠性。研制试验可以在飞行器、分系统和组件级进行。

(2)鉴定试验。该试验是为了证明正样产品的性能满足设计要求并有规定的设计余量的试验。鉴定试验应该用能代表正样产品状态的鉴定试验产品进行,如果在初样研制阶段完成鉴定试验,则应保证鉴定试验产品的技术状态和试验文件符合正样产品的鉴定要求。鉴定试验可以在飞行器、分系统和组件级进行。

(3)验收试验。该试验是用于检验交付的正样产品满足使用要求,并通过应力筛选手段检测出质量缺陷的试验。验收试验要求对所有交付的产品在飞行器、分系统和组件级进行。

(4)准鉴定试验。该试验是在正样研制阶段对产品按照鉴定与验收的组合条件进行的试验,这种组合条件应符合替代鉴定试验的策略。准鉴定试验可以在飞行器、分系统和组件级进行。

14.2.2 根据试验考核对象分类

从北斗导航系统的构成上看,自顶向下,导航系统可分为北斗二号卫星导航系统、系统、分系统、子系统、组件、部件和零件等7个层次,零件由一个单件或多个单件连接组成。零件被拆开后将破坏或损坏它的设计用途。零件包括电阻、集成电路模块、继电器等。部件由两个或两个以上的零件组成。部件可以被拆开或更换零件。部件包括装有元器件的印刷电路板、齿轮组等。组件是具有某种功能的产品。从制造、维修的角度看,组件是一个完整和独立的整体,如发射机、蓄电池等。子系统由一些功能上相关联的两个或多个组件组成,并可能包括电缆或管路之类的连接件以及安装这些组件的支承结构,如电源、推进、数管子系统等。分系统是由能完成导航系统工作任务的子系统和组件组成的,可以相对独立工作的设备,如卫星、测控设备、地面运控设备等。系统则是能够执行或支持一项工作任务的设备、技术和技术人员的组合,如卫星系统、测控系统、地面运控系统等。北斗二号卫星导航系统则是由卫星系统、运载火箭系统、地面运控系统、应用系统、测控系统和发射场系统等组成的,可以完成预定导航任务的系统的组合。

为了确保导航系统整体运行的稳定性和使用适用性、保证北斗二号卫星导航系统建设的顺利进行,对导航系统的试验须按照从低到高的顺序逐步进行。

在导航系统的试验中,零件、部件、组件、子系统等的试验主要由研制方完成,主要用于考核零部件的单项技术性能指标。导航系统的试验管理方可通过少量的验收试验完成对这些零部件技术性能指标的考核与评价。系统级试验可根据具体情况在子系统级或系统级上进行。如对于卫星的子系统试验,有效载荷中的导航子系统性能测试是在所有组件装到载荷舱之后进行,然后与天线子系统进行联试。控制子系统、供配电子系统的一次电源在交付卫星总装之前进行相关性能试验。其他子系统试验一般在卫星分系统级进行。

分系统主要包括卫星、火箭、测控设备、地面运控设备等。这些设备一部分是外购,一部分是自主研制生产。对于外购设备,导航系统的试验管理方可通过一定验收试验,验证其技术性能指标是否满足合同要求。对于自主研制的设备,如卫星、火箭等,则需要在零部件试验的基础上,进行设备的准鉴定试验或者鉴定试验。

系统主要是指卫星系统、运载火箭系统、地面运控系统、应用系统、测控系统和发射场系统,相对整机而言,系统试验比较复杂,难以单独进行。如进行卫星系统的试验,则需要地面运控系统、测控系统配合,进行测控系统的试验,则需要一定的卫星配合。这就使得系统试验难以单独进行,需要花费大量的时间和经费。另外,对于系统还需试验其不同组成整机之间的电磁兼容性、频段兼容性等。为了使系统试验能够顺利进行,导航系统试验管理方应建立能够在地面上运行的试验验证系统,通过一定的实物、半实物仿真,模拟相关系统的运行,确保系统试验的顺利进行。

北斗二号卫星导航系统试验是指导航系统中的卫星系统、运载火箭系统、地面运控系统、应用系统、测控系统和发射场系统的综合联调试验。相对系统试验而言,北斗二号卫星导航系统试验具有试验周期长、经费需求大等特点,而且由于北斗二号卫星导航系统试验需要各系统的参与,所以北斗二号卫星导航系统试验的组织相对比较困难。

在北斗二号卫星导航系统试验中,系统间大型试验是指通过初样对接试验、试验星对接试验和正样对接试验,验证星地接口关系、信息流程以及指标的匹配性,测试部分星地指标,部分验证北斗二号卫星导航系统设计的合理性,为星地设备转阶段提供依据。以星地对接试验为例,根据星地对接试验大纲和细则的规定,卫星与地面运控系统、应用系统对接试验的主要目的包括:

(1) 验证卫星有效载荷与地面运控、应用系统之间接口的正确性、协调性和一致性;

(2) 检验卫星有效载荷与地面运控、应用系统之间信息处理流程的正确性;

(3) 检验卫星有效载荷与地面运控、应用系统设备工作状态的匹配性、正确性;

(4) 测试系统部分关键性能指标,验证卫星和地面设备方案设计的正确性和合理性。

由于导航系统本身的复杂性和不同层级试验难度和试验经费等原因,导航系统的试验呈现出低层单元的试验次数多、试验考核全面,高层系统的试验次数少、试验耗费时间长、经费需求量大等特点。为此,在有条件的情况下,北斗二号卫星导航系统的试验管理方应充分利用相关的数学模型方法,在少量高层试验信息的条件下,综合利用低层试验信息,完成对高层系统相关技术性能指标的分析与评价。

14.2.3　根据性能指标分析分类

对于导航系统而言,性能指标是对确定研制的新产品或系统,从操作使用和技术性能方面提出的指标和相关要求,是新产品或系统研究、设计、试制、鉴定和定型的主要依据。性能指标根据导航系统建设验证和分析角度的不同可分为技术指标和使用适用性指标。技术指标是对确定研制的新型装备,从使用和技术性能方面提出的指标和相关要求,是新型装备研究、设计、试制、鉴定和定型的主要依据。根据该定义,导航系统的技术性能指标可定义为:为完成预定的导航任务,对导航系统、子系统提出的相关技术性能要求。

在北斗二号卫星导航系统的研制论证与使用中，技术性能主要是指导航系统中可通过一定技术手段测量的、系统固有的相关参数指标。如对于卫星载荷而言，其技术性能指标包括导航信号质量、星载铷钟的频率准确度、稳定度和频率漂移指标等；对于测控系统，其技术性能指标包括：测控设备的任务准备、切换时间，测控设备的可靠性、维修性等。

在北斗二号卫星导航系统、卫星系统、运载火箭系统、地面运控系统、应用系统、测控系统和发射场系统以及相应的分系统、子系统等试验与评价中，性能试验是通过改变所给的条件，测量试验对象的状态变化并分析其原因，明确试验对象的性能或性能故障，如对设备的空间环境试验、高(低)温试验、振动颠簸试验等。对于北斗二号卫星导航系统、各大系统以及相应的分系统、子系统而言，其技术性能试验可通过相关的实验室试验、仿真试验等测量得出性能参数的观测值，再通过一定的模型算法，计算得出系统的性能指标评价结果。

使用适用性试验的目的是评估装备的使用适用性，即检验实际工程应用时，北斗二号卫星导航系统令人满意的程度。使用适用性试验通常包括环境适应性试验、可靠性试验、维修性试验、测试性试验、保障性试验、电磁兼容性试验、运输性试验、安全性试验、互操作性试验、人因工程试验等多种试验。由于导航系统的特殊性，目前对北斗二号卫星导航系统而言，用户比较关注的使用适用性指标为精度、完好性、连续性和可用性。其中精度是指系统为运载体所提供的实时位置与运载体当时的真实位置之间的重合度。或者定义为：在给定的服务区内或执行航行任务阶段，用户设备不确定的位置坐标参数与真实坐标参数之差。完好性是导航信号发生故障的概率，具体描述为：系统提供的导航信号使定位精度超标，不满足导航要求时由系统向用户及时告警的能力。完好性通常用完好性风险、告警误差门限、告警时间3项指标表示。其中，完好性风险是指在工作过程中不管何种原因，引起告警的概率；告警误差门限是指特定的导航阶段引起告警的用户位置最大允许偏差；告警时间为从故障发生到用户得到告警信息的时间周期。连续性是指在一段规定的时间内信号连续可用的概率，也就是在这段时间内"连续可用"的能力描述。也可理解为在一段规定的时间内完成其功能而不发生意外中断的能力。或者指：为用户提供导航的过程中，不发生非预计的中断，满足所需精度和完好性的概率。可用性是指用户给定服务区，给定定位精度，在给定时间内执行任务的能力。也可理解为系统服务可以使用的时间百分比，即卫星导航系统的导航和差错检测功能正常运行，且同时满足精度、完好性和连续性要求的概率。可用性可定义为可服务时间与希望服务时间之比，即：

$$可用性 = 可服务时间/希望服务时间$$

精度、完好性、连续性和可用性之间的关系如图14.3所示，可见这些指标并不是相互独立的。可用性作为衡量系统性能的一个关键指标,是和完好性、精度密不可分的。

　　相对技术性能试验而言,北斗二号卫星导航系统的使用适用性试验涉及的导航系统组成复杂,需要的数据量大,并且在北斗二号卫星导航系统建设阶段难以完成对这些指标的准确分析。因此,需要通过大量的仿真试验,在模拟系统真实、正常运行的条件下,完成北斗二号卫星导航系统的使用适用性试验评价。

图 14.3　精度、完好性、连续性和可用性之间的关系

14.2.4　导航系统的矩阵式试验管理

　　相比一般的整机或者系统试验,北斗二号卫星导航系统试验具有试验规模大、试验费用高、试验周期长、各系统之间协调性强、试验手段先进等特点。为确保北斗二号卫星导航系统试验任务的顺利完成,结合系统工程的霍尔三维结构模型,对北斗二号卫星导航系统试验,构建了如图 14.4 所示的导航系统试验的霍尔三维结构模型。

　　在图 14.4 所示的三维结构中,系统构成维是从北斗二号卫星导航系统构成的角度,对试验进行的分类,包括卫星系统试验、运载火箭系统试验、地面运控系统试验、应用系统试验、测控系统试验、发射场系统试验、系统间的联调试验等。指标维是对导航系统不同试验评价目标的试验,如评价可靠性、电磁兼容性的试验,评价卫星传输误码率的试验、评价北斗二号卫星导航系统可用性的试验等。任务时间维是从北斗二号卫星导航系统所试验的对象所处的任务时间的阶段,对试验类型的划分,如对于卫星平台的试验可分为发射阶段试验、轨道转移阶段试验、在轨运行阶段试验等。三维结构模型中的任务时间维也可用试验考核目标维替换。

　　在实际的工程应用中,根据系统试验的实际情况可对图 14.4 所示的三维结构进行扩展,如将三维坐标的任务时间维更换为试验方法维,则可用于描述进行北斗

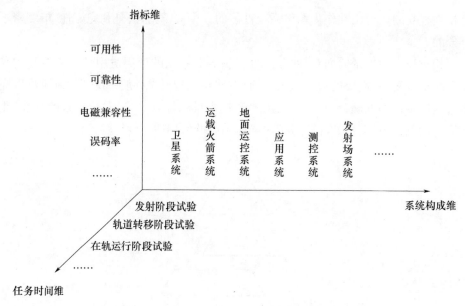

图 14.4　导航系统试验的霍尔三维结构模型

二号卫星导航系统试验时所采用的试验方法,如地面试验、空间试验、仿真试验等。

利用上述的三维结构可以非常准确地对导航系统试验所处的阶段、所用的试验方法等进行定位,从而确定试验的实施要求。

将上述三维结构的任意两维进行组合,即可完成对导航系统试验的矩阵式管理,如将任务时间维和指标维进行组合,将试验的系统定位为卫星,则可构成试验的一个二维管理结构,如导航系统的卫星平台系统在轨测试试验的任务时间分为转移轨道、漂移/定点轨道两个任务阶段,评价的性能指标分为轨道控制精度、控制模式功能等,则卫星在轨试验的矩阵式管理方案如表 14.1 所列。

表 14.1　导航系统的卫星平台系统在轨测试内容

试验内容	任务阶段	
	转移轨道	漂移/定点轨道
姿态、轨道控制分系统		
轨道控制精度	×	
控制模式功能	×	×
地球敏感器保护性能		×
…		×
推进分系统		
10N 推力器性能	×	×
…		

将三维结构中的任务时间维替换为试验考核目标维后,若将试验的考核目标维和系统构成维组合,则测控分系统鉴定验收试验的试验矩阵如表 14.2 所列。

表 14.2　导航系统的测控分系统试验矩阵

组件	类别	鉴定方式		鉴定试验				准鉴定试验				验收试验			
		鉴定试验	准鉴定试验	初始性能	正弦振动	随机振动	…	初始性能	正弦振动	随机振动	…	初始性能	正弦振动	随机振动	…
测控应答机 A	C	×		×	×	×		.					×		×
测控应答机 B	B		×					×	×	×					
测控固放 1	E														
…															

综合表 14.1、表 14.2 可见,基于矩阵的导航系统试验管理方法,试验的对象明确、试验的方式方法明确,这给导航系统的试验实施和管理带来了极大的便利。

14.3　试验与评价流程管理

北斗二号卫星导航系统的试验组织实施涉及到多个单位之间的组织协调,涉及到卫星、测控设备、地面运控设备等多种设备的综合运用。所以对北斗二号卫星导航系统试验工作需要做到周密计划、严密组织。北斗二号卫星导航系统以及相应的系统、分系统、子系统等的试验实施过程大体分为试验任务计划、试验任务准备、试验任务实施、数据处理等阶段。下面对这几个阶段的主要管理工作进行阐述。

14.3.1　试验任务计划阶段

试验计划管理就是按照试验的科学规律形成的试验管理原则,按照预定的计划对试验活动进行有组织的领导、监督和控制的过程。由于导航系统试验规模大、试验周期长、参与的系统、分系统多等特点,需要导航系统管理部门在导航系统研制、建设的初期就对整个北斗二号卫星导航系统的系统试验、分系统试验和子系统试验进行总体规划和协调,对北斗二号卫星导航系统建设周期内的各种试验项目进行综合安排、统筹协调。

试验任务计划管理的主要内容包括:北斗二号卫星导航系统研制建设周期内各系统、分系统等的试验任务,各试验任务的试验目的,各试验任务的主要执行单位,各试验任务的大致执行时间等。在对试验任务需求进行计划分析的基础上,编制试验预算也是试验任务计划管理的主要内容之一。

试验任务计划的目的是确定导航系统试验工作基本方向、主要目标和重大试验的工作部署,是有关导航系统试验的纲领性和发展战略性计划。导航系统的试验计划是带有全局性和政策性的规定,是用来指导导航系统试验计划和实施过程中的重大决策的主要依据。

在试验任务计划阶段,制定试验计划的基本要求如下。

1. 计划的可行性

试验计划必须具有实际可行性。计划必须从实际出发,实事求是,且在计划期内可以完成。为此,计划必须考虑必要的人、财、物、时间、信息等试验资源的保障;有应对各种条件变化的措施和方案等。任何计划只有具备了可行性,才能很好地起到计划应有的作用。

2. 明确的指导性

试验计划既然是试验行动的依据,它就必须明确地告诉人们何时、何地、何人去完成什么试验任务,从而真正成为指导人们行动的指南。计划要具有明确的指导性要求,就必须做到目标明确、任务明确、时间明确、措施明确、责任明确、权限明确、行动方案明确、重点明确。

3. 足够的预见性

未来是不确定的,为使试验计划在变化的情况下仍然能够成为人们试验行动的依据,计划必须具有足够的预见性。这就要求在计划编制时必须充分考虑未来情况可能的变化和变化的幅度,全面预见未来可能出现的困难与风险,安排好各种应对措施和行动预案,从而使试验计划具有较强的应变能力。

4. 突出的目的性

试验计划是根据试验的目的和任务制定的,它是指导完成未来试验任务的行动指南,因而试验计划必须具有突出的目的性,即试验计划中必须首先明确地指出试验计划要达到什么样的试验目标,要解决什么样的问题,最终要获得什么样的试验结果等。

制定计划的一般步骤如下。

(1)确定目标。是根据北斗二号卫星导航系统试验的总体计划和要求,确定试验的总目标,并将其分解为各项具体的试验目标,以及确定完成目标的时限要求。例如,何时完成某测控设备的研制、何时完成火箭的发射试验等。

(2)评估当前条件。是根据试验系统的建设情况、人员配置情况等,弄清现状与目标之间的差距。当前条件包括外部环境与内部条件。外部环境主要包括导航系统、各大系统、分系统等研制情况,试验经费到位情况,以及协作关系情况等。内部条件包括设备情况,人员情况,各种保障物资库存情况等。

（3）预测未来的环境与条件。主要是要把握现状将来的变化情况,找出达成导航系统试验目标的有利因素及不利因素。

（4）确定计划方案。包括拟定多个可实现目标的可行计划方案,并从中按一定的标准,选择一个最佳的计划方案。

（5）实施计划,评价结果。主要是检查目标是否达到,如未达到是什么原因,需采取什么措施,是否需修改计划等。

根据北斗二号卫星导航系统试验任务计划的结果,北斗二号卫星导航系统各参研参试单位即可有针对性地提出本单位的试验任务计划方案,明确试验的目的和任务要求,从而为进一步的试验任务准备奠定工作基础。

试验计划阶段的另一项重要工作是编制试验预算。应根据试验方案和国标、行业标准的规定,编拟导航试验所需的消耗物资、器材等的预算。说明参试产品的名称、代号、规格、型号、用途、来源、数量及提供时间等。拟制试验预算时,应按从严、合理、留有余地的原则。从严就是要首先保证试验鉴定的需要。合理就是做好符合试验要求和尽可能节省试验消耗。留有余地就是考虑到试验中不确定的因素,使预算项目有一定的余量。

预算拟定后,应经审查后逐级汇总上报,并开展相应的购买、调拨、运输及管理等工作。

14.3.2　试验任务准备阶段

试验任务准备主要是各单位根据试验任务的计划结果以及本单位的具体情况,对导航系统、分系统试验实施中的相关工作进行准备,确保试的顺利进行。

1. 预先准备

预先准备是指从受领试验任务到试验任务现场实施前的准备工作。该阶段的主要工作包括:确定试验主持人,熟悉被试系统,组织参观、调研、培训或到研制单位实习,消化技术文件,开展试验方法研究、建设试验设施等。

（1）开展调研。调研的主要工作包括:了解被试北斗二号卫星导航系统、系统、分系统等的总体方案、结构性能、生产工艺、研制进度、研制中存在的问题,生产定点单位等,以便确定重点考核的内容;了解研制单位对试验实施单位的设施、设备的要求;协调与导航系统、子系统试验实施单位相关的技术问题。

通过调研,还应取得被试系统、分系统的研制任务书、相关的国家标准、行业标准、工程应用的相关要求以及系统、分系统的试验任务书、产品的设计文件（包括产品的设计图样、制造与试验的技术条件、使用维护说明等）。

（2）前期技术准备。前期技术准备工作包括使相关技术人员掌握相关的试验理论与技术,学习、了解和借鉴新的试验鉴定技术、试验方法和测试手段,并开展关键试验技术的攻关。

（3）试验技术条件确定和准备。主要是根据被试的北斗二号卫星导航系统、系统、分系统等的使用特点、实际应用的自然环境状况、空间环境状况、试验单位的试验条件和能力实际,按照北斗二号卫星导航系统、系统、分系统等的研制任务书和相关标准的要求,科学合理地确定试验条件。包括被试品、参试品、试验阵地、测试设备、测控设备、环境条件以及相关的技术人员等。根据需要,试验实施单位还要拟制试验系统建设方案,经上级批准后组织试验系统的建设。

（4）人员岗位培训。主要是组织试验各岗位人员的专业技术训练。了解熟悉被试的北斗二号卫星导航系统、系统、分系统等的设计原理、技术性能,学习掌握测试、测控、通信等设备的性能和操作技能。通过岗位培训,使得参试人员达到应有的业务水平和操作技能要求。

（5）进行试验设计。主要是根据试验的目的和要求,确定试验的因子（对试验结果有影响的、可控的变量,如导航系统工作环境条件）和水平（因子的取值）,确定进行试验的顺序安排,确定试验的样本选择等。

2. 制定试验大纲

北斗二号卫星导航系统、系统和分系统等的试验大纲是试验实施单位组织实施试验任务的指导性文件,是制定试验方案、拟订实施计划、组织实施试验和编写试验总结报告的主要依据。试验大纲对于试验的实施规定了各项基本条件和要求。北斗二号卫星导航系统、系统、分系统等的试验大纲通常根据试验任务要求拟定。在拟定试验大纲时,应听取参试、研制方等相关单位的意见。拟定的试验大纲经专家评审后,应上报北斗二号卫星工程试验与评价管理部门审批后方可实施。试验大纲是各个参试单位在试验中应严格遵守的技术法规。北斗二号卫星导航系统试验大纲应包含的主要内容参见14.3.6节。

3. 制定试验实施计划

试验实施计划（任务分工）是指按照试验大纲和试验方案的要求,对于北斗二号卫星导航系统、系统、分系统等试验中的各类人员、各类试验分系统在试验过程中的工作及考核内容等进行计划。试验实施计划是组织、协调系统、分系统现场试验的具体方案和执行步骤,是试验实施过程的指令性文件。试验实施计划是试验实施单位工作人员进行试验工作的基础。

试验实施计划的主要内容有:任务根据、任务性质、试验目的、被试系统情况、参试品情况、试验项目、试验时间和地点、测试内容、指挥序列、参试单位分工、试验方法和实施步骤、物资技术保障要求、实施进度安排、各阶段实施要点、实施计划网络图、试验安全注意事项、各种试验预案、资料与数据管理、有关规定和制度等。

北斗二号卫星导航系统试验实施计划的作用具体体现在如下方面：

（1）为落实和协调北斗二号卫星导航系统试验的各项组织活动提供保证。在北斗二号卫星导航系统的试验中涉及到不同单位之间、各岗位工作人员之间、各分系统之间等的使用与权衡。只有通过科学的试验计划，才能保障组织中各成员之间的相互合作、相互协调，确保导航系统试验的顺利完成。

（2）通过预计变化降低不确定性。北斗二号卫星导航系统、系统、分系统等的试验是有一定风险的庞大的系统工程，在试验过程中，存在大量不确定因素。通过试验计划工作，根据过去和现在的信息，分析试验过程中可能出现的各种风险，并制定相应的处理预案，对降低导航系统试验的不确定性具有重要的作用。

（3）实现试验资源的合理配置，提高使用效益。在北斗二号卫星导航系统、系统、分系统等的试验中涉及到各类试验设备的运用，涉及到各类相关资源的配置问题。通过计划工作，根据试验目的选择适当有效的方案，可以消除不必要的资源消耗和浪费，使有限的试验资源发挥最大的效益。

（4）为试验活动的检查和控制提供依据。计划与控制职能有着不可分割的联系，北斗二号卫星导航系统试验计划工作为试验活动的安排提供了执行依据与途径。通过计划执行情况的检查和控制活动，对执行中出现的偏差及时进行纠正，可确保试验任务的顺利完成。

14.3.3　试验任务实施阶段

现场实施阶段是从现场试验开始至试验实施计划中规定的所有试验项目组织实施完毕的整个过程。现场实施阶段是整个试验过程中工作涉及面最大、不确定因素最多、技术要求最强的阶段，因此应根据预先准备阶段所编制的试验大纲、试验实施计划等要求，严格控制试验条件、按照试验规程操作，确保试验安全、顺利进行。

本阶段的主要工作内容包括：实施前准备及协调、设备进点、现场准备、试验项目具体实施等。

实施前准备及协调，是指各参试单位和人员了解其在试验中承担的任务和具体工作，进行相关的物资与技术准备，对准备工作中存在的问题应及时协调。例如：进行测试仪器的检查、校准和调试，了解现场试验的程序与口令等。

设备人员进点是指参加试验的设备（如测试设备、通信设备）、参与试验的卫星、测控设备、地面运控设备等按计划和要求进入预定的位置，参试人员按规定的时间就位。

现场准备是对被试的卫星、测控设备、地面运控设备、测试仪器设备等进行准备，使之进入待试状态，各岗位参试人员按本岗位操作规程完成试验准备工作。

试验项目具体实施时,应按照试验实施计划的要求,各岗位工作人员、参试的卫星、测控设备、地面运控设备等协调工作,统一行动,共同完成试验大纲要求的试验任务。

在试验实施过程中,由于试验设备、技术水平、试验程序、气象条件及其他因素的影响,可能会出现一些意想不到的问题,从而造成试验不能按照预定的计划实施。对于出现的问题,要认真进行分析并做出是否改变试验计划的决策,或继续试验,或暂停试验,或不定期地推迟试验,或结束试验等。在发生事故时,应中止试验,采取果断措施对现场实施有效保护,并逐级上报,查清原因并采取可行措施解决后,方可恢复试验,并做补充试验。

现场试验完毕之后,要迅速收集试验结果情况,及时组织善后工作,并及时通报和上报试验情况。例如,进行试验信息的收集处理、设备复原,安排次日的工作,部署试验场地的警戒,人员的撤离等。

在现场试验数据的录取过程中,要确保试验数据的记录真实可靠、内容全面、格式规范,符合存档要求,测试重要参数时应坚持测试设备备份制度。对于数据判读应坚持对读和复读制度,数据计算应坚持对算和复算制度。为了确保数据的精确可靠性,各测试单位提交的数据记录应有测试人、校对人和审核人的签名,在数据有更改时,要有更改人签字和说明。

14.3.4　数据处理阶段

数据处理阶段是指对试验过程中获得的原始试验数据进行收集、分析、研究、评估的过程。在获取北斗二号卫星导航系统试验的观测数据之后,进行试验与评价的相关专业技术人员应对试验数据进行认真的分析研究,并根据北斗二号卫星导航系统的试验要求,给出试验结论,提出改进建议,并编写和上报试验数据处理报告和试验结果分析报告。

1. 实时处理与事后处理

北斗二号卫星导航系统的试验数据处理可分为实时处理和事后处理两种方式。实时处理是指在试验进行的过程中进行的数据处理工作。实时处理的特点是处理速度快,但处理精度较低。事后处理是指一次试验或当天试验结束后,对各种测量设备的测量结果进行的分析处理工作。事后处理的特点是数据分析精度高,但处理时间较长,一般不能现场实时完成。

2. 测量数据的处理方法

对试验中测量得到的数据,常用的处理方法包括:数据特性检验、异常值检验与剔除、缺失数据补充、系统误差分析、技术性能指标评价。

(1)数据特性检验。观测数据特性检验是导航系统技术指标分析与评价等进一步处理方法运用的基础。数据特性检验通常包括数据的分布检验、相关性检验、平稳性检验和周期性检验等。

（2）异常值检验与剔除。异常值是一批数据中与其余数据相比明显不一致的数据。当在一组数据中，大多数数据呈现出一种有规律的趋势，但同时又出现一个或多个明显偏离这种趋势的数据时，称这些数据为异常值。

有多种原因可导致异常值的出现。例如，测量中突然受到干扰，或测量条件突然变化引起了测量误差；或者在数据记录、整理、传输的过程中，人为或设备的错误；由于被测目标本身的运动，使测量信号严重衰减或中断；或者是测量目标由于某种原因导致性能参数的突然变化。

在数据处理时，应对数据中的异常值进行识别，认真分析其出现的原因，并根据实际情况进行分析判断，以确定其是否可用于试验结果的分析与评价。

（3）缺失数据的补充。缺失数据是指在数据中明显错误或明显不合理的数据以及漏填的数据。缺失数据主要包括：数据记录收集过程中由于异常值剔除而丢失的数据、由于记录原因而没有记录的数据、由于记录错误而产生的明显错误信息等。对于缺失数据的补充有多种处理方法：一种是针对缺失项进行重复试验或调查后对缺失项进行补充；一种是插值补充，即根据计算条件和工程需要，运用线性插值、非线性插值等方法对缺失数据进行补充；一种是不补充，利用剩余的数据作统计推断，如导航系统的精度分析中，在某些特定的情况下可剔除异常值，仅用剩余的试验数据作统计推断。

（4）系统误差分析。试验数据的误差通常分为系统误差、随机误差和过失误差。系统误差是由确定原因引起的且可以消除或精确估计的误差，如测量设备的系统性偏差、记录人员的习惯性偏差等；系统误差是固定的或满足某一规律的误差，应当采用试验和分析方法确定其变化规律，设法消除它，或者从测量结果中加以修正。对于系统误差的识别方法主要有对比法、残差观察法、回归模型残差检验法等。系统误差消除的途径主要有：消除产生系统误差的根源；在测量过程中采取措施，避免把系统误差引入测量结果；设法掌握系统误差的变化规律，建立数学模型，采用统计方法进行估计等。随机误差是由于许许多多在每次独立测量中以不同的方式起作用的个别原因引起的误差。完全消除随机误差是不可能的，只能分析误差的规律，对误差进行估计。过失误差是指由于人员过失所引起的测量数据的偏差，过失误差可能会造成测量数据异常值的出现。对过失误差，主要应通过加强管理在将来的试验中消除。

（5）技术性能指标评价。技术性能指标评价是在对测量数据进行分析的基础上，对导航系统、系统、分系统等的技术性能指标进行分析，与《研制总要求》进行对比分析，给出指标的评价结论。统计性指标（如精度、可靠性、维修性等）的评价工作主要包括指标的估计（如点估计、区间估计等）和指标的假设检验，对此已有许多的国标、行业标准等可供使用。

14.3.5 总结评估阶段

试验现场实施完成后，进入试验的总结评估阶段，在该阶段的管理工作主要包括如下内容。

1. 试验报告的撰写

在北斗二号卫星导航系统、卫星系统、运地面控系统、应用系统、测控系统、运载火箭系统和发射场系统，以及相应的分系统、子系统等试验任务完成后，需要对相关的试验信息进行分析处理，包括试验结果的分析和评价，给出系统试验评价结论和建议，撰写试验结果分析报告，完成试验信息的存储与分发等。

在系统试验数据收集、整理完毕之后，试验主持人根据所收集掌握的试验数据与结果，根据被试系统试验全过程的具体情况和技术性能要求，完成试验报告的编写。试验报告是试验任务的技术总结，是被试系统、分系统试验情况、质量状况和技术性能指标分析结果的真实反映，是评定被试品和改进产品的重要依据。

试验报告内容通常分为正文和附件两部分。正文部分主要供领导和上级机关了解系统、分系统的试验质量、达到的技术性能要求等。主要包括前言、试验结果摘要和结论与建议。试验结果摘要部分一般应依据试验项目顺序编写，并简述试验条件和各技术性能指标的试验结果。附件部分是详细说明试验情况的附属材料，主要供研制单位查阅和改进产品性能，因此要较为详细地反映试验条件、试验结果、试验中出现的问题及处理情况等。

试验报告编写完毕后，应逐级审批，并由主管部门按要求呈报相应的北斗二号卫星工程试验与评价管理机构。

在试验报告中，不仅要列出成功的经验做法，对于不成功的试验，尤其是试验中出现问题的情况，需要根据技术归零和管理归零的相关要求进行分析，找出问题发生的原因，以便于进一步的总结提高。

2. 试验报告的归档

北斗二号卫星导航系统试验产生的试验技术资料对于北斗二号卫星导航系统的研制、生产和使用，以及进行相关或类似系统试验具有重要的参考价值。因此，每项试验任务结束后，都应按科技档案归档制度，及时、完整、准确地做好试验档案资料的归档。归档的内容包括：

（1）依据性试验技术资料。如试验任务书、技术性能要求、有关会议纪要、来往文件及材料、产品图样与技术资料、产品合格证或质量证明书及试验计划等。

（2）原始及中间试验技术资料。如试验现场记录、测试和观测记录，试验计算结果，照片等。

（3）成果性试验技术资料。如试验报告、有关会议的会议纪要等。

14.3.6　导航系统试验大纲的主要内容

北斗二号卫星导航系统、系统、分系统等的试验大纲一般包括如下基本内容。

1. 任务依据

任务依据是试验大纲编写、试验任务执行的根据。北斗二号卫星导航系统试验的任务依据主要有如下几个方面：

（1）北斗二号卫星导航系统的研制要求，或者系统研制任务书。研制要求或研制任务书是导航系统设计的纲领性文件，是系统研制、生产、组装、运行的依据。在研制要求或研制任务书中通常规定了系统的功能、组成、战术技术指标要求等，这些都是导航系统试验需要重点考核的部分。

（2）根据北斗二号卫星导航系统的试验计划要求或者系统总体技术方案要求安排的试验。在北斗二号卫星导航系统的建设过程中，为了确保系统的可用性、精度、完好性、连续性等使用适用性指标，以及可靠性、兼容性等战术技术指标，需要对组成导航系统的分系统、整机等进行大量的试验，如 MEO 卫星环境试验、星地对接试验等，这些试验通常是在系统建设、论证的初期就安排好的，须在系统研制中不断进行试验、验证系统的技术水平。

（3）国标、国军标、行业标准等相关标准要求。这些标准通常是导航系统试验的指导性文件。在这些标准中通常规定了北斗二号卫星导航系统、系统、分系统等的试验项目，对相关系统的试验目的、试验程序、试验条件等通常会给出详细的要求，是制定试验大纲和试验方案的主要依据。

（4）北斗二号卫星导航系统的使用情况。北斗二号卫星导航系统在具体的使用中，各分系统和系统所处的环境、北斗二号卫星导航系统使用的条件（如定位时的地理条件）等千差万别，为了全面地对系统进行检测、验证系统的使用适用性等指标，需要结合北斗二号卫星导航系统的使用情况，安排相关的试验任务。

2. 试验目的

试验目的是通过试验需要达到的目标或者要求。对北斗二号卫星导航系统而言，不同的试验有不同的试验目的。如鉴定试验的目的是证明正样产品的性能是否满足设计要求并有规定的设计余量。试验星试验的目的之一是验证工程总体及有关各大系统技术方案的合理性，检验有关各大系统间接口的正确性、匹配性，为技术状态的确定提供依据。

在撰写试验大纲时,应根据任务依据、试验的目标和研制方使用方的要求,尽可能地明确试验目的,并逐项列出。在条件允许的情况下,尽可能利用试验卫星或者试验系统进行较为全面的试验,以节省导航系统试验的总试验时间和试验费用,并获取尽可能多的试验数据。

3. 试验项目和试验内容

在北斗二号卫星导航系统试验中,试验项目是试验目的的具体化。试验项目是试验组织实施的基础,是试验大纲的核心内容。因此,在制定试验大纲时,首先是确定试验项目。确定试验项目时要遵循全面性、针对性和可操作性的原则。

全面性就是要按照北斗二号卫星导航系统建设、使用要求,研制任务要求,以及相关的标准要求,对北斗二号卫星导航系统、系统、分系统等,根据具体试验对象,结合其研制要求,全面进行技术性能指标和使用适用性指标的考核,做到指标考核的全面性和试验内容覆盖的全面性。另外,结合北斗二号卫星导航系统本身的特点,在某些情况下,不能对系统进行现场试验,则需要通过仿真试验等进行系统技术性能指标的考核验证。针对性是指在北斗二号卫星导航系统试验中要有重点,要重点对北斗二号卫星导航系统在以往试验中出现问题的环节、重点对北斗二号卫星导航系统建设使用的薄弱环节、重点对北斗二号卫星导航系统中新技术、新方法使用较多的环节等进行试验考核验证。可操作性要求试验大纲安排的试验项目在现有的试验条件下是可以操作实现的。

试验内容是试验项目的具体化,是根据试验项目具体给出的关于北斗二号卫星导航系统、分系统、子系统等的具体试验要求与安排。

4. 参试系统技术状态

与一般产品相比,北斗二号卫星导航系统的试验中,参与试验的系统、分系统多,管理比较复杂。因此,在试验之前,要详细明确参与试验的系统、分系统,明确其任务与功能要求,必要时,需要给出系统的详细技术性能参数与指标要求。详细的参试设备准备与管理,是确保试验成功的前提和基础条件。

5. 试验方案

试验方案是针对试验项目和试验内容,结合参试设备,对不同的试验内容,进行详细的计划和安排。试验方案中通常要明确试验的项目目的、具体参试设备、进行试验时采用的试验方法、进行试验的流程、试验结果的评价方法等。试验方案包括试验总体技术方案、测试方案、数据处理方案、试验保障方案、试验安控方案等,各类试验方案是制定试验实施计划的基本依据。

试验方案是导航系统试验具体实施的指导和依据。当试验目的和试验项目确定后,如何实现就必须由试验方案来保证。一个优化的试验方案,可以在良好的试验设计的基础上进行少量的试验,获取大量有效的试验信息,并且可以通过科学合理的试验结果评价方法,获得对技术性能指标和使用适用性指标的精确估计。

6. 试验技术要求

试验技术要求主要用于明确在北斗二号卫星导航系统试验过程中,异常数据的处理、试验数据的纪录、试验中出现异常现象的处理、试验报告的撰写、参试设备的工作任务与要求等。

相比参试系统技术状态,试验技术要求更侧重于对导航系统试验过程中出现技术问题的处理和分析。在试验之前,做好试验预案,明确可能出现的异常情况,给出处理方法,对于降低试验风险,确保试验顺利进行具有重要的辅助作用。

7. 组织分工

组织分工是试验管理的重要内容。组织分工主要用于明确导航系统试验过程中,参与试验的相关部门、人员的工作要求,明确试验的组织管理机构。

8. 计划进度安排

计划进度安排是针对预定的试验任务,明确不同试验项目试验实施的时间与任务安排。科学的计划进度安排是保障试验顺利实施的前提条件。一个优化的试验进度安排,可以使得在最短的时间之内,获得全面的试验信息。计划进度安排可借助于相关的软件系统辅助完成。

对于导航系统试验的计划进度安排,要注意如下方面:

(1)注意不同试验项目之间的逻辑顺序。在计划进度安排中,有的试验项目必须在某些试验项目完成之后进行,试验项目和试验项目之间有一定的逻辑顺序,此时就需要根据试验项目之间的逻辑关系安排任务计划,确保试验流程的顺利进行。

(2)避免试验任务的重叠。在北斗二号卫星导航系统试验中,有时不同的试验项目之间没有一定的逻辑顺序,此时这些试验项目可以并行完成。但在安排并行的试验任务时,要注意分析试验执行时所需的设备和人员情况,避免人员和设备不能满足试验任务的情况。

(3)试验计划安排网络图的结点要清楚,时间安排要合理,交叉工作和同时进行的工作要在网络图中标识明确。

9. 其他

对于在北斗二号卫星导航系统试验中需要进一步说明的问题,而在上述部分又不能涵盖的部分,试验大纲编写单位可根据实际情况进行适当的扩充。如试验的质量控制要求、试验中出现异常时的应急与故障处理要求等。

对于北斗二号卫星导航系统的试验,各系统、分系统的试验大纲都比较齐全,图 14.5 给出了 MEO 试验卫星在轨试验大纲的章节目录。

目 录

1. 任务依据
2. 试验目的
3. 试验项目和内容
   3.1 测控技术试验
   3.2 导航信号传输体制试验
   3.3 系统空间信号精度监测试验
   3.4 星地时间比对试验
   3.5 卫星钟在轨性能评估试验
   3.6 单星定时、定轨及兼容定位试验
   3.7 MEO轨道空间环境探测试验
   3.8 长期在轨技术试验
4. 参试各大系统技术状态
   4.1 卫星系统
   4.2 地面运控系统
   4.3 应用系统
   4.4 测控系统
5. 试验方案
   5.1 测控技术试验
   5.2 导航信号传输体制试验
   5.3 系统空间信号精度监测
   5.4 星地时间比对试验
   5.5 卫星钟在轨性能评估试验
   5.6 单星定时、定轨及兼容定位试验
   5.7 空间环境探测试验
   5.8 长期在轨技术试验
6. 试验技术要求
7. 组织分工
   7.1 卫星系统
   7.2 地面运控系统
   7.3 应用系统
   7.4 测控系统
8. 计划进度安排

图 14.5 MEO 试验卫星在轨试验大纲目录

14.4 试验与评价管理经验总结

在北斗二号卫星导航系统的建设过程中,运用系统工程管理方法,统筹导航系统的试验与评价,是导航系统试验与评价管理的特色和主要内容。在具体的试验与评价实施过程中,试验人员和试验管理人员,结合试验与评价的具体实践,针对北斗二号卫星导航系统,总结出了大量的管理经验体会,这些管理经验体会对于进一步规范导航系统的试验与评价工作具有重要的理论与实践意义。下面对北斗二号卫星工程试验与评价管理中总结出的三个重要的管理经验体会进行简要阐述。

1. 加强过程控制,实现北斗二号卫星工程试验与评价的闭环管理

根据管理学的基本原理,闭环管理的一个重要原则是面对变化的客观实际,进行灵敏、正确有力的信息反馈并做出相应变革,使矛盾和问题得到及时解决。闭环管理的实施过程为决策、控制、反馈、再决策、再控制、再反馈、……闭环管理的程序包括:①确定控制标准;②评定活动成效;③纠正错误手段,修正偏离标准和计划的情况。

在北斗二号卫星导航系统的试验与评价中,其试验与评价的组织与实施,不仅是按照过程控制、闭环管理的要求进行,而且在其管理上更是明确体现了这方面的特色。主要包括如下内容。

(1)在试验的安排要求上,首先要求试验前要有试验大纲,明确试验的内容、要求、试验数据的处理方法、试验中出现异常情况的处理方法、试验的组织实施等,并且要求对于导航系统的试验要有明确的试验计划。这些正是闭环管理中确定控制标准的实际体现。其次,对于导航系统的试验,对于每项比较重要的试验,都要求在试验结束之后提交试验总结报告,对试验的过程及完成情况进行阐述,对试验的结果进行分析,并对试验中出现的问题进行重点论述。这在闭环管理上,是实现评定试验活动成效的一种必要的手段。再次,北斗二号卫星工程试验与评价的一个重要原则是"问题归零"原则,该原则在北斗二号导航系统的试验与评价管理中,对于预防进一步错误的发生,降低试验的风险具有重要的促进作用。结合闭环管理的程序,"问题归零"恰是实现纠正错误的一个重要手段。

(2)在试验的实施过程中,相比一般的产品,北斗二号卫星导航系统的大型试验具有参与系统多、周期长等特点,并且系统的技术指标和使用适用性指标通常是需要连续进行观测的,如卫星的星上测距精度、卫星完好性检测等。另外,为了实现对卫星与卫星载荷的状态进行检测,以判断卫星的运行情况,需要通过测控系统、地面运控系统完成对卫星信号的不间断监测,以便及时判断卫星的运行情况。对试验对象的试验过程进行监控,不仅体现在对卫星和载荷的检测上,还体现在卫星发射阶段,对火箭的检测上,卫星发射过程中,通常需在火箭上设置一定数量的传感设备,以便实现对火箭状态的控制。在北斗二号卫星导航系统的试验过程中,过程控制方法的实施,不仅确保了试验的顺利进行,而且还保证了试验信息的获取,为试验结果的分析与评价提供了全面的数据支持。

北斗二号卫星导航系统试验与评价闭环管理的另一个重要体现,是实现了北斗二号卫星导航系统试验的全寿命、全系统试验管理。作为一个应用性的复杂大系统,北斗二号卫星导航系统从建设论证的初期就确立了"全寿命、全过程"试验的基本要求,要求从系统方案论证的初期就开始试验与评价工作,以确保系统建设、应用的可行性。而随着系统论证与建设的发展,北斗二号卫星导航系统管理方提出了"设计、协调、试验、评估、集成"五位一体的工程管理要求,并要求对北斗二号卫星导航系统的试验要从系统建设论证的初期一直贯彻到系统建设、使用的整个过程,并要求北斗二号卫星导航系统的试验要一直持续到导航系统应用的整个阶段,从而确保导航系信号的精度、完好性、连续性和可用性满足各用户的详细需求。

此外,对于北斗二号卫星导航系统的试验与评价,要求不仅要完成卫星、测控设备、地面运控设备等设备级的试验,而且更加强调"星#星组网""地#地组网""星#地组网"层面的北斗二号卫星导航系统的系统集成层次的试验与评价,从而确保完成导航系统技术指标和使用适用性指标的试验验证。

2. 加强标准化管理,保证北斗二号卫星工程试验与评价的质量

在北斗二号卫星导航系统的试验与评价中,完成试验任务,仅是试验与评价工作的基本要求。如何高质量地完成北斗二号卫星导航系统的试验与评价任务,一直是试验人员和试验管理人员重点关注的问题。标准化管理是全面质量管理的基础工作,做好标准化管理工作是保证试验质量、合理利用试验资源、提高试验综合效益的重要手段。在北斗二号卫星工程试验与评价管理中,开展标准化工作,主要体现在如下方面。

(1)标准化的试验流程与规范管理。对于北斗二号卫星导航系统、各大系统、分系统、子系统等的试验,北斗二号卫星导航系统试验管理方要求试验严格按照预定的国标、国军标、行业标准等进行实施。对于没有明确标准的系统试验,则给定了试验大纲的编写规范,要求系统在试验之前,制定明确的试验大纲,并经过相关机构与专家审核后,才能付诸导航系统的试验实践。

(2)标准化的计量与数据采集技术。与一般系统试验最为明显的差异在于北斗二号卫星导航系统本身是为用户提供时间、位置等的信息,这就要求对北斗二号卫星导航系统的试验,要有更高精度的计量和数据采集技术,从而确保北斗二号卫星导航系统试验结果的准确可靠。

(3)标准化的试验工作管理标准。长期、大量的北斗二号卫星导航系统试验需要有规范的管理机构、规范的工作管理流程,确保试验工作的顺利进行,保障试验数据的收集与管理。在北斗二号卫星导航系统的试验实践中,在人员与组织管理方面,结合我国长期工程实践的特点,形成了具有导航特色的指挥线、技术线试验人员管理模式,确保试验工作的责任、人员落实。在试验的进程、数据管理方面,形成了具有导航特色的数据保密、编码、审核、传输、存储等数据交流传输机制。

3. 实施阶段管理,确保北斗二号卫星导航系统试验任务的顺利完成

北斗二号卫星导航系统构成复杂、试验类型多,对导航系统的试验不能一次性完成,需要综合运用各种手段,逐步落实相关的试验任务,从而确保试验的顺利实施。鉴于此,在北斗二号卫星导航系统的试验过程中,总结出了"先设备,后系统""先地面,后空间""先仿真,后现场"等相关的试验模式。这些试验模式保障了试验的进程和试验实施的安全性与成功性。

(1)"先设备,后系统"是从系统硬件的层次结构出发,先进行底层的零件、部件组件和子系统试验,然后再进行分系统试验,在对子系统和分系统试验结果分析的基础上,确定了子系统和分系统的技术性能后,再进行系统之间的联调、对接试验,最终再进行北斗二号卫星导航系统的试验。这种试验模式的设置,有利于管理人员掌握试验的进程,确保试验的安全性和可靠性,确保试验指标考核的全面性。

(2)"先地面,后空间"是从试验难易程度和使用环境的角度出发,对试验流程的规划。通常情况下,地面试验容易对试验环境进行更改和控制,容易完成数据的检测和记录,所以在条件允许的情况下,通过地面试验来验证系统的性能,通过模拟系统的空间运行环境,获取空间环境下的试验结果的预测信息,就可以在一定程度上保证空间试验的安全、顺利进行,降低试验的风险。

(3)"先仿真,后现场"是从试验的机理上对试验过程的规划。相比北斗二号卫星导航系统的现场试验,仿真试验具有可多次进行、试验经费消耗低、试验安全性高等特点。而且,在仿真平台构建比较好的条件下,仿真试验在一定程度上可以代表真实系统试验完成对北斗二号卫星导航系统某些技术性能指标的考核。

第15章　北斗二号卫星工程产品成熟度管理

北斗二号卫星工程所采用的技术较多处于国际领先水平,给项目的成功实施带来很大挑战。因此,北斗二号卫星工程中采用了我国航天工程多年实践形成的产品成熟度理论和标准,科学地识别各个分系统及其产品的成熟程度水平,根据产品成熟度水平进行分类管理以促进产品成熟度的持续改进和提高,保证了项目的顺利完成,并使得北斗二号卫星导航系统的产品成熟度管理成为航天工程稳步发展和科学创新相结合协调发展的重要一环。

15.1　产品成熟度管理概述

在技术领域和工程管理领域,成熟度是指特定的组织所采用的某项技术或者管理过程满足特定目标需求的能力。在工程项目实施过程中,对成熟度进行评价的主要目的是为了判断工程相关要素所处状态,以便合理配置资源提高其成熟度水平,减少实施过程风险,保证工程项目顺利实施。

15.1.1　产品成熟度的概念

目前常见的成熟度概念有技术成熟度(Technology Readiness Level,TRL)、制造成熟度(Manufacturing Readiness Levels,MRL)、系统成熟度(System Readiness Level,SRL)和产品成熟度(Product Maturity)等。技术成熟度主要关注所采用技术对目标的满足程度,是衡量技术应用水平的关键度量指标;制造成熟度主要度量产品可生产性、生产保障条件与预期生产质量、批量供应要求的符合程度;系统成熟度是在技术成熟度基础上,综合考虑各项技术之间集成关系之后,对各分系统、子系统满足总系统目标的程度的一种综合评价,是各个层次系统的技术协调性和相互适应性的重要度量指标,从技术发展满足用户需求的程度的角度考虑,系统成熟度与技术的应用有关。

产品成熟度是在一定功能、性能水平要求下产品质量稳定性的一种度量,依据产品研制、生产、试验和使用实际情况,在研制周期内的不同阶段,对其质量、可靠性以及可应用程度进行综合度量,从应用角度考察产品所有技术要素的合理性、完备性。产品成熟度包含产品的技术成熟度、制造成熟度和系统成熟度等方面内容,是产品技术攻关、工程研制、成熟度培育、状态固化、更新换代等工作的基本依据之一。

在北斗二号卫星工程实施过程中,牵涉到复杂的技术问题和产品应用问题需要不断探索。技术发展状态、制造环境和制造水平以及技术在产品中的集成应用情况都会影响北斗二号卫星工程的实施,给北斗卫星导航系统建设带来风险。因此,北斗二号卫星工程借鉴了先进的国内外成熟度管理理论,结合我国航天工程实践和北斗二号卫星工程的特点,引入产品成熟度管理的概念。在项目研制和系统运行过程中,以产品成熟度为核心,探索成熟度评价和管理工作,确保北斗二号卫星导航系统工程建设质量,保证北斗二号卫星工程任务的圆满完成。

产品成熟度评价的内涵如图 15.1 所示,主要包含技术成熟度、制造成熟度和应用成熟度三个方面内容。其中技术成熟度主要度量北斗二号导航系统产品设计形成的固有能力及其验证结果与预期任务要求的符合程度;在技术成熟度的基础上,制造成熟度主要度量北斗二号卫星导航系统产品可生产性及其生产保障条件与预期生产质量和批量供应要求的符合程度;在技术成熟度和制造成熟度的基础上,应用成熟度主要评价北斗二号卫星导航系统产品使用、操作方法及其配套资源设置与预期使用要求和限制条件的符合程度。

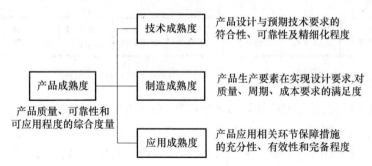

图 15.1　北斗二号卫星导航系统产品成熟度评价内涵

15.1.2　产品成熟度进阶模型

为有效地引导北斗二号卫星导航系统产品成熟度提升,需要制定产品成熟度模型,并且紧密结合航天型号的研制程序,制定一个合理可行的技术流程,明确产品成熟度快速提升的途径和方法。为量化标定产品成熟程度,需要依据航天产品研制、改进、完善、固化的总体规律,在产品全生存周期中,将其技术状态及完备程度的演变过程划分为若干典型阶段,选择其关键里程碑节点设置产品成熟度等级,并以各阶段产品演变的显著特征标志和决策支持要点描述该等级的定义作为评定标准。

按照我国航天领域相关标准,北斗二号卫星导航系统产品成熟度进阶模型如

图15.2所示。此模型包含产品生命周期的三个阶段：研发阶段、应用考核验证阶段、定型阶段。

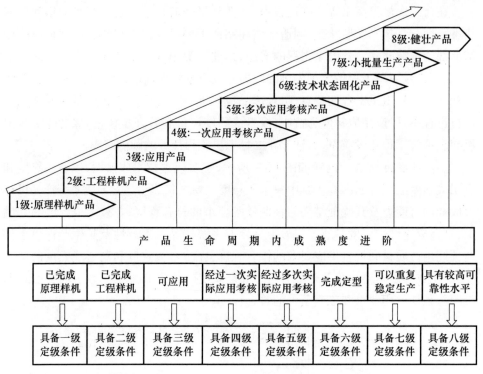

图 15.2　北斗二号卫星导航系统产品成熟度进阶模型

在研发阶段，依据型谱规划的规格序列，组织开展原理样机研制、工程样机研制、应用产品研制等三个子阶段的研发活动。在这三个阶段，产品成熟度等级分别规定了原理样机产品（1 级）、工程样机产品（2 级）、应用产品（3 级）等 3 个等级。产品成熟度达到 3 级，标志着产品已基本完成了研制和试验验证活动，可以参与应用任务，实施应用验证。

在应用考核验证阶段，产品已经完成地面研制和验证，投入实际型号任务，根据飞行验证结果实施产品改进与数据包完善，不断提升产品质量、可靠性和可应用程度，为形成"性能优良、可靠性高、适应性强、质量稳定、经济性好"的货架产品创造条件。产品成熟度依据应用考核的程度，划分为两个等级：一次应用考核产品（4 级）、多次应用考核产品（5 级）。产品成熟度达到 5 级，标志着产品已经过至少 3 次成功应用试验考核。

在产品定型阶段，产品已经完成多次应用考核，依据产品定型准则和相关规范，对产品实施全方位考核、验证，并最终由定型主管机构实施产品定型的审查和批准活动。产品完成定型，标志着产品已经过全面的考核和验证证明符合规定要求,具备了作为"货架产品"提供型号选用和采购的条件。产品定型并不意味着产品改进完善活动的终止。在定型产品的应用过程中,各种薄弱环节和缺陷仍然有可能暴露出来。为支持定型产品的改进完善,在此阶段设置了三个产品成熟度等级,以标识定型产品的持续改进过程,这三个产品成熟度等级分别是技术状态固化产品(6 级)、小批量生产产品(7 级)、健壮产品(8 级)。

综上所述,这三个阶段形成产品成熟度的 8 个等级,分别为 1 级原理样机产品、2 级工程样机产品、3 级应用产品、4 级一次应用考核产品、5 级多次应用考核产品、6 级技术状态固化产品、7 级小批量生产产品、8 级健壮产品,具体定义如表 15.1 所列。

表 15.1　北斗二号卫星导航系统产品成熟度等级划分及定义

等级	等级名称	对象描述	定义
1 级	原理样机产品	指实施产品原型开发和原理性验证形成的成果,包括产品原型样机、实物及半实物仿真模型等	验证了基本原理,确定了技术要求及技术方案,产品的原理样机模型经过了实验室环境下的验证,方案中的关键功能经过分析、试验等方法验证,完成了技术攻关的相关研制工作,并基于原理样机技术状态,对产品的生产实现环节和要素进行了策划,论证了其可行性,在实验室环境下完成产品的生产验证
2 级	工程样机产品	按照实际工程技术要求开发和验证的工程产品,如通过各种鉴定试验的鉴定件产品等	产品工程样机经过了相关使用环境下的验证,按条件确定的鉴定级试验条件进行地面考核,功能和性能满足要求,并基于初样产品技术状态,按照真实生产环境对产品生产制造环节和要素进行了细化,其中部分环节和要素在真实生产环境完成产品生产验证,证明能够实现产品全部设计指标,并细化产品交付使用过程中的相关要求
3 级	应用产品	完成所有地面研制和实验工作,具备参与实际应用任务条件的产品,在星箭型号中通常指正/试样产品	产品工程样机按照真实使用环境条件要求进行了验证,经系统测试证明满足应用要求,并基于正/试样产品技术状态,按照真实生产环境对产品生产制造环节和要素进行了完善,在真实生产环境完成产品的生产验证,满足产品技术要求,对产品交付使用过程中的相关要求进行了完善
4 级	一次应用考核产品	指成功完成 1 次应用试验考核的实物产品	产品经过 1 次实际应用考核,其中产品单次应用考核时间不低于 2 年(设计寿命低于 2 年的按照实际设计寿命考核),证明满足应用要求。基于经过应用试验验证的产品技术状态,按照真实生产环境对产品生产制造环节和要素进行了验证,满足产品重复生产要求,并对产品交付使用过程中的相关要求进行了验证

(续)

等级	等级名称	对象描述	定义
5级	多次应用考核产品	至少成功完成3次应用考核的实物产品	产品经过至少3次实际应用考核,其中产品单次应用考核时间不低于2年(设计寿命低于2年的按照实际设计寿命考核),证明满足应用要求。产品生产制造环节和要素经过了多次重复生产验证,并对产品交付使用过程中的相关要求进行了验证
6级	技术状态固化产品	技术状态经考核验证后固化的实物产品	在多次应用考核产品的基础上,对产品中的技术状态文件进行了梳理确认,技术状态文件完整齐套,利用已开展的考核数据,进行了产品可靠性评估,完成了相关技术状态固化工作
7级	小批量生产产品	经小批量生产考核验证后的实物产品	在技术状态固化产品的基础上,产品的技术状态文件经小批量生产验证,能够保证产品一致、质量稳定;并对产品交付使用过程中的相关要求进行了验证和固化
8级	健壮产品	具备批量、稳定生产能力的实物产品	在小批量生产产品的基础上,证明其具有较高的可靠性水平,并按照批生产环境,产品经批量生产验证满足后续重复生产的质量、周期和成本精细化生产要求,并建立了持续改进机制

15.1.3　产品成熟度评价的作用

　　产品成熟度评价一方面可以通过对产品研制生产的各阶段工作,逐一细化由低到高的成熟度等级,并给出各等级关注要素及评价准则,为北斗二号卫星工程管理方和研制方提供评价质量可靠性的统一规则和共同遵循,为工程在不同技术要素、不同技术方案之间的风险辨识和权衡提供客观的度量标准;另一方面,可以从产品设计源头抓起,确保将可靠性落实到设计方案中并设计到产品中去,保证产品固有可靠性。

　　在产品研制全寿命周期的不同阶段,产品成熟度评价对技术成熟度、制造成熟度、应用成熟度的侧重有所不同。研制初期侧重于对技术成熟度的评价,重点关注技术可行性、设计结果的验证程度;研制中期侧重于对制造成熟度的评价,重点关注生产过程对技术要求的实现程度,生产过程的质量控制;研制后期侧重于对应用成熟度的评价,重点关注产品应用相关环节保障措施的充分性、有效性、完备程度及其应用效果。

　　在北斗二号卫星导航系统工程管理中,围绕"降低技术风险、确保任务成功"

的核心目标,成熟度评定通过细化各评价要素的等级标准,可为客观度量和比较工程各级产品的技术风险程度,指导工程研制和改进,支撑工程风险排序和权衡决策等发挥重要作用。

总体而言,按照"评建结合、以评促建"的思路,推进产品成熟度模型应用和全面评价工作,将对北斗二号卫星工程的质量与可靠性工作发挥以下重要作用。

1. 按照系统化思路分解、落实产品质量要求

产品成熟度评价模型是按照产品全要素和研制全过程逐级细化的量化评价模型。应用这一模型可以将北斗二号卫星工程总体的质量可靠性要求,通过模型和评价矩阵逐级分解、细化落实到各级产品的研制过程和工程要素,有助于北斗二号卫星工程质量与系统可靠性要求的系统梳理和细化落实;同时产品研制过程要素的设置,也弥补了仅仅依靠评价产品实物指标符合性实施质量控制带来的局限和不足,更加适合小子样、高风险航天产品全过程控制的指导思想。

2. 按照精细化要求监督、推进产品研制过程

按照航天产品研制的客观规律,产品成熟度模型将产品的形成和发展过程划分成可度量的 8 个等级,并在每个等级,针对设计、生产、应用等三方面 50 项子要素提出了具体的目标要求和完成标志,有助于对产品研制过程各项工作的细化管理和指导;依靠同一要素或子要素随产品成熟度等级提高而不断完善、细化,产品质量、可靠性将依据设定的产品成熟度等级目标随研制进展得到持续提升。

3. 按照定量化标准评价、权衡产品技术风险

产品成熟度模型将航天产品的形成、完善和发展过程,划分为 8 个等级的 50 项子要素,并统一给出各等级和要素的评价准则及工作要求,不仅能够促进对产品研制过程的精细化管理,同时,也为管理方、用户和产品研制方提供了客观、统一、量化的技术风险度量标准。不同的产品成熟度等级表明产品具有不同的技术风险,而要素和子要素之间成熟度水平的差异,则为产品后续研制改进提供了方向性指导。采用统一标准,可以使管理方、用户和产品研制方就产品风险程度和改进重点达成共识,更有利于提高对北斗二号卫星工程产品技术风险总体掌控能力。

15.2　产品成熟度评价的目标与原则

15.2.1　产品成熟度评价的目标

北斗二号卫星工程产品成熟度评价工作的目标是:

（1）在现有产品成熟度理论的基础上，研究适合北斗二号卫星工程任务特点和管理要求的产品成熟度评价模型、准则和技术方法。

（2）量化评价产品的质量、可靠性以及可应用程度，识别产品在研制、生产和应用全过程中的相关风险，支持产品改进和为工程决策提供参考。

（3）固化形成实施北斗二号卫星导航系统产品成熟度评价工作的组织体系和管理流程。

（4）总结提炼可指导全面开展产品成熟度评价活动的配套文件、指南和规范，并形成工程应用指导示范。

15.2.2 产品成熟度评价的原则

北斗二号卫星导航系统产品成熟度评价的原则如下：

（1）评价内容覆盖北斗二号卫星工程实施全过程和全部要素。以目前航天通用的产品成熟度理论方法为指导，产品成熟度的等级划分考虑北斗二号卫星工程中各类产品特点，覆盖研制的全过程；通过系统整合产品设计、制造、应用等各要素，明确产品成熟度提升目标、方向和具体过程的完整路线图及其所包含的全部要素。

（2）评价工作与现有评价体系和文件体系紧密结合。北斗二号卫星导航系统产品成熟度评价是在其他各评价体系和各类评审活动的基础上，以检查单的形式开展评价工作。其他各项评价体系和北斗二号卫星工程评审的相关结果和证明材料，均可作为北斗二号卫星工程产品成熟度评价支撑材料；同时，产品成熟度评价要素的定级要求应与现有执行文件的要求一致，各现行文件的要求均可作为评价要素的证明材料，避免不必要的重复工作。

（3）评价工作的时间、进度和周期与北斗二号卫星工程研制阶段相对应。产品成熟度评价给出不同研制阶段的成熟度等级要求，在不同的阶段节点，开展对应的评价工作，检查本阶段研制工作完成情况和识别存在的差距和不足，评价的结果作为北斗二号卫星工程各阶段评审工作的决策支撑。

（4）以产品成熟度提升计划作为评价工作关注的重点内容。产品成熟度评价工作中，除了给出具体成熟度等级结果以外，还应针对识别出的差距和未完成事项，明确后续完善改进措施，制定产品成熟度提升计划，作为产品研制工作应考虑的重点内容，指导后续工作的开展，同时也作为下一阶段产品成熟度评价的依据之一。

（5）随工程应用的开展不断细化和完善评价工作。随着评价工作的开展，对所采用的产品成熟度评价要素、准则、检查单等相关评价工具进行补充和完善，使其满足北斗二号卫星导航系统的要求；同时，随着北斗二号卫星工程工作进展，及时将产品研制管理相关要求纳入评价模型和要素,确保产品成熟度评价与北斗二号卫星工程管理要求相匹配。

15.3　产品成熟度评价要素与准则

15.3.1　产品成熟度评价要素

依据航天产品工程研制所涉及的工程活动领域和具体工作内容,从技术成熟度、制造成熟度、应用成熟度三个方面,归纳出北斗二号卫星工程成熟度评价的 8 个部分 19 项要素,并进一步细化为 50 项子要素,作为评价产品成熟度基本度量内容,如表 15.2 所列。

表 15.2　北斗二号卫星工程产品成熟度评价要素

类别		序号	要素	子要素
技术成熟度	技术要求	1	1. 要求的识别与分析	1-1　功能性能要求
		2		1-2　环境适应性要求
		3		1-3　接口要求
		4		1-4　寿命、可靠性、维修性、安全性要求及其他要求
		5		1-5　执行产品或技术的相关规范
		6	2. 要求的确认与记录	2-1　要求的验证方法
		7		2-2　要求的规范性和稳定性
	设计过程	8	3. 设计过程管理	3-1　设计过程策划
		9		3-2　设计过程的执行
		10		3-3　设计辅助工具和信息化手段的构建和使用情况
		11		3-4　设计关键特性的识别和控制情况
		12	4. 可靠性设计	4-1　可靠性工作要求及计划
		13		4-2　可靠性设计与分析
		14		4-3　可靠性试验验证
		15		4-4　可靠性工作标准与工具
	设计结果	16	5. 设计结果验证	5-1　验证环境的真实程度和验证结果的符合程度
		17		5-2　不可测试(验证)项目的识别与控制
		18	6. 设计结果管理	6-1　设计文档的齐套性和规范性
		19		6-2　设计工艺性
		20		6-3　设计稳定性及技术状态管理

（续）

类别		序号	要素	子要素
制造成熟度	制造方法	21	7. 工艺	7-1 工艺正确性
		22		7-2 工艺稳定性
	制造基础资源	23	8. 人员	8-1 人员技能水平要求的识别及其满足程度
		24		8-2 人员培训考核机制
		25	9. 设备	9-1 设备(含工装)配置
		26		9-2 配套资源
		27	10. 物料	10-1 物料配置
		28		10-2 物料供应保障
		29	11. 环境	11-1 生产环境条件
		30		11-2 环境条件配套资源设施
	制造过程管理	31	12. 自主可控	12-1 外协管理
		32		12-2 外购管理
		33	13. 质量控制	13-1 工艺和过程关键特性识别
		34		13-2 检验点的设置
		35		13-3 检验检测方法
		36		13-4 生产过程数据包
		37	14. 生产管理	14-1 生产管理的文档化及信息化
		38		14-2 生产成本
		39		14-3 产能及效率
		40		14-4 生产合格率
应用成熟度	应用前期准备过程	41	15. 交付验收过程控制	15-1 交付验收要求规范
		42		15-2 交付验收结果
		43	16. 储存运输过程控制	16-1 储存运输要求/规范
		44		16-2 保证措施
	应用过程控制	45	17. 使用操作过程控制	17-1 地面总装、总测阶段操作规范
		46		17-2 发射及应用控制阶段操作规范
		47	18. 异常情况的识别及处置预案	18-1 使用异常情况的识别和分析
		48		18-2 异常情况应急措施
		49	19. 应用验证情况	19-1 应用验证时间、次数及质量问题
		50		19-2 在轨数据采集、比对分析及数据包完善

15.3.2 产品成熟度评价准则矩阵

作为指导评价工作,确定评价结果的基本标准,需要按照产品成熟度等级,给出各要素在不同等级上的细化评价标准。依据所划分的产品成熟度等级,逐一描述产品成熟度评价要素及其子要素的基本定级准则,即形成以等级划分为横坐标、以评价要素(及子要素)为纵坐标的产品成熟度评价矩阵。

评价工作构建的基本评价准则矩阵如表 15.3 所列。

表 15.3　北斗二号卫星工程产品成熟度评价准则矩阵

要素 / 等级			1级	2级	3级	4级	5级	6级	7级	8级
技术成熟度	技术要求	要求识别与分析	△	◇	☆	★	★	★	※	※
		要求确认与记录	△	◇	☆	★	★	★	※	※
	设计过程	设计过程管理	◎	△	◇	☆	★	★	※	※
		可靠性设计	◎	△	◇	☆	★	★	※	※
	设计结果	设计结果验证	○	◎	△	◇	☆	★	※	※
		设计结果管理	○	◎	△	◇	☆	★	※	※
制造成熟度	制造方法	工艺	○	◎	△	◇	☆	★	★	★
	制造基础资源	人员	○	◎	△	◇	☆	★	★	★
		设备	○	◎	△	◇	☆	★	★	★
		物料	○	◎	△	◇	☆	★	★	★
		环境	○	◎	△	◇	☆	★	★	★
	制造过程管理	自主可控	○	◎	△	◇	☆	★	★	★
		质量控制	○	◎	△	◇	☆	★	★	★
		生产管理						★		
应用成熟度	应用前期准备过程	交付验收过程控制	□	○	◎	△	◇	☆	★	★
		储存运输过程控制	□	○	◎	△	◇	☆	★	★
	应用过程控制	使用操作过程控制	□	○	◎	△	◇	☆	★	★
		异常情况的识别及处置预案	□	□	◎	△	◇	☆	★	★
		应用验证情况	□	□	□	◎	△	◇	☆	★
等级名称			原理样机产品	工程样机产品	应用产品	一次应用考核产品	多次应用考核产品	技术状态固化产品	小批生产产品	健壮产品

注:图中符号□、○、◎、△、◇、☆、★表明相关要素的逐步细化、完善;"※"表示仅在发生技术更改时需要考虑相关要求

15.4 产品成熟度管理实践

在北斗二号卫星工程的产品成熟度评价实施指南中,给出了50项评价子要素在8个产品成熟度等级上的详细要求。在评价过程中,依据评价矩阵分别度量各评价要素或子要素所达到的等级,并在汇总要素或子要素评价结果后,通过专家加权评估综合计算出被评估对象整体达到的产品成熟度水平,采用子要素等级平均值与专家加权综合评估方法给出产品成熟度总评结果。下面以实例介绍北斗二号卫星导航系统产品成熟度评估方法及过程。

15.4.1 产品成熟度分级评价的前期准备工作

北斗二号卫星工程产品成熟度评价的前期准备工作包括制定工作计划、确定评价时机、构建组织机构并分配职责、安排配套资源、构建评价模型。这些工作完成之后,即可开始评价工作。

1. 产品成熟度分级评价工作规划

(1)在北斗二号卫星工程关键技术攻关阶段,产品成熟度评价工作应通过总结试点,确立工作模式,完成模型标准研究,实现全面推广。

(2)在试验星阶段,产品成熟度评价工作一方面在参与试验产品中实施,作为试验星关键里程碑节点的决策支持;另一方面结合北斗二号卫星导航系统研制、建设任务要求,在产品范围和专业领域方面,对评价模型进行细化和更新,并初步建立第三方评价机制,作为管理创新的重要举措。

(3)在北斗二号卫星导航系统研制、组网建设阶段,产品成熟度评价作为各系统转阶段、交付验收等重大节点的决策支持;同时,持续完善并全面运行北斗二号卫星导航系统第三方评价机制。

2. 评价时机的确定

实施产品成熟度评价的时机应为各阶段研制工作基本结束后,重大节点决策前实施。产品成熟度评价结果可作为里程碑决策的基本输入信息之一,如图15.3所示。

3. 组织机构和职责

北斗二号卫星导航系统工程管理机构负责北斗二号卫星工程产品成熟度评价工作的整体策划、推进及监督管理。

质量可靠性中心(航天标准化与产品保证研究院):负责评价标准的编制;评价人员的培训考核;各大系统及重点产品项目的第三方评价。

各系统总体单位:负责各系统本身的自评工作,所属下游产品的成熟度评价工作。

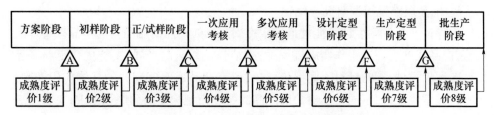

图 15.3 北斗二号卫星导航系统产品成熟度评价时机

⚠A—方案阶段评审;⚠B—初样阶段评审;⚠C—正/试样阶段评审;⚠D—一次应用考核;
⚠E—多次应用考核;⚠F—设计定型评审;⚠G—生产定型评审。

各承研单位:负责产品本身的自评工作。

相关机构及职责如图 15.4 所示。

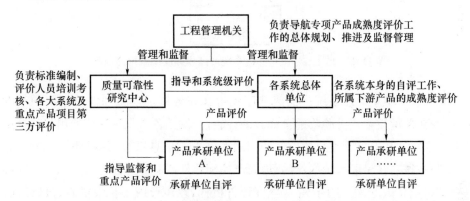

图 15.4 北斗二号卫星导航系统产品成熟度评价组织模式示意图

4. 产品成熟度分级评价的配套资源

北斗二号卫星导航系统全面实施产品成熟度评价工作的基础条件需求主要包括以下五个方面。

(1) 一套管理机制。建立北斗二号卫星导航系统产品成熟度评价工作管理机制(包括范围、目的、职责、时机以及人员管理、信息管理等要求)。

(2) 一组评价标准。覆盖全系统产品、全研制阶段的评价模型、要素、准则、检查单、流程等。

(3) 一个专业机构。严谨、高效实施北斗二号卫星导航系统产品成熟度评价工作的专业管理机构。

(4) 一支评价队伍。具备能力开展北斗二号卫星导航系统产品成熟度评价工作的专业评价人员队伍。

(5) 一批辅助工具。配套辅助评价工具及信息管理系统。

5. 产品成熟度模型研究与优化

为保证产品成熟度评价能够最大限度满足导航产品研制质量与可靠性管理需求,在产品成熟度评价工作实施过程中,应结合工程研制进展,实施优化更新产品成熟度评价模型,同时针对不同评价对象,研究产品成熟度理论的具体应用准则。除原有模型改进外,不同产品对象的产品成熟度模型构建的顺序如图15.5 所示。

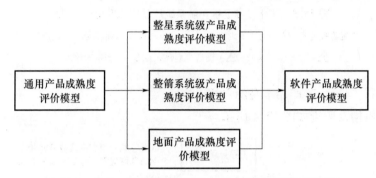

图 15.5　北斗二号卫星导航系统产品成熟度模型构建顺序

北斗二号卫星导航系统产品成熟度评价在完善评价模型和评价指南的基础上,已经在关键技术攻关验收前全面开展,同时开发了各子系统单位使用的计算机辅助评价软件和项目管理总体单位使用的产品管理信息系统,并对评价人员开展了培训和考核,在星箭系统级产品、地面产品和软件产品等方面开展产品成熟度评价模型研究和试点,组建了产品成熟度评价机构,逐步形成了长效机制,对后续航天工程的成熟度管理工作具有很强的示范作用。

15.4.2　产品成熟度评价工作流程

北斗二号卫星导航系统产品成熟度评价的工作流程如图15.6 所示。

现场评价工作流程包括首次会议、现场评价、评价组内部会议、与被评价方交流确认评价情况、末次会议。

(1) 首次会议。介绍评价工作背景、目的及要求;评价专家组组长介绍专家组人员组成和评价依据,宣布现场评价要求,确认评价活动安排等;被评价方介绍产品基本情况、参会人员及分工等。

(2) 现场评价。评价专家组依据产品成熟度评价实施指南和现场评价计划,按照分工分为技术、制造、应用三个小组,遵循客观、公正、有代表性等原则,收集客观证据,参观研制单位生产现场,并与被评价单位相关人员进行技术研讨和沟通交流;与此同时,在评价检查单中记录评价情况并给出评价结果。被评价单位相关人员根据评价专家提出的问题及材料要求,提供相应的补充解释说明及证明材料。

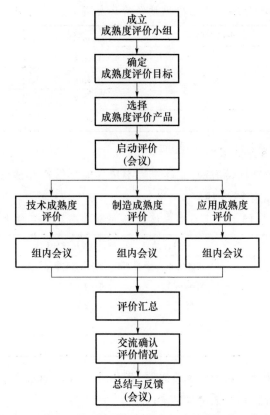

图 15.6　北斗二号卫星导航系统产品成熟度评价工作流程

（3）评价组内部会议：内部会议先由三个小组讨论形成小组意见，再召开评价组全体会议。由评价专家组组长主持，首先由评价专家小组汇报评价情况，给出初步评价结果，并对突出优点和不足进行说明；评价专家组组长对各子要素初步评价结果进行确认，对差距较大的子要素组织进行评议，汇总提炼现场评价的亮点和不足，并组织专家组讨论形成现场评价意见。

（4）与被评价方交流确认评价情况：评价专家组与被评价单位沟通评价情况，被评价方对最终评价结果进行确认。

（5）末次会议：评价专家组反馈现场评价总体情况和现场评价意见，包括各要素评价结果、优点、不足和建议等；被评价方针对现场评价工作过程和结果阐述观点、体会和意见；研制与评价主管部门进行总结发言。

15.4.3　产品成熟度评价实施

北斗二号卫星导航系统产品成熟度评价工作首先选定评价产品，待评价产品列表如表 15.4 所列。

表 15.4   产品成熟度评价产品列表及时间安排

序号	研制单位	产品名称	评价时间
1		产品 1	
2	单位 1	产品 2	
3		产品 3	
…	…	…	

1. 产品成熟度评价结果

采用产品成熟度评价方法,北斗二号卫星导航系统产品成熟度评价的现场评价结果简要汇总如表 15.5 所列。

表 15.5   产品成熟度现场评价结果简要汇总表

序号	产品名称	参评单位	自评结果	现场评价结果	评价主要意见和建议
1	A1	A	共评价 m 个子要素: K_1 级 x_1 个 K_2 级 x_2 个 …	共评价 n 个子要素: K_1 级 y_1 个 K_2 级 y_2 个 …	…

通过比较被评价产品的成熟度差异,可以获得评价的基本结论,表 15.6 是产品成熟度现场评价的基本结论样例。

表 15.6   产品成熟度现场评价结果分析结论样例

产品成熟度现场评价结果分析结论	
时间: 年 月 日	
(1)基于已应用产品的改进产品 (2)基于经应用验证技术的新研产品 (3)基于新原理或新技术的创新产品	
评价小组组长	评价小组成员

(签名)
        年   月   日
	(签名)
	                                年 月 日

产品成熟度总体评价结果汇总如表 15.7 所列。

表 15.7   产品成熟度总体评价结果汇总

序号	风险分类	产品名称	主承研单位	备注说明
1				
2	基于已应用产品的改进产品(较低风险)			
3				

（续）

序号	风险分类	产品名称	主承研单位	备注说明
4	基于经应用验证技术的新研产品（中等风险）			
5				
6				
7	基于新原理或新技术的创新产品（较高风险）			
8				
9				

2. 评价模型和方法应用

北斗二号卫星导航系统产品成熟度评价工作中,除了评价各产品当前研制进展情况、提出改进及强化建议外,对航天产品成熟度理论模型及评价准则、方法和流程也进行了应用验证。

产品成熟度评价活动的要素覆盖情况如表15.8所列。

北斗二号卫星导航系统产品成熟度理论模型及其各要素和等级设置,反映了航天产品在小子样情况下实现质量与可靠性提升的一般规律,是总结和利用航天数十年工程经验,强化北斗二号卫星导航系统质量可靠性管理的有效手段,也是丰富和发展航天系统工程方法论的重要创新。

北斗二号卫星导航系统产品成熟度评价实践所得到的结论和建议,表明以产品成熟度模型和要素等级为度量标准,可以在产品研制过程中,系统评价产品研制应用的不确定性并早期识别产品薄弱环节和不足,为尽早规避产品研制技术风险提供帮助。

对产品成熟度评价模型和方法的验证,可以得出结论如下。

（1）要素设置合理。目前的评价指南,按照技术、制造、应用三个方面将产品成熟度度量模型划分为19个要素50个子要素,包含了产品的重要环节和核心元素,可以作为评价产品研制进展情况和识别工程风险的基本指导。

（2）等级划分准确。在评价矩阵中,从方案到批产阶段,设置了8个产品成熟度等级,覆盖了航天产品生存周期的典型阶段,符合航天产品,特别是单机及以下级别产品的工程研制特点和产品成熟度提升的客观规律,可作为度量和比较产品质量、可靠性和可应用程度的基本依据。

（3）工作流程可行。经过评价工作的验证,目前设定的模型发布→全员培训→单位自评→现场评价→反馈改进的基本流程、现场评价程序和相关文件记录模版等能够支持评价全过程活动,并能够实现预期工作目标。

表 15.8　成熟度评价活动包含的要素覆盖情况

要素序号	类别（一级）	类别（二级）	类别（三级）	要素名称	有效次数统计	备注
1	技术成熟度	技术要求	要求识别	功能		
2				环境		
3				接口		
4				寿命		
5				技术命令与规范性		
6			要求确认	要求可靠性		
7				要求确认的验证方法		
8		设计过程	设计管理	设计策划		
9				设计计划执行		
10				设计计划辅助手段		
11				关键特性		
12				稳定性		
13			可靠性设计	可靠性设计		
14				可靠性试验验证		
15				可靠性分析工具		
16		设计结果	结果验证	文件齐套		
17				设计可测试条件		
18				验证标准		
19			结果管理	设计项目		
20				结果管理规范		
21	制造成熟度	制造方法		工艺		
22		制造基础资源	工艺	工艺稳定性		
23			人员	人员能力考核		
24			设备	设备能力核查		
25			物料	物料保障		
26			环境	环境需求		
27				环境保障		
28			自主可控	自主可控机制		
29				外协过程管理		
30				外购管理		
31				协配资源配置		
32		制造过程管理	质量控制	关键点设置		
33				检测方法		
34				检验特性		
35				检验数据包		
36			生产管理	生产过程数据包及信息化		
37				生产管理文档		
38				管理成本及效能		
39				生产效率		
40				合格率		
41	应用成熟度	应用前准备		交付验收		
42				储存运输		
43				交付验收要求		
44				储存运输要求		
45		应用过程控制		使用操作		
46				异常处置		
47				发射总装、总测		
48				应用情况监控		
49				数据包		
50				情况识别对策		

15.4.4 产品成熟度持续改进

北斗二号卫星导航系统产品成熟度评价可以促进产品成熟度持续改进。评价工作实践中,在已完成工作的基础上,根据产品研制的技术发展规律和研制生产能力,关注典型产品的成熟度提升工作,对典型产品进行评价并提出一定时间阶段内的产品成熟度提升计划。成熟度提升计划样式如表 15.9 所列。

表 15.9 Z 年至 $Z1$ 年产品成熟度提升工作计划

序号	产品名称	产品类别	Z 年成熟度等级	成熟度提升计划	$Z1$ 年成熟度目标	完成时间
1						
2						
3						

通过实施产品成熟度管理,北斗二号卫星工程各个分系统做到了基于产品成熟度水平的产品管理与产品成熟度持续改进,产品研制进程和产品质量都得到了有效的保证,循序渐进地完成了北斗二号卫星导航系统的研制,保证了项目的顺利完成。北斗二号卫星工程的产品成熟度管理促进了航天工程的稳步发展,对提升北斗二号卫星工程后续任务以及其他航天工程项目管理水平具有积极的指导意义。

第16章 北斗二号卫星工程综合集成管理

北斗二号卫星工程综合集成管理工作是其工程建设过程中的一项关键工作，具有综合性和全局性的特点，主要由工程大总体承担。为了做好北斗二号卫星工程综合集成管理工作，工程大总体，在综合集成管理相关理论方法的指导下，根据北斗二号卫星工程建设管理实践，针对工程建设过程中多系统、多阶段、多要素、多部门和多学科之间的集成问题开展创新性研究，借助实物和半实物仿真手段研究建立了独立于系统之外的监测评估系统，结合总体设计与计划、总体协调、总体控制和总体集成四项具体工作的开展，探索建立了北斗二号卫星工程大总体综合集成管理模式。

16.1 综合集成管理概述

16.1.1 综合集成管理的基本概念

综合集成管理的概念来自系统工程学科。系统工程是组织管理系统的规划、研究、设计、制造、试验和使用的科学方法，是一门组织管理的技术。随着所研究系统的规模的扩大、复杂程度的增加，出现了复杂巨系统的概念，传统的系统工程理论方法对于复杂巨系统的研究已经远远不够，针对复杂巨系统的组织管理问题，我国著名系统科学家钱学森同志提出了从定性到定量的综合集成研讨厅的问题解决框架。围绕着综合集成研讨厅，国内系统工程界展开了一系列研究和讨论，将综合集成提升到一种方法论的高度来看待。对于复杂系统的组织管理问题，已经形成共识，应该按照综合集成的思想方法来解决。在综合集成方法论的指导下，逐渐形成了综合集成管理。

综合集成管理是一种基于综合集成方法论构建起来的管理思想与管理模式。它是在系统管理的基础之上发展起来的管理学分支，是组织管理复杂系统的技术，提供了解决复杂巨系统问题的方法论，给出了综合应用专家经验知识、统计数据信息、数学模型方法、计算机软件工具手段解决复杂问题的决策机制和工程化方法。

1. 基本特点

与传统管理模式比较，综合集成管理具有许多新特点，体现在四项基本的管理职能(即领导、组织、计划和控制)中。

1) 领导群体化

领导是对管理活动进行引领和指导,也指从事引领和指导管理活动的人或人群。对复杂系统的组织管理来说,由于系统的复杂性,其领导职能的实施不大可能由某个人承担,而是由一群人或领导小组承担。

2) 组织多元化

组织是对参与管理活动的人或单位之间的结构关系和运行机制进行设计,并随着外界环境变化适时进行调整的过程,也指组织结构及其运行机制。对于复杂系统而言,涉及的参与主体通常不是一个,而是许多单位,甚至成千上万,各个单位(主体)都是具有自治功能的自组织。其组织职能的工作重点主要是构建一个与解决复杂管理问题相匹配的工作平台,提供一种资源整合环境、工作机制、支撑条件。

3) 计划与决策综合化

计划是对管理活动和资源的安排。对于大型复杂系统的建设管理而言,需要安排的活动和资源类别很多,各种计划更需要从全局进行整体规划,既要考虑长远的发展,也要考虑到对相关领域的影响和带动作用。计划离不开决策,"管理就是决策",针对复杂系统而言,与一般决策所不同的是决策主体不是个别人,而是群体,因为问题的复杂性决定了只有发挥群体智慧才能更好地解决问题,其决策模式为群决策。决策时需要综合考虑多种因素,采用的技术路线是"不断比对、逐步逼近、最终收敛、形成共识"。

4) 控制分层化

控制是根据既定的目标对管理对象运行状态进行检查和针对出现的偏差采取强制性纠偏活动。综合集成管理的对象是复杂系统,其控制主要是对参与主体的构成及其行为进行控制。由于参与主体都是具有自治功能的自组织,因此,控制的方式是一种分层体系架构下的自组织控制和协调控制。自组织控制不是运用刚性的干预与约束在确定的因果律下达到控制目的,而是更多地利用柔性的协调与诱导使被管理对象产生既有利于自身也有利于实现控制目标的自组织行为。协调控制包括运作协调和利益协调。运作协调是指通过设计合理、有效的运作流程,使各自主体通过自利的行为与其他自主体实现合作,同时保证实现整体的控制目标。利益协调是指基于利益共享、风险共担的原则,通过合理的协调机制,"诱导"各自主体确定自身的最优控制决策,并能与系统的整体利益相一致,最终实现被管理系统的改善。

2. 基本方法

针对复杂系统的组织管理,其采用的基本方法主要有系统复杂性分析方法、选代与逼近方法、统筹方法、多方法综合等。

1）系统复杂性分析方法

复杂系统一般具有以下几个特性：

（1）高度开放，即系统与环境之间的相互依赖性、相互影响非常强，不断地进行着物质、能量和信息的交换。

（2）高度动态，不仅表现为随环境变化而变化的动态行为与状态，还可能在系统整体层面上发生结构、功能等"相变"或引起运行机理与规则的变化。

（3）高度自治，构成复杂系统的各个部分具有自主性和智能性，具有朝着有利于自身利益发展的行为趋势。

（4）高度异构，构成复杂系统的各个部分结构、功能具有很多的差异，要提高系统的有序度，需要许多协调性工作。

（5）高度多态，复杂系统的最终演化路径有很多条，演化结果具有很多种状态，系统最终的演化路径和结果受很多因素的影响，期间可能出现许多分叉。

针对复杂系统的上述特点，目前，主要的系统复杂性分析方法有：

（1）复杂网络分析技术，系统复杂性的表现之一是结构为网络结构，网络中节点数量规模很大，节点之间的关系复杂。对这类复杂系统的分析主要通过分析网络中节点之间的平均距离、度分布、是否具有小世界和无标度等性质，研究网络结构的演化规律、关键节点、抗毁性等。

（2）多智能体建模与仿真，系统复杂性的表现之二是组成系统的各个单元具有不同程度的智能性，对周围环境具有一定的适应性。对这类复杂系统的分析可按照多智能体的方法来进行建模，建立复杂系统的多智能体仿真模型，采用仿真的手段，通过大量的模拟试验和对仿真结果进行统计分析的方法，实现对复杂系统特点规律的认识。

（3）智能优化方法，寻找解决问题的最优方案是计划决策的一项重要工作。当系统复杂性增加到一定程度时，传统的优化方法已不能有效地解决该问题。针对这一问题，近年来，许多学者通过借鉴生物界和其他学科的研究成果，研究提出了多种智能优化方法，如遗传算法、蚁群算法、模拟退化、禁忌搜索等。应用这些方法可解决许多复杂的优化决策问题。

2）统筹方法

系统复杂性分析方法提供了认识和分析复杂系统的方法，如何管理和控制复杂系统，则需要在复杂性分析的基础上实现统筹。具体包括两个方面：

（1）通过结构化系统模型降低系统的复杂性，根据结构化系统模型的机理与输入/输出关系描述系统行为特征以及寻求解决方案。这是复杂系统的分析与分解，属于"筹"。

（2）在系统分析与分解基础上，通过协调各个部分的行为，形成整体的管理能力。这是复杂系统的重构与整合，属于"统"。

3）迭代与逼近方法

由于人们认识和处理能力的限制，对系统的复杂性的认识和对复杂系统的处理不可能一触而就，一定是逐步由不知到知、由知之不多到知之较多、由知之片面到知之全面、由知之肤浅到知之深刻的过程。在管理过程中需要汇集多个主体的认识并形成群体共识，要求主体逐步减少对被管理对象认识的模糊性和不确定性，这个过程在实践中一般要经过多次反复和提升。要对复杂系统进行有效的管理与控制需要确立系统的输入、输出及输入/输出的转换机制，这是一个从可能的输入、输出及转换机制集中选择、拼装、组合的过程，即是一个探索与试错的过程。因此，组织管理复杂系统的过程必然是一个通过将比较无序、比较片面、比较模糊、比较无结构化的系统向比较有序、比较全面、比较清晰、比较结构和比较优化的系统转化的过程。这一过程要经过多次反复，是一个比对、逼近与收敛的过程。

4）多方法论综合

由于复杂系统的异构性特征，往往需要综合应用多种数理方法才能解决复杂系统所面临的问题。综合集成管理的方法论正是多种方法论的"综合"和"集成"形成的方法论群。通常包括：

（1）定性、定量方法的结合；

（2）经验、知识与智慧的融合；

（3）数据、信息与知识的聚集；

（4）人机结合，以人为本的理念；

（5）总体—局部—总体的思考；

（6）宏观—微观—宏观的思维；

（7）结构化与非结构化模型的综合等。

16.1.2　北斗二号卫星工程综合集成管理的特点

毫无疑问，北斗二号卫星导航系统是一个典型的复杂系统。系统工程中的综合集成管理对于组织管理该系统具有重要的指导作用，为北斗二号卫星导航系统工程大总体的管理工作提供了工作框架。与其他复杂系统的综合集成管理相比，北斗二号卫星导航系统的综合集成管理工作主要具有以下特点。

1. 领导小组是其综合集成管理的最高决策机构

北斗二号卫星工程领导小组是北斗二号卫星工程综合集成的最高决策机构。北斗二号卫星工程综合集成实施过程中的重大问题必须由领导小组集体讨论决定。

2. "小核心，大外围"是其综合集成管理的组织模式

工程综合集成工作参与单位众多，工程大总体是该项工作的"小核心"，工程各大系统总体是"中外围"，其他单位构成"大外围"。

3. 逐步逼近、最终收敛是综合集成管理的重大方案决策模式

北斗二号卫星工程非常复杂，工程技术和管理人员对该项工程复杂性的认识不是一步到位，经历了一个不断探索、逐步逼近、最终收敛的过程。例如，导航卫星星座的组网设计方案先后经历了多次修改才确定为最终的"5GEO + 5IGSO + 4MEO"方案。

4. 整体规划、分步实施是综合集成管理的集成工作模式

北斗二号卫星工程建设过程也是一个不断实现系统集成的过程。这种集成是分步骤推进的，采用的是一种渐进式集成的方法。在工程实施之初，工程大总体就对系统如何分步骤实施整个卫星导航系统的集成进行了科学地规划，将系统集成划分为地面试验验证阶段、试验卫星阶段、工程组网运行阶段。工程组网阶段又分为在轨验证、初始运行和区域运行三个阶段。组网在轨验证阶段完成的系统称为最简系统，由2颗地球静止轨道（GEO）卫星和1颗倾斜轨道（IGSO）卫星组成。组网初始运行阶段完成的系统称为基本系统，由3颗GEO卫星和3颗IGSO卫星组成。组网区域运行阶段完成的系统称为区域系统，有5颗GEO卫星、3颗IGSO卫星和4颗MEO卫星，以及2颗IGSO备份卫星组成，可提供稳定的区域导航服务。

5. 分层计划与控制是综合集成管理的计划控制模式

北斗二号卫星工程大总体是整个工程建设的顶层系统，工程六大系统的总体进度和系统之间的衔接、协调和控制由工程大总体提出要求和进行协调控制。六大系统按照工程大总体的要求组织实施并完成本系统内部的计划与控制。系统内部的计划与控制也是分层次的，例如卫星系统项目办或运载火箭系统项目办主要负责系统内各分系统的计划制定和分系统之间的协调控制，分系统内部各子系统的计划制定与控制由分系统自己去完成。

6. 多种数据、信息、知识的综合应用是综合集成管理的问题解决模式

北斗二号卫星工程中许多问题的解决是在综合应用了多种数据、信息、知识的基础之上完成的。例如：对于系统性能的评估问题，既有通过理论分析建模计算得出的计算结果，也有通过建立的仿真平台试验得出的结果，还有卫星在轨后的实测结果。

16.2 综合集成管理的内容与模式

16.2.1 综合集成管理的内容

通过分析北斗二号卫星工程的管理实践，其综合集成管理工作可归纳为以下六个方面。

1. 不同系统、分系统、子系统、部件等之间的集成

北斗二号卫星工程包括卫星、运载火箭、地面运控、应用、测控和发射场六大分系统，各个分系统包括多个子系统。多个分系统能否构成为一个有机的整体，各个分系统中的多个子系统能否构成一个可以实现特定任务功能的分系统是北斗二号卫星工程建设成败的关键。整个工程建设过程可以看作是一个"分"与"合"的过程。"合"的过程即为集成过程。分解得当，则便于管理；集成得拢，方可成系统。系统越复杂，分解与集成的工作就越重要。系统的分解工作主要借助项目管理中工作分解结构方法实现，集成的方法主要通过规范化的接口管理和集成试验来实现。

2. 不同时间阶段之间的集成

北斗卫星导航系统工程建设与应用管理问题是一个全寿命周期管理问题。按照渐进式的发展战略，分三步实施。北斗二号卫星工程是三步走战略的第二步。北斗二号和在此前的北斗一号，以及正在实施的全球系统都是中国卫星导航工程建设在不同时期的卫星导航系统，共同构成中国导航卫星的发展族谱，是一个有机的整体。就北斗二号卫星工程本身而言，先后经历了任务需求分析、可行性论证、方案设计、初样研制、正样研制、发射和在轨测试阶段，即将进入在轨运行管理阶段。不同时间阶段之间如何前后衔接，在确保各项技术指标都能实现的前提下，如何加快进度是工程管理的一个重要问题，这个问题可以看作是不同时间阶段之间的集成问题。这个问题的解决主要通过阶段评审和并行工程等方法来实现。

3. 不同管理要素之间的集成

北斗二号卫星工程管理包括时间进度、成本费用、质量可靠性、风险等多种管理要素的管理。各种管理要素都有一定的管理目标。不同管理要素管理目标的实现之间可能会存在一定的矛盾和冲突。例如：成本费用与质量可靠性之间、时间进度与风险之间等。对于相互冲突的管理要素之间，如何管理、如何抉择是管理过程中不得不面对的一个重要问题。这个问题可以看作是不同管理要素之间的集成问题。如何在相互矛盾的管理目标之间寻求一种最佳的目标组合是不同管理要素之间的集成的具体问题。该问题的解决可通过权衡技术和建立优化模型来实现。建立优化模型的基础是确定不同管理要素之间的数量关系。不同管理目标的相对重要性和约束条件也是必须考虑的因素。

4. 不同学科和性能指标之间的集成

北斗二号卫星导航系统研制涉及多个学科，例如电学、力学、天文学、空间科学、导航技术、计算机技术等，同时需要实现多个性能指标。在进行系统顶层技术方案设计(如:星座设计)时,必须考虑不同学科之间可能存在的相互影响与相互作用,兼顾多个性能指标,开展多学科、多目标的综合优化设计。

5. 不同单位和部门之间的集成

北斗二号卫星导航系统工程建设与应用涉及许多研制、生产、使用单位和政府管理部门。工程建设六大系统中的每个系统都有一个牵头单位。每个系统又包括多个分系统,分别由不同厂家和科研院所参与工程研制和实施。不同单位和部门归属的上级部门不完全相同,具有各自的利益诉求,相互之间可能存在利益上冲突和责权利的竞争,具有一定的自主、自治特征。如何将这些单位和部门的行为引导到有利于工程建设和应用的轨道上来,也是工程管理不得不面对的一个重要问题。这个问题可以看作是不同单位和部门之间的集成问题。这个问题的解决主要通过管理机制的优化设计和协调沟通来实现。

6. 不同数据、信息、知识之间的集成

北斗二号卫星导航系统工程建设过程中,将产生大量的数据、信息和知识,通过不同途径产生的这些数据、信息和知识之间有可能出现不一致,如何综合地利用好这些数据、信息和知识是系统研制建设过程中的一项重要工作。例如,对于系统性能的评估问题,既有通过理论分析建模计算得出的计算结果,也有通过建立的仿真平台试验得出的结果,还有卫星在轨后的实测结果。同样的问题,不同单位给出的解决方案和数据也不一样,到底该采用哪一个方案或数据是系统综合集成需要做出的决策。

16.2.2　工程大总体综合集成管理模式

北斗二号卫星工程系统层面的综合集成管理工作主要由工程大总体承担。上述综合集成管理的内容,工程大总体主要通过总体设计与计划、总体协调、总体控制、总体集成来完成。总体设计工作主要是通过多学科优化设计等方法,实现多个技术要素之间的集成。总体计划工作主要通过综合权衡质量、进度、费用等管理目标、任务分解、网络计划技术、并行工程等方法制定总体计划,实现多个管理要素之间的集成。总体协调主要通过领导小组会、大总体协调会、总师办公会、专题研讨会等方法实现多部门之间的信息沟通、协调决策和组织多个单位协同攻关突破重大关键技术,从而实现多部门之间的集成。总体控制主要通过技术状态监测、性能评估和转阶段评审实现多阶段之间的集成。总体集成主要通过接口设计与管理、接口设计文件的发布、接口试验、集成联试(大型试验)等工作来实现多系统之间的集成。不同数据、信息和知识之间的集成贯穿于上述各项工作之中。综上所述,北斗二号卫星工程大总体的集成管理模式如图16.1所示。

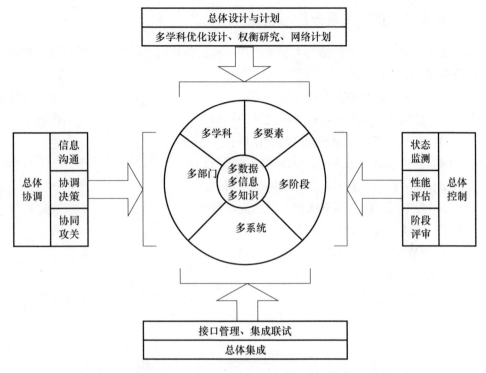

图 16.1　北斗二号卫星工程集成管理模式

在上述集成管理工作中,北斗二号卫星工程多部门之间的集成主要是通过协调沟通活动来实现的。系统以上层面的协调沟通主要由工程大总体来推动和实现,系统内部的协调沟通主要由牵头单位去完成。关于北斗二号卫星工程信息沟通管理的详细内容参见本书第 12 章。北斗二号卫星工程多学科之间的集成是一个复杂的技术问题,在进行系统总体设计时需要重点考虑。在本章后续章节将主要讲述北斗二号卫星工程多系统、多要素、多阶段之间的集成管理工作。

16.3　基于接口控制的多系统集成管理

北斗二号卫星导航系统是一个复杂的系统,其建设过程是一个复杂的系统工程。按照复杂系统的建设原则,该工程被分解为六大系统,分别由不同的单位牵头实施。各大系统分头研制建设完成后,能否集成为一个有机的整体实现预定的功能是北斗二号卫星导航系统建设成败的关键。六大系统之间的集成管理是工程大总体的一项关键任务。完成该项任务的方法工具主要是接口控制。下面将介绍工程大总体在接口控制方面所开展的工作。

16.3.1　接口关系分析与设计

北斗二号卫星工程包括六大系统组成。通过分析可总结出六大系统之间的接口关系有8个,分别是:

(1) 卫星系统与测控系统之间的接口;

(2) 卫星系统与地面运控系统之间的接口;

(3) 卫星系统与应用系统之间的接口;

(4) 卫星系统与运载火箭系统之间的接口;

(5) 卫星系统与发射场系统之间的接口;

(6) 发射场系统与运载火箭系统之间的接口;

(7) 运载火箭系统与测控系统之间的接口;

(8) 测控系统与地面运控系统之间的接口。

具体如图16.2所示。

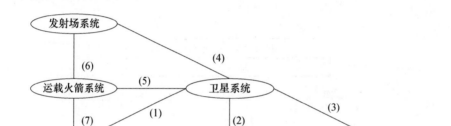

图16.2　北斗二号卫星工程六大系统间接口关系图

每个接口包含多种输入—输出关系。以卫星系统与地面运控系统和应用系统之间的接口关系为例,三个系统之间的接口关系如图16.3所示。

16.3.2　接口控制文件

为了有效地控制北斗二号卫星工程各个系统之间的接口,在研制过程中由工程大总体组织制定了相应的接口控制文件。

16.3.3　接口验证

六大系统按照接口控制文件完成初样研制后,需要对接口关系设计和实现的正确性进行验证。在工程研制过程中,为了确保接口设计和实现的正确性,组织实施了不同层次的接口验证。

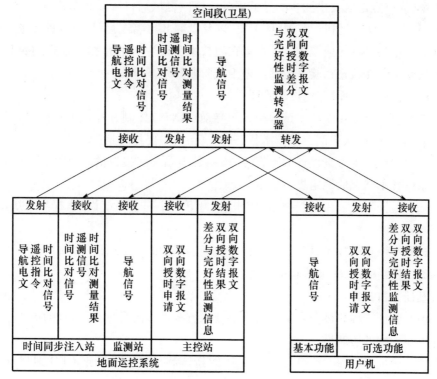

图 16.3　卫星与地面运控、应用系统之间的接口关系图

1. 系统内的接口验证

各大系统都是由多个分系统、若干子系统、许多部件组成。要在系统间实现有效集成,首先必须保证每个系统内部本身没有任何问题。六大系统内部的接口验证由系统牵头单位组织完成。

2. 系统间单一接口的验证

为了确保系统间接口设计和实现的正确性,在系统研制的初样、正样、在轨和任务运行阶段,均组织开展了相应的试验。

3. 系统集成联试

北斗二号卫星工程多个系统之间的集成联试主要在试验卫星任务阶段和工程组网阶段实施。工程组网阶段分在轨验证、初始运行和区域运行三个阶段。试验卫星任务阶段的集成联试主要是试验卫星发射入轨后,地面系统与试验卫星之间的在轨技术试验验证。组网在轨技术验证阶段是指建成 2 颗地球静止轨道(GEO)卫星和 1 颗倾斜轨道(IGSO)卫星的最简系统,以确保北斗一号业务成功接续,最终确认 GEO 和 IGSO 卫星技术状态,开展大系统体制验证。组网初始运行阶段是指建成 3 颗 GEO 卫星和 3 颗 IGSO 卫星的基本系统,以确定地面系统运行控制方案,为重点地区提供初步的导航服务。组网区域运行阶段是指建成 5 颗 GEO 卫星、3 颗 IGSO 卫星和 4 颗 MEO 卫星,以及 2 颗 IGSO 备份卫星组成的完整系统,可提供稳定的区域导航服务。下面以在轨技术验证为例介绍系统间多个接口之间的集成联试。在轨技术验证包括试验卫星阶段和组网阶段。

1)试验卫星阶段在轨技术验证

试验卫星阶段在轨技术试验是无源导航(RNSS)体制和技术可行性验证的关键环节,肩负着确认组网卫星技术状态的重任,其主要目的是:

(1)验证技术方案设计的合理性,检验各大系统间接口的正确性、匹配性,为各大系统技术状态的确定提供依据。

(2)验证系统采用的新技术、新体制,为下一步完善系统设计、提高系统性能奠定基础。

试验卫星在轨技术试验分方案设计、试验实施和总结评估三个阶段。

2)组网阶段在轨技术验证

其任务目标是:

(1)验证工程总体及有关各大系统技术方案设计的合理性、接口的正确性、匹配性以及工作的协调性;

(2)验证 GEO 和 IGSO 卫星所采用的新体制、新技术,确定 GEO 卫星、IGSO 卫星以及单星 RDSS、RNSS 载荷技术状态;

(3)验证地面设备设施的数据处理方案,评估在轨验证阶段星地设备性能,为进一步优化系统设计、确认运行控制流程、提高系统性能奠定基础,为工程转阶段提供依据。

其试验项目包括星地联调、试验验证和性能评估三大类。

试验任务由工程大总体组织实施,成立了在轨技术试验队。试验队由试验领导小组、技术组、计划组组成,工程各大系统等有关试验评估部门,按照职责分工参加试验。

16.4　基于性能评估的多阶段集成管理

北斗二号卫星工程多阶段的含义是我国北斗卫星导航工程建设和运行全寿命周期过程中的不同阶段,包括按照北斗二号卫星工程从论证到研制,再到应用的整个过程。相应地,北斗二号卫星工程的多阶段集成管理工作主要指北斗二号卫星工程建设与应用全过程各阶段之间的衔接与转换。在北斗二号卫星工程建设与应用过程中,及时准确地掌握北斗二号卫星导航系统技术状态是判断一个工程建设阶段是否可转换进入下一个工程建设阶段的先决条件。为了及时准确评估北斗二号卫星导航系统的技术状态,以工程大总体牵头建设了独立于系统之外的监测评估系统。根据监测评估系统获得的结果,通过转阶段评审,做出阶段转换决策。

16.4.1　监测评估系统建设

监测评估系统是对北斗卫星导航系统运行状况和主要性能指标进行监测和评估,生成高精度精密星历和卫星钟差、地球定向参数、跟踪站坐标和速率及全球电离层延迟等产品的信息平台。

监测评估系统由跟踪站、数据中心、分析中心、通信链路等部分组成。

在监测评估系统建设过程中,该系统的综合集成管理工作也是一项非常重要的工作。该系统的综合集成工作主要是多个分系统之间的集成,是将监测评估系统的各分系统按一体化和互联互通互操作要求有机地结合起来的过程。在整个系统的建设过程中,各分系统均采用分别建设的途径实现,主要通过总体设计和接口要求对分系统的建设来进行规范。在各分系统建设完成后通过综合集成和联试将相关软件、硬件、通信等系统按总体设计的要求有机地结合起来。

16.4.2　工程论证、工程研制、组网运行阶段之间的衔接

经过几十年航天工程实践探索,我国已经形成了卫星型号工程的阶段划分标准和不同时间阶段之间的转换条件。这些研究成果在一定程度上解决了不同时间阶段的集成问题。按照我国《航天产品项目阶段划分和策划》,卫星生命周期通常被划分为 7 个阶段,分别是任务需求分析、可行性论证、方案设计、初样研制、正样研制、发射与在轨测试和在轨运行阶段。其中任务需求分析和可行性论证阶段在型号立项以前进行,可以统称为“工程论证阶段”。方案设计、初样研制和正样研制在立项后进行,可以统称为“工程研制阶段”。发射与在轨测试阶段和在轨运行管理阶段可以统称为“发射和应用阶段”。北斗二号卫星工程是我国航天领域迄今为止建设完成的最为复杂的卫星系统,与以往卫星型号最大的不同的是北斗二号卫星工程不是像以往卫星型号只有单颗卫星,而是由 14 颗导航卫星组成的卫星星座,以及为降低风险增加的试验卫星。因此,尽管北斗二号卫星工程依然是按照我国航天型号项目的阶段划分方式在进行管理,但许多阶段的任务内容和向下一阶段转换的条件均与传统航天型号工程有着很大的不同。

1.　工程论证阶段向工程研制阶段的转换

工程论证阶段的主要任务是进行卫星导航任务的需求分析,导航精度、测速精度、授时精度、短报文长度、服务区域等战术技术指标和使用要求的论证,以及导航星座设计及建设方案可行性分析。此阶段的主要研究成果是北斗二号卫星工程顶层设计与可行性论证报告。此阶段完成并向工程研制阶段转换的标志是完成工程

建设方案并得到批准。

2. 工程研制阶段的转换

根据批准的系统工程建设方案,编制工程概述及对各大系统的要求文件并得到批准后转入方案设计阶段。

在方案设计阶段,主要任务是设计北斗二号卫星工程大总体方案和各大系统方案,编制研制规范要求。此阶段完成并向初样研制阶段转换的条件是北斗二号卫星工程大总体方案和工程各大系统方案通过评审。

在初样研制阶段,主要任务是根据总体技术方案和要求,开展初样研制与测试验证工作。此阶段完成并向正样研制阶段转换的条件是通过转阶段评审。

在正样研制阶段,主要任务是开展各类设备的设计、研制、生产、测试和出厂验收。此阶段完成并向组网运行阶段转换的条件是出厂设备通过正样验收。

3. 工程研制阶段向组网运行阶段的转换

在发射组网阶段,主要任务是将出厂的导航卫星,出厂的运载火箭,在发射场进行测试发射,将导航卫星送入预定轨道。此阶段的主要成果是在轨运行的导航卫星。此阶段完成并向运行阶段转换的条件是通过在轨验收。

在运行阶段,主要任务是运行管理在轨运行的导航卫星,提供导航、授时、测速和短报文服务。此阶段的主要成果是提供服务的卫星导航系统。此阶段的完成标志是 2012 年 12 月,国务院新闻办对外公开宣布北斗二号卫星导航系统于 2013 年 1 月 1 日起,对境内及周边国家提供导航、授时、测速和短报文服务。

16.4.3　研制尽快向应用推广转换

在北斗二号卫星工程中,如何基于并行工程的思想方法,加快北斗二号卫星工程的一体化设计和工程建设,实现研制、生产和应用的并行发展,是该项工程一直努力探索的问题。北斗二号卫星导航系统是我国复杂航天系统走向大众应用的里程碑式标志系统。针对这一特点,工程大总体在系统建设过程中,按照"边建边用、建用相长、以建带用、以用促建"的基本方法,边建设、边使用,有效促进了北斗系统的建设与应用协调发展。

(1) 在工程建设初期即成立应用系统,以用户需求为出发点,组织研制用户终端系统和测试系统,在工程建设过程中,应用系统直接参与星地接口设计与协调、星地对接、在轨验证、系统测试等各项工作,攻克并掌握了用户终端核心技术,配合工程建设进行了各阶段测试验证,实现了用户终端研制进度匹配工程建设、协调同步发展,为用户终端实现规模化、体系化发展奠定了基础。

(2) 安排了应用推广与产业化工作,掌握了核心芯片、板卡的自主知识产权,在多行业多地区推动进行了示范应用,提高了自主芯片模块的成熟度,验证了北斗系统、产品及应用平台的技术合理性;参加了北斗系统测试评估工作,及时发现系统应用中存在的问题,并将问题反馈工程建设,促进了系统服务性能不断趋于稳定和完善。

(3) 组织实施了系统试验验证与性能评估工作,在系统提供试运行和正式服务之前,通过组织论证系统建设不同阶段应用服务能力、布点测试覆盖区域内系统定位测速性能、组织用户体验试用、建立健全运行服务保障机制等各方面工作,在系统正式建成之前即主动谋划组织系统应用,有力保障了系统建成即可用。

(4) 组织开展了应用推广与产业化方面的政策法规方面的研究。从国家层面培育和扶持北斗二号卫星应用产业的发展。

16.4.4　北斗一号向北斗二号的过渡

我国已于 2000 年建成北斗一号系统并提供服务,目前北斗一号用户众多。北斗二号卫星工程建成后,担负着接替北斗一号系统的任务。为了确保北斗二号顺利接替北斗一号系统,北斗二号工程主要采取了以下措施。

1. 北斗二号 GEO 卫星具有 RDSS 和 RNSS 两种载荷

根据北斗一号用户需求和系统的兼容性要求,需要在完成北斗二号 RNSS 服务性能的基础上,继承北斗一号的服务性能,在研制过程中逐步完成北斗一号系统空间段载荷和业务数据处理服务向北斗二号过渡,在此基础上,兼容实现两种导航体制,实现导航定位与报文通信一体化服务。

2. 通过专题研究,突破接替过程中的关键技术

北斗二号 RDSS 业务接续北斗一号是工程的一项重要建设任务,要确保北斗一号用户服务不受影响,完成北斗二号 RDSS 联调及接续难度大、要求高。对此,地面运控系统组织多家研制单位进行专题研究,制定了联调联试、试验验证、信息服务系统信息推送、用户信息迁移等专题方案,开展了多项验证试验。经过深入的研究论证、精心的组织安排、数次的演练模拟,于 2012 年 12 月圆满完成北斗二号 RDSS 业务接替北斗一号系统工作。接替后,经评估,系统工作正常,定位、定时、授时、通信各项服务结果均满足指标要求。

3. 通过密切协作,确保接替后系统的稳定运行

地面运控系统、卫星系统、测控系统三方密切协作,采取了周密制定预案、反复模拟演练、开展技术改造等措施,圆满完成北斗二号 RDSS 业务接替北斗一号之前的系统运行维护工作,为北斗一号系统稳定运行与顺利接替奠定了坚实的基础。

16.5　基于综合权衡的多要素集成管理

北斗二号卫星工程建设管理过程中需要考虑的管理要素有很多,各种管理要

素相互影响、相互作用,是该工程管理复杂的一个重要原因。从工程管理的角度,北斗二号卫星工程需要考虑的因素主要有:

（1）工程建设投资,包括按不同工程实施方案实施的所有费用支出;

（2）工程或系统质量指标要求,包括不同工程实施方案能够实现的质量指标水平;

（3）工程建设进度,包括按不同工程实施方案实施的完工时间;

（4）工程实施风险,包括按不同工程实施方案实施的各种风险大小。

在工程建设过程中,这些管理要素相互之间有时可能是冲突的,在制定项目实施计划时,需要综合考虑不同管理要素的要求和相互之间的影响作用,在建设方案选择时需要在多个管理要素之间进行综合权衡。在北斗二号卫星工程实施过程中,许多的重大决策都是在对多个管理要素之间进行综合权衡的基础之上做出的。

16.5.1　综合权衡决策的一般步骤

基于综合权衡技术开展工程实施方案决策可按以下 7 个步骤进行。

（1）明确决策目标;

（2）开发工程实施方案;

（3）根据决策目标,建立方案评价指标体系,包括各级评价指标名称和权重;

（4）针对评价指标,建立每个评价指标的度量方法;

（5）应用评价指标度量方法获取评价指标的评价值;

（6）根据评价指标体系,综合各级评价指标结果,计算方案综合评价值;

（7）根据方案综合评价值,做出最终决策。

16.5.2　基于综合权衡的一箭双星发射流程优化决策

北斗卫星导航系统导航星座包含的导航卫星数量多,为了降低发射成本和缩短发射组网周期,在北斗二号卫星工程建设期间,采用了一箭双星发射技术。针对一箭双星发射的测试发射流程,在论证时提出了三种测试发射流程方案。应用综合权衡方法,考虑多种影响因素,对三种方案进行了权衡研究,最终选定其发射流程。下面以该优化决策问题为例,介绍如何基于综合权衡进行优化决策。

1. 确定决策目标

一箭双星测试发射流程方案应尽可能易于实施,提高成功发射的概率,降低风险。

2. 开发测试发射流程方案

三种测试发射流程方案的具体情况分别为:

流程一:下星在厂房 1 测试加注,上星在厂房 2 测试加注,下星先在厂房 1 与

过渡支架组合,再转运至厂房 2 完成双星组合,双星组合后上塔与运载火箭对接;

流程二:双星均在厂房 2 测试加注,下星先在厂房 2 与过渡支架组合,再转运至塔架与运载火箭对接,上星测试加注后装密封容器转运至塔上与下星完成双星组合;

流程三:双星均在厂房 2 测试加注,下星先在厂房 2 与过渡支架组合,再与上星完成双星组合,双星组合后上塔与运载火箭对接。

三种测试发射流程方案的比较情况如表 16.1 所列。

3. 建立测试发射流程评价指标

根据上述决策目标,建立的评价指标体系参见表 16.2,其中指标重要度在 0 ~ 1 之间取值。

4. 建立评价指标度量方法

针对评价指标,根据方案具体情况,采用 0 ~ 1 之间打分法。

5. 获得评价指标评价值

根据三个测试发射方案的具体流程情况,每项评价指标的得分结果参见表 16.2。

6. 计算综合评价值

根据各个指标的权重和上述指标得分结果,计算得到三个测试发射方案的综合评价值,见表 16.2。

表 16.1　三种测试发射流程方案比较

要素	流程一	流程二	流程三
厂房适应性	要求同时使用 2 个厂房 任务紧张,需与其他型号共用 1 个厂房。 利于加注,但不利于双星测试时的信息传递	仅使用 1 个厂房 但卫星加注工作串行,多消耗加注时间。 有利于降低对厂房的要求 有利于型号专门使用该厂房	仅使用 1 个厂房 但卫星加注工作串行,多消耗加注时间。 利于测试,但不利于加注
地面工装适应性	需提供室内转运牵引车 需提供双星转运空调	无须室内转运牵引车 需提供下星转运空调	需提供室内转运牵引车 需提供双星转运空调
道路运输适应性	双星组合体质心高、质量大,需考虑转运安全性	均为单星运输方式,安全性好	双星组合体质心高,质量大,需考虑转运安全性
上下星之间对接面	过渡支架与下星上柱段之间	上星支架与过渡支架之间	过渡支架与下星上柱段之间
卫星操作难度	上星位置高,通过升降车操作,有一定操作风险	通过塔架平台操作,风险小	上星位置高,通过升降车操作,有一定操作风险
下星组合实现难度	厂房 1 相对较小 下星组合难度稍大	厂房 2 宽敞 下星组合难度小	厂房 2 宽敞 下星组合难度小

表 16.2　三个测试发射流程的评价结果

一级指标	二级指标	指标重要度	流程一	流程二	流程三
厂房适应性	卫星测试空间大小	0.85	测试场地大(0.98)	测试场地小(0.82)	测试场地小(0.82)
	双星测试信息传递	0.84	两个厂房间传递信息(0.88)	一个厂房内传递信息(0.98)	一个厂房内传递信息(0.98)
	卫星加注风险大小	0.90	两个厂房加注,安全性好(0.90)	一个厂房加注,加注风险大,下星加注完成后上塔(0.82)	一个厂房加注,加注风险大,下星加注完成后存放(0.76)
发射场场地资源保障	厂房占用情况	0.93	同时占用两座卫星厂房(0.82)	只用一座卫星厂房,使用时间长(0.95)	只用一座卫星厂房,使用时间长(0.93)
	卫星厂房解耦	0.95	任务约束下,使用性差(0.52)	任务约束下,使用性好(0.82)	任务约束下,使用性好(0.82)
	改造情况	0.81	对两座卫星厂房进行改造(0.80)	对一座卫星厂房进行改造(0.82)	对一座卫星厂房进行改造(0.82)
塔上环境要求		0.89	一次上塔,无需大封闭,塔上操作要求低(0.90)	两次上塔,需大封闭,塔上操作要求高(0.72)	一次上塔,无需大封闭,塔上操作要求低(0.90)
地面工装适应性	空调转运保障	0.86	要求双星转运空调(0.82)	需提供下星转运空调(0.76)	要求双星转运空调(0.82)
	室内转运牵引车	0.83	需提供室内转运牵引车,牵引操作需培训(0.86)	无需室内牵引车(0.88)	需提供室内转运牵引车,牵引操作需培训(0.86)
	地面加注设备	0.82	两套加注设备(0.83)	一套加注设备两套管路(0.89)	一套加注设备两套管路(0.89)
	太阳翼展开设备	0.81	两套(0.87)	一套(0.89)	一套(0.89)
转运风险		0.81	双星组合体质心高,重量大,需考虑转运安全性(0.83)	均为单星运输方式,转运安全性好(0.85)	双星组合体质心高,重量大,需考虑转运安全性(0.83)
卫星加注方式		0.80	并行加注(0.92)	串行加注(0.88)	串行加注(0.88)
地面操作	卫星操作难度	0.90	上星位置高,通过升降车操作,有一定操作风险(0.80)	通过塔架平台操作,风险小(0.88)	上星位置高,通过升降车操作,有一定操作风险(0.80)

（续）

一级指标	二级指标	指标重要度	流程一	流程二	流程三
	下星组合实现难度	0.84	厂房1相对较小,下星组合难度稍大(0.90)	厂房2宽敞,下星组合难度小(0.92)	厂房2宽敞,下星组合难度小(0.92)
	卫星及工装腾挪	0.83	腾挪次数少(0.90)	腾挪次数多(0.87)	腾挪次数多(0.85)
	密封容器	0.80	不需要(0.90)	需要(0.87)	不需要(0.90)
	上下星之间对接面	0.80	过渡支架与下星上柱段之间(0.88)	上星支架与过渡支架之间(0.90)	过渡支架与下星上柱段之间(0.88)
方案成熟度		0.88	按地面整体组装设计(0.89)	下星新状态多,上星有一定继承性(0.83)	按地面整体组装设计(0.89)
测试发射时间		0.87	三者中最短(0.88)	三者中居中(0.83)	三者中最长(0.83)
综合评价值			14.4962	14.6083	14.6869

7. 最终决策

根据三个方案的综合评价值,可见流程三优于流程二,流程二优于流程一。所以,最终选择流程三作为一箭双星发射流程。

16.6 综合集成管理创新与经验总结

北斗二号卫星工程大总体的主要工作是对全系统、全过程、全要素的综合集成管理。在综合集成管理实践中,工程大总体已经创新地建立起了一套适合我国国情的针对大型复杂航天工程的综合集成管理模式和工作方法体系。这些管理创新成果和经验体会对于建设覆盖全球的北斗卫星导航系统和国内其他大型复杂航天工程具有非常重要的参考价值。

16.6.1 综合集成管理创新

1. 建立了适应复杂航天系统工程的"五位一体"大总体工作体系

为有效实施工程建设,工程大总体以工程总体技术状态控制与管理为核心,持续探索适合于北斗系统特点的大总体工作模式,走过了一个从设计者、协调者、决策者,到设计者、组织者、指导者、决策者、协调者、实施者的转型,工作模式从开始的以"协调为主",过渡到"设计、协调、试验、评估"四位一体工作模式,再到增加总体集成工作,最后逐步形成了一条适应复杂航天系统工程"设计、协调、试验、评估、集成"五位一体的大总体工作体系,规范指导了大总体各项工作,同时也丰富了航天装备大总体工作的概念、内涵和工作模式、工作主线。

2. 建立了闭环技术管理体系,实现了复杂航天系统工程闭环技术状态控制与管理

在北斗二号卫星工程技术管理方面,工程大总体以工程研制总要求为依据,在工程总设计师指导下,组织工程"两总"队伍,从设计、监测、评估、优化,到再监测、再评估、再优化,直至状态固化,建立了贯穿工程建设全过程的技术状态确定、试验、验证、确认、监测、评估与优化体系,实现了复杂航天系统工程闭环技术状态控制与管理。

3. 建立了适应复杂航天系统工程的多层次常态化协调决策机制

在北斗二号卫星工程协调机制方面,工程大总体以大总体协调会、工程领导小组会模式,实施重大管理问题的集中领导与统一决策;以工程总师办公会模式,实施重大技术问题的协调决策;以专题协调会模式,及时研究解决工程建设过程中遇到的各项问题;以专家联合攻关小组模式集中研究攻关重大技术瓶颈问题。建立了大总体协调会、工程总师办公会、专题研讨会、计划调度会等多层次近实时协调机制,及时协调解决了工程建设过程中遇到的重大技术及管理问题,形成了推进工程研制建设合力,保障了工程建设顺利实施。

4. 构建了独立于运行系统之外的仿真试验与监测评估体系,为系统状态监测、指标评估、重大技术问题试验验证提供了重要手段和平台

在工程建设之前,为有效开展复杂大系统的论证、设计与验证工作,在国内积累缺乏的情况下,工程大总体组织国内科研院所建立了一个功能完整、体制灵活、使用方便、具有较高可信度的独立于系统之外的北斗二号卫星工程大总体仿真验证与测试评估系统,以验证大系统方案、新体制、性能指标以及接口关系,支持导航系统总体设计与长期发展论证,为工程大总体技术工作提供客观、量化、可行的分析、验证与评定手段。在工程建设过程中,通过新建的大总体试验评估系统,实现了第三方高精度性能评估,贯穿系统技术状态设计、验证、优化与固化全寿命周期,有效支撑了试验卫星在轨技术试验、以及在轨验证阶段、初始运行阶段和区域运行阶段总体集成与评估,加速了系统技术状态固化,为系统状态监测、指标评估、重大技术问题试验验证提供了重要手段和平台。

16.6.2 综合集成管理经验

基于北斗二号卫星工程综合集成管理的实践,可总结以下经验。

1. 建立专门协调管理机制,是加强工程集中统一领导的有效模式

工程正式启动后,成立了国家层面的工程领导小组,实施专项管理。随着工程研制建设的深入开展,工程大总体又针对在工程中地位重要、影响深远、难度极大的轨道频率协调、星载铷钟国产化等工作,专门成立了频率工作指导小组、铷钟国产化攻关协调小组。正是有了工程领导小组和各工作小组的高效工作,才实现了工程研制建设的集中统一领导,形成了推进工程研制建设的强大合力,确保了工程研制建设任务的落实。

2. 充分发挥各方优势协同攻关是突破工程关键技术的有效途径

针对工程研制建设出现的实际问题,充分依托国内各方优势技术力量开展专题研究与技术攻关,是提高大总体工作效率,确保完成各项任务的有效途径,是提升大总体研究解决问题能力、加强人员培养的重要举措。通过十几年辛勤工作,取得的一系列成果表明工程大总体采取的"以我为主、全国协作、集智攻关"的工作模式是成功的,通过这一模式,不仅提高了工作效率,提升了大总体的工作能力,而且也为国内相关研制单位提供了一个开放、自由交流和精诚合作的平台,带动了国内在相关领域水平的整体提高。

多年来,基于上述工作模式相继攻克了铷钟国产化、长寿命陀螺、高精度测距、伪距波动、卫星动偏转零偏影响等一系列技术难关,为工程研制建设的试验、部署阶段扫清了技术障碍。在铷钟国产化研制中,工程大总体组织了中国科学院、航天科技集团公司、航天科工集团公司、北京大学等一大批国内专家学者,整合了我国在量子物理、真空环境、航天领域的技术力量,通过强强联合、优势互补、引入竞争、科技创新,仅用一年多的时间,就走完了铷钟工程化研制历程。

3. 五位一体工作模式是实现综合集成的重要手段

通过多年的运转和磨合,北斗二号卫星工程大总体各项业务工作已逐步规范,形成了成熟的工作模式。但是,随着航天装备的大发展,大总体的业务领域不断拓展,突破了以协调为主的模式,向总体设计、集成联试、性能评估、总体协调、系统集成五位一体的模式转变,增加了星地一体化方案设计、组织大型试验、编写系统间接口文件、开展各大系统方案和大型试验结果的评估等。随着论证工作的深入开展,大总体原有的仅面向工程六大系统,负责技术协调的工作模式,转为面向国外同行,国家各大部委、各个应用部门、甚至企业、公司等单位,走向技术与管理相结合的工作模式。这一工作模式是北斗二号卫星工程有效集成的重要手段。

4. 组织技术力量攻克重难点问题体现了大总体工作的重要作用

在十几年的北斗二号卫星工程大总体工作中,在轨技术试验、南极建站、导航仿真系统建设、大总体试验评估系统建设和专题研究等大大小小上百项工作,这些工作与工程实际紧密结合,不仅技术复杂、涉及面广,而且时间进度要求都十分紧张,在工作思路、技术把关、组织实施和过程控制等各个环节都提出极高的要求。工程大总体管理人员深入一线、加班加点、大胆管理、勇于承担责任,克服了技术复杂、协调难度大等一系列困难,编制的接口控制接口文件得到了各大系统和民用用户部门的一致肯定；组织完成的工程在轨验证阶段、初始运行阶段等多项大型试验全部成功，试验中暴露的几百个技术问题全部得到了及时有效的处理和解决，根据总结和评估结果对许多技术状态进行了调整和更改；对研制总要求、试验卫星技术状态、组网卫星技术状态、系统间大型试验、系统关键器部件、大系统性能的评估结果得到工程总师和各大系统的一致认可。通过这些扎实有效的工作，大总体的重要作用得到充分的发挥。

第17章　北斗二号卫星工程科技创新管理

北斗二号卫星工程既是一项复杂的航天系统工程,也是一项重大的科技创新工程,其建设管理工作中蕴含了丰富的科技创新管理内容,需要按照科技创新管理理论方法的要求开展相关管理活动。针对科技创新工程的特点,北斗二号卫星工程紧紧围绕其使命任务,以提高持续竞争力为导向,通过制定正确的科技创新战略,建立有效的科技创新管理模式,采用科学的科技创新人才、文化、知识管理方法,设计高效的体制机制,为北斗二号卫星工程科技创新活动搭建了支撑平台。

17.1　科技创新管理概述

17.1.1　科技创新管理的内涵

创新管理是在组织中以创新为中心,通过搭建支持创新的平台,形成协调的创新机制,进而实现创新的过程;是一种新型组织的构建、一种创新精神的培养、一种文化氛围的酝酿、一个创新平台的搭建、一个创新系统的集成;是围绕创新进行的多维度、全方位的综合性运动,是一种不确定性的动态管理。科技创新管理是指按照科学技术自身发展的规律和特点,以现代管理手段为基础,组织和运筹各项科学技术活动,从而在时间与空间上最合理、最经济、最有效地完成预定的科学技术创新目标的管理活动。

科技创新管理强调的是以"创新"为中心的管理而不是对创新过程的管理或管理方式的创新。科技创新虽然不能被管理,但可以通过搭建创新平台,形成创新的协调机制来促进创新活动及创新管理,这种协调包含了战略、制度、组织、文化、人力资源等因素。为了完成从创意到市场价值的转化,科技创新管理需要从思维(战略思维、团队精神)、资源(人、知识)、能力、创新机制、创新环境五个方面进行精心地设计,使得管理活动有效互动,持续地推动创新。

北斗二号卫星工程科技创新管理主要包括五个方面的内容:科技创新战略、创新的人才管理、创新的文化管理、创新的知识管理、创新的机制设计。科技创新战略是创新管理的起点,也是创新管理的关键和依据。从战略的高度看待创新、对创新进行管理,必然增加创新管理成功的概率;创新人才是创新管理的主体和载体,是创新管理的最终决定因素;创新机制设计和文化管理是从精神层面提高创新主体的创新管理能力,从机制设计方面完善和创造一个有利于创新的组织和政策环境;创新知识管理是创新管理的一个不可或缺的组成部分,作为一种最重要的资本,知识的传播和共享能够增加创新管理的持续性,保证创新及创新管理持续进行。

17.1.2　科技创新管理的模式

北斗二号卫星工程结合现今国际科技创新管理的发展趋势,主要采取以下科技创新管理模式:模式一是集成创新管理模式,在集成创新框架下,能使各项分支技术在产品中高度融合,在短时间内进行集成开发,创新效率较高;模式二是用户驱动的创新管理模式,即以用户作为创新源实施的技术创新模式;模式三是开放式创新管理模式,即在创新链的各个阶段与多种合作伙伴开展多角度动态合作的创新管理模式;模式四是全面创新管理模式,通过多维的创新平台推动创新。

在技术创新中各种要素的集成是保证技术创新效果的重要条件,集成从管理角度来说是一种创新性的融合过程,在各要素的结合过程中,注入了创造性的思维。北斗二号卫星工程集成创新的关键是以把握技术知识的需求环节为起点,通过开放的产品平台集成各种各样的技术资源,来获得更好的创新绩效。

用户驱动创新管理模式在北斗二号卫星工程技术创新中越来越受到重视,因为这种创新管理模式认为创新的目的最终在于满足用户的需求。用户对自己的需求感受一般领先于制造商,对需求感受的深度和完整性也高于制造商。用户驱动创新管理模式为北斗二号卫星工程提供了一个强有力的工具,从领先用户那里选择最优的产品原型,减少了新产品的开发实践和开发成本,提高了创新效率,扩展了技术联系网络。

开放式创新管理模式是指北斗二号卫星工程在技术创新过程中,同时利用内部和外部相互补充的创新资源实现创新,在创新链的各个阶段与多种合作伙伴开展了多角度的动态合作,为北斗二号卫星工程提供了创造价值和获取价值的新途径。

北斗二号卫星工程全面创新管理模式是以培养核心能力、提高持续竞争为导向,以价值创造为最终目标,各种创新要素(如技术、组织、市场、战略、管理、文化、制度等)的有机组合;以协同创新为手段,通过有效创新管理机制、方法和工具,力求做到战略、管理模式、机制、组织与人才管理、文化、知识管理六个方面的创新,最终推动技术的创新,其模型框架如图 17.1 所示。

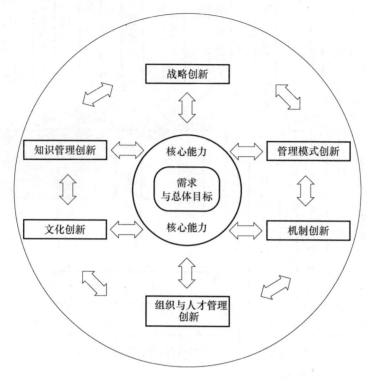

图 17.1　北斗二号卫星工程全面创新管理模型框架

北斗二号卫星工程正是全面创新管理理念框架下搭建科技创新管理平台,紧紧围绕北斗二号系统的使命任务——为用户提供定位、测速、授时以及报文通信服务,满足用户导航定位需求;以培养和提高核心研发能力为中心;以战略导向和各创新要素的有机组合协同创新为关键点。

17.1.3　科技创新管理的方法

北斗二号卫星工程科技创新的全流程包括三个阶段、七个步骤和一个管理模式。第一个阶段是科技创新的部署阶段,主要是制定科技创新战略;第二个阶段是科技创新的计划阶段,包括科技创新计划制定和科技创新项目组合两个步骤;第三个阶段是科技创新的操作阶段,包括组织要素设计和科技创新阶段性调整,其中组织要素设计又包含研发和设计、生产制造、产业化三个步骤。对于上述三个阶段中的七个基本步骤,在全面创新管理模式下进行有效地组织和协调。每一个步骤对应着相关的科技创新管理方法,如图 17.2 所示。

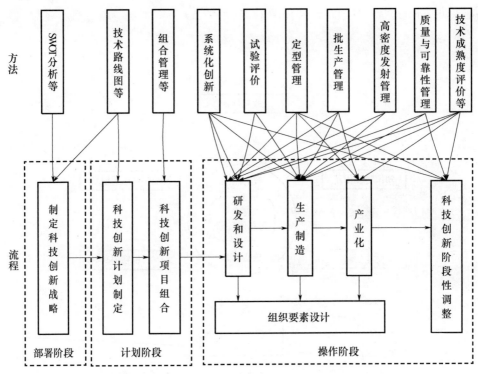

图 17.2　北斗二号卫星工程科技创新管理的流程和方法

17.2　科技创新战略

创新是一个有序的过程,需要有创造性和延续性。要减少创新风险,增加创新的成功概率,不仅需要提高管理创新过程的效率,更重要的是必须从战略上把握创新,选择合理的科技创新模式和技术能力提高的途径,提高科技创新管理的有效性。

北斗二号卫星工程的研发着眼于需求和总体目标,在军民融合创新战略体系框架下,坚持持续创新的发展之路,对设计、技术和管理等进行持续改进,北斗系统的建设发展过程就是一个不断创新发展的历程。在关键技术领域采取自主创新策略,掌握了一批拥有自主知识产权的核心技术,增强了我国在卫星导航领域的核心竞争力。运用消化吸收引进的二次创新战略和集成创新战略提高创新效率,通过开放的产品平台集成各种各样的技术资源,以技术集成创新研发新产品。

17.2.1　融合创新战略

从军民融合的角度,国家创新体系可以看作由国防创新系统和民用创新系统构成。军民融合是把国防科技工业基础同更大的民用科技工业基础结合起来,组成一个统一的国家科技工业基础的过程。也就是说,在军民融合的基础上,采用共同的技术、工艺、劳力、设备、材料和设施,满足国防和民用两种需要。

发展卫星导航系统不仅是推进国防现代化建设的迫切需要,也是保障国民经济与社会发展的重要支撑。卫星导航是经济社会信息化、数字化的重要支撑,可促进生产方式转变,推动产业结构升级,提高生产效率,降低环境污染,改善生活质量,促进社会和谐和安定。交通运输、移动通信、电力金融、灾害监测、抢险救灾等领域都离不开卫星导航保障系统。同时,发展自主卫星导航系统,还能带动相关高新技术产业创新发展,推动我国原材料、元器件等基础工业生产能力的整体提高,培养卫星导航等领域世界一流科学家和科技领军人才,在全球金融危机环境中成为我国继移动通信和互联网之后 IT 产业第三个经济增长点,对提高我国自主创新能力和科学技术总体水平具有重要意义。比如,北斗授时手表,将北斗卫星技术与瑞士钟表技术、现代时频技术、微电子技术、通信技术、计算机技术等多项科技相结合,融合了军用技术和民用技术,通过"北斗二号卫星工程"进行授时,精度达到 0.1s。

北斗二号卫星导航系统作为我国信息基础设施,其发展建设应坚持走军民融合式发展道路,积极开展规则标准、频率资源、兼容互操作、系统安全和应用市场等方面的合作交流,为持续推进应用发展奠定良好的运行环境。

坚持把北斗二号卫星工程建设规划纳入国家经济社会发展总体规划,纳入国家科技创新和基础建设体系,统筹国家建设应用规划,大力推进国家卫星导航综合服务平台和国家时频体系等重大工程建设,以大系统、大平台建设促进跨越式发展。为此,建立了科学高效的组织协调体制机制、法规制度,加强了卫星工程应用信息的共享和平战转换机制建设。

17.2.2 集成创新战略

北斗二号卫星工程离不开各大分系统、各要素以及相关单位的团结合作、协同攻关。北斗二号卫星工程中的合作创新与一般企业间合作创新的区别在于,它是一种大合作而不仅仅局限于个别企业之间,既涉及北斗二号卫星工程领域内企业间的合作,同时也包含了北斗二号卫星工程领域内企业与其他科研机构、高等院校之间的联合创新合作。

工程从设计、生产、检测、安装到试验发射,直接参加研制的单位达一百余家,航空、船舶、兵器、信息、机械、电子、化工等领域数千家单位承担了协作配套和保障任务,在全国各部委、各省、市、自治区配合下,这种被专家们称为"齿轮咬合"般的协作在北斗二号卫星工程中发挥了巨大作用,一系列瓶颈问题相继获得重点突破。

高精度星载原子钟技术、系统运行控制改进处理技术、大型复杂星座管理技术等一系列关键技术迎刃而解,取得了多项突破性的科研成果。这种大协作在许多方面都体现出北斗二号卫星工程合作创新的模式特点,涉及北斗二号卫星工程企业内的合作、北斗二号卫星工程内企业和其他企业之间的合作以及国家间的合作等多个合作层次和具体内容。

运用集成创新战略模式成功解决了设备时延标定不确定度、系统零值不闭合等一批影响总体功能和性能指标实现的系统级问题,有效保证了研制建设工作的进度和质量。特别是在系统伪距波动问题排查解决过程中,更是组织多方力量,发挥集体智慧,群策群力,集智攻关;除组织监测接收机研制单位参加伪距波动问题排查外,还邀请有关科研院所的专家参与讨论与分析;在排查硬件系统问题的同时,又组织了从事信息处理软件开发的专家,共同分析评估伪距问题对系统性能造成的影响,寻求通过软件解决的办法,通过一系列的技术攻关,使该问题得到有效解决。

17.2.3　自主创新战略

北斗二号卫星工程需要有许多高新技术的支撑并以强大的经济实力作为保障,它集中反映了一个国家的整体科学技术水平。由于受到资金投入和技术基础的限制,我国的北斗卫星导航系统的发展史集中体现了我国卫星导航自主创新的发展历程。

我国北斗二号卫星工程技术创新战略遵循的是自主创新战略。工程实施以来,在关键技术领域实现了很多项突破。例如,首次设计实现了基于混合星座的卫星导航系统;首次圆满完成了混合星座组网发射、在轨维持和运行管理;首次设计实现了多类型观测数据融合的卫星精密定轨与系统时间同步等。比如北斗二号卫星导航分系统中的关键分机之一铷钟,其频率精度和频率稳定度是影响导航系统定位、测速精度的主要因素,也决定了卫星对地面控制系统的依赖程度和控制的复杂程度,对系统提高自身的生存能力具有非常关键的作用。在国产铷钟研制过程中,在没有现成测试方法和测试系统可参考的情况下,完全自主建成了国内目前最完善的星载铷钟测试方法和系统,完成星载铷钟常压、真空状态全部电参数性能测试,处于国际领先水平。实现了热真空设备,测量设备、测试方法等方面统一规范化管理。

17.2.4　二次创新战略

二次创新是创新主体以率先创新者的创新思路和创新行为为榜样,以其创新产品为示范,跟随率先者的足迹,充分吸取率先者成功和失败的经验,通过引进购买等手段吸收并掌握率先创新者的核心技术,并在此基础上进行改进和完善,开发生产出更富有竞争力的产品的一种创新行为。

在全球化的今天,与国外同行之间开展学术交流,学习有益的经验是提升竞争力的有效途径。"独立自主而不闭关自守,自力更生而不盲目排外,对外开放而不失中国特色,我们的事业就能经得起任何风浪的考验,我们就能够在严峻的挑战面前无往而不胜"。这是中国卫星导航系统工程的专家们的共识。虽然中国对卫星导航系统的研究比美、俄起步要晚,但也正因为有了美、俄两国发展卫星导航系统的经验,使得中国的设计人员在设计和研制过程中可以借鉴成功的经验。

北斗二号/GPS 信号源是一种高精度地模拟北斗二号与 GPS 系统下行导航信号的设备,是我国卫星导航系统科技工作者借鉴国外先进经验并采用最新技术研制的一项具有世界先进水平的重大科技成果。它能够根据载体运动特性以及北斗二号与 GPS 卫星星座的运行情况,根据卫星轨道、卫星钟差、空间环境参数、用户运动轨迹,考虑地球自转和相对论效应等影响,仿真生成用户接收时刻的观测量,包括伪距、伪距率、伪距二阶导数、伪距三阶导数和载波相位等信息。并综合考虑各种误差因素的影响,模拟产生由卫星播发,到达用户终端的下行导航信号,为用户终端研制、测试提供一个可靠、稳定、准确且易用的测试环境,方便地用于对各种定位误差及误差源的分析和对定位算法的开发。北斗二号/GPS 导航信号源与国外同类产品相比优势明显。在仿真频点数、仿真卫星数量、信号精度、仿真动态范围(速度、加速度)、伪距变化率精度等指标上均有优势。

在增压输送系统仿真分析过程中,先是应用商业软件进行仿真,然后按照冷氦系统的真实使用情况对商业软件应用的建模原理和低温物性参数等进行了校核,随后发现了目前所应用的商业软件中存在的若干缺陷甚至是错误,最终在商业软件基础上通过二次开发建立了适用于冷氦系统的仿真模型。

17.2.5　持续创新战略

持续创新是指创新主体在一个相当长的时期内持续不断地推出和实施创新项目(包括产品创新、工艺创新、原材料创新、市场创新、组织创新、制度创新、管理创新及它们的内部扩散),并持续不断地获得创新经济效益的过程。我国从北斗一号卫星导航系统到北斗二号卫星导航系统的一次次突破、成功进入国际商业卫星发射市场并赢得良好市场信誉与持续创新的推动密不可分。随着卫星导航系统升级换代,卫星导航关键技术发展也具有渐进性和持续性特点。

17.3　科技创新人才管理

北斗二号卫星人才管理是北斗二号卫星工程管理的重要组成部分,是指项目团队通过各种政策、制度和管理实践,对人才进行获取与配置、培训与开发、激励与考核、规范与约束、安全与保障、凝聚与整合的科学管理过程。是实现人才与任务之间的优化配置,以达到最终实现北斗二号卫星工程管理目标的组织活动。

17.3.1 教育培训体制

教育培训是人力资源管理的一个重要内容,同时也是组织运用现代培训手段和技术,不断提高员工绩效和组织竞争力的过程。北斗二号卫星工程是一项复杂工程,技术发展速度快、行业竞争激烈,培训可以有效地提高研制人员跟踪新技术发展动态和获取知识的能力,增强核心竞争力。北斗二号卫星工程除了有一套科学的机制保证外,完善的培训体系在组织运用中起着十分关键的作用。

建立培训体系的前提首先要明确服务对象,北斗二号卫星工程研制单位的培训服务对象主要为员工、客户、研究生三大群体,其中员工培训是培训体系的重点,占有相当大的比例。

1. 员工培训

员工培训是依据卫星型号研制的需要、核心竞争力的要求以及员工职业发展的需求,针对员工在实际工作中的能力与所在职业发展通道的知识、技能、行为标准的差距,而展开的教育培训活动。目的是使所有员工能够适应卫星产品的可持续发展的需要,与团队同步成长。卫星系统作为一个特殊行业对员工培训有着十分严格的要求,培训方式分为:岗前培训、在岗培训和外派培训三种方式。

(1) 岗前培训又称新员工导入培训,指不论是刚开始工作的新员工还是已有一定经验的外调员工,只要是进入新的岗位都必须参加岗前培训。岗前培训具有基础性、适应性和非个性化的特点,意义在于帮助新员工尽快适应新的工作环境,使其尽快融入到北斗文化中。

(2) 在岗培训也称在职培训,是指员工在不离开工作岗位的情况下,对员工进行知识、技能和行为方面的培训。按照培训的目的,在岗培训可分为六类:转岗培训、晋升培训、岗位资格培训、更新知识、掌握新技能以及改善绩效培训。北斗二号卫星工程以"试训结合"为宗旨制定了个人及单位针对性训练计划,并通过检查学习笔记、查看培训记录、现场检查考核等方式督促计划落实。在任务执行过程中,各系统利用任务执行的有利之机,大力开展实装操作、跑图训练和应急处置方法、技术状态变化及应对措施、系统及测试原理、故障排查方法的学习。给新上岗及换岗人员制定了专门的岗位跟踪学习计划,通过任务的跟踪学习,督促能力素质达标。

(3) 外派培训也称脱产培训,是员工暂时离开工作岗位,由人力资源部门选派到培训机构有目的的接受相关培训。按培训产生的方式分有组织安排和个人选择;按参加培训的目的分,有以取得学历证、资格证为目的的培训和以更新知识、掌握技能为目的的培训。

2. 客户培训

客户培训是工程为了配合未来战略发展的需要,不断深化与战略合作伙伴的关系,协同上下游客户参与国际航天领域竞争的重大举措。目的是让客户更好地了解工程的发展战略与核心能力、产品功能与技术特点,提高客户使用卫星产品和技术的信心,从而不断扩大卫星产品和技术的市场占有率,同时通过这个平台也可以有效地为专业技术人员提供交流的机会,从而锻炼一批懂技术、懂管理、懂国际合作规则的国际型卫星专业技术人才队伍。

3. 研究生培养

由于航天专业的特殊性,需要结合北斗二号卫星工程特点自主培养研究生,以满足北斗二号卫星工程对特殊专业和稀缺人才的需要。经过严格的培养程序和工程锻炼,所培养的博士研究生和硕士研究生直接输送到各用人单位,研究生培养是航天高科技单位及时获取高层次人才的重要渠道。经过不断地实践和探索,研究生教育的学科和专业建设得到了不断地发展,逐步扩大了研究生的招生范围及培养规模,开辟了研究生培养的新路子,与国内外高等学校开展联合培养研究生的试点工作。对在职研究生教育方面,加大了培养的规模和力度,跟踪世界先进水平培养和造就了一批在学科领域中有较高造诣又精通外语的学科带头人,使研究生教育与国际接轨。比如参研单位与国外著名大学开展了联合培养研究生的工作;加强了研究生导师梯队建设,建立了一支政治素质优良、专业分布、年龄结构比较合理的导师队伍;研究生教学管理也逐渐形成了自己的特色,先后形成了《硕士研究生管理工作总则》《硕士研究生考核与评优》《硕士研究生学位评定及管理》《硕士研究生培养方案》《博士研究生培养工作管理规定》《博士后工作管理规定》等管理规定,使研究生教育管理工作走向了制度化、程序化、规范化,提高到了一个新的水平。研究生培养工作使研制单位成为国家卫星高层次人才培养基地。

17.3.2　人员激励制度

北斗二号卫星工程针对研发人员在目标定位、价值系统、需求结构和行为模式方面的差异,设计了多种激励制度。

1. 薪酬激励

薪酬分为固定薪酬和浮动薪酬。其中固定薪酬包括基本薪酬、津贴、福利等,浮动薪酬包括岗位津贴等。此外,薪酬还可细分为外在薪酬和内在薪酬。外在薪酬通常分为直接薪酬、间接薪酬和非财务性薪酬。直接薪酬包括基本工资、津贴等,间接薪酬包括保健计划等;非财务性薪酬包括较喜欢的工作安排、动听的头衔等。内在薪酬包括参与决策、承担较大的责任、多元化的活动等。

不同的薪酬在北斗二号卫星工程中承担不同的激励作用,例如,有的薪酬用于体现公平和保障,有的薪酬用于吸引和保留重要人才,还有的薪酬用于实现长期激励和约束。

北斗二号卫星工程以绩效考评为基础,设计能上能下、优胜劣汰的流动机制,保证所有员工符合岗位要求。晋升和淘汰有公平、量化标准,在此基础上确定薪酬标准,体现个人价值。

2. 发展激励

研发人员与其他人员不同,与职务晋升相比,他们更看重能力的提升和知识的积累。因此,北斗二号卫星工程在进行工作分析时,充分考虑到他们的成长需求,并将这种需要融入组织的整体目标中,从而使外部激励约束内部化,产生持续的激励作用。除此之外,鼓励研发人员自主学习,进行知识积累,通过发展变化激励员工更好地工作。

3. 情感激励

在北斗二号卫星工程研发中,情感激励是一种重要的激励方式。工作效率的提高不仅取决于各种物资激励,还取决于员工的内部状态,如士气、情绪等。在北斗二号卫星工程研发过程中注重组织与个人之间的沟通,使研发人员保持良好的心态,激发他们的工作热情,比如为员工排忧解难、办实事、送温暖等。

17.3.3 绩效考核制度

1. 绩效考核的层次

在北斗二号卫星工程的研制过程中,要使研发团队发挥最大作用,就必须调动成员个体的积极性。对研发团队中的个人工作表现可以分为三个层次:个人独立的工作;作为团队成员的工作;团队对整个组织的贡献。由此,在北斗二号卫星工程团队绩效评估体系中,也包括以下三个方面:

(1)个人工作表现的考评。主要是通过个人的自我考评和外部考评两个方面来进行。由于时间、成本等因素,外部评价不可能频繁进行,也难以做到全面、公正,因此,对个人的考评,很大程度上靠研发团队内部成员的相互评价和自我评价。

(2)团队工作的考评。要由内部考评和外部考评相结合:首先,团队成员对本团队的工作进行一个全面系统的评价;其次,要考虑外部对团队成绩的评价,如客户的评价,其他组织的评价、领导的评价。

(3)团队在整个组织中的贡献的考评。研发团队是整个组织的一部分,对整个组织的影响作用可由组织中其他主体进行考评,主要评价团队对整个组织的贡献。

北斗二号卫星工程通过实施绩效评价体系及时对研制人员的工作能力、业绩、工作态度等方面做出全面客观和公正的评价,不断激发研制人员的积极性和创造性,使项目团队中每一名成员都能够十分明确奋斗目标,以此为动力持续不断地改进绩效。

2. 科学有效的评价体系

建立北斗二号卫星工程人员绩效考核评价体系,目的是有效增强项目团队的运行效果和凝聚力,找出差距和不足,不断提高研制人员的职业技能,推动项目团队的良性发展。北斗二号卫星工程人才绩效评价体系主要由三部分组成:工作能力评价、工作业绩评价和工作态度评价。

(1) 工作能力评价是指员工的工作业绩和潜在知识技能的综合表现,没有工作能力就不可能创造好的工作业绩,工作能力包括知识、经验、智能和技能等内容。

(2) 工作业绩评价是指员工的工作成果和效率,通过这个评价过程不仅可以说明各级员工的工作完成情况,更重要的是能有效推动员工有计划地改进工作,以满足组织发展的要求。

(3) 工作态度评价主要是指员工在纪律性、协作性、积极性、敬业和合作精神等方面的评价,是影响员工工作能力发挥的因素,在绩效评价中对成员工作态度进行评价,鼓励员工充分发挥现有的工作能力,最大限度地创造优异的工作业绩。

3. 绩效评价的实施

由于北斗二号卫星工程组织结构运行的复杂性和多变性,其绩效评价是多方面的,需要通过多个角度对一个员工进行评价。

北斗二号卫星工程人才绩效评价通过三个"结合",即绩效评价与上级、下级、同事和客户相结合;任期目标考核与月考核、年度考核相结合;任期目标考核与月考核、年度考核相结合;定性与定量、个人述职与组织审查相结合,采取多角度、多层次、多渠道、多方式的全方位评估方法(也称360°评估)进行考核,以保证考核结果的客观、公正、全面和准确,实现员工的不断超越自我的目的。

4. 评价步骤

北斗二号卫星工程绩效评价工作经历制定评价计划、确定评价标准和方法、收集整理数据、分析评估和结果运用五个主要阶段,如图 17.3 所示。

(1) 制定评价计划。为了保证绩效评价的顺利进行,人力资源部门事先制定评价计划,这是在一个明确评估目的的前提下,有目的地选择评估对象、内容及时间的过程。

(2) 确定评价标准和方法。绩效评价工作有一套完善可靠的标准作为分析和考察员工的尺度。

(3) 收集绩效信息数据。信息数据的收集和整理对于绩效评价是十分重要的环节,北斗二号卫星工程通过收集充足的绩效信息,掌握员工工作进度、质量、效果和遇到的问题,做出科学评价。

(4)分析评价。运用标准、方法和信息对员工的工作表现和工作成果进行分析,从而确定员工的绩效水平,得出量化评价数据和结论。

(5)结果运用。绩效评价的结果对于员工主要运用于改进员工绩效;职位升降、薪酬升降;员工培训和职业生涯规划等方面。

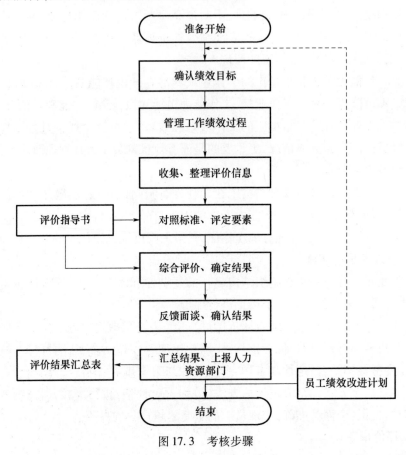

图 17.3　考核步骤

17.3.4　创新团队建设

大型工程项目需要集体的智慧和团队协同工作才能完成,北斗导航任务也同样如此。为营造一个团结奋进、积极进取、充满活力和凝聚力的团队,中国卫星导航系统管理办公室在日常工作中注重团队的建设。团队精心构建了青年学习成长平台,将优秀的青年安排到系统研制工作最前沿,以"自我学习,自我提高"的自助、"以老带新,传承经验"的帮助、"专业培训,注重实效"的辅助和"专业互补,共同进步"的互助的"四助"策略,全面引领青年快速成长,勇当大任。同时,以国际交流、全球卫星导航年会、导航卫星技术论坛为契机,聚焦前沿领域、核心技术,紧密联系清华大学、北京大学、北京航空航天大学、国防科学技术大学、哈尔滨工业大学等高等院校,加强新技术探索,深入理论机理研究,加快科技产业化步伐,使人才培养机制更为健全和完善。

随着北斗二号卫星工程的建设发展,已经拥有了一支规模与事业发展基本适应的、结构合理、素质出众的人才队伍。通过技术研讨、专业培训、集智攻关等方式,带动整个团队不断提升自主创新能力、技术攻关能力、风险管控能力、可持续发展能力,从而形成了专家带骨干,骨干带新人的以老带新,代代传承的培养模式。

1. 团队能力建设

北斗二号卫星工程项目团队重视团队能力建设,制定了详细的工作策划,明确了以型号研制和在轨管理任务为核心;规范规章制度建设,规范信息共享机制;加强培训学习,加强团队技术业务能力,加强团队管理水平的"一个核心、两个规范、三个加强"的工作目标。

(1)以型号研制和在轨管理任务为核心。明确团队能力建设的目标,树立胜利完成任务的信心和决心,通过型号任务及工程建设,达到提升研制队伍能力的工作目标。

(2)规范规章制度建设。制定了详细的策划,分为技术类(JS)、管理类(GL)和技术、管理结合类(GJ)三大类,内容涉及整体管理、日常管理、沟通管理、质量管理、经费管理、产品保证、管理手册等方面。修订新编人员,范围涉及整个导航研制队伍,加强内部交流培训。从技术和管理两方面全面提升团队能力建设。

(3)规范信息共享机制。沟通是团队工作的重要基础,尤其是在轨管理工作对高效系统机制提出了更高的要求。重视信息共享机制,力争实现实时沟通管理、实现信息共享,并最终形成一套高效沟通管理体系结构。充分利用现有的门户网站、邮件系统等资源,使团队的各类"沟通"可以快速、有效地完成,从而实现提高工作效率的目标。制订年度沟通计划,分析项目人员信息要求的总和,明确沟通对象、沟通的信息、沟通的时机、沟通方式(包括:会议、邮件、网站信息公布、视频、电话、书面、口头、正式、非正式)等内容,形成第三层次文件,统一管理,持续改进。

(4)加强培训学习。为提高管理、研制队伍的专业水平,减少质量问题的发生,鼓励员工参加提高自身业务水平和技能的各种培训。由于人员存在层次、职能分工差别较大的特点,允许员工提出自身的培训需求,在遵循学习与工作需要相结合、短期为主、业余为主、自学为主的原则下给予一定的支持。制定了年度培训计划,明确每月培训重点和工作,培训内容涉及三层次文件培训、技术交流培训、管理交流培训等,并组织由责任人对分管领域进行专题讲座,形成培训总结,提升能力。坚持质量分析会制度,对研制过程中出现的各类问题及时总结、持续改进,同时将培训学习落实到相关文件中加强管理。

（5）加强团队技术业务能力。提前制定工作策划，继续加强专项管理。例如，面对新形势，开展了五个方面的工作，主要包括北斗二号卫星产品成熟度提升工作、北斗二号卫星技术状态管理工作、北斗二号卫星元器件/引进部件/器件配套工作、北斗二号卫星在轨运行管理工作、北斗二号成果申报专项工作，以上各项工作均成立专项管理小组，指定专人管理，并加强内部交流，通过策划、管理、交流和固化等形式全面提升团队技术业务能力。

（6）加强团队管理水平。在重视技术业务能力提升的同时，还把北斗团队管理水平的提升作为工作目标的另一方面，主要从文件宣贯、北斗二号导航型号人力资源分析、计划形成导航型号经费使用规范、北斗二号卫星在轨管理等几个方面开展工作，加强沟通、协调能力，全面提升团队管理水平。

2. 团队激励

系统研制与团队激励是一个有机整体，只有通过科学有效的激励机制调动项目团队中每个人的积极性，依靠全体专业技术人员的共同努力，才能实现预定的计划目标。北斗二号卫星工程常用的激励手段有事业激励、目标激励、物质激励、使命激励、责任激励、荣誉激励、晋升激励等。只有团队中每类人员都能得到充分的激励，团队才能充满活力和战斗力。

根据卫星研制的特点和人才配置，研制队伍一般由管理人员、专业技术人员和生产制造人员三类人员组成，三类人员的激励需求各有不同，采取了不同的激励方法。

（1）管理人员的激励。管理人员的需求层次决定了对管理人员职业生涯的激励方式。一是行政职务的提升满足对自身发展的需求；二是扩大职责范围满足对信任的需求；三是岗位交流满足对开拓创新的需求。新的岗位对管理人员是一种新的挑战，能够拓宽知识面，激活组织的活力。

（2）专业技术人员的激励。一是营造良好的用人、育人环境。在待遇留人的同时，还要建立健全激发专业技术人员科技攻关、技术创新、继承成熟产品的各项激励制度，如科研经费保障制度、重要科技成果表彰奖励制度、技术创新奖励制度和型号关键技术成果奖励制度等。二是建立卫星工程领域型号首席专家队伍和卫星各专业技术学科带头人队伍，为专业技术人员搭建施展聪明才智的平台和职业生涯的发展道路。同时在专业技术职称晋升、培训、学术交流和专业深造等方面提供条件，为他们的工作和生活创造良好的环境。

（3）生产制造人员的激励。一是量化工作目标，通过目标设置，激发其动机、指导其行为，根据工作业绩进行考核，使个人的需要、期望与工作目标挂钩，调动员工的积极性；二是通过荣誉和技能等级的晋升，不断提高操作质量，满足产品设计要求;三是不断为员工改进工作环境,建立人机最优系统,促进工作效率和产品制造质量。同时还要不断加强员工岗位技能的培训,鼓励员工一专多能,不断提高卫星生产制造的数字化专业水平,走卫星产业化道路。

3. 学习型团队

北斗团队从形成、震荡到规范的每一个阶段都要建立愿景,并不断自我超越。北斗团队从形成开始就需在内部建立各种学习和研讨的组织形式,例如,例会制度、技术评审制度、构建集成设计环境、技术问题归零制度、管理问题归零制度以及现场观摩等形式,通过多种形式的深入探讨,不断提高团队每一个成员的学习能力和处理复杂问题的能力。另外还要为员工搭建网络电子学习系统和学术交流论坛。通过建立网络电子学习系统和学术交流论坛,将各种培训资料进行集成和科学管理,使员工在不受时间和空间限制的条件下自主学习和研讨,达到员工能够及时根据岗位需要,更新知识的目标。管理部门根据电子学习系统提供的员工培训信息,及时捕获各类培训需求,引领培训工作健康发展。加强学术交流,以领域专家严谨的学术作风和扎实的专业知识为楷模,营造浓郁的学术氛围,通过专家讲座和内部专业技术交流,为员工提供一个施展技术才能的舞台,使员工不断获取新思想、新知识和改善心智的模式,从而不断提高学科水平和专业技术水平,形成一支"术业有专攻、举止有方寸、事业有追求"的北斗人才队伍。

17.4　科技创新文化管理

北斗二号卫星工程创新文化管理就是在组织中营造有利于创新的环境,使组织内形成一种支持创新的文化氛围和风气,让科技创新管理成为自觉自愿的行为。科技创新与文化是密不可分的。北斗的创新型文化内涵是在北斗导航系统的研制过程中逐步产生、发展和完善成熟的,同时技术创新是在特定的文化环境中完成的,它们相辅相成、相互制约。

17.4.1　创新文化管理内涵

北斗二号卫星工程创新型文化是在长期发展过程中逐渐形成的共同信念,包括价值观、环境氛围、员工心态,以及由此表现出来的北斗精神。北斗二号卫星工程创新型文化对技术创新的有效开展起到了重要的作用,与信息、资金和组织结构相对应,创新型文化被称为"技术创新硬币的另一面"。

"建立中国独立自主的导航卫星系统,推进导航卫星领域的技术持续发展"是北斗二号卫星工程研发团队多年来矢志不渝的奋斗目标;"国家利益至上"是创新团队始终奉行的核心价值观。多年来,团队深入践行并发扬"自主创新,团结协作,攻坚克难,追求卓越"的北斗精神,提炼出以"思想有凝聚力,工作有执行力,管理有创造力""吃透技术,搞透状态,议透接口,做透试验""岗位职责清楚,技术状态清楚,文件表格清楚,关键环节清楚,评价依据清楚""具备责任意识,具备质量意识,具备系统意识,具备协同意识,具备学习意识,具备批产意识",即"三有""四透""五清楚"和"六意识"为代表的团队理念,坚持自主创新,坚持大力协同,坚持成果转化。这些质量目标和管理理念引领着北斗二号卫星工程研发团队奋勇拼搏,勇攀高峰,鼓励着研发团队勇于创新。

北斗创新型文化是在北斗二号卫星工程建设发展中创造的宝贵精神财富,也是国家文化发展战略在北斗二号卫星工程建设中的具体体现,要不断将其发扬光大,使之成为"传承精神、启迪思想、陶冶情操、鼓舞士气"的重要载体,不断推动北斗卫星导航事业迈上新台阶、取得新胜利。

北斗精神是北斗文化管理的核心,是团队成员共有的行为方式、共同信仰和价值观。北斗文化和其他企业文化一样,也不是一天形成的,它有一个长期的形成过程。北斗文化的管理就是把积累下来的文化整理为系统的且可以直接应用的文化的过程。

北斗文化是一个从群众中来、又到群众中去的多次迭代过程,也是实践—认识—再实践—再认识的不断深化的群体认知过程,同时也是精神财富的凝聚过程。北斗文化的建设主体是全体航天人,包括各级领导、企业家、科学家、英雄模范人物和普通员工。但是,在北斗文化管理中,除了重视广大群众的创造作用和主体作用外,更重视领导集体的主导作用。

17.4.2　创新文化管理过程

北斗文化管理是北斗文化建设、发展、运用和充实、完善、提高的过程,文化建设是文化系统中各要素的确立、发展、应用和物化过程。根据管理工作的一般情况,分为设计、执行、检查评价和完善提高四个阶段,同时也是一个不断循环的进步和提高的过程。

1. 设计阶段

这个阶段主要是领导提出意见和要求,组建文化管理人员和机构,进行工作任务分解,制定全面计划,组织征集和综合提炼等工作。

(1)通过明确负责部门和责任人员,做到任务清楚,职责明确。一般是单位成立领导小组,由单位的主要负责人担任组长,负责这项工作的领导及有关任务承担部门负责人为成员,决定文化总体架构和最终确定价值观、目标、理念、精神、伦理、形象表征等重大问题。定期研究讨论计划执行情况,决定和协调有关重大问题。领导小组下设办公室,负责具体工作的实施,如编制计划、分解任务、聘请专家、征集方案、归纳整理、宣传推进、检查改进等一系列工作。进行工作任务分解,是根据系统性、层次性、统一性和目的性原理,逐级分解具体项目,作为制定工作计划、安排人力物力和进行分析评价的依据。北斗二号卫星工程创新文化管理的工作分解结构如图 17.4 所示。

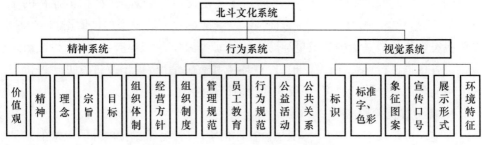

图 17.4 北斗文化系统工作分解结构

（2）制定工作计划。中国卫星导航系统管理办公室根据领导指示、工作分解结构的内容及内外环境及条件,制定工作目标和工作计划,并将任务分解到有关单位和部门,经领导小组同意后正式下发文件,以推动计划的落实和实施。

（3）方案征集。在领导小组和中国卫星导航系统管理办公室的领导和组织下,提出征集目标,发动单位职工集思广益,有时可以向社会发布,对价值观、精神、理念、标识等提出意见。

（4）综合提炼。在综合各方面方案意见的基础上,归纳几个方案,再次深入地征求意见,直至完成整个方案的设计。

2. 执行阶段

这是北斗文化根植于所有北斗人的关键步骤和过程。该阶段的主要工作是有组织地采用各种方式,向下属各研制单位及全体员工进行长时期宣传和灌输,通过媒体和形象载体向外界宣传和树立形象。采用方法如下:

（1）下发宣传材料并进行广泛的宣讲活动。开展娱乐、体育、交谊等形式的活动,或是举行一系列庆祝活动,开设展室、展厅,宣传北斗和各研制单位业绩,激励员工的自豪感和认同感,组织演讲会、报告会等各种文化活动、宣传、灌输北斗文化,使大家理解并认同北斗文化。

（2）评选推荐和树立英雄模范人物,如全国劳动模范、五一劳动奖章获得者、"五四"青年奖章获得者、优秀共产党员、优秀科技工作者、技术大奖赛能手等。

（3）制定规章制度和行为规范体系。这是推进北斗文化的制度保证,各项制度规定都应对北斗价值观的形成起到了推动作用,通过制度和规范的执行,使全体员工逐步适应并自觉维护北斗文化。

（4）积极展示北斗形象。一方面建立了体现北斗文化的形象标识；另一方面利用信息技术、网络技术、光电技术推介北斗精神，还通过展览会、学术交流会、论坛会等形式宣传北斗精神。

3. 检查评价阶段

经过一段时间的宣传和执行，评估北斗文化建设和管理成效，找出存在的不足，一方面指导下一步工作，另一方面为北斗文化的完善和发展提供依据。

检查方法一般是由中国卫星导航系统管理办公室组织巡查组、检查组或组织专家对各单位进行检查、听取汇报、检查环境和有关情况，提出改进意见。评价一般采用问卷调查法、专家打分评价法和价值评估法。

4. 完善提高阶段

在前三个阶段的基础上，特别是检查评估阶段后，对于单位内外的反馈的意见和建议，中国卫星导航系统管理办公室及时归纳整理，在原有基础上，提出、补充、完善和修改意见，交由领导讨论决策。

经领导确定意见，由中国卫星导航系统管理办公室根据当时发展的状况，重新拟定执行计划和方案，进行下一轮的北斗文化建设和提升工作。

北斗文化建设和管理工作，就像质量管理的 PDCA 循环一样，随着时代的变化、科技的发展、环境的变化以及重大事件的发生，不断推进、不断完善、不断提升和凝练，一步一个台阶，一次一大进步，成为代代传承的凝聚北斗人的宝贵物质财富和精神财富。

17.4.3　北斗创新文化设计

1. 价值理念文化设计

组织文化体现了一个组织的经验、历史、信仰和标准，它是组织在长期的生存和发展中形成的、为多数成员所共同遵循的最高目标、基本信念、价值标准和行为规范。

英国学者 Rob Goffee 和 Gareth Jones 从团结性和社交性两个维度将组织文化分为四种基本类型：网络型、共有型、散裂型和图利型。在这四种类型的组织文化中，共有型是一种相对理想的状态。在这种文化理念的影响下，组织成员之间的互相团结、彼此信任、对共同目标的强烈关注，可形成家庭般的工作氛围，可促进知识共享、信息交流，进而有力地推动科技创新管理。

经过数年的协调、磨合、培养，北斗二号卫星工程研究团队已经形成了一种共有型的文化价值理念，能够体现自身特色的文化理念——自主创新、团队协作、快速反应、尽职尽责。在这种共有型文化的指引下，形成了全国范围内的导航卫星研制的大协作，各家单位群策群力，突破一个个技术瓶颈，解决一个个技术难题，拉开了北斗二号卫星工程建设的序幕。在短短的五年时间里,中国卫星导航系统管理办公室高瞻远瞩、统筹规划、科学安排、以人为本,导航研制队伍能力不断提升,小批量卫星研制模式下的单星研制周期逐步缩短、整星可靠性指标稳步提高。2012年 10 月,伴随着最后一颗北斗导航卫星发射的完美收官,导航研制团队取得了北斗二号卫星工程建设的成功。

北斗二号卫星的设计研制从最初的初样、正样到当前的批产研制以及组网成功,可以说为团队里的成员提供了一个锻炼和成长的机会,也为团队中的每一个成员提供了良好的职业发展平台。一批又一批导航队伍中的甘于奉献、乐于吃苦、技术过硬、勇于钻研的优秀同志得到了锻炼和提高,逐步成为北斗二号卫星工程队伍中的中坚力量,在各种岗位上发挥着不可替代的作用。

2. 环境氛围文化设计

良好的文化氛围是实现创新及创新管理的必要条件。"北斗二号卫星工程研发团队"坚持倡导"求实、求是、求异、求新"的精神,创造"鼓励竞争、倡导合作、允许冒险、宽容失败"的创新氛围,实行岗位、项目竞争分配机制,资源与岗位、项目和绩效挂钩。同时建立有效的科研和管理激励机制,采取待遇激励、事业激励和精神激励相结合,并制定相应的管理办法和奖励条例,实行制度化管理。同时努力营造宽松的科研开发环境和创新氛围,使研发团队充满了活力。

良好的学术氛围是吸引人才,源源不断产生高水平研究人才的首要条件。研发团队致力于营造一种鼓励创新,自由讨论,平等交流,相互尊重的宽松学术环境,定期开展各种学术活动。几年来在老中青几代人的努力下已经逐步形成了这样一种良好的学术环境,使每个科技人员能够潜心研究、奋发向上、不断进取。同时,研发团队还注重改善科研创新环境。一方面根据经费分期分批更新设备,为研发人员提供研发所需的现代化设备和测试手段;另一方面努力改善软硬件设施,为确保科技人员长期安心从事科研工作提供一个良好的研究环境。

17.5　科技创新知识管理

创新知识管理是要把知识当作一种重要的资源、资本,在组织内部创造条件,实现知识的共享和知识的资本化,在知识经济时代,知识管理已经成为科技创新管理的一个重要组成部分。北斗二号卫星工程拥有国内顶尖的科技人才、先进的设备和雄厚的资金,集中了全国甚至是一些其他国家引进的最先进的技术和知识,单就知识储量而言是极为丰富的。但日益丰富的知识储量给管理带来了很大的挑战。若管理方式明确,管理手段有效,将会带来巨大的创新研究成果;反之,创新能力低下,产生巨大的损失浪费。创新来自于基于系统研制中的知识识别、存储以及共享之上的重新整合。在知识管理中,一个微小的思维碰撞也可能对北斗二号卫星工程产生极大的影响。

知识管理是对知识链进行管理,是一个长期的过程。北斗二号卫星工程正着手构建自己的知识管理体系,并在知识传播与搭建知识共享平台方面做了大量的工作。

17.5.1 合作研发知识创新管理机理

北斗二号卫星工程的研发是一个开放、动态、复杂的系统,对内和对外都存在多种知识的交流,这其中包括大量的显性和隐性知识的流动和转化。例如,在研制前,通过多次调研和论证来进行需求分析,这实际上是一个交流与共享隐性知识和创造新思想的过程。又比如,在研发过程中可以通过购买技术、知识产权、引进先进工艺、交流管理经验等,获得来自外部的显、隐性知识。由于内部知识有限,研发单位广泛与外部交流知识,高效地收集和获取各种为研发所需要的外部知识。从外部获取的知识一般由系统内部不同层次的知识主体所掌握,这些知识在内部知识主体交流的过程中不断扩散、创新、最终转化为内部知识。这种系统内外部知识的流动和转化,有些是自发产生的,但这些毕竟是一小部分,要形成系统内外部知识的大量的、高效的流动和转化,有针对性的引导和相应的战略指导是必不可少的。这就将北斗二号卫星工程的合作研发提到了一个相当重要的位置。通过合作研发,系统内部与外部可以建立起以知识创新为目的的知识联盟。系统合作研发的外部知识源主要有四种,弹性雇用市场,中介服务市场,独立承揽人市场和专属承揽人市场,合作研发的对象主要有竞争对手、供应商、客户以及高校等研究机构。通过合作研发的形式,与系统以外的四种主要知识源进行有目的的知识交流,新知识的流入必然会对系统内部原有的知识产生触动,特别是知识创新的主要因素——隐性知识,系统外知识与系统内隐性知识、群体隐性知识以及个人隐性知识在不断的碰撞和摩擦中,经历一系列的个体知识创新和群体知识创新的过程,并经过系统间一系列的知识的转移和转化,最终形成新的北斗二号卫星工程独有的知识。因此北斗二号卫星工程的知识创新管理的模式又被称为是合作研发知识创新管理。

合作研发知识创新是指在系统内部知识创新的基础上,不断的通过合作研发的方式从系统外部获取新知识,并通过个体知识创新、群体知识创新以及系统层面的知识创新将系统外部的新知识不断的与系统原有的知识融合并生华。合作研发知识创新管理主要是从四个层面来进行的,即个体知识创新、群体层次知识创新、系统层次知识创新以及系统研发单位间合作研发知识创新。

17.5.2　知识创新管理的实施

"北斗二号卫星工程的研制"紧紧围绕"三个环节、两种途径"来进行知识创新管理。在知识创新管理方面,研发团队谨遵知识收集、知识共享、知识应用与创新这三个环节,并且通过两种途径来提高"以知识为基础的经济"的产出量:一是通过改善和提高现有存量知识的利用率,达到知识使用的最大化效果;二是扩大现有知识的增量,不断产生和创造出新知识。

1. 构建知识网络

知识的收集是知识管理中一项基础性的工作。在知识收集工作方面,研发团队构建了内外部知识网络。在内部知识网络中,根据自身的情况,制定了适合自身的文档标准和回报机制,让研发人员在研究过程的各个阶段,承担的各个项目和任务中建立相应的文档,自觉形成了归档机制,及时实现了研发团队内部的知识收集与统一。同时,构建了较为发达的外部知识网络,比如供应商网络、用户网络、专家网络、信息网络、合作网络等。利用导航门户网站,建立了导航卫星质量问题信息库,对型号质量问题进行记录。这些网络关系中存在大量的知识,可以被系统所利用,转化为系统内化知识。

2. 搭建知识共享平台

知识的共享是知识管理中比较困难的环节。科研人员的主要产出就是知识成果,原创性研究成果等隐性知识,这种知识是科研人员自我实现的载体,具有高度的个性化和无法格式化的特征,因而难以复制、共享。要实现这种隐性知识的共享,就必须通过各种途径使隐性知识显性化,通过各种途径和方式增加其在组织内部的交流、外化、融合最终实现共享。

北斗二号卫星工程研发团队不断创造各种交流机会,增加知识在各研发团队内部的流动率。在北斗二号卫星工程技术手册编审委员会的直接领导和指导下,在各大系统及有关单位的大力支持下,工程大总体组织工程各大系统技术人员,历经 2 年时间完成了工程技术手册编写与出版工作,达到了强化工程研制建设协调管理,支撑各级领导、有关业务部门和工程管理、技术人员全面掌握工程总体概况、研制建设方案、性能指标和参数,提高工作效率和质量,为后续工程型号的研制、管理积累资料的目的。同时,为全面总结工程研制建设过程中遇到、解决及遗留的各类管理和技术上的质量问题,总结经验、吸取教训,切实总结出工程研制建设的成功做法和指导后续工作的有益经验,组织卫星系统、地面运控系统、运载火箭系统完成了质量问题汇编手册及对应的质量汇编数据库的建设工作。

系统研发单位开展了"交流会""研讨会"之类的交流活动,比如"导航年会",年会以"四大板块"为载体,通过"六个面向"得以体现。年会面向工程,起到了促进技术攻关,支持系统建设的作用;面向应用,起到了促进政、产、学、研、用交流互动,共同推进系统应用的作用;面向人才,起到了发现和储备后备力量与新兴工作者的作用;面向大众,起到了吸引社会各界参与和关注自主系统、普及导航知识和提高影响力的作用;面向世界,起到了增进国际同行交流、促进政府间合作、提高北斗系统影响力和地位的作用;面向未来,起到了促进探索、创新的作用。中国卫星导航学术年会到现在为止已经举办四届,已逐渐发展成为我国规模最大、内容最全、层次最高、最具代表性的卫星导航领域制度性的学术交流会议,是具有国际影响力的导航年会。年会已被 ICG 确定为国际三大卫星导航学术会议之一,和美国导航学会年会一样,是国际卫星导航领域的大型交流平台。还有"型号例会制度""型号技术评审制度"等都提供了充分交流的平台,供同一研究领域的人员交流。通过学术交流、学术沙龙等形式进行面对面的交流,将隐性知识群化、外化、融合、内化为组织团队内部的显性知识,通过组织内部的知识流的不断循环、转化进而达到了知识的融合、共享。

在知识收集、知识共享的基础上,北斗二号卫星工程研发团队积极贯彻知识管理的两种途径,在日常的科研活动中不断运用已经掌握的知识,增加现有存量知识的利用率,设计、生产出了符合北斗二号卫星工程需要的新产品、新技术;另一方面,团队还注重在现有的知识储备的基础上,不断探索新领域,实现了知识的增加和创新。"三个环节、两种途径"的知识创新管理模式为其他大型工程项目知识管理提供了借鉴。

17.6　科技创新管理机制设计和经验总结

为了更好地促进创新,需要行之有效的体制机制来保障。针对北斗二号卫星工程的特点,工程管理部门主要围绕组织体制、竞争机制等方面搭建了较为完善的科技创新管理组织体系来支撑技术创新。

17.6.1　科技创新管理组织体制设计

为保持联试指挥机构的高效运转,北斗二号卫星工程在建立行政、技术"两线"指挥体系的基础上,明确了"两线"各级责任人,实行重大问题"两线会商"机制,强化了内部各级的责任和任务,对重点、难点问题,由总师、副总师牵头负责,组织相关单位技术骨干集中精力、集中时间重点攻关,由行政领导、机关积极与相关承研单位进行沟通协调,充分发挥和调动研制单位积极性,并努力做好保障工作。优化研制队伍结构,形成"一支队伍,多个型号,两总牵头,协调统一"的组织模式,形成健全高效的导航卫星管理体系。

例如,地面运控设计师系统是由各级设计师组成的技术指挥系统,负责系统研制中的设计技术工作。总设计师是地面运控系统研制建设任务的技术总负责人,根据战术技术指标要求,按照标准化、系统化、规格化、通用化的原则,组织方案论证,进行费效比的全面分析,选择技术途径,提高总体方案,并参与拟制研制计划;根据上级下达的研制任务书,制定研制程序,确定各系统的设计任务书,组织设计,协调解决研制过程中的重大技术问题;在研制过程中,负责产品实现过程中的质量、可靠性、安全性、维修性、保障性、测试性、软件工程化、标准化工作、风险管理要求,加强全面质量管理,从设计上确保系统的研制质量;召集有关设计师会议,协调并决定总体和各分系统研制中的重大技术问题;按照产品实现过程的质量控制要求进行策划、设计和开发、评审、验证和确认、更改等工作。主任设计师是大系统或分系统的设计技术负责人,主管设计师是单项设备的设计技术负责人,其主要职责参照总设计师的职责执行。主任设计师和主管设计师根据设计任务书的要求,制定设计方案,保证总体方案的实现。设计师系统对项目实现过程中的技术设计工作和产品的可靠性、维修性、保障性、安全性设计负责;按照质量管理体系文件完成产品实现过程,对所承担设计和开发工作的质量负责,对所承担试(实)验等工作负责。

17.6.2　科技创新竞争机制设计

北斗二号卫星工程独有的技术特色给工程建设带来了巨大的挑战。在研制过程中,打破了部门、行业局限,集中全国技术力量,共同攻关,共同把关,同时在落实分项研制任务时全面实行合同制,并通过招标程序择优选定研制单位,达到了有效控制研制经费、发挥研制单位技术优势、调动积极性的目的。参与研制建设的单位,在总体单位的统一协调下,能够以主人翁姿态积极主动地投入到北斗建设事业中来,集中资源,群策群力,攻坚克难,解决了一批影响总体功能和性能指标实现的系统级问题,有效保证了研制建设工作的进度和质量。

17.6.3　科技创新管理经验总结

北斗二号卫星工程科技创新管理成功经验主要体现在以下五个方面。

1. 科技创新战略是科技创新管理的关键

北斗二号卫星工程从国家战略和使命任务出发,制定总体战略目标,选择正确的科技创新战略,科学规划战略实施方案,在战略实施的过程中注意根据内外部环境变化不断调整方案,这是北斗二号卫星工程科技创新管理成功的关键因素。

2. 科技创新人才是科技创新的主体和载体

北斗二号卫星工程把人才当作最宝贵的资源,尊重知识、尊重人才,建立有效的激励机制来挖掘人的潜能;充分发挥科研中坚力量的带动作用,通过建立创新团队、在组织内部形成一种自觉创新、人人争创新的良好风气,实现科研难题的突破,攻克一个又一个的技术难关。

3. 科技创新文化是科技创新的灵魂

北斗二号卫星工程努力营造宽松的、有利于创新的文化氛围,这是科技创新的内在推动力。在其独特的价值理论文化的指引下,在宽松的文化氛围中促进科技创新。

4. 知识管理是持续开展科技创新活动的重要手段

北斗二号卫星工程在组织内部创造条件,通过"导航年会""工程手册"等方式加强知识的共享和传播,进而实现知识的资本化和增值,保证了科技创新管理的持续性。

5. 合理的科技创新机制是科技创新的保障

北斗二号卫星工程构建了有利于推动科技创新的组织体制和竞争机制,从制度上保障和推动了科技创新工作。

附录 缩略语

ACWP	Actual Cost of Work Performed	实际工作量的实际费用。
AIT	Assembly Integrate Test	总装集成测试。
ASIC	Application Specific Integrated Circuits	一种为专门目的而设计的集成电路。
AVIDM	Airspace Vehicle Integration Design Manufacture System	空间飞行器集成化设计与制造系统,中国航天科技集团自主研发的一个集成化的设计与制造系统。
BCWP	Budgeted Cost of Work Performed	实际工作量的预算费用。
BCWS	Budgeted Cost of Work Scheduled	计划工作量的预算费用。
BDT	Bei Dou Time	北斗时间。
CCP	Call Control Procedure	呼叫控制过程
CCT	Critical Chain Technology	关键链技术。
CE	Concurrent Engineering	并行工程。
CGCS 2000	Chinese Geodetic Coordinate System 2000	2000 中国大地坐标系。
CMM	Capability Maturity Model	软件能力成熟度模型。
CPM	Critical Path Method	关键链技术。
CRC	Cyclical Redundancy Check	循环冗余检验。
CRM	Continuous Risk Management	持续风险管理。
DAS	Defense Acquisition System	国防采办制系统。
DoD AF	Department of Defense Architecture Frame	美国国防部体系结构框架。
DPA	Destructive Physical Analysis	电子元器件的破环性物理分析。
DSS	Decision Support System	决策支持系统。
EMC	Electro Magnetic Compatibility	电磁兼容性。
EIRP	Effective Isotropic Radiated Power	有效全向辐射功率。
ESA	European Space Agency	欧洲航天局。
EV	Earned Value	挣得值。
FMEA	Failure Mode and Effects Analysis	故障模式与影响分析。

FPGA	Field – Programmable Gate Array	现场可编程门阵列。
FTA	Fail Tree Analysis	故障树分析。
GAGAN	GPS Aided Geo Augmented Navigation	印度建设的 GPS 辅助静地轨道增强导航系统。
GEO	Geostationary Orbit	地球静止轨道。
GERT	Graph Evaluation and Review Technique	图解评审技术。
GLONASS	Global Navigation Satellite System	俄罗斯研发的全球导航卫星系统。
GLONASST	Global Navigation Satellite System Time	GLONASS 时间。
GNSS	Global Navigation Satellite System	全球导航卫星系统。
GPS	Global Position System	美国研发的全球定位系统。
GPST	Global Position System Time	GPS 时间。
GST	Galileo System Time	伽利略系统时间。
GTO	Geosynchronous Transfer Orbit	地球同步转移轨道。
HDLC	High – level Data Link Control	高级数据链路控制。
HHM	Hierarchical holographic modeling	层次全息建模。
ICD	Interface Control Document	接口控制文件。
ICG	International Committee on GNSS	全球卫星导航国际委员会。
IEEE	Institute of Electrical and Electronics Engineers	电气电子工程师学会。
IGEB	Interagency GPS Executive Board	美国联合执行局。
IGS	International GNSS Service	国际 GNSS 服务系统。
IGSO	Inclined Geosynchronous Satellite Orbit	倾斜地球同步卫星轨道。
IPMA	International Project Management Association	国际项目管理协会。
IRNSS	India Region Navigation Satellite System	印度区域导航卫星系统。
ITRF	International geodetic reference coordinate system	国际大地基准坐标。
ITRS	International Terrestrial Reference System	国际地球参考系。
ITU	International Telecommunication Union	国际电信联盟。
JCIDS	Joint Capability Integration development System	美国联合能力集成与开发系统。
JPO	Joint Program Office	美国联合计划办公室。
LCC	Life Cycle Cost	全寿命费用。

MEO	Medium Earth Orbit	中地球轨道。
MRL	Manufacturing Readiness Level	制造成熟度。
MS	Management Science	管理科学。
MTO	Medium Transfer Orbit	中转移轨道。
NASA	National Aeronautics and Space Administration	美国国家航空航天局。
NAVWAR	Navigation War	导航战。
RDSS	Radio Determination Satellite Service	卫星无线电测定业务。
RNSS	Radio Navigation Satellite Service	卫星无线电导航业务。
OPM3	Organization Project Management Maturity Model	组织项目管理成熟度模型。
OR	Operation Research	运筹学。
PATTERN	Planning Assistance Through Technical Evaluation of Relevance Numbers	相关数据技术评价计划辅助。
PDCA	Plan Do Check Action	质量管理的"计划—实施—检查—处理"的循环过程。
PERT	Plan Evaluation and Review Technique	计划评审技术。
PFMEA	Process Fail Mode and Effect Analysis	过程故障模式与影响分析。
PMI	Project Management Institute	美国项目管理协会。
PMP	Program Management Plan	项目管理计划。
PNT	Position Navigation Time	定位导航授时。
PPBE	Planning, Programming, Budgeting and Execution	美国规划、计划、预算与执行系统。
PRM	Protocol Reference Model	协议参考模型。
PWBS	Program Work Break Structure	项目群工作分解结构。
QC	Quality Control	质量控制。
QZSS	Quasi – Zenith Satellite System	日本的准天顶卫星系统。
RFRM	Risk Filtering, Ranking and Management	风险过滤、排序和管理。
RPN	Risk Priority Number	风险顺序数。
SE	System Engineering	系统工程。
SEMP	System Engineering Management Plan	系统工程管理计划。
SRL	System Readiness Level	系统成熟度。
SWOT	Strengths, Weaknesses, Opportunities and Threatens	优势—劣

势—机会—威胁分析法。

TOC	Theory of Constraints	约束理论。
TQM	Total Quality Management	全面质量管理。
TRL	Technology Readiness Level	技术成熟度。
USB	Unified S Band	统一 S 波段。
UTC	Coordinated Universal Time	协调世界时。
VERT	Venture Evaluation and Review Technique	风险评审技术。
WBS	Work Break Structure	工作分解结构。

参考文献

[1] 中华人民共和国国务院新闻办公室.中国北斗卫星导航系统白皮书[M].2016.

[2] 钱学森,等.论系统工程·增订本[M].长沙:湖南科学技术出版社,1982.

[3] 钱学森,戴汝为,于景元.一个科学新领域——开放的复杂巨系统及其方法论[J].自然杂志,1990.

[4] 钱福培,等.中国项目管理知识体系与国际项目管理专业资质认证标准[M].北京:机械工业出版社,2001.

[5] 何继善,王孟钧,王青娥.中国工程管理现状与发展[M].北京:高等教育出版社,2013.

[6] 邱菀华,等.现代项目管理学(第二版)[M].北京:科学出版社,2007.

[7] 许庆瑞.全面创新管理:理论与实践[M].北京:科学出版社,2007.

[8] 郭宝柱.航天工程管理的系统观点与方法[J].中国工程科学,2011,Vol.13,No.4:43-47.

[9] 袁家军.神舟飞船系统工程管理[M].北京:机械工业出版社,2005.

[10] 袁家军.中国航天系统工程与项目管理的要素与关键环节研究[J].宇航学报,2009,Vol.30,No.2:428-431.

[11] 杨保华.神舟七号飞船项目管理[M].北京:航空工业出版社,2010.

[12] 花禄森.系统工程与航天系统工程管理[M].北京:中国宇航出版社,2007.

[13] 卫星工程系列编委会.卫星工程系列-卫星工程管理[M].北京:中国宇航出版社,2007.

[14] (美)项目管理协会.项目管理知识体系指南(第四版)[M].王勇,张斌,译.北京:电子工业出版社,2009.

[15] (美)项目管理协会.项目集管理标准(第2版)[M].毛静萍,章旭彦,译.北京:电子工业出版社,2009.

[16] 谭跃进,等.系统工程原理[M].长沙:国防科技大学出版社,2010.

[17] 谭跃进.军事系统工程(中国军事百科全书第二版)学科分册[M].北京:中国大百科全书出版社,2008.

[18] 白思俊.现代项目管理[M].北京:机械工业出版社,2002.

[19] NASA系统工程手册[M].朱一凡,李群,杨峰,等译.北京:电子工业出版社,2012.

[20] Ian K. Bray.需求工程导引[M].舒忠梅,罗文村,等译.北京:人民邮电出版社,2003.

[21] Ian Sommerville,Pete Sawyer.软件工程[M].程成,译.北京:机械工业出版社,2003.

[22] KotonyaG,SommervilleI. Requirements Engineering:Process and Techniques[M]. John Wiley &Sons,1998.

[23] 杨克巍,赵青松,谭跃进,等.体系需求工程技术与方法[M].北京:科学出版社,2011.

［24］ 赵青松,杨克巍,陈英武,等. 体系工程与体系结构建模方法与技术[M]. 北京:国防工业出版社,2012.

［25］ DoD Architecture Framework Working Group. DoD Architecture Framework Version 1.5[R]. U. S,Department of Defense,2007.

［26］ 李跃,邱致和. 导航与定位——信息化战争的北斗星[M]. 北京:国防工业出版社,2008.

［27］ 切斯特·巴纳德. 经理人员的职能[M]. 孙耀君,等译. 北京:中国社会科学出版社,1997. 3 – 168.

［28］ 雷蒙德·迈尔斯,查尔斯·斯诺. 组织的战略、结构和过程[M]. 北京:东方出版社,2006: 4 – 326.

［29］ MintzbergH. Mintzberg on Management:Inside the Strange World of Organisations[M]. New York:Free Press,2007:15 – 420.

［30］ 杨侃,等. 项目设计与范围管理[M]. 北京:电子工业出版社,2006.

［31］ 格雷戈里 T. 豪根. 有效的工作分解结构[M]. 北京广联达慧中软件技术有限公司译. 北京:机械工业出版社,2005.

［32］ Graham K. Rand. Critical chain:the theory of constraints applied to project management[J],International Journal of Project Management,2000,Vol. 18:173 – 177.

［33］ Willy Herroelen,RoelLeus,On the merits and pitfalls of critical chain scheduling[J],Journal of Operations Management,2001,Vol. 19:559 – 577.

［34］ 黄春平,侯光明. 载人航天运载火箭系统研制管理[M],北京:科学出版社,2007.

［35］ 董沛武,王勇. 航天系统工程管理专题研究[M]. 香港:科文(香港)出版社,2003.

［36］ 王祖和. 项目质量管理[M]. 北京:机械工业出版社,2003.

［37］ 沈建明. 中国国防项目管理知识体系[M]. 北京:国防工业出版社,2006.

［38］ 郭波,等. 系统可靠性分析[M]. 北京:国防科技大学出版社,2002.

［39］ 康锐. 可靠性维修性保障性工程基础[M]. 北京:国防工业出版社,2012.

［40］ 郭波,龚时雨,谭云涛,等. 项目风险管理[M]. 北京:电子工业出版社,2008.

［41］ John Raftery. Risk Analysis in Project Management[M]. E&F. N. Spon(Chapman & Hall) London,1994.

［42］ Michael Stamatelatos. Probabilistic Risk Assessment Procedures Guide for NASA Managers and Practitioners[R]. Office of Safety and Mission Assurance NASA Headquarters, Wasshington, DC. March 31,2002.

［43］ Linda H. Rosenberg,Theodore Hammer. Conntinuous Risk Management at NASA[R]. Presented at the Applied Software Measurement/Software Management Conference, San Jose, California. February,1999.

［44］ 毛万标,赵民,符菊梅. 嫦娥一号卫星"零窗口"发射控制[J]. 装备指挥技术学院学报,2008.

［45］ 魏刚,艾克武. 武器装备采办合同管理导论[M]. 北京:国防工业出版社,2005.

［46］ 张连超. 美军高技术项目的管理[M]. 北京:国防工业出版社,1997.

［47］和国强,殷云浩. 美国军品价格形成机制研究［M］. 北京:航空628所,2002.

［48］邱小平. 项目采购管理［M］. 北京:经济管理出版社,2008.

［49］赖一飞,张清,余群舟. 项目采购与合同管理［M］. 北京:机械工业出版社,2008.

［50］李鸣. 军品采办理论研究［M］. 北京:国防工业出版社,2002.

［51］切斯特·巴纳德. 经理人员的职能［M］. 孙耀君,等译. 北京:中国社会科学出版社,
1997:169 – 223.

［52］Project Management Institute. A Guide to the Project Management Body of Knowledge(5th ed.)
［M］. Pennsylvania:Project Management Institute,Inc. ,2013:287 – 308.

［53］白万豪,张义芳. 美国阿波罗计划信息沟通管理对我国科技重大专项的启示［J］. 科技管
理研究,2013,(3):10 – 19.

［54］ISO 1007:2003 Quality management systems – Guidelines for configuration management. ISO. 2003.

［55］GB/T 19017—2008. 2003 质量管理体系技术状态管理指南. 中国国家标准化管理委员
会,2008.

［56］QJ 3118—99 航天产品技术状态管理. 中国航天工业总公司,1999.

［57］杨榜林,岳全发,金振中. 军事装备试验学［M］. 北京:国防工业出版社,2002.

［58］常显奇,程永生. 常规武器装备试验学［M］. 北京:国防工业出版社,2007.

［59］武小悦,刘琦. 装备试验与评价［M］. 北京:国防工业出版社,2008.

［60］王汉功,等. 装备全系统全寿命管理［M］. 北京:国防工业出版社,2003.

［61］武小悦,刘琦. 应用统计学［M］. 长沙:国防科技大学出版社,2009.

［62］陈魁. 试验设计与分析(第2版)［M］. 北京:清华大学出版社,2005.

［63］陈英武,李孟军. 现代管理学基础［M］. 长沙:国防科技大学出版社,2007.

［64］干国强,邱致. 导航与定位——现代战争的北斗星［M］. 北京:国防工业出版社,2004.

［65］曹冲. 卫星导航常用知识问答［M］. 北京:电子工业出版社,2010.

［66］袁家军. 航天产品成熟度研究［J］. 航天器工程,2011.

［67］盛昭瀚,等. 大型工程综合集成管理［M］. 北京:科学出版社,2009.

［68］陈劲,郑刚. 创新管理:赢得持续竞争优势［M］. 北京:北京大学出版社,2009.

［69］托尼. 达维拉,等. 创新之道:持续造创造力造就持久成长力［M］. 刘勃,译. 北京:中国
人民大学出版社,2007.

［70］伯格曼,等. 技术与创新的战略管理(第3版)［M］. 陈劲,王毅,译. 北京:机械工业出版
社,2004.

［71］Braocas,Isabelle. Vertical integration and incentives to innovate［J］. International Journal of in-
dustrial Organization,2003,21(4):457 – 488.

［72］MisraPratap;Enge Per. Global Positioning System. Signals,Measurements and Performance(2nd
ed.)［M］. Lincoln,Massachusetts:Ganga – Jamuna Press. 2006:1 – 115.

［73］Parkinson B et. al,Ed,Global Positioning System:Theory and Applications,Vols I and II,Ameri-
can Instituteof Aeronauticsand Astronautics,Inc. Washington DC,1996.

［74］Heinw P. The European satellite navigation systemGalileo［M］. Institute of Geodesy and Navigation University FAF Munich,2003.

[75] 杨元喜. 中国卫星导航应用产业发展思考[J]. 卫星与网络,2011(Z1).

[76] 谭述森. 卫星导航定位工程[M]. 北京:国防工业出版社,2007.

[77] 总装备部科技信息研究中心. 国外卫星导航系统的发展及启示研究[R]. 总装备部科技信息研究中心,2007.

[78] 总装航天装备总体研究发展中心,总装科技信息研究中心. 国外卫星导航系统管理体制研究[R]. 2010.

[79] 马兴瑞. 中国航天的系统工程管理与实践[J]. 中国航天,2008(1).

[80] 赵刚,刘秦岭. 世界主要国家卫星导航系统概况[J]. 航空航天侦察学术,2009(4).

[81] 王杰华,石卫平. 国外卫星导航定位系统的应用管理体制及政策[J]. 中国航天.2009(6).

[82] 王杰华,吴文. 国外卫星导航定位系统政策进展研究[J]. 中国航天,2011(1).

[83] 王杰华,吴文. 国外卫星导航定位系统政策分析[J]. 国际太空,2011(3).

[84] 王杰华. 国外卫星导航增强系统最新进展研究[J]. 中国航天,2011(9).

[85] 徐菁. 欧洲 Galileo 卫星导航系统概况[J]. 国际太空,2011(3).

[86] 徐菁. 欧洲 Galileo 卫星导航系统进展(上)[J]. 中国航天,2011(8).

[87] 徐菁. 欧洲 Galileo 卫星导航系统进展(中)[J]. 中国航天,2011(9).

[88] 徐菁. 欧洲 Galileo 卫星导航系统进展(下)[J]. 中国航天,2011(10).

后　记

2012 年 12 月 27 日,中国自主建设、独立运行,并与世界其他卫星导航系统兼容共用的北斗二号卫星导航系统正式提供亚太区域服务,为各类用户提供高精度、高可靠的定位、导航、授时服务,这标志着中国北斗系统"三步走"发展战略的第二步圆满完成。

通过近些年的建设与发展,北斗卫星导航系统在国家安全和国民经济的诸多领域得到了广泛应用。北斗导航产业取得了长足进步,已初具规模,形成了基础产品、应用终端、系统应用和运营服务比较完整的产业体系。国产北斗核心芯片、模块等关键技术全面突破,性能指标与国际同类产品相当,相关产品已在交通运输、气象预报、救灾减灾、精细农业、海洋渔业、水文监测、大地测量、智能驾考、通信授时、电力时统、手机导航、车载导航等诸多领域应用,正在产生广泛的经济和社会效益。例如,在交通运输方面,目前北斗终端已安装在近五百万辆车辆上,有利于运输过程监控管理、公路基础设施安全监控等;在气象预报方面,启动了"大气海洋和空间监测预警示范应用"项目,实现气象站间数字报文自动传输;在救灾减灾方面,基于北斗系统的导航定位、短报文和位置报告功能,可以用于服务实时救灾指挥调度、应急通信、灾情报告等,特别是在四川汶川、青海玉树抗震救灾中发挥了非常重要的作用;在农业应用方面,将北斗卫星导航系统和移动通信技术结合,并成功应用到农业管理。通过优化差分算法、建立田间差分基准站,实现了农机精准定位,开发了适合农机使用的北斗车载终端,建立了基于 GIS 的农机作业现场管理平台,实现了北斗位置信息与农机作业现场高清图像的实时回传,打造了首个"基于北斗系统的精准农业"新型应用及管理平台。

目前,北斗卫星导航系统的第三步建设工作正在全面展开,将陆续发射性能更优的北斗导航卫星,计划在 2020 年左右建成覆盖全球的北斗卫星导航系统建设。根据规划,到 2020 年,中国卫星导航产业应用规模和国际化水平将大幅提升,产业规模将超过 4000 亿元,北斗卫星导航系统及其兼容产品在国民经济重要行业和关键领域将得到广泛应用,在大众消费市场将逐步推广普及,对国内卫星导航应用市场的贡献率将大幅提高,在全球市场将具有较强的国际竞争力。

在后续北斗全球卫星导航系统的建设过程中,因系统规模与复杂性进一步增加,其工程管理方面将会面临更多的挑战与问题。全体工程管理人员将在本书所总结的管理创新成果基础上,继续努力,开拓创新,探索寻求有效的解决之道。